知识发现与智能决策

张文宇　薛惠锋　薛　昱　苏锦旗　著

科学出版社

北京

内 容 简 介

　　本书介绍知识发现、人工智能、数据仓库、联机分析处理和智能决策的基本概念与相关理论基础；分析知识发现与数据挖掘的对象与模式；综述数据预处理的作用和方法；深入探讨基于符号推理的数据挖掘方法、基于信息论思想的数据挖掘方法、基于进化思想的数据挖掘方法、基于集合论的数据挖掘方法和基于统计分析的数据挖掘方法，并将实例融入算法的具体应用；阐释智能决策支持系统，并对数据库与数据库管理系统、模型库与模型库管理系统、方法库与方法库管理系统、知识库与知识库管理系统以及人机对话管理系统进行详细说明，提出系统的逻辑框架和实现方案；最后给出知识发现与智能决策支持系统的应用案例。

　　本书可供从事知识发现与智能决策研究与开发的专业人士、技术管理人员以及从事知识发现与智能决策应用人员阅读，同时也可供高等院校计算机、管理和信息相关专业的教师与学生阅读。

图书在版编目（CIP）数据

知识发现与智能决策/张文宇等著 . —北京：科学出版社，2014. 11
ISBN 978-7-03-041320-8

Ⅰ. 知…　Ⅱ. 张…　Ⅲ. 知识管理–智能决策–研究　Ⅳ. G302

中国版本图书馆 CIP 数据核字（2014）第 143795 号

责任编辑：李　敏　周　杰／责任校对：刘小梅
责任印制：徐晓晨／封面设计：李姗姗

科 学 出 版 社 出版
北京东黄城根北街 16 号
邮政编码：100717
http://www.sciencep.com

北京京华虎彩印刷有限公司 印刷

科学出版社发行　各地新华书店经销

*

2015 年 1 月第 一 版　开本：787×1092　1/16
2015 年 5 月第二次印刷　印张：25
字数：750 000

定价：200. 00 元
（如有印装质量问题，我社负责调换）

序

知识发现与智能决策的研究兴起于20世纪80年代，经过20多年的发展已经蔚为壮观。由薛惠锋教授提出总体思想和框架，并指导张文宇、薛昱和苏锦旗博士共同完成的《知识发现与智能决策》一书，是在作者前期出版的《信息港理论与实践》、《智能数据挖掘技术》、《数据挖掘与粗糙集方法》、《物联网智能技术》等著作基础上，站在智能信息科学研究的高度，以大量研究文献及作者承担完成的重点课题为背景和依托，有针对性地对智能决策理论框架和典型知识发现方法这两大主题进行的全面而深入的探究。

该书紧贴国内外学科动态，深入论述知识发现与智能决策的实质，合理分析新提出的学术观点。在展开具体研究时，能清晰把握知识发现与智能决策的理论、方法、技术和实际应用等方面的现状和趋势，在内容逻辑和形式体例安排上力求科学、合理、严密和完整。

全书共分四大部分。第一部分系统而全面地梳理知识发现与智能决策技术的研究背景、基础理论、主体思想及数据预处理过程，为后续的详细探讨知识发现做铺垫；第二部分从学科的宽度、专业的深度、哲学的高度详细论述了五大知识发现算法及典型应用；第三部分系统而全面研究了智能决策支持系统的框架结构，强调了以数据、信息、模型、方法、规则、知识、问题求解链为一体的科学决策流程；第四部分为知识发现与智能决策在电子商务领域、企业价值链、客户关系管理、企业财务管理、企业经营管理，产品质量管理等重要领域的实际应用。全书力求系统实用，章节安排层层推进，环环相扣，思路缜密，论证严谨。

近些年来有关知识发现和智能决策的书籍陆续问世，该书的特点在于能够把大家熟悉的研究课题做出新意，将一系列新思想、新方法引入进来，主要体现在两个方面：其一，该书以信息系统为基本研究对象，以知识发现为目的，系统而全面地阐述了五大数据挖掘算法。各种算法既有明确的应用目标，又有严格的数学模式，力求达到理论与实际、方法与应用的统一。其二，该书以系统科学和系统工程理论思想为指导，建立以知识发现为核心的智能决策框架体系，将智能决策科学流程、决策支持系统部件及知识发现方法有机结合起来，在统一的框架下将理论、方法、工具、实例融为一体。

该书作者长期从事知识发现与智能决策的教学和研究，他们学术思想活跃，工作刻苦认真，把多年的教学实践和科学研究成果体现在该著作中，为知识发现与智能决策的研究和教学作出了重要的贡献。我有幸被邀为该书作序，期待他们理论联系实际，有新的更多的研究成果面世。预祝他们在今后的科学研究和教学中取得新的成绩！

该书的出版无疑将引起广大读者的关注和重视，从而推动智能信息处理领域的深入研究和广泛应用。在此，希望各界朋友对知识发现和智能决策的研究给予关注，并望著者百尺竿头更进一步！

中国工程院院士 王礼恒

2014 年 10 月

前　言

　　20 世纪 80 年代末 90 年代初，国内外广泛流传着一句耐人寻味的话语：我们沉浸在数据的海洋中，却渴望着知识的淡水。这句话生动地描绘了当时人们面对海量数据的迷茫与无奈。就在这时，世界商业巨头沃尔玛从其庞大的交易数据库中演绎了一个"啤酒和尿布的故事"，揭示了一条隐藏在海量数据中的、美国人的一种行为规律：年龄在 25～35 岁的年轻父亲下班后经常要到超市去给婴儿买尿布，而他们中有 30%～40% 的人顺手为自己买几瓶啤酒。受这条简单的客户行为模式的启发，沃尔玛调整了商品布局，并策划了促销价格，结果销售量大增。这一现象引起了科学界的注意，他们将"啤酒和尿布的故事"引申为"关联规则获取"，进而为了更好地适应新的信息环境和数字资源，"知识发现"作为一个明确的概念被提出来应对相关的问题和挑战。

　　高效地发现新颖、可用的知识是人类知识活动的主要目标，因此密切涉及信息和知识的各个领域，越来越多地应用知识发现。商业界发现了沃尔玛迅猛发展的秘诀，纷纷效仿。电信行业也沸腾了，各公司争先恐后地利用知识发现这一锐利武器解决它们面临的最紧迫的问题（如客户分群、客户流失原因及预测、业务套餐及响应、关联消费等）。工业界也行动了，它们从堆积如山的数据中，挖掘出指导生产和管理的决策规则。知识发现通常作为一个智能和决策辅助模块被嵌入到数据管理、信息系统、电子商务平台或其他的相关信息和数据应用中，帮助人们查找、获取信息和数据，并且根据不同的需求生产相应模式的知识，以便给出智能回答作为决策的支持。知识发现的技术也被很好地应用在各种效益效率分析、潜在关系预测和优化建模等关键领域，是人工智能领域的关键应用，它有效地提高了信息需求者获得知识的质量。

　　在知识发现的发展历程中，早期主要以算法研究为主，主要目标是解决海量数据和信息的处理与挖掘问题。知识发现的算法研究也通常被归为数据挖掘的研究，已经产生了大量的研究成果，形成了较为丰富的产品。但是，从知识发现的实质来讲，它是一个综合的知识活动和知识生产的过程，涉及规律、策略和技术的集成，以及多学科和领域之间的相互渗透。孤立的算法和技术的研究难以形成有效的应用，必须结合到发现方法和应用的研究才能体现出更好的效果和更大的价值。因此，知识发现研究的重点也越来越转向基于领域和服务、面向智能决策的综合应用研究。

为方便学生、教师、研究人员、专业人士以及企事业单位领导层和生产一线工作人员更好地理解知识与发现智能决策概念和技术，实现成功的知识发现智能应用，我们完成的这本书用大量的例子、简洁的语言描述关键的技术和算法，涵盖的领域包括知识发现与智能决策的相关概念理论、数据预处理、数据挖掘相关算法、智能决策支持系统。全书力求严谨求是，注意基本概念、基本知识、基本理论和相关术语正确理解与准确表达；从实践到理论，再从理论到实践，把抽象的理论与生动的案例有机地结合起来，使读者在理论与实践的交融中对知识发现和智能决策有全面和深入的理解与掌握；对知识发现与智能决策的理论、方法、技术和实际应用等各方面有清晰的现状了解和趋势把握，拓展读者的视野；在内容逻辑和形式体例上力求科学、合理、严密和完整，使之系统化和实用化。

本书由薛惠锋提出总体思想和框架，由张文宇、薛惠锋、薛昱、苏锦旗撰写，其中，第 1~3 章由西安邮电大学张文宇教授撰写，第 4~6 章由薛昱博士撰写，第 7~10 章由西安邮电大学苏锦旗博士撰写，第 11 章由中国航天社会系统科学与工程研究院薛惠锋教授撰写。中国航天系统科学与工程研究院侯俊杰、张文涛、张刚研究员在百忙中对本书的写作给予了悉心指导，全书的校对、修改和制图由西安邮电大学研究生马月、张宇飞、陈星、栾婧、孟旋、许明健、夏砚波、王秀秀、陶蓉、王磊等共同完成，在此表示感谢。

知识发现与智能决策是一门博大精深的学问，对其内容的理解，仁者见仁，智者见智。这些年来，知识发现与智能决策本身发生了很大的变化，尽管作者力求"与时俱进"，但也难免挂一漏万，书中的内容安排仅仅建立在作者的有限认识基础上，由于编写时间仓促，加之水平有限，书中难免有疏漏和不妥之处，恳请读者批评指正。

作　者

2014 年 8 月

目　　录

第1章 绪 论

1.1 知识发现

在许多领域中，随着数据的不断增多，一些大型数据库的规模已经远远超过人工所能分析的程度，因此数据库和知识发现（knowledge discovery in database，KDD）技术应运而生（李徽和李宛州，2001）。知识发现也是市场竞争的需要，它为决策者提供重要的、前所未有的信息或知识，从而产生不可估量的效益。

1.1.1 知识发现的历程

随着数据库系统的广泛开发和数据库技术的迅速发展，数据以前所未有的速度大量聚集在计算机中，但与之相配合的数据分析和知识提取技术在相当长一段时间里没有大的进展，使得存储的大量原始数据没有被充分利用，没有转化成为指导生产的"知识"，而是出现了"数据的海洋，知识的荒漠"这样一种奇怪的现象。于是，知识发现在这种背景下应运而生，并很快发展成为国际上数据库和信息决策领域最前沿的研究方向之一。

知识发现的研究经历了从机器学习到机器发现再到知识发现几个阶段，从20世纪80年代末，人们开始研究知识发现，1989年8月在美国底特律召开的第11届国际人工智能联合会议的专题讨论会上首次出现知识发现这个术语，法耶兹（Fayyad）首次给出了知识发现的定义"知识发现是从数据集中识别出有效的、新颖的、潜在有用的，以及最终可理解的模式的非平凡过程"。随后在1991年、1993年和1994年都举行了知识发现专题讨论会，集中讨论海量数据分析算法、数据统计、知识表达、知识运用等问题。随着知识发现在学术界和工业界的影响越来越大，知识发现组委会于1995年把专题讨论会更名为国际会议，并改为大会代表自愿报名参加。1995年在加拿大蒙特利尔市召开了第一次知识发现国际学术会议，以后每年召开一次。

1.1.2 知识发现的内容

在知识发现'96国际会议上对知识发现做了如下定义：知识发现是识别出存在于数据库中有效的、新颖的、具有潜在效果的乃至最终可理解的模式的非平凡过程。知识发现是将数据变成信息、信息变为知识、知识形成策略、策略构成智能的活动，从而指导人类有效地分析问题和解决问题。知识发现过程从数据矿山中找到蕴藏的知识金块，将为知识创新和知识经济的发展作出积极的贡献。

知识发现的范围非常广泛，可以是经济、工业、农业、军事、社会、商业、科学、医疗卫生等的数据或卫星观测得到的数据。数据的形态有数字、符号、图形、图像、声音等。数据组织方式也各不相同，可以是结构化、半结构化、非结构化的。知识发现的结果可以表示成各种形式，包括规则、法则、科学规律、方程或语义网络等。

数据库知识发现的研究非常活跃。在法耶兹的定义中，涉及几个需要进一步解释的概念："数据集"、"模式"、"过程"、"有效性"、"新颖性"、"潜在有用性" 和 "最终可理解性"。数据集是一组事实 F（如关系数据库中的记录），模式是一个用语言 L 来表示的一个表达式 E，它可用来描述数据集 F 的某个子集 FE，E 作为一个模式要求它比对数据子集 FE 的枚举要简单（所用的描述信息量要少）。过程在知识发现中通常指多阶段的一个过程，涉及数据准备、模式搜索、知识评价，以及反复地修改求精；该过程要求是非平凡的，意思是要有一定程度的智能性、自动性。有效性是指发现的模式对于新的数据仍保持有一定的可信度。新颖性要求发现的模式应该是新的。潜在有用性是指发现的知识将来有实际效用，如用于决策支持系统（decision support system，DSS）中可提高经济效益。最终可理解性要求发现的模式能被用户理解，目前它主要体现在简洁性上。有效性、新颖性、潜在有用性和最终可理解性综合在一起称为兴趣性。

1.1.3 知识发现的过程

知识发现是一门受到来自各种不同领域的研究者关注的交叉性学科，因此它还有很多不同的术语名称。除了知识发现外，主要还有如下若干种称法：数据挖掘（data mining）、知识抽取（information extraction）、信息发现（information discovery）、智能数据分析（intelligent data analysis）、探索式数据分析（exploratory data analysis）、信息收获（information harvesting）和数据考古（data archeology）等。其中最常用的术语是"知识发现"和"数据挖掘"。数据挖掘主要流行于统计界（最早出现于统计文献中）、数据分析、数据库和管理信息系统（management inform ation system，MIS）领域，而知识发现则主要流行于人工智能和机器学习领域。

知识发现过程（图1-1）可粗略地理解为三部曲：数据准备、数据挖掘和结果的解释评估。

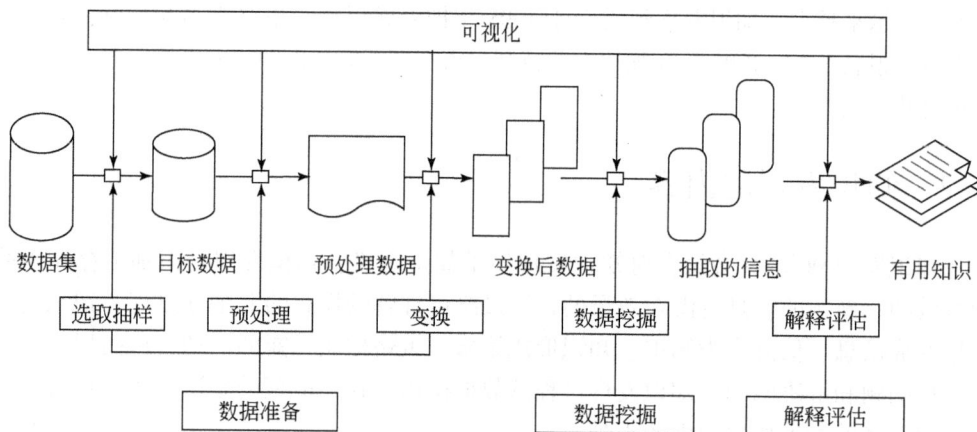

图 1-1 知识发现过程示意图

1.1.3.1　数据准备

数据准备又可分为三个子步骤：数据选取（data selection）、数据预处理（data preprocessing）和数据变换（data transformation）。数据选取的目的是确定发现任务的操作对象，即目标数据（target data），它是根据用户的需要从原始数据库中抽取的一组数据。原始数据库可以是异构的数据库和多源性数据文件。数据预处理一般可能包括消除噪声、推导计算缺值数据、消除重复记录、完成数据类型转换（如把连续值数据转换为离散型的数据，以便于符号归纳；或是把离散型的转换为连续值型的，以便于概念性归纳）等。当数据挖掘的对象是数据仓库时，数据预处理已经在生成数据仓库时完成了，主要是通过在源数据中抽取数据，按数据仓库的逻辑数据模型的要求进行数据转换，再按物理数据模型的要求装载到数据仓库中去，即进行数据抽取、转换、加载（extract、transform、load，ETL）过程。数据变换的主要目的是消减数据维数或降维（dimension reduction），即从初始特征中找出真正有用的特征以减少数据开采时要考虑的特征或变量个数。

1.1.3.2　数据挖掘

数据挖掘阶段首先要确定挖掘的任务或目的是什么，如数据总结、概念描述、分类、聚类、关联规则发现或序列模式发现和相关性分析等。确定了挖掘任务后，就要决定使用什么样的挖掘算法。同样的任务可以用不同的算法来实现。选择实现算法有两个考虑因素：一是不同的数据有不同的特点，因此需要用与之相关的算法来挖掘；二是用户或实际运行系统的要求，有的用户可能希望获取描述型的（descriptive）、容易理解的知识，而有的用户或系统的目的是获取预测准确度尽可能高的预测型（predictive）知识。完成上述准备工作后，就可以实施数据挖掘操作了。具体的数据挖掘方法将在后面章节中作较为详细的论述。需要指出的是，尽管数据挖掘算法是知识发现的核心，也是目前研究人员主要的努力方向，但要获得好的挖掘效果，必须对各种挖掘算法的要求或前提假设有充分的理解。

1.1.3.3　结果解释和评估

数据挖掘阶段发现的模式，经过用户或机器的评估，可能存在冗余或无关的模式，这时需要将其剔除；也有可能模式不满足用户要求，这时则需要让整个发现过程退回到发现阶段之前，如重新选取数据、采用新的数据变换方法、设定新的数据挖掘参数值，甚至换一种挖掘算法（如当发现任务是分类时，有多种分类方法，不同的方法对不同的数据有不同的效果）。另外，知识发现最终是面向人类用户的，因此可能要对发现的模式进行可视化，或者把结果转换为用户易懂的另一种表示，如把分类决策树转换为"if…then…"规则等。

知识发现过程中要注意以下几点：

1）数据挖掘仅仅是整个过程中的一个步骤。数据挖掘质量的好坏受两个要素的影响：一是所采用的数据挖掘技术的有效性，二是用于挖掘的数据的质量和数量（数据量的大小）。如果选择了错误的数据或不适当的属性，或对数据进行了不适当的转换，则挖掘的结果是不会令人满意的。

2）整个挖掘过程是一个不断反馈的过程。比如，用户在挖掘途中发现选择的数据不太好，或使用的挖掘技术产生不了期望的结果，这时，用户需要重复先前的过程，甚至重新开始。

3）可视化在数据挖掘的各个阶段都扮演着重要的作用。特别是在数据准备阶段，用户可能要使用散点图、直方图等统计可视化技术来显示有关数据，以对数据有一个初步的理解，从而为更好地选取数据打下基础。在挖掘阶段，用户则要使用与领域问题有关的可视化工具。在表示结果阶段，则可能要用到可视化技术。

1.1.4 知识发现的方法

知识发现的方法大致可分为如下几大类。

1.1.4.1 统计方法

统计方法是从事物的外在数量上的表现去推断该事物可能的规律性。科学规律性的东西一般总是隐藏得比较深，最初总是通过统计分析从其数量表现上看出一些线索，然后提出一定的假说或学说，再作深入的理论研究。当理论研究提出一定的结论时，往往还需要在实践中加以验证。就是说，观测一些自然现象或专门安排的实验所得资料，是否与理论相符、在多大的程度上相符、可能朝哪个方向偏离等问题，都需要用统计分析的方法处理。

近百年来，统计学得到了极大的发展。我们可用图 1-2 的框架粗略地刻画统计学发展的过程。

图 1-2 统计学发现过程图

其中，从 1960～1980 年，引导这一革命的是 20 世纪 60 年代的四项发现：①吉洪诺夫（Tikhonov）、伊万诺夫（Ivanov）和菲利浦（Philips）发现的关于解决不适定问题的正则化原则。②帕仁（Parzen）、罗森布拉特（Rosenblatt）和陈瑟夫（Chentsov）发现的非参数统计学。③瓦普尼克（Vapnik）和车温尼克思（Chervonenkis）发现的在泛函数空间的大数定律及其与学习过程的关系。④柯尔莫哥洛夫（Kolmogorov）、索洛莫诺夫（Solomonoff）和沙坦（Chaitin）发现的算法复杂性及其与归纳推理的关系。

这四项发现也成为人们对学习过程研究的重要基础。下面我们列出与统计学有关的机器学习方法。

（1）传统方法

统计学在解决机器学习问题中起着基础性的作用。传统的统计学所研究的主要是渐近理论，即当样本趋向于无穷多时的统计性质。统计方法主要考虑测试预想的假设和数据模型拟合。它依赖于显式的基本概率模型。统计方法处理过程可分为三个阶段：①搜集数据：采样、实验设计。②分析数据：建模、知识发现、可视化。③进行推理：预测、分类。

常见的统计方法有回归分析（多元回归、自回归等）、判别分析（贝叶斯判别、费歇尔判别、非参数判别等）、聚类分析（系统聚类、动态聚类等）、探索性分析（主元分析法、相关分析法等）等。

（2）模糊集

模糊集是表示和处理不确定性数据的重要方法。模糊集不仅可以处理不完全数据、噪声或不精确数据，而且在开发数据的不确定性模型方面是有用的，可以提供比传统方法更灵巧、更平滑的性能。

（3）支持向量机

支持向量机（support vector machine，SVM）建立在计算学习理论的结构风险最小化原则之上，其主要思想针对两类分类问题，在高维空间中寻找一个超平面作为两类的分割，以保证最小的分类错误率。而且 SVM 有一个重要的优点就是可以处理线性不可分的情况。

（4）粗糙集

粗糙集（rough set）理论由帕夫拉克（Z. Pawlak）在 1982 年提出。它是一种新的数学工具，用于处理含糊性和不确定性问题，在数据挖掘中发挥着重要的作用。粗糙集是由集合的下近似、上近似来定义的。下近似中的每一个成员都是该集合的确定成员，而不是上近似中的成员肯定不是该集合的成员。粗糙集的上近似是下近似和边界区的合并。边界区的成员可能是该集合的成员，但不是确定的成员。可以认为粗糙集是具有三种隶属函数的模糊集，即是、不是、也许。与模糊集一样，它是一种处理数据不确定性的数学工具，常与规则归纳、分类和聚类方法结合起来使用，很少单独使用。

1.1.4.2　机器学习

西蒙（Simon）对机器学习的定义是："如果一个系统能够通过执行某种过程而改进它

的性能，这就是学习"。这个说法的要点是：第一，学习是一个过程；第二，学习是相对一个系统而言的；第三，学习改变系统性能。过程、系统和改变性能是学习的三个要点。对上述说法，第一点是自然的。第二点中的系统则相当复杂，一般是指一台计算机，但是，也可以是计算系统，甚至包括人的人机计算系统；第三点则只强调"改进系统性能"，而未限制这种"改进"的方法。显然，西蒙对学习的这个说法是思辨的，但对计算机科学家来说，这是远远不够的。计算机学家更关心对不同系统实现机器学习的过程，以及改变性能的效果。图1-3给出一个简单的学习系统模型。

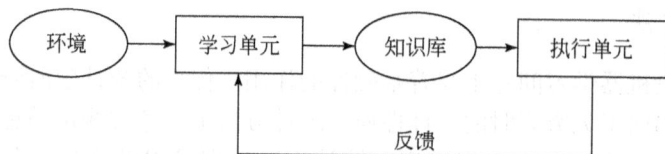

环境 → 学习单元 → 知识库 → 执行单元

反馈

图1-3　简单的机器学习系统模型

在20世纪50年代，机器学习采用了两种不同的研究方法。在控制理论中，使用多项式等为基函数，利用优化的方法建立模型，以刻画被控对象的行为，这个过程在控制理论中称为辨识或参数估计，甚至笼统地称为建模。而以罗森布拉特（Rosenblatt）的感知机为代表的研究，则是从心理学家麦卡洛克（McCulloch）和数理逻辑学家皮茨（Pitts）建立的神经网络和数学模型（MP模型）出发，具体地说，就是将扩展为多个神经元的MP模型作为优化算法的数学基函数。但是从数学上讲，其区别仅仅是它们使用了不同的基函数，以及由此所带来的问题。这两种以优化为基础的方法至今还影响着机器学习的发展。

在20世纪60年代末，明斯基（Minsky）对感知机的批评使这类研究陷于停顿。但是，他运用数学方法对当时的人工神经网络（artificial neurel networks，ANN）模型进行了精辟的分析，指出了人工神经网络求解问题的能力局限性和问题，这个思想对80年代兴起的人工神经网络的研究是有意义的。从50年代末到80年代的20余年间，在人工智能领域中，机器学习的研究完全脱离了这种基于统计的传统优化理论为基础的研究方法，而提出一种以符号运算为基础的机器学习。这种以符号运算为基础的机器学习方法，可以从塞缪尔（Samuel）的下棋系统中发现其原型。

人工智能的研究者根据认知心理学的原理研究各种机器学习的方法，以符号运算为基础的机器学习代替了以统计为基础的机器学习，成为人工智能研究的主流。在这个时期，就学习机制来说，主要是归纳机器学习。其中代表性的学习算法有AQ11和ID3。同时，使用不同学习机制的研究层出不穷。20世纪80年代中期，基于解释的学习（explanation-based learning）和类比学习也引起人们极大的兴趣，特别是与类比学习原理相近的基于案例的学习（case-based learning）解决实际问题的能力强。这些研究丰富了机器学习的研究。

1984年瓦伦特（Valiant）提出了可学习理论，并将可学习性与计算复杂性联系在一起。1986年布鲁默（Blumer）等证明了VC（Vapnik-Chervonenkis dimension）维度与Valiant的"大概逼近正确"（probably approximately correct，PAC）（Patterson and Aebersold，2003）的可学习理论之间的联系。"大概逼近正确"本身提出的理论课题也派生出被称为"计算学习理论（computational learning theory，COLT）"的学派，并且这方面的国际会议定期召开。1995 年瓦普尼克（Vapnik）在统计学习理论研究的基础上，指出了经验风险最小的问题，提出结构风险最小化。在这一理论框架指导下，产生了支持向量机学习方法，这是一种构造性的学习方法。

达尔文进化论是一种稳健的搜索和优化机制，对计算机科学，特别是对人工智能的发展产生了很大的影响。大多数生物体是通过自然选择和有性生殖进行进化。自然选择决定了群体中哪些个体能够生存和繁殖，有性生殖保证了后代基因中的混合和重组。自然选择的原则是适应者生存，不适应者被淘汰。自然进化的这些特征早在 20 世纪 60 年代就引起了美国（密歇根大学）霍兰德（Holland）的极大兴趣。霍兰德注意到学习不仅可以通过单个生物体的适应实现，而且可以通过一个种群的许多代的进化适应发生。受达尔文进化论思想的影响，他逐渐认识到在机器学习中，为获得一个好的学习算法，仅靠单个策略的建立和改进是不够的，还要依赖于一个包含许多候选策略的群体的繁殖。考虑到他们的研究想法起源于遗传进化，霍兰德就将这个研究领域取名为遗传算法（genetic algorithm）。一直到 1975 年霍兰德出版了那本颇有影响的专著《自然系统和人工系统的适应》（*Adaptation in Natural and Artificial Systems*），遗传算法才逐渐为人所知。

20 世纪 80 年代，基于试错方法、动态规划和瞬时误差方法形成了强化学习（reinforcement learning）。1984 年萨顿（Sutton）提出了一种基于马尔可夫（Markov）过程的强化学习。1996 年，卡尔布林（Kaelbling）在总结强化学习的研究时指出，实现这种学习的手段就是自适应机制。1998 年，麻省理工学院出版社出版了萨顿和巴尔托（Barto）的著作《强化学习：导论》（*Reinforcement Learning：An Introduction*），将这些研究统称为适应性计算。根据西蒙的说明，这也是一种学习，但是，在机制上，这类机器学习理论不同于人工智能意义上的机器学习，其主要区别是：这类机器学习强调对变化环境的适应，这意味着，它们需要建立一种基于反馈机制的学习理论。下面列出了几种目前较为常用的机器学习方法。

（1）规则归纳

规则归纳反映数据项中某些属性或数据集中某些数据项之间的统计相关性。AQ 算法是有名的规则归纳算法。关联规则的一般形式为 X1 ∧ ⋯ ∧ Xn：Y［C，S］，表示由 X1 ∧ ⋯ ∧ Xn 可以预测 Y，其可信度为 C，支持度为 S。近年来提出了许多关联规则算法。

（2）决策树

决策树的每一个非终结节点表示所考虑的数据项的测试或决策。一个确定分支的选择取决于测试的结果。为了对数据集分类，从根节点开始，根据判定自顶向下，趋向终结节点或叶节点，当到达终结节点时，则决策树生成。决策树也可以解释为特定形式的规则集，以规则的层次组织为特征。

（3）案例推理

案例推理是直接使用过去的经验或解法来求解给定的问题。案例常常是一种已经遇到过并且具有解法的具体问题。当给定一个特定问题，案例推理就检索范例库，寻找相似的范例。如果存在相似的案例，它们的解法就可以用来求解新的问题。该新问题被增加到案例库，以便将来参考。

（4）贝叶斯信念网络

贝叶斯信念网络（恩门，2000）是概率分布的图表示。贝叶斯信念网络是一种直接的、非循环的图，节点表示属性变量，边表示属性变量之间的概率依赖关系。与每个节点相关的是条件概率分布，它描述该节点与它的父节点之间的关系。

（5）科学发现

科学发现是在实验环境下发现科学定律。在著名的 BACON 系统（Sam，2003）中，核心算法基本上由两种操作构成：第一种操作称为双变量拟合，判定一对变量之间的关系；第二种操作是合并多对关系到一个方程中。

（6）遗传算法

遗传算法是按照自然进化原理提出的一种优化策略。在求解过程中，通过最好解的选择和彼此组合，可以期望解的集合越来越好。在数据挖掘中，遗传算法用来形容变量间的依赖关系假设。

1.1.4.3 神经计算

神经网络是指一类新的计算模型，它是模仿人脑神经网络的结构和某些工作机制而建立的一种计算模型。这种计算模型的特点是，利用大量的简单计算单元（即神经元）连成网络，来实现大规模并行计算。神经网络的工作机理是通过学习，改变神经元之间的连接强度。

1943 年表卡洛克（McCulloch）和匹兹（Pitts）公布了他们对神经元模型的研究结果。在更为广泛的科学发展进程中，这个研究的历史意义是首次发现了人类神经元的工作方式，并给出了这种工作方式的数学描述。这项研究在科学史上的意义是非同寻常的，它第一次揭示了人类神经系统的工作方式。它对近代信息技术发展的影响也是巨大的，计算机科学与控制理论均受到这项研究的启发。由于匹兹的努力，这个研究结论并未仅仅停留在生物学的结果上，他为神经元的工作方式建立了数学模型，正是这个数学模型深刻地影响了机器学习的研究。

在 20 世纪 50 年代，以罗森布拉特（Rosenblatt）的感知机为代表的研究则是从 MP 模型出发，具体地说，就是将扩展为多个神经元的 MP 模型作为优化算法的数学基函数。20世纪 70 年代末以来，人工智能在模拟人的某些认知活动上取得很大的进展，专家系统、智能计算机受到重视，人们突然感到了传统的人工智能系统与人的自然智能相比存在一些明显的不足。人工智能与人的自然智能相比在感知能力上的差距很大，人能够毫不费力地识别各种复杂的事物，能从记忆的大量信息中迅速找到需要的信息，人具有自适应、自学习等创新知识的能力，这些都是现有计算机无法比拟的。因此人们又重新将目标转向神经网络的研究上，试图通过对人脑神经系统的结构、信息加工、记忆、学习机制的分析与探索，提出解决上述差距的新思想、新方法。另一方面，学术界对于复杂系统的研究取得了许多进展。普里高京（Prigogine）提出非平衡系统的自组织理论，即耗散结构理论，获得诺贝尔奖。哈肯（Haken）研究大量元件联合行动而产生的有序的宏观表现，创立了协同学（synergetics）。近年来广泛研究的混沌（chaos）动力学和奇异吸引子理论揭示了复杂系统行为。这些工作，从抽象意义上讲，都是研究复杂行为系统如何通过元件之间的相互作用，使系统的结构由无序到有序，功能由简单到复杂，类似于生物系统的进化和自组织过程，以及认知系统的学习过程。与此同时，神经科学和脑科学日益受到人们的重视，在感觉系统，特别是视觉研究发现的侧抑制原理、感觉野概念、皮层的功能柱结构，以及信息处理的平行、层次观点，被证明是神经系统处理信息的普遍原则。芬兰电子工程师科霍南（Kohonen）提出了联想记忆理论；日本放送协会的福岛邦彦（Fukushima）、美国波士顿大学的格罗斯伯格（Grossberg）提出关于感知觉的共振适应理论；日本甘利俊一（S. Amari）做了关于神经网络有关数学理论的研究；安德森（Anderson）提出了盒中脑（BSB）模型。这些都是 20 世纪 70 年代和 80 年代初进行的工作。

20 世纪 80 年代神经网络研究进展非常迅速。1982 年美国加州工学院物理学家霍普菲尔特（Hopfield）的工作被称为是突破性的。他提出了离散的神经网络模型，从而有力地推动了神经计算的研究，标志着神经计算研究高潮的又一次到来。他引入李雅普诺夫（Lyapunov）函数（称为"计算能量函数"），给出了网络稳定判据。1984 年霍普菲尔特等又提出了连续神经网络模型，其中神经元动态方程可以用运算放大器来实现，因此神经网络可以用电子线路来仿真。

常用的神经计算模型有多层感知机、反传网络、自适应映射网络 SOM 等。阿玛丽（Amari）提出了信息几何，徐雷提出了阴阳机，史忠植、张建提出了一种神经场模型。

1.1.4.4　可视化

可视化（visualization）是把数据、信息和知识转化为可视的表示形式的过程。可视化技术为人类与计算机这两个最强大的信息处理系统之间提供了一个接口。快速图形处理器和高分辨率彩色显示器的发展更提高了人们对信息可视化的兴趣和信心。使用有效的可视化界面，可以快速高效地与大量数据打交道，以发现其中隐藏的特征、关系、模式和趋势等。可视化具有广泛而重要的影响，它可以引导出新的洞见和更高效的决策。

近年来，在可视化研究方面出现了一个新的趋向：随着互联网的爆炸式成长、商业和政府机构的普遍计算机化以及数据仓库的发展，可视化技术成为众多商业和技术领域的基本工具。信息可视化就是要处理这些新的数据种类，以及它们在商业和信息技术领域的相关分析任务，以发现信息中的模式、聚类、区别与联系、趋势等。信息可视化的特点是：

1）信息可视化的焦点在于信息。信息具有内在的抽象性，它可以是数据，也可以是过程、关系或概念等。信息可视化研究中一个关键的问题就在于寻找和发现新的可视化的"隐喻"（metaphors）来表示信息，并理解它们要支持什么样的分析任务。

2）信息的数据量更大。

3）信息的来源呈现出多样化，多种类型混杂，结构参差不齐。不同的信息类型有不同的可视化方法，复合类型的可视化更需要作灵活的处理。

4）信息可视化的任务是对信息进行观察、操作、检索、导航、探索、过滤、发现和理解。

5）信息可视化的相关领域更广泛，它结合了科学可视化、人机界面、信息检索、数据挖掘、图像处理和图形学等，甚至还与认知工程和大众心理学，以及艺术等人文学科有着密切的关系。

1.1.5 知识发现的任务

1.1.5.1 数据总结

数据总结的目的是浓缩数据，给出它的紧凑描述。传统的也是最简单的数据总结方法是计算出数据库的各个字段上的求和值、平均值、方差值等统计值，或者用直方图、饼状图等图形方式表示。数据挖掘主要关心从数据泛化的角度来讨论数据总结。数据泛化是一种把数据库中的有关数据从低层次抽象到高层次的过程。由于数据库中的数据或对象所包含的信息总是最原始、基本的信息（这是为了不遗漏任何可能有用的数据信息），人们有时希望能从较高层次的视图上处理或浏览数据，因此需要对数据进行不同层次的泛化以适应各种查询要求。目前主要有两种数据泛化技术：多维数据分析方法和面向属性的归纳（attribute oriented induction，AOI）方法。

多维数据分析方法是一种数据仓库技术，也称为联机分析处理（on-line analytieal processing，OLAP）。数据仓库是面向决策支持的、集成的、稳定的、不同时间的历史数据集合。决策的前提是数据分析。在数据分析中经常要用到诸如求和、总计、平均、最大、最小等汇集操作，这类操作的计算量特别大。因此一种很自然的想法是，预先计算汇集操作结果并存储起来，以便于决策支持系统使用。存储汇集操作结果的地方称为多维数据库。多维数据分析技术已经在决策支持系统中获得了成功应用，如著名的SAS（statistical analysis system）数据分析软件包、Business Object公司的决策支持系统Business Object和IBM公司的决策分析工具都使用了多维数据分析技术。

采用多维数据分析方法进行数据总结，针对的是数据仓库，数据仓库存储的是脱机历史数据。为了处理联机数据，研究人员提出了面向属性的归纳方法。它的思路是，直接对用户感兴趣的数据视图（用一般的SQL查询语言即可获得）进行泛化，而不是像多维数据分析方法那样预先存储泛化数据。方法的提出者将这种数据泛化技术称为面向属性的归纳方法。原始关系经过泛化操作后得到的是一个泛化关系，它从较高的层次上总结了低层次上的原始关系。有了泛化关系后，就可以对它进行各种深入的操作而生成满足用户需要的知识，如在泛化关系基础上生成特性规则、判别规则、分类规则和关联规则等。

1.1.5.2 概念描述

用户常常需要抽象的、有意义的描述。经过归纳的抽象描述能概括大量关于类的信息。有两种典型的描述：特征性描述和区别性描述。

特征性描述是目标类数据的一般特征或特性的汇总。基本方法也是基于**数据立方体**的联机分析处理方法和面向属性的归纳方法。联机分析处理方法涉及对数据立方体的上卷操作，其实质就是一种交互的、由用户控制的、按照指定维的层次向上汇总的过程。由此，人们可以发现汇总后的、处于更高概念层次的目标类知识。面向属性的归纳方法的主要思想是，首先建立对象集属性的概念层次，然后在较高的概念层上对原始数据进行抽象，发现和表示知识，就可以得到关于对象类的较高级的知识。面向属性的归纳方法与联机分析处理方法不同，不必每一步都与用户交互，可以自动建立静态或动态的概念层次结构。

区别性描述是将目标类数据的一般特性与一个或多个对比类数据的一般特性进行比较。而这种比较必须是在具备可比性的两个或多个类之间进行的。区别性描述所采用的方法与特征性描述相似。例如，对研究生和本科生的特征进行比较，可能会发现研究生的年龄较大，成绩优秀；而本科生的年龄较小，成绩优秀的所占比例不大。

1.1.5.3　分类

分类在数据挖掘中是一项非常重要的任务，目前在商业上应用最多。分类的目的是学会一个分类函数或分类模型（也常常称作分类器），该模型能把数据库中的数据项映射到给定类别中的某一个。分类和回归都可用于预测。预测的目的是从历史数据纪录中自动推导出对给定数据的推广描述，从而能对未来数据进行预测。和回归方法不同的是，分类的输出是离散的类别值，而回归的输出则是连续数值。这里我们将不讨论回归方法。

要构造分类器，需要有一个作为输入的训练样本数据集。训练集由一组数据库记录或元组构成，每个元组是一个由有关字段（又称属性或特征）值组成的特征向量，此外，训练样本还有一个类别标记。一个具体样本的形式可为：$(v_1, v_2, \cdots, v_n; c)$；其中 v_1，v_2，$\cdots, v_n \subset v_i$ 表示字段值，c 表示类别。

分类器的构造方法有统计方法、机器学习方法、神经网络方法等。统计方法包括贝叶斯法和非参数法（近邻学习或基于范例的学习），对应的知识表示则为判别函数和原型事例。机器学习方法包括决策树法和规则归纳法，前者对应的表示为决策树或判别树，后者则一般为产生式规则。神经网络方法主要是 BP 算法，它的模型表示是前向反馈神经网络模型（由代表神经元的节点和代表连接权值的边组成的一种体系结构），BP 算法本质上是一种非线性判别函数。

不同的分类器有不同的特点。有三种分类器评价或比较尺度：①预测准确度。②计算复杂度。③模型描述的简洁度。预测准确度是用得最多的一种比较尺度，特别是对于预测型分类任务，目前公认的方法是 10 番分层交叉验证法。计算复杂度依赖于具体的实现细节和硬件环境，在数据挖掘中，操作对象是巨量的数据库，因此空间和时间的复杂度问题是一个非常重要的环节。对于描述型的分类任务，模型描述越简洁越受欢迎。例如，采用规则表示的分类器构造法就更有用，而神经网络方法产生的结果就难以理解。

另外要注意的是，分类的效果一般和数据的特点有关，有的数据噪声大，有的有缺值，有的分布稀疏，有的字段或属性间相关性强，有的属性是离散的而有的是连续值或混合式的。目前普遍认为不存在某种方法能适合所有不同特点的数据。

1.1.5.4 聚类

根据数据的不同特征，将其划分为不同的数据类。它的目的是使属于同一类别的个体之间的距离尽可能小，而不同类别的个体间的距离尽可能大。聚类方法包括统计方法、机器学习方法、神经网络方法和面向数据库的方法。

在统计方法中，聚类也称聚类分析，它是多元数据分析的三大方法之一（其他两种是回归分析和判别分析）。它主要研究基于几何距离的聚类，如欧氏距离、明考斯基距离等。传统的统计聚类分析方法包括系统聚类法、分解法、加入法、动态聚类法、有序样品聚类、有重叠聚类和模糊聚类等。这种聚类方法是一种基于全局比较的聚类，它需要考察所有的个体才能决定类的划分。因此它要求所有的数据必须预先给定，而不能动态增加新的数据对象。聚类分析方法不具有线性的计算复杂度，难以适用于数据库非常大的情况。

在机器学习中，聚类称为无监督或无教师归纳。因为和分类学习相比，分类学习的例子或数据对象有类别标记，而要聚类的例子则没有标记，需要由聚类学习算法来自动确定。在很多人工智能文献中，聚类也称概念聚类，因为这里的距离不再是统计方法中的几何距离，而是根据概念的描述来确定的。当聚类对象可以动态增加时，概念聚类则称为概念生成。

在神经网络中，有一类无监督学习方法——自组织神经网络方法，如科霍南（Kohonen）自组织特征映射网络、竞争学习网络等。在数据挖掘领域里，见诸报道的神经网络聚类方法主要是自组织特征映射方法。IBM 在其发布的数据挖掘白皮书中就特别提到了使用此方法进行数据库聚类分析。

1.1.5.5 相关性分析

相关性分析的目的是发现特征之间或数据之间的相互依赖关系。数据相关性关系代表一类重要的可发现的知识。一个依赖关系存在于两个元素之间。如果从一个元素 A 的值可以推出另一个元素 B 的值（$A \rightarrow B$），则称 B 依赖于 A。这里所谓的元素可以是字段，也可以是字段间的关系。数据依赖关系有广泛的应用。

依赖关系的分析结果有时可以直接提供给终端用户。然而，通常强的依赖关系反映的是固有的领域结构而不是什么新的或有兴趣的事物。自动地查找依赖关系可能是一种有用的方法。这类知识可被其他模式抽取算法使用。常用技术有回归分析、关联规则、信念网络等。

1.1.5.6 偏差分析

偏差分析包括分类中的反常实例、例外模式、观测结果对期望值的偏离，以及量值随时间的变化等。其基本思想是寻找观察结果与参照量之间有意义的差别。通过发现异常，可以引起人们对特殊情况的加倍注意。异常包括如下几种可能引起人们兴趣的模式：不满足常规类的异常例子；出现在其他模式边缘的奇异点；与父类或兄弟类不同的类；在不同时刻发生了显著变化的某个元素或集合；观察值与模型推测出的期望值之间有显著差异的事例等。偏差分析的一个重要特征就是它可以有效地过滤大量不感兴趣的模式。

1.1.5.7   元数据挖掘

元数据挖掘（metadata mining）是指对元数据进行的挖掘。例如，对文本元数据的挖掘。文本元数据可以分为两类，一类是描述性元数据，包括文本的名称、日期、大小、类型等信息；一类是语义性元数据，包括文本的作者、标题、机构、内容等信息。文本的元数据挖掘对于更深层次的文本挖掘来说，是一个重要的基础性的工作，它可以为进一步的文本挖掘提供有价值的参考信息。

还有对 Web 站点结构信息等非内容性的数据挖掘。WWW 是一个巨大的、包罗万象的、全球性的信息源。它提供了大量的信息内容，同时也包含丰富和动态的超链接信息，以及 Web 页面的访问和使用信息。与其他数据挖掘不同，针对超链接和 Web 使用记录的挖掘不是一种内容性的挖掘，而是面向元数据的挖掘，这种挖掘无疑是十分有意义的。

超链接挖掘可分析 Web 站点的结构，建立 Web 信息的层次化视图，识别权威的 Web 页面，从而提高 Web 搜索引擎的质量。对于 Web 访问记录的挖掘，可发现用户访问 Web 页面的模式，从而识别电子商务的潜在客户，增强对最终用户的因特网信息服务的质量和缴付，并改进 Web 服务器系统的性能。元数据挖掘正在成为一个新兴的、引人注目的研究领域。

1.2   人 工 智 能

1.2.1   人工智能的发展

人工智能的概念源于对智能的理解，关于智能的解释有如下几种表达。

韦氏词典：智能是理解各种适应性行为的能力。

牛津词典：智能是观察、学习、理解和认识的能力。

现代汉语词典：智能是认识、理解客观事物并运用知识、经验等解决问题的能力，包括记忆、观察、想象、思考、判断等。

科学界对智能的定义：智能是在一定的环境下针对特定的问题和目标，有效地获得信息、处理信息、形成知识和策略，并利用策略解决问题达到目标的能力。

科学界对人工智能的定义：人工智能是人赋予"机器"的一种能力，即在一定的环境下，针对特定的问题和目标，有效地获得信息、处理信息、形成知识和策略，并利用策略解决问题达到目标的能力。

1.2.1.1   人工智能的起源

人工智能（artificial intelligence，AI）是研究、开发用于模拟、延伸和扩展人的智能的理论、方法、技术和应用系统的一门新的技术科学。人们认为人工智能是计算机科学技术的前沿科技领域。一方面，各种人工智能应用系统都要用计算机软件去实现，另一方面，许多"聪明"的计算机软件也应用人工智能的理论方法和技术，例如专家系统软件、机器博弈软件等。但人工智能不等于软件，除了软件以外，还有硬件和其他自动化通信设备。

人工智能的思想萌芽最早可追溯到 17 世纪的帕斯卡（Passcal）和莱布尼茨（Leibniz），他们较早萌生了有智能机器的想法。19 世纪，英国数学家布尔（Boole）和巴贝奇（Babbage）提出了"思维定律"，这些都可谓是人工智能的开端。19 世纪 20 年代，英国科学家巴贝奇设计了第一台"计算机器"，它被认为是计算机硬件，也是人工智能硬件的前身。电子计算机的问世使人工智能的研究真正成为可能。

1. 2. 1. 2　人工智能的发展

人工智能的发展不是一帆风顺的，其发展经历了漫长的历程。人工智能的研究大致经历了以下几个阶段。

第一阶段：20 世纪 50 年代，人工智能的兴起和冷落。

在人工智能概念首次提出后，世界上相继出现了一批显著的成果，如机器定理证明、跳棋程序、通用问题、求解程序、列表处理语言（list processor, LISP）等，这些成果都使人们产生了乐观的情绪。然而，当人们进行了比较深入的工作后，发现人工智能研究遇到的困难比原来想象的要多得多，例如发现消解法的推理能力有限，以及机器翻译等的失败，致使人工智能的研究遇到了严重的困难，并走入了低谷。这一阶段的特点是：重视问题求解的方法，忽视知识的重要性。

第二阶段：20 世纪 60 年代末到 70 年代，专家系统出现使人工智能研究出现了新高潮。

DENDRAL 化学质谱分析系统、MYCIN 疾病诊断和治疗系统、PROSPECTIOR 探矿系统、Hearsay-II 语音理解系统等专家系统的研究和开发，将人工智能引向了实用化。1969年国际人工智能联合会成立并举行了第一次学术会议——国际人工智能联合会议（International Joint Conferences on Artificial Intelligence, IJCAI），之后每两年召开一次。另外，1974 年成立的欧洲人工智能学会的欧洲人工智能会议（European Conference on Artificial Intelligence, ECAI）也是每两年召开一次。

第三阶段：20 世纪 80 年代，随着第五代计算机的研制，人工智能得到了很大发展。

日本 1982 年启动了"第五代计算机研制计划"，即"知识信息处理计算机系统 K I P S"，其目的是使逻辑推理达到数值运算那么快。虽然此计划最终失败了，但它的开展形成了一股研究人工智能的热潮。

第四阶段：20 世纪 80 年代末，人工神经网络技术飞速发展。

1987 年，美国召开第一次神经网络国际会议，宣告了这一新学科的诞生。此后，各国在人工神经网络技术方面的投资逐渐增加，人工神经网络技术迅速发展起来。

第五阶段：90 年代，人工智能出现新的研究高潮。

由于网络技术特别是国际互联网技术的发展，人工智能开始由单个智能主体研究转向基于网络环境下的分布式人工智能研究。不仅研究基于同一目标的分布式问题求解，而且研究多个智能主体的多目标问题求解，将人工智能更面向实用。另外，由鲁姆哈特（Rumelhart）和麦克利兰（McCelland）为首的科学家小组提出的 BP（back propagation）网络，是一种按误差逆反向播算法训练的多层前馈网络，它的学习规则是使用快速下降法，通过反向传播来不断调整网络的权值和阈值，使网络的误差平方和最小，其模型拓扑结构包括输入层（input layer）、隐层（hide layer）和输出层（output layer），是目前应用最广泛的神经网络模型之一。另一方面由于霍普菲尔德（Hopfield）多层神经网络模型的提出，人工神经网络研究与应用出现了欣欣向荣的景象。人工智能已深入到社会生活的各个领域。

在我国，人工智能的整体研究起步较晚，虽然机器翻译在1956年就开始规划和研究，但直到1978年才开启人工智能课题的全面研究，主要集中在定理证明、汉语自然语言理解和机器翻译、专家系统、智能机器人等方面，并且取得了一些研究成果。

1.2.2　人工智能的研究方法

符号主意学派，又称逻辑主义、心理学派、计算机学派，其理论基础是物理符号系统假设和有限合理性原理，也称"经典的人工智能"，其特点是用说明性语句来表达问题和问题的求解方法。

行为主义学派，又称进化主义或控制论学派，是一种基于"感知–动作"型控制系统的人工智能学派。仿生的思想很浓，认为进化是获得智能的根本途径。

联结主意学派，是近年形成的以网络连接为基础的一种方法，其特点是信息的分布式处理与并行计算，系统的自组织、自学习，神经网络是其典型的技术手段之一。

1.2.3　人工智能的基本技术

1.2.3.1　人工智能的推理技术

推理是人类求解问题的主要思维方法。所谓推理就是按照某种策略从已有事实和知识推出结论的过程。人类的智能活动有多种思维方式，人工智能作为对人类智能的模拟，相应地也有多种推理方式。

（1）演绎推理、归纳推理、默认推理

①演绎推理：是指从全称判断推出特称判断或单称判断的过程，即从一般到个别的推理。最常用的形式是三段论法。例如，所有的推理系统都是智能系统；专家系统是推理系统；因此，专家系统是智能系统。②归纳推理：是指从足够多的事例中归纳出一般性结论的推理过程，是一种从个别到一般的推理过程。③默认推理：又称缺省推理，它是在知识不完全的情况下假设某些条件已经具备所进行的推理。

（2）确定性推理、不确定性推理

如果按推理时所用的知识的确定性来分，推理可分为确定性推理和不确定性推理。①确定性推理（精确推理）：如果在推理中所用的知识都是精确的，即可以把知识表示成必然的因果关系，然后进行逻辑推理，推理的结论或者为真，或者为假，这种推理就称为确定性推理，如归结反演、基于规则的演绎系统等。②不确定性推理（不精确推理）：在人类知识中，有相当一部分属于人们的主观判断，是不精确的和含糊的。由这些知识归纳出来的推理规则往往是不确定的。基于这种不确定的推理规则进行推理，形成的结论也是不确定的，这种推理称为不确定推理。在专家系统中不确定推理是主要使用的方法。

（3）单调推理、非单调推理

如果按推理过程中推出的结论是否单调增加，或者说推出的结论是否越来越接近最终目标来划分，推理又可分为单调推理和非单调推理。①单调推理：在推理过程中随着推理的向前推进和新知识的加入，推出的结论呈单调增加的趋势，并且越来越接近最终目标。②非单调推理：在推理过程中随着推理的向前推进和新知识的加入，不仅没有加强已推出的结论，反而要否定它，使推理退回到前面的某一步，重新开始。

（4）启发式推理、非启发式推理

如果按推理中是否运用与问题有关的启发性知识，推理可分为启发式推理和非启发式推理。①启发式推理：如果在推理过程中，运用与问题有关的启发性知识，如解决问题的策略、技巧和经验等，以加快推理过程，提高搜索效率，这种推理过程称为启发式推理。②非启发式推理：如果在推理过程中，不运用启发性知识，只按照一般的控制逻辑进行推理，这种推理过程称为非启发式推理。

1.2.3.2　人工智能的搜索技术

（1）图搜索策略

图搜索策略可看作是一种在图中寻找路径的方法。初始节点和目标节点分别代表初始数据库和满足终止条件的数据库。求得把一个数据库变换为另一数据库的规则序列问题就等价于求得图中的一条路径问题。研究图搜索的一般策略，能够给出图搜索过程的一般步骤。

（2）盲目搜索

盲目搜索有宽度优先搜索、深度优先搜索和等代价搜索三种方法。

1）宽度优先搜索。

如果搜索是以接近起始节点的程度依次扩展节点的，那么这种搜索就称为宽度优先搜索（breadth-first search）。这种搜索是逐层进行的，在对下一层的任一节点进行搜索之前，必须搜索完本层的所有节点。

宽度优先搜索方法能够保证在搜索树中找到一条通向目标节点的最短途径，这棵搜索树提供了所有存在的路径；如果没有路径存在，那么对有限图来说，我们就说该法失败退出；对于无限图来说，则永远不会终止。

2）深度优先搜索。

在此搜索中，首先扩展最新产生的（即最深的）节点。深度相等的节点可以任意排列。这种盲目（无信息）搜索称为深度优先搜索（depth-first search）。首先，扩展最深的节点的结果使搜索沿着状态空间某条单一的路径从起始节点向下进行下去；只有当搜索到达一个没有后裔的状态时，它才考虑另一条替代的路径。

为了避免考虑太长的路径，防止搜索过程沿着无益的路径扩展下去，往往给出一个节点扩展的最大深度界限。任何节点如果达到了深度界限，都将把它们作为没有后继节点处理。

3）等代价搜索。

宽度优先搜索可被推广用来解决寻找从起始状态至目标状态的具有最小代价的路径问题，这种推广了的宽度优先搜索算法称为等代价搜索算法。如果所有的连接弧线具有相等的代价，那么等代价算法就简化为宽度优先搜索算法。

(3) 启发式搜索

盲目搜索效率低，耗费过多的计算空间与时间，这是组合爆炸的一种表现形式。

搜索技术一般需要某些有关具体问题领域的特性的信息，把此种信息称为启发信息。利用启发信息的搜索方法称为启发式搜索方法。

有关具体问题领域的信息常可用来简化搜索。一个比较灵活（但代价也较大）的利用启发信息的方法是应用某些准则来重新排列每一步 OPEN 表中所有节点的顺序。然后，搜索就可能沿着某个被认为是最有希望的边缘区段向外扩展。应用这种排序过程，需要某些估算节点"希望"的量度，这种量度称为估价函数（evaluation function）。为获得某些节点"希望"的启发信息，提供一个评定候选扩展节点的方法，以便确定哪个节点最有可能在通向目标的最佳路径上。

(4) 消解原理

消解原理是针对谓词逻辑知识表示的问题求解方法。

当消解可使用时，消解过程被应用于母体子句对，以便产生一个导出子句。例如，如存在某个公理 E1 ∨ E2 和另一公理 ～E2 ∨ E3，那么 E1 ∨ E3 在逻辑上成立。这就是消解，而称 E1 ∧ E3 为 E1 ∨ E2 和 ～E2 ∨ E3 的消解式（resolvent）。

消解式：令 L1 为任一原子公式，L2 为另一原子公式；L1 和 L2 具有相同的谓词符号，但一般具有不同的变量。已知两子句 L1 ∨ α 和 ～L2 ∨ β，如果 L1 和 L2 具有最一般合一者 σ，那么通过消解可以从这两个父辈子句推导出一个新子句（α ∨ β）σ。这个新子句称为消解式。它是由取的这两个子句的析取，然后消去互补对而得到的。

消解反演求解：把要解决的问题作为一个要证明的命题，其目标公式被否定并化成子句形，然后添加到命题公式集中，把消解反演系统应用于联合集，并推导出一个空子句（NIL），产生一个矛盾，这说明目标公式的否定式不成立，即有目标公式成立，定理得证，问题得到解决，与数学中反证法的思想十分相似。

分析：求取涉及把一棵根部有 NIL 的反演树变换为在根部带有可用作答案的某个语句的一棵证明树。由于变换关系涉及把由目标公式的否定产生的每个子句变换为一个重言式，所以被变换的证明树就是一棵消解的证明树，其在根部的语句在逻辑上遵循公理加上重言式，因而也单独地遵循公理。因此被变换的证明树本身就证明了求取办法是正确的。

(5) 规则演绎系统

规则演绎系统属于高级搜索推理技术，用于解决比较复杂的系统和问题。有三种推理方法：规则正向演绎系统、规则逆向演绎系统和规则双向演绎系统。

规则演绎系统的定义：

基于规则的问题求解系统运用下述规则来建立：

If→Then

其中，If 部分可能由几个 if 组成，而 Then 部分可能由一个或一个以上的 then 组成。

在所有基于规则的系统中，每个 if 可能与某断言（assertion）集中的一个或多个断言匹配。有时把该断言集称为工作内存。在许多基于规则的系统中，then 部分用于规定放入工作内存的新断言。这种基于规则的系统称为规则演绎系统（rule based deduction system）。在这种系统中，通常称每个 if 部分为前项（antecedent），称每个 then 部分为后项（consequent）。

①规则正向演绎系统：正向规则演绎系统是从事实到目标进行操作的，即从状况条件到动作进行推理的，也就是从 if 到 then 的方向进行推理的。②规则逆向演绎系统：基于规则的逆向演绎系统，其操作过程与正向演绎系统相反，即为从目标到事实的操作过程，从 then 到 if 的推理过程。③规则双向演绎系统：正向演绎系统能够处理任意形式的 if 表达式，但被限制在 then 表达式为由文字析取组成的一些表达式。逆向演绎系统能够处理任意形式的 then 表达式，但被限制在 if 表达式为文字合取组成的一些表达式。双向（正向和逆向）组合演绎系统具有正向和逆向两个系统的优点，并能克服各自的缺点。

正向和逆向组合系统是建立在两个系统相结合的基础上的。此组合系统的总数据库由表示目标和表示事实的两个与或图结构组成，并分别用 F 规则和 B 规则来修正。

组合演绎系统的主要复杂之处在于其终止条件，终止涉及两个图结构之间的适当交接处。用 F 规则和 B 规则对图进行扩展后，匹配就可以出现在任何文字节点上。

在完成两个图间的所有可能匹配后，目标图中根节点上的表达式是否已经根据事实图中根节点上的表达式和规则得到证明的问题仍然需要判定。只有当求得这样的一个证明时，证明过程才算成功地终止。若能断定在给定方法限度内找不到证明时，过程则以失败告终。

(6) 产生式系统

在基于规则的系统中，每个 if 可能与某断言集中的一个或多个断言匹配，then 部分用于规定放入工作内存的新断言。当 then 部分用于规定动作时，称这种基于规则的系统为反应式系统（reaction system）或产生式系统（production system）。

产生式系统由三个部分组成，即总数据库（或全局数据库）、产生式规则和控制策略，如图 1-4 所示。

总数据库有时也被称作上下文、当前数据库或暂时存储器。总数据库是产生式规则的注意中心。产生式规则的左边表示在启用这一规则之前总数据库内必须准备好的条件。执行产生式规则的操作会引起总数据库的变化，这就使其他产生式规则的条件可能被满足。

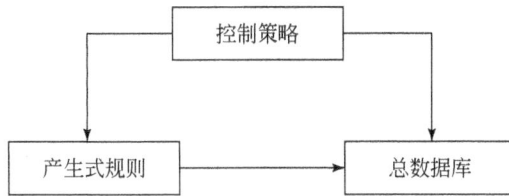

图 1-4　产生式系统的主要组成

产生式规则是一个规则库，用于存放与求解问题有关的某个领域知识的规则之集合及其交换规则。规则库知识的完整性、一致性、准确性、灵活性和知识组织的合理性，将对产生式系统的运行效率和工作性能产生重要影响。

控制策略为一推理机构，由一组程序组成，用来控制产生式系统的运行，决定问题求解过程的推理线路，实现对问题的求解。产生式系统的控制策略随搜索方式的不同可分为可撤回策略、回溯策略、图搜索策略等。

（7）系统组织技术

系统组织技术属于高级搜索推理技术，能够用于求解比较复杂的系统。主要有三种系统组织技术：议程表法、黑板法和△极小搜索法。

①议程表（agenda）：是一个系统能够执行的任务列表。与每个任务有关的有两件事，即提出该任务的理由和表示对该任务是有用的证据总权的评价。②黑板法（the blackboard approach）：是在 HEARSAY–Ⅱ语音理解系统中发展起来的。它的思想比较简单，整个系统由一组称为知识资源（KS）的独立模块和一块黑板组成。这里，知识资源含有系统中专门领域的知识，而黑板则是一切知识资源可以访问的公用数据结构。③极小搜索法：△值表示一假设的级别与参加竞争的最佳假设的级别之差，提供了一种选择最有希望假设的技术。

（8）不确定性推理

这里介绍两种不确定性（uncertainty），即关于证据的不确定性和关于结论的不确定性。

①关于证据的不确定性：一般通过对事实赋予一个介于 0 和 1 之间的系数来表示事实的不确定性。1 代表完全确定，0 代表完全不确定。这个系数被称为可信度（也有一些专家系统，如 MYCIN 和 EXPERT 等，取可信度的范围为–1 到+1）。当规则具有一个以上的条件时，就需要根据各条件的可信度来求得总条件部分的可信度。已有的方法有两类：以模糊集理论为基础的方法和以概率论为基础的方法。②关于结论的不确定性：关于结论的不确定性也称为规则的不确定性，它表示当规则的条件被完全满足时，产生某种结论的不确定程度。它也是以赋予规则在 0 和 1 之间的系数的方法来表示的。

（9）非单调推理

用于解决现实问题领域中的三类情况：不完全的信息、不断变化的情况和求解复杂问题过程中生成的假设，具有较为有效的求解效率。这里介绍两种非单调推理技术：缺省推理和正确性维持系统（truth maintenance system，TMS）。

1）缺省推理：当缺乏信息时，只要不出现相反的证据，就可以作一些有益的猜想。构造这种猜想称为缺省推理（default reasoning）。

一个安排会议的程序：程序必须求解一个约束满足问题，即找出每个会议参加者都有空闲的开会日期与时刻，并有可供开会的房间。

2）正确性维持系统：是一个已经实现的非单调推理系统。它用以协助其他推理程序维持系统的正确性，因此它的作用不是生成新的推理，而是在其他程序所产生的命题之间保持相容性。一旦发现某个不相容，它就调出自己的推理机制，面向从属关系的回溯，并通过修改最小的信念集来消除不相容。

1.2.3.3　人工智能的归纳技术

归纳技术是指机器自动提取概念、抽取知识、寻找规律的技术。给定关于某个概念的一系列已知的正例和反例，从中归纳出一个一般的描述。归纳学习能够获得新的概念，创立新的规则，发现新的理论。其中泛化（generalization）用来扩展一假设的语义信息，以使其能够包含更多的正例，应用于更多的情况。特化（specialization）是泛化的相反操作，用于限制概念的描述范围。归纳可分为基于符号处理的归纳和基于神经网络的归纳。

归纳学习有以下策略。

① 删除策略。在归结过程中可随时删除以下子句：含有纯文字的子句、含有永真式的子句、被子句集中别的子句类含的子句。

② 支持集策略。每次归结时，两个亲本子句中至少要有一个是目标公式否定的子句或其后裔。这里的目标公式否定的子句集即为支持集。

③ 线性归结策略。在归结过程中，除第一次归结可用给定的子句集 S 中的子句外，其后的各次归结则至少要有一个亲本子句是上次归结的结果。

④ 输入归结策略。每次参与归结的两个亲本子句，必须至少有一个是初始子句集 S 中的子句。

⑤ 单元归结策略。每次参加归结的两个亲本子句必须至少有一个是单元子句。

⑥ 祖先过滤策略。参加归结的两个子句，要么至少有一个是初始子句集中的子句，要么一个是另外一个的祖先。

1.2.3.4　人工智能的联想技术

联想是最基本、最基础的思维活动，当人脑接受某一刺激时，浮现出与该刺激有关的事物形象的心理过程。一般来说，互相接近的事物、相反的事物、相似的事物之间容易产生联想。它几乎与所有的人工智能技术息息相关。因此，联想技术也是人工智能的一个基本技术。联想的前提是联想记忆或联想存储，这也是一个富有挑战性的技术领域。

1）接近联想。两种以上的事物，在时间或空间上接近，这时只要想起其中的一种便会接着回忆起另一种，由此再想起其他。记忆的材料整理成一定顺序就容易记得多了。

2）相似联想。当一种事物和另一种事物相类似时，往往会从这一事物引起对另一事物的联想。把记忆的材料与自己体验过的事物相连接起来，记忆效果就好。

3）对比联想。当看到、听到或回忆起某一事物时，往往会想起与它相对的事物。对各种知识进行多种比较，抓住其特性，可以帮助记忆。这就是对比联想法。

1.2.4　计算智能

计算智能（computational intelligence，CI）是信息科学与生命科学、认知科学等不同学科相互交叉的产物。它主要借鉴仿生学的思想，基于人们对生物体智能机理的认识，采用数值计算的方法去模拟和实现人类的智能。计算智能的主要研究领域包括：神经计算、进化计算、模糊计算、免疫计算、DNA 计算和人工生命等。本章主要讨论神经计算、进化计算和模糊计算。

1.2.4.1　什么是计算智能

计算智能（Michael，et al.，2001）目前还没有一个统一的形式化定义，人们使用较多的是美国科学家贝兹德克（J. C. Bezdek）从计算智能系统角度给出的定义。他认为：如果一个系统仅处理低层的数值数据，含有模式识别部件，没有使用人工智能意义上的知识，且具有计算适应性、计算容错力、接近人的计算速度和近似于人的误差率这四个特性，它就是计算智能的。

从科学范畴看，计算智能是在神经网络（neural networks，NN）、进化计算（evolutionary computation，EC）和模糊系统（fuzzy system，FS）这三个领域发展相对成熟的基础上形成的一个统一的学科概念。其中，神经网络是对人类智能的一种结构模拟方法，它用人工神经网络系统去模拟生物神经系统的智能机理。进化计算是对人类智能的一种演化模拟方法，它用进化算法去模拟人类智能的进化规律。模糊计算是对人类智能的一种逻辑模拟方法，它用模糊逻辑去模拟人类的智能行为。

从贝兹德克对计算智能的定义和上述计算智能学科范畴的分析，可以看出以下两点：第一，计算智能借鉴仿生学的思想，基于生物神经系统的结构、进化和认知，对自然智能进行模拟；第二，计算智能是一种以模型（计算模型、数学模型）为基础，以分布、并行计算为特征的自然智能模拟方法。

综上所述，我们可以对计算智能作如下解释：计算智能是借鉴仿生学的思想，基于对生物体的结构、进化、行为等机理的认识，以模型（计算模型、数学模型）为基础，以分布、并行、仿生计算为特征去模拟生物体和人类的智能。

1.2.4.2　计算智能的产生与发展

1992 年，贝兹德克在《近似推理》（*Approximate Reasoning*）学报上首次提出了"计算智能"的概念。

1994 年 6 月底到 7 月初，电气和电子工程师协会（Institute of Electrical and Electronics Engineers，IEEE）在美国佛罗里达（Florida）州的奥兰多（Orlando）市召开了首届国际计算智能会议（World Congress on Computational Intelligence，WCCI）。会议第一次将神经

网络、进化计算和模糊系统这三个领域合并在一起，形成了"计算智能"这个统一的学科范畴。

此后，国际计算智能会议就成了电气和电子工程师协会的一个系列性学术会议，每四年举办一次。1998年5月，在美国阿拉斯加（Alaska）州的安克雷奇（Anchorage）市又召开了第二届国际计算智能会议。2002年5月，四年一次的IEEE在美国夏威夷（Hawaii）州首府火奴鲁鲁（Honolulu）市又召开了第三届国际计算智能大会。

目前，计算智能的发展得到了国内外众多学术组织和研究机构的高度重视，并已成为智能科学技术一个重要的研究领域。

1.2.4.3　计算智能与人工智能的关系

目前，在计算智能与人工智能的关系方面有两种不同的观点：一种观点认为计算智能是人工智能的一个子集；另一种观点认为计算智能和人工智能是不同的范畴。

第一种观点的代表人物是贝兹德克。他把智能（I）和神经网络（NN）都分为计算的（C）、人工的（A）和生物的（B）三个层次，并以模式识别（PR）为例，给出了如图1-5所示的智能的层次结构。在该图中，底层是计算智能（CI），它是通过数值计算来实现的，其基础是计算神经网络（CNN）。中间层是人工智能（AI），它是通过人造的符号系统实现的，其基础是人工神经网络（ANN）。顶层是生物智能（BI），它是通过生物神经系统来实现的，其基础是生物神经网络（BNN）。按照贝兹德克的观点，CNN是指按生物激励模型构造的NN，ANN是指CNN+知识，BNN是指人脑，即ANN包含了CNN，BNN又包含了ANN。对智能也一样，贝兹德克认为AI包含了CI，BI又包含了AI，即计算智能是人工智能的一个子集。

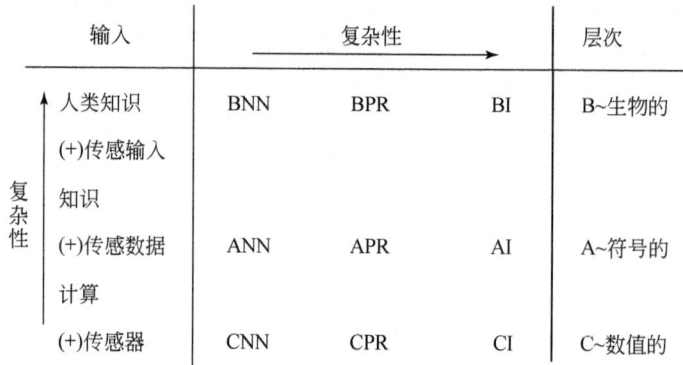

输入	复杂性 →		层次
人类知识	BNN	BPR	BI	B~生物的
(+)传感输入			
知识			
(+)传感数据	ANN	APR	AI	A~符号的
计算			
(+)传感器	CNN	CPR	CI	C~数值的

图1-5　智能的层次结构

注：A：Artificial　B：Biological　C：computational　I：Intelligence　PR：pattern recognition　NN：Neural network

第二种观点是大多数学者所持有的观点，其代表人物是艾伯哈特（R. C. Eberhart）。他们认为：虽然人工智能与计算智能之间有重合，但计算智能是一个全新的学科领域，无论是生物智能还是机器智能，计算智能都是最核心的部分，而人工智能则是外层。

事实上，CI和传统的AI只是智能的两个不同层次，各自都有自身的优势和局限性，相互之间只应该互补，而不能取代。大量实践证明，只有把 AI 和 CI 很好地结合起来，才能更好地模拟人类智能，才是智能科学技术发展的正确方向。

经过近几十年的发展，计算智能已成为一种新兴的智能处理技术，并受到各学科领域越来越多研究者的关注。计算智能技术具有分布、并行、自学习、自组织、自适应等特性，因此，在求解当前复杂问题时，必将得到广泛的应用。本书只是对计算智能主要技术的理论框架和特点做简要概括，并对计算智能各方面的综合集成和由此而突现的特性做一些介绍。然而计算智能作为一种新兴的智能处理技术，还不能说达到了成熟和完善的地步，还有一些理论和应用问题有待进一步研究和解决：

1）作为计算智能各种智能模拟算法基石的理论研究应更加深入。对各种算法的工作机理、数学基础和动力学特性等的深入研究和认识，不仅可使我们更好地分析算法的性质，而且可帮助设计新的算法、改进已有的算法。

2）新的智能模拟算法将成为重要的研究方向。随着人工智能研究的深入和应用的日益广泛，在研究和改进现有算法的基础上，在各学科不断交叉发展的大背景下，新的智能模拟算法必将成为研究热点。

3）计算智能各种智能算法的综合集成将是研究的一个热点。各种不同的算法，各有其特长与局限，如果我们把不同的算法结合起来，构成一个优势互补、复合协同的综合集成系统，那么计算智能就会有更强大的解决问题能力并可能拥有意想不到的效果。

4）应用是计算智能研究的推动力。加强计算智能的应用研究以指导并推广其在工程中的应用，会为社会带来更大的价值和节约更多的资源。

5）更好地接近大脑的智能和更好地模拟自然现象的本质是计算智能技术研究的精髓。计算智能是对自然现象或生物体的各种原理和机理的借鉴和模拟，自然现象的涌现与复杂系统动力学的混沌，还有大脑的模糊逻辑思维、空间想象和形象思维等人类智慧，这些都是智能模拟算法要模拟的精髓和本质。

1.3　智　能　决　策

1.3.1　智能决策的内容

随着计算机技术和应用的发展，如科学计算、数据处理、管理信息系统的发展以及运筹学和管理科学的应用，为智能决策的形成打下了基础。智能决策是指综合了人工智能、商务智能（张春阳等，2002）、决策支持系统、知识管理系统、专家系统和管理信息系统中的知识、数据、业务流程等内容，能起到更有效的辅助决策作用，通过模型库、方法库、专家库等进行分析、推理，帮助解决复杂决策问题的辅助决策支持系统。智能决策可使决策支持系统更充分地应用人类知识，进行多维的知识和数据挖掘和分析，既能处理定量问题，又能处理定性问题，是信息系统的最高层次，是信息社会的重要特征。它的应用使信息资源的价值越来越大，使数据资源真正成为企业和社会的核心资源。

1.3.2 智能决策的发展历史

人工智能在 20 世纪 50 年代产生，70 年代兴起的专家系统和 80 年代兴起的神经网络使人工智能在实用上产生了明显的效果。虽然计算机为人工智能提供了必要的技术基础，但是人工智能的发展并非一帆风顺，50 年代早期人们注意到人类智能与机器之间的联系，70 年代才重视知识的作用，中间曾经被冷落过。专家系统虽然有广泛的应用前景，但知识获取确实是一个困难的过程。80 年代后期兴起的机器学习为知识的自动获取提供了新路，机器学习中的示例学习已经达到实用阶段。

70 年代兴起了管理信息系统（Schirmer, et al., 2003）。管理信息系统刚开始以数据文件为基础，后来发展了数据库系统，它是以数据形式辅助决策。第二次世界大战后兴起的运筹学，50 年代兴起的管理科学，研究出了大量的数学模型，它们是以模型的方式辅助决策，取得了显著的效果。80 年代兴起的决策支持系统是以模型库为基础的。模型也从数学模型扩展到了数据处理模型。数学模型和数学处理模型的多模型组合式是决策支持系统的核心。决策支持系统可以看成是管理信息系统和运筹学相结合而发展起来的。虽然后来随着数据库的出现，数据库语言的数据处理功能也逐步增强，但决策支持系统要求有强大的数值分析能力和数据处理能力，数据库语言的数值分析能力仍然很薄弱，而数值计算语言又不具有数据库操作能力。

80 年代初期，波恩切克（Boncze）等率先提出智能决策支持系统（intelligence decision support system, IDSS）。它是管理决策科学、运筹学、计算机科学与人工智能相结合，是决策支持系统与人工智能相结合的产物。它将以定量分析辅助决策的决策支持系统与以定性分析辅助决策的专家系统结合起来，进一步提高了辅助决策的能力。

80 年代末为了研制决策支持系统开发工具，通过设计实现了具有数值分析和数据处理能力相结合的决策支持系统语言。它通过控制数学模型或数据处理模型的运作，进行数值分析和数据处理工作，解决有实际意义的决策支持系统的问题，达到了模型部件、数据部件和人机对话部件统一的有机整体的目标。

90 年代，出现了贝尔实验室（AT&T Bell Laboratories）的本贾尼·施特劳斯特卢普（Bjarne Stroustrup）设计和实现的 C++ 程序设计语言、微软提出的数据库访问接口标准（open datebase Connectivity, ODBC）以及数据库接口语言代码库等多种程序设计语言。这些以 C++ 为主语言嵌入数据库接口语言而形成的宿主语言是开发决策支持系统的有效途径。

90 年代中期，数据仓库和数据开采两项决策支持技术风起云涌。数据仓库的提出是以关系数据库、并行处理和分布式技术的飞速发展为基础，它是解决信息技术在发展中一方面拥有大量数据，另一方面有用信息却很贫乏这种不正常现象的综合解决方案，目标是支持决策。数据开采是从人工智能的机器学习中发展起来的，它是面向主题的。面向数据库的机器学习方法形成了知识发现，它被认为是从数据中发现有用知识的整个过程。数据开采被认为是知识发现过程中的一个特定步骤，它用专门算法从数据中抽取模式。

1.3.3 智能决策的应用领域

如今智能决策已经越来越广泛地应用到电子商务、风险评估、故障预警、汽车制造（车载系统）、智能交通、连锁零售、市场营销等各个领域。越来越多的信息技术和智能技术被应用到智能决策领域，如云计算技术被用来充当智能决策的强大信息处理后台；社交网络辅助智能决策，用来分析客户组的行为习惯，被称作"社交重新定向"；物联网技术、体感技术用来感知外部客户需求的变化等。在智能城市建设中，智慧传感和城市智能决策平台被用来解决节能、环保、水资源等重要的民生问题，帮助城市实现定位、功能培育、结构调整、特色建设等一系列现代城市发展中的关键问题。电网调度应用智能决策支持相关技术，在海量数据里提炼有价值的决策信息，实现电网监视、智能报警、电力系统分析、节能发电调度等决策自动生成和决策效果校验的智能化决策支持。

图 1-6 所示为我国目前已开发的智能决策的应用。可见决策支持系统的应用已经深入到人们生活的各个方面。人们在日常生活中，随时都要做出选择和决定，这种选择和决定就是决策。现代化的社会经济生活规模宏大，变化和进展迅速，各种关系错综复杂，不论是对个人、集体、地区、国家，决策的正确与否，影响都是巨大的；一念之差，影响到事业的成败、组织的兴亡盛衰。而正确有效的决策在于充分掌握信息和根据信息做出正确判断，因此采集、整理和分析信息是决策的首要任务。决策支持系统就是基于计算机上的交互式信息系统，主要目的是为决策者提供有价值的信息，帮助决策者解决半结构和非结构决策问题。随着决策支持系统和人工智能技术的不断发展，由决策支持系统和人工智能技术融合的智能决策支持系统将不断完善，应用的范围将更加广泛和深入人们的生活。

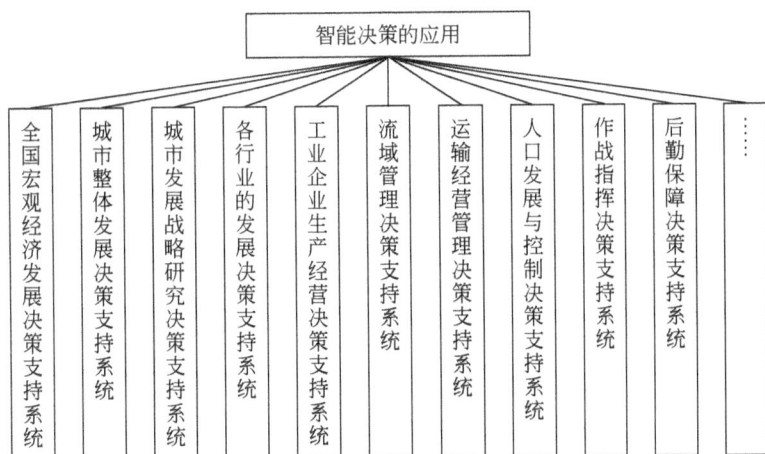

图 1-6 智能决策的应用

1.3.4 智能决策的基本构成

1.3.4.1 科学计算

科学计算是一个利用与数学模型构建、定量分析方法和计算机来分析和解决科学问题相关的研究领域。科学计算常被认为是科学的第三种方法，是实验/观察和理论这两种方法的补充和扩展。科学计算的本质是数值算法计算数学。在发展科学计算算法、程序设计语言的有效实现和计算结果确认上，人们已经做出了实质性的努力。科学计算中的一系列问题和解决方法都可以在相关文献中找到。

在实际应用中，科学计算主要应用于：对各个科学学科中的问题进行计算机模拟和其他形式的计算。这一领域不同于计算机科学（对于计算、计算机和信息处理的研究），同时也有异于科学和工程学的传统形式——理论与实验。科学计算主要需通过在计算机上实现的数学模型进行分析。科学家和工程师发展了计算机程序和应用软件，来为被研究的系统创建模型，并以多种输入参数运行这些程序。一般来说，这些模型需要大量的计算（通常为浮点计算），常在超级计算机或分布式计算平台上执行。科学计算中的算法和数学方法是多样的，包括数值分析、图论集、蒙特卡洛方法、数值线性代数和牛顿法等。其中最常用的数值分析是计算科学中使用的技法的重要基础。数值分析的特点是计算方法比较复杂，方法种类多种多样，如数值微分，数值积分，常、偏微分方程，线性代数方程，有限元等。数值分析关心的焦点是计算的精度（误差影响）。

1.3.4.2 数据处理

数据处理是用计算机收集、记录数据，经加工产生新的信息形式的技术。数据指数字、符号、字母和各种文字的集合。数据处理可由人工或自动化装置进行处理，涉及的加工处理比一般的算术运算要广泛得多。数据经过解释并赋予一定的意义之后，便成为信息。数据处理的基本目的是从大量的、可能是杂乱无章的、难以理解的数据中抽取并推导出对于某些特定的人们来说是有价值、有意义的数据。数据处理是系统工程和自动控制的基本环节。

计算机数据处理主要包括八个方面。①数据采集：采集所需的信息。②数据转换：把信息转换成机器能够接收的形式。③数据分组：指定编码，按有关信息进行有效的分组。④数据组织：整理数据或用某些方法安排数据，以便进行处理。⑤数据计算：进行各种算术和逻辑运算，以便得到进一步的信息。⑥数据存储：将原始数据或计算的结果保存起来，供以后使用。⑦数据检索：按用户的要求找出有用的信息。⑧数据排序：把数据按一定要求排成次序。

数据处理系统已广泛应用于各种企业和事业，内容涉及薪金支付、票据收发、信贷和库存管理、生产调度、计划管理、销售分析等。它能产生操作报告、金融分析报告和统计报告等。数据处理技术涉及文卷系统、数据库管理系统、分布式数据处理系统等方面的技术。此外，由于数据或信息大量地应用于各种各样的企业和事业机构，工业化社会中已形成一个独立的信息处理业。数据和信息本身已经成为人类社会中极其宝贵的资源。信息处理业对这些资源进行整理和开发，借以推动信息化社会的发展。

数据处理离不开软件的支持，数据处理软件包括：用以书写处理程序的各种程序设计语言及其编译程序、管理数据的文件系统和数据库系统，以及各种数据处理方法的应用软件包。为了保证数据安全可靠，还有一整套数据安全保密的技术。

1.3.4.3 管理信息系统

20 世纪 50 年代起，经济管理领域开始利用计算机代替人工成批处理大量数据。这一时期的电子数据处理系统程序功能简单，程序和数据不独立；主要完成单项事务的管理。由于电子数据处理系统没有充分研究实际管理系统的信息流程，没有考虑各类数据和各项事务工作间的内在联系，未能将它们紧密地结合起来，致使数据资源共享性差，未能将管理过程作为一个整体予以支持。在这一阶段中，利用计算机的主要目的是节省人力、降低人工费用、减轻工作负担、提高工作效率。

60 年代以后，随着以数据库为标志的数据组织处理技术的发展和层次数据库、网状数据库、关系数据库的相继提出并成熟起来，管理信息系统作为利用计算机处理整个管理过程中信息的软件系统也发展起来。

管理信息系统的基本特征是以文件和数据库作为数据管理的软件支撑，数据的共享性强，程序和数据相对独立。事实上，在整个 70 年代和 80 年代，管理信息系统几乎都与数据库，特别是关系数据库联系在一起。

今天的管理信息系统具有很高的综合性，一个企业或部门在开发管理信息系统时，一般都综合考虑财务、业务和人事等多方面的需要，以及信息的共享和交换。随着应用的深入和技术的进步，管理信息系统的缺陷就表现出来了。基本原因是：管理信息系统重点在于完成日常管理活动的信息处理，却忽视了现代管理的重点在于决策这一基本思想，没有把管理、决策和控制联系在一起，往往无法提供决策人员所需要的信息。

1.3.4.4 运筹学与管理科学

运筹学是近代应用数学的一个分支，主要是研究如何将生产、管理等事件中出现的运筹问题加以提炼，然后利用数学方法进行解决的学科。运筹学是应用数学和形式科学的跨领域研究，利用统计学、数学模型和算法等，寻找复杂问题中的最佳或近似最佳的解答。运筹学经常用于解决现实生活中的复杂问题，特别是改善或优化现有系统的效率。运筹学的思想在古代就已产生，但是作为一门数学学科，用纯数学的方法来解决最优方法的选择安排，却是在 20 世纪 40 年代才开始兴起的一门分支。运筹学主要研究经济活动和军事活动中能用数量来表达的有关策划、管理方面的问题。当然随着科学技术和生产的发展，运筹学已渗入很多领域，发挥了越来越重要的作用。运筹学本身也在不断发展，现在已经是包括好几个分支的数学部门了。在英国称运筹学为 Operational Research，美国称运筹学为 Operations Research（OR）。中国科学工作者取"运筹"一词作为 OR 的意译，包含运用筹划、以策略取胜等意义。

管理科学是应用数学、统计学和运筹学中的原理和方法，建立数学模型和进行计算机仿真，给管理决策提供科学依据的学科。管理科学是从 F. W. 泰勒（F. W. Taylor）创立的科学管理发展起来的。科学管理盛行了四五十年，在提高工作效率方面起了很大的作用。第二次世界大战时，英国成立了世界上第一个运筹学小组——布莱克特（Brecht）小组。运筹学与系统分析的方法就逐渐发展起来。管理科学的核心问题是借助于管理信息系统，通过建立数学模型和计算机仿真，来优化管理决策，以提高经济效益和社会效益。

管理科学已经扩展到各个领域，形成了内容广泛、门类齐全的独立学科体系，管理科学已经成为同社会科学、自然科学并列的第三类科学。管理现代化是应用现代科学的理论和要求、方法，提高计划、组织和控制的能力，以适应生产力发展的需要，使管理水平达到当代国际上先进水平的过程，也是由经验型的传统管理转变为科学型的现代管理的过程。

应用运筹学和管理科学处理问题时，分为五个阶段：①明确问题和目标，包括把整个问题分解成若干个子问题，确定问题的可控制变量和不可控制变量以及有关的常数和参数。②收集数据和建立模型：包括定义关系、经验关系和规范关系。③求解模型和优化方案：包括确定求解模型的数学方法，编制程序和调节程序，仿真运行和方案优选。④检验模型和评价模型是否合理：包括检验模型得到的解，并用实验数据来评价模型的解。⑤方案实施和不断优化，包括应用所得的解，解决实际的问题，并在方案实施的过程中发现新的问题和不断进行优化。

1.3.4.5　决策支持系统

20 世纪 70 年代后，随着管理信息系统的日益成熟，人们自然有了进一步的要求，尤其决策者特别需要一个能辅助他们进行高效决策的系统。与此同时，运筹学、数理统计、计算机模拟、图形图像技术等新方法新技术的迅速发展，计算机硬件性能大幅度提高，廉价微机出现，计算机应用日益普及，使管理信息系统向决策支持的方向发展成为可能。决策支持系统使人机交互系统、模型库系统、数据库系统三者有机地结合起来。它大大扩充了数据库功能和模型库功能，即决策支持系统的发展是管理信息系统上升到决策支持系统的新台阶。决策支持系统使那些原来不能用计算机解决的问题逐步变成能用计算机解决。

在人工智能的各个领域，特别是决策支持系统及其智能化技术都有较大的发展。日本第五代计算机开发计划方向之一就是决策支持系统和专家系统的集成。系统的一个关键部分是知识库及其管理系统，它把目前的数据库管理系统都结合了进去。问题求解推理系统体现了知识工程的特性，智能接口系统则包含了自然语言接口。此外，智能的系统化和通用系统也将得到研究和发展。欧洲的信息技术战略研究计划（ESPRIT）是个庞大的计划，是欧洲为了集中力量与美、日抗衡而建立的。这个项目包括现代微电子技术、现代信息处理技术、办公室系统、计算机一体化和软件技术五部分，细分为 28 个研究领域。

1.3.4.6　专家系统

20 世纪 70 年代中期，以 MYCIN① 为标志，一大批成功的专家系统涌现出来。专家系

---

① MYCIN：是由美国斯坦福大学研制的一个典型的用于医学的专家系统。它于 20 世纪 70 年代初开始研制，用于细菌感染患者的诊断和治疗。

统（expert system，ES）是一个含有知识型程序的系统，它使计算机具有人类专家那样的解决问题的能力，它依靠大量的专门知识解决特定领域的复杂问题。

专家系统可概括为：专家系统＝知识库＋推理机。其中，知识获取是把专家的知识按一定的知识表示形式输入到专家系统的知识库中。专家一般不具备计算机知识，需要将专家的知识翻译和整理成专家系统需要的知识，而人机接口将用户的咨询和专家系统提出的建议和结论进行人机之间的翻译和转换。

1.3.4.7　智能决策支持系统

专家系统模拟的是某一领域的专家解决问题的能力，支持决策者决策实际上也是专家的职能，专家系统在解决非结构化问题上取得了巨大的成就，而在决策领域，面临的大量问题正是这样的非结构化问题，所以如何将两者结合起来更好地支持决策自然就成为人们研究的方向。

20世纪70年代建立在数据处理和模型驱动基础上的决策支持系统，侧重于定量分析，对不确定性、非结构化问题无能为力，不具备人的智能，缺乏知识和专家的支持，因而决策水平不高。而以知识库为基础的专家系统具有模拟人类专家水平的能力，侧重于定性分析。于是，80年代开始在决策支持系统的基础上集成人工智能中的专家系统，这样决策支持系统就发展为智能决策支持系统。传统的结合方式是将专家系统技术集成到决策支持系统的不同部件中，或者将专家系统作为决策支持系统的一个分离部件。

智能决策支持系统是以大量的信息收集和大量的知识为基础，将它们存储在数据库和知识库中，为问题处理系统服务。将实际问题转换成计算机能进行求解的过程，就是通过对问题的分解和分析，建立问题求解的总框架模型，根据这个总框架模型的各组成部分的目标、功能、数据和求解的要求来决定各组成部分是建立新模型，还是选择已有的成熟模型；多模型如何组合；需要利用哪些数据，是采用数值计算模型还是采用知识推理模型进行各种处理方法选择，然后对其进行求解。将求解的结果或得到的支持决策的信息反馈给决策用户。

智能决策支持系统既发挥了专家系统以知识推理形式解决定性分析问题的特点，又发挥了决策支持系统以模型计算为核心的解决定量分析问题的特点，充分做到了定性分析和定量分析的有机结合，使解决问题的能力和范围得到了发展。

第 2 章   相关基础理论

2.1   知识发现的理论基础

数据挖掘和数据库中的知识发现研究，着重于开发针对各种数据挖掘任务的性能优异的算法，一些研究者致力于数据挖掘过程、用户界面、数据库主题或可视化的研究。可以说几乎没有文献详细讨论过知识发现实现的理论基础，本章将介绍知识发现和数据挖掘的理论框架。

知识发现和数据挖掘是应用驱动的研究领域，探求其理论框架具有不可低估的价值。纵观数据库技术的发展足以说明理论研究在整个计算机科学中的地位和作用。数据库理论始于 20 世纪 60 年代，由于没有清晰的结构及相应的理论框架，面对不同的应用，数据的管理与存储无章可循，复杂的数据层次、呈网状类型的原始数据及其管理方法，严重制约了数据库技术的发展。科德的关系模型用一种简洁而又精炼的理论框架说明数据的结构及其操作。关系模型数学上的精美，使其成为查询优化和事务处理的先进方法，而其中的交互作用也使数据库管理系统更为有效。关系模型是一个清楚的例证。它充分说明计算机科学和理论如何将无关的大杂烩式数据转变为一个简洁而又易于理解的整体。同时，也确保了在该领域的工业化过程的实施。

同样的，数据挖掘理论应具备简洁、易用的特性，应能获得数据挖掘算法的结果，应具备模型化典型的数据挖掘任务（如聚类、规则发现、分类等）的功能，应易于讨论所发现的模式或模型的概率特征，易于讨论数据及其归纳、概化的特性；并能接受不同形式的数据（关系数据、序列数据、文本数据、Web 数据）等。数据挖掘是一个交互而重复的过程，关于所挖掘的知识的判断并没有唯一的标准，因此，数据挖掘的理论框架应充分保证满足这些条件。

知识发现是一个集统计学、机器学习、人工智能、数据库等理论为一体的一个交叉领域，因此，其理论框架主要有数学理论、机器学习理论、数据库理论、可视化理论等。

2.1.1   数学理论

概率论是研究随机现象规律的数学。随机现象是指在相同条件下，其出现的结果是不确定的现象。随机现象又可分为个别现象和大量随机现象。对大量随机现象进行观察所得到的规律性，被人们称为统计规律性。

2.1.1.1 概率论基础

统计学中，习惯于把对对象的一次观察、登记或实验称为一次试验。随机做试验即是对随机现象的观察。随机试验在完全相同的条件下，可能出现不同的结果，但所有可能的结果的范围是可以估计的，即随机试验的结果具有不确定性和可预计性。统计学中，把随机试验的结果，即随机现象的具体表现称为随机事件或事件。

随机事件是指试验中可能出现、也可能不出现的结果。随机现象中，其标志表现的数是指全部样本中拥有该标志表现的单位总数。

定义 2.1（统计概率） 若在大量重复试验中，事件 A 发生的频率稳定地接近于一个固定的常数 p，它表明事件 A 出现的可能性大小，则称此常数 p 为事件 A 发生的概率，记 $P(A)$，即 $P(A)=p$。

可见，概率就是频率的稳定中心，任何事件 A 的概率为不大于 1 的非负数，即 $0 \leqslant P(A) \leqslant 1$。

概率的统计意义与频率联系紧密且易于理解，但是用试验的方法来求解概率是复杂的，有时甚至是不可能的。因此，常用古典概率和几何概率来求解计算问题。

定义 2.2（古典概率） 设一种试验、有且仅有有限的 N 个等可能的结果，即 N 个基本事件，而 A 事件包含其中 K 个可能结果，则称 K/N 为事件 A 的概率，记为 $P(A)$。

$$P(A) = \frac{K}{N}$$

古典概率的计算要知道全部的基本事件数目，它局限于离散的有限总体。而对无限总体或全部基本事件未知的情况，求解概率需采用几何模型，同时，模型也提供了概率的一般性定义。

定义 2.3（几何概率） 假设 Ω 是几何型随机试验的基本事件空间，F 是 Ω 中一切可测集的集合，则对于 F 中的任意事件 A 的概率 $P(A)$ 为 A 与 Ω 的体积之比，即

$$P(A) = \frac{V(A)}{V(\Omega)}$$

定义 2.4（条件概率） 把事件 B 已经出现的条件下事件 A 发生的概率记作 $P(A \mid B)$，并称之为在 B 出现的条件下 A 出现的条件概率，而称 $P(A)$ 为无条件概率。

若事件 A 与 B 中的任一个出现，并不影响另一事件出现的概率，即当 $P(A)=P(AB)$ 或 $P(B)=P(BA)$ 时，则称 A 与 B 是相互独立的事件。

定理 2.1（加法定理） 两个不相容（互斥）事件之和的概率，等于这两个事件概率之和，即

$$P(A + B) = P(A) + P(B)$$

两个互逆事件 A 和 $1-A$ 的概率之和为 1。即当 $A+1-A=\Omega$，且 A 与 $1-A$ 互斥，则 $P(A)+P(1-A)=1$，或写为 $P(A)=1-P(1-A)$。

若 A、B 为两任意事件，则 $P(A+B)=P(A)+P(B)-P(AB)$ 成立，此定理可推广到三个及以上的事件。

$$P(A + B + C) = P(A) + P(B) - P(AB) - P(BC) - P(AC) + P(ABC)$$

定理 2.2（乘法定理） 设 A、B 为两个独立事件，则其乘积的概率等于 A 和 B 的概率的乘积，即

$$P(AB) = P(A) \cdot P(B) \quad \text{或} \quad P(AB) = P(B) \cdot P(A)$$

设 A、B 为两个任意的非零事件，则其乘积的概率等于 A（或 B）的概率与 A（或 B）出现的条件下 B（或 A）出现的条件概率的乘积，即

$$P(AB) = P(A) \cdot P(B \mid A)$$

或

$$P(AB) = P(B) \cdot P(A \mid B)$$

此定理可以推广到三个以上事件的乘积的情形，即当 n 个事件乘积 $P(A_1 A_2 \cdots A_{n-1}) > 0$ 时，则乘积的概率为

$$P(A_1 A_2 \cdots A_n) = P(A_1) \cdot P(A_2 \mid A_1) \cdot P(A_3 \mid A_2 A_1) \cdots P(A_n \mid A_{n-1} \cdots A_2 A_1)$$

当事件两两独立时，则有

$$P(A_1 A_2 \cdots A_n) = P(A_1) \cdot P(A_2) \cdot P(A_3) \cdots P(A_n)$$

2.1.1.2 贝叶斯概率

先验概率是指根据历史资料或主观判断所确定的各事件发生的概率，该类概率没有经过实验验证，属于检验前的概率，因此称为先验概率。先验概率一般分为两类，一是客观先验概率，是指利用过去的历史资料计算得到的概率。二是主观先验概率，是指在无历史资料或历史资料不全的时候，只能凭借人们的主观经验来判断取得的概率。

后验概率一般是指利用贝叶斯公式，结合调查等方式获取的新的附加信息，对先验概率进行修正后得到的更符合实际的概率。

联合概率也称乘法公式，是指两个任意事件的乘积的概率，或称之为交事件的概率。

如果影响事件 A 的所有因素 B_1，B_2，$\cdots$ 满足 $B_i \cdot B_j = \phi$，$B_i \cup B_j = \Omega$，$(i \neq j)$，且 $p(B_i) > 0$，$i = 1, 2, \cdots$，则必有

$$P(A) = \sum P(B_i) P(A \mid B_i)$$

贝叶斯公式也称后验概率公式，或称逆概率公式，设先验概率为 $P(B_i)$，新附加的信息为 $P(A_j \mid B_i)$，其中 $i = 1, 2, \cdots, n$，$j = 1, 2, \cdots, m$，则贝叶斯公式计算的后验概率为

$$P(B_i \mid A) = \frac{P(A \mid B_i) P(B_i)}{\sum_{j=1}^{n} P(A \mid B_j) P(B_j)}$$

显然贝叶斯概率适合于实现知识发现和数据挖掘。

2.1.1.3 贝叶斯学习理论

贝叶斯学习理论利用先验信息和样本数据来获得对未知样本的估计，而概率（联合概率和条件概率）是先验信息和样本数据信息在贝叶斯学习理论中的表现形式，如何获得这些概率即密度估计，是贝叶斯学习理论的焦点。贝叶斯密度估计着重研究根据样本的数据信息和人类专家的先验知识获得对未知变量的分布及其参数的估计。它包括两个过程，一是确定未知变量的先验分布；二是获得相应分布的参数估计。如果对于以前的信息一无所

知，则这种分布称无信息先验分布；如果已知其分布求其分布参数，则称之为有信息先验分布。在数据挖掘中，从数据中学习是数据挖掘的基本特征，因此，无信息先验分布是数据挖掘的主要研究对象。选取贝叶斯先验概率是用贝叶斯模型求解的第一步。常用的选取先验概率的方法有主观和客观两种。主观的方法是借助人的经验、专家的知识等来指定其先验概率。而客观的方法是通过直接分析数据的特点，来观察数据变化的统计特征，这时需要有足够多的数据才能真正体现数据的真实分布。由于贝叶斯学习理论具有稳固的理论基础和鲁棒性，因此适用于数据挖掘。

几种常用的先验分布的选取方法为共轭分布族方法、最大熵原则、杰佛莱原则等。

贝叶斯方法求解的基本步骤可概括如下：

1）定义随机变量。将未知参数看成随机变量，将样本的联合分布密度看成样本对随机变量的条件分布密度。

2）确定先验分布密度，采用共轭先验分布。如果没有先验分布的任何信息，则采用无信息先验分布的贝叶斯假设。

3）利用贝叶斯定理计算后验分布密度。

4）利用计算得到的后验分布密度对所求问题做出推断。

贝叶斯定理的计算学习机制是将先验分布中的期望值与样本均值按各自的精度进行加权平均，精度越高者其权值越大。在先验分布为共轭分布的前提下，可将后验信息作为新的计算的先验，用贝叶斯定理与进一步得到的样本信息进行综合。循环往复该过程后，样本信息的影响越来越明显。由于贝叶斯方法可以综合先验信息和后验信息，既可避免使用先验信息可能带来的主观偏见和缺乏样本信息时的大量盲目搜索与计算，也可避免只使用后验信息带来的噪音的影响，因此，适用于具有概率统计特征的数据挖掘和知识发现的问题，尤其是样本难以取代或样本代价昂贵的问题。合理准确地确定先验知识，是贝叶斯方法有效学习的关键。

简单贝叶斯学习模型将一个训练实例分解成特征向量 X 和决策类别变量 C。简单贝叶斯模型假定特征向量的各分量相对于决策变量是相对独立的，也就是说各分量独立地作用于决策变量。这一假定以指数级降低了贝叶斯网络的复杂性，并且在许多领域，简单贝叶斯网络表现出相当的健壮性和高效性，已成功应用于分类、聚类、模型选择等数据挖掘算法中。目前的研究主要集中于改善特征向量间的独立性的限制，以提高适用范围。

2.1.2　机器学习理论

学习能力是人类智能的重要一环。机器学习的目的就是将数据库和信息系统中的信息主动提炼并转换成知识，然后自动地加入到知识库中，即机器学习的目的是自动获取知识。

机器学习的一般过程是建立理论、形成假设和进行归纳推理。学习过程总是与环境和知识库有关，环境和知识库是某种形式的信息的整合，分别代表外界信息源和系统具有（获得）的知识，通过学习环节处理外界环境提供的信息，以改进知识库中的知识。

在机器学习中，学习环节的任务就是解决环境提供的信息水平和实际应用中所需的信息水平之间的差距问题。如果环境提供较抽象的高水平信息，则应补充细节信息；否则就要进行规则归纳，获取抽象知识。

20世纪50年代，机器学习采用了两种不同的研究方法。在控制理论中，使用多项式等为基函数，利用优化的方法建立模型，刻画对象的行为，称为辨识或参数估计或建模；而以罗森布拉特（Rosenblatt）的感知机为代表的研究，则是从神经元模型出发，将扩展为多个神经元的MP模型作为优化算法的数学基函数，其区别仅仅是采用了不同的基函数。

从50年代末到80年代，在人工智能中，机器学习的研究完全脱离了以基于统计的传统优化理论为基础的研究方法，而提出一种以符号运算为基础的机器学习。

以符号运算为基础的机器学习，代替了以统计为基础的机器学习，成为人工智能研究的主流。归纳学习（著名的算法有AQ11与ID3）、基于解释的学习、类比学习运用广泛，与类比学习相似的基于案例的学习解决问题的能力较强。这些研究丰富了机器学习的研究内容。

1995年瓦普尼克（Vapnik）在统计学习理论研究的基础上，指出经验风险最小的问题，提出了结构风险最小化。在这一理论框架下产生了支撑矢量机的学习方法，也是一种构造性的学习方法。

常用的机器学习方法有规则归纳、决策树、案例推理、贝叶斯信念网络、科学发现、遗传算法等。规则归纳反映数据集中某些数据项之间的统计相关性。决策树也是一种特定形式的规则集，以规则的层次组织为特征。案例推理是直接使用过去的经验或解法来求解给定的问题。目前案例推理已与最近相邻原理、格子机结合，以求解一些新问题。贝叶斯信念网络是概率分布的图表示，贝叶斯信念网络是一种有向无环图，结点表示属性变量，边表示属性变量之间的概率依赖关系。与每个结点相关的是条件概率分布，描述该结点与其父结点之间的关系。科学发现是在实验环境下发现科学定律。神经网络是一种新的计算模型，它模拟人脑神经网络系统的结构和某些工作机制建立一种计算模型。这种计算模型的特点是，利用大量的简单计算单元连成网络，实现大规模并行计算。神经网络的工作机理是通过学习，改变神经元之间的联结强度。

人具有自适应、自学习等创新知识的能力，这是当代计算机所无法比拟的。因此，人们期望对人脑神经系统的结构、信息加工、记忆、学习机制进行分析和探索，提出解决上述差距的新思想、新方法。目前，关于复杂巨系统的研究取得了许多进展，非平衡系统的自组织理论（即耗散结构理论）、协同学理论、混沌动力学和奇怪吸引子理论等的研究更加深入。这些理论主要研究复杂行为系统如何通过元件之间的相互作用，使系统的结构由无序到有序，由简单到复杂，类似于生物系统的进化和自组织的过程，也类似于认知系统的学习过程。与此同时，神经科学和脑科学日益受到人们的重视，在感觉系统、特别是视觉系统研究中发现的侧抑制原理、皮层结构，以及信息处理的并行、层次的概念，已证明是神经系统处理信息的普遍原则。科霍南（Kohonen）提出的联想记忆理论、福岛邦彦（Kunihiko Fukushima）与高士柏（Grossberg）提出的感知机的共振适应理论、阿玛瑞（Amari）所做的神经网络数学理论的研究等推动了神经网络的研究进展。20世纪80年代以来，有关神经网络的研究进展迅速，取得突破性进展的工作当属霍兰德。他提出了离散的神经网络模型，有力地推动了神经计算的研究，霍兰德引入 Lyapuuov 函数，给出了网络的稳定性判据。1984 年霍兰德又提出了连续神经网络模型，使神经网络可以用电子线路来仿真。

2.1.2.1　归纳学习

归纳学习是符号学习中广泛研究的一种方法。给定关于某个概念的一系列已知的正例或反例，归纳的任务是从中归纳出一个通用的概念描述。归纳学习可获得新的概念，创立新的规则，发现新的理论，归纳学习的基本操作是特化。

单个概念的归纳学习的过程是构造全体实例形成的实例空间。用某种描述语言描述每个实例或某实例集，即概念。通过学习，从实例空间抽出两类实例子集，即正例集和反例集。如果能够在有限步骤内找到一个概念，完全包含了正例集，且与反例集的交集为空，则该概念的学习是成功的，否则，是失败的。如果存在一个确定的算法，使得对于任意的正例集和反例集学习成功，则称该实例空间在该语言表示下是可学习的。

归纳原理的基本思想实际上是在大量观察的基础上，通过假设形成一个科学理论。归纳推理就是由特殊到一般的推理。归纳推理时搜索规则空间的方法分为数据驱动和模型驱动两类。其中数据驱动可以逐步学习，通过检查所有实例测试和放弃假设，在新的实例使用时，必须回测或重新搜索规则空间，模型驱动则使用整个实例空间，系统对假设进行统计测量，因此，模型驱动的抗干扰性较强。

2.1.2.2　决策树学习

决策树学习是以实例为基础的归纳学习算法。算法从一组无序的、无规则的事例中推理出决策树表示形式的分类规则。一般在决策树中采用自顶向下的递归方式，在决策树的内部结点进行属性值的比较并根据不同的属性值判断从该结点向下的分支，在树的叶结点得到结论。数据挖掘中的分类常用决策树来实现。

2.1.2.3　类比学习和基于案例的学习

类比是人类重要的认知方法，也是经验决策过程中常用的推理方式，允许知识在具有相似性质的领域进行转换。类比学习和基于案例的学习是同一思维的两个方面，两者都依靠记忆的背景知识指导复杂的问题求解。类比学习强调对过去情况的修改、改写和验证过程，而基于案例的学习则注重案例的组织、层次索引和检索。

所谓类比学习，是把两个或两类事物进行比较，找出它们在某一抽象层次上的相似关系，并以这种关系为依据，把某一事物的有关知识加以适当的整理对应到另一事物中，从而获得求解另一事物的知识。其核心是相似性的定义和度量。类比推理是根据已知的情况，用类比的方法回答另一领域的问题，类比推理的基础是事物、状态或关系之间的相似性。

类比学习和推理是任何类比学习系统不可分割的部分，类比学习是一种获取新概念或新技巧的方法。类比学习通过联想搜索匹配，检验其相似程度，找到类似的概念或技巧，然后修正变换求解，更新知识库。

2.1.3　数据库理论

数据库技术的萌芽从 20 世纪 60 年代中期开始，到 60 年代末 70 年代初商品化软件 MIS 的推出、数据库任务组（data base task group，DBTG）报告、埃德加·弗兰克·科德（E. F. Codd）发表的"大型数据库数据的关系模型"的理论，开创了数据库和关系数据理论的研究，标志着数据库技术的成熟，并有了坚实的理论基础。

70 年代后，数据库技术有了很大发展。基于关系模型的数据库管理系统越来越丰富，性能越来越好，功能越来越强，其应用领域广泛。

数据库就是按照一定的组织结构在计算机存储介质上存储的相关数据，它具有数据结构化、数据独立性和数据共享的特点。数据库管理系统是用来帮助用户在计算机上建立、使用和管理数据库的软件系统，因此，数据库是数据的综合，不仅反映数据本身的内容，而且反映数据之间的联系。人们在数据库系统的形式化结构中采用数据模型来抽象、表示和处理现实世界中的数据和信息。

不同的数据模型提供不同的数据和信息的模型化工具，根据模型应用的不同目的，可将模型分为两个层次，一是概念模型（或信息模型），二是数据模型（如网状模型、层次模型、关系模型）。概念模型是按用户的观点来对数据和信息进行建模，数据模型是按计算机系统的观点对数据建模。

一般地讲，数据模型是严格定义的概念的集合，这些概念精确地描述了系统的静态特性、动态特性和完整性约束条件。数据模型可以用来描述数据的结构和数据的各种运算操作。因此，数据模型常由数据结构、数据操作和完整性约束三部分组成。在数据库系统中常按数据结构的类型来命名数据模型。如层次结构、网状结构和关系结构的类型分别为层次模型、网状模型和关系模型。数据操作是指对数据库中各种对象的实例（值）允许的操作的集合，包括操作和有关的操作规则。数据类型要定义这些操作的确切含义、操作符号、操作规则和实现这些操作的语言。也就是说，数据结构是对系统静态特性的描述，而数据操作是对系统动态特性的描述。数据的约束条件是完整性规则的集合，完整性规则是给定的数据模型中数据及其联系所具有的制约和依存规则，用以限定符合数据模型的数据库状态以及状态的变化，以保证数据的正确、有效、相容。

数据库理论提供了结构描述语言（外模式 DDL）、外模式描述语言、内模式数据描述语言来严格定义有关对象。

关系数据库是应用数学方法来处理数据库数据的。关系模型是建立在集合代数的基础上的。一个关系模式应是一个元组 R(U, D, DOM, F)，其中 R 是关系名，它是符号化的元组语义；U 是一组属性；U 中的属性来自的域用 D 表示；属性到域的映射用 DOM 表示；属性组 U 上的一组数据依赖 F。由于域 D 和映射 DOM 对模式设计的影响不大，所以可将关系看成三元组，当且仅当 U 上的一个关系 r 满足 F 时，r 称为关系模式 R(U, F) 的一个关系。在关系数据库中，要求关系的每一个分量是不可分的数据项，并把这样的关系称为规范化的关系，简称为范式。

在关系模型中，无论是实体还是实体之间的联系都由单一的结构类型即关系来表示。

关系的描述称为关系模式。它包括关系名、组成该关系的诸属性名、属性向域的映像、属性间的依赖关系等。某一时刻对应某个模式的内容称为相应模式的状态，它是元组的集合，称为关系。关系模式是稳定的，而关系是随时间不断变化的，因为数据库的数据在不断地更新。

关系模型给出了关系操作的能力和特点。关系语言的特点是高度非过程化。早期的关系操作用代数方式和逻辑方式表示，即关系代数等关系演算，两种方式的功能是等价的。用关系的运算来表达查询的方式称为关系代数，用谓词来表达查询要求的方式称为关系演算。关系演算又按谓词变元的基本对象是元组变量还是域变量分为元组关系演算和域关系演算。

关系代数的运算可分为两类：传统的集合运算和专门的关系运算。传统的集合运算包括并、交、差、广义笛卡儿积，这类运算将关系看成元组的集合，其运算是从关系的"水平"方向即行的角度来进行的。而专门的关系运算如选择、投影、连接，这一类运算不仅涉及行而且涉及列。关系代数的几种运算中只有并、差、笛卡儿积、投影和连接是基本运算，其余的运算可以用这五种运算来表达，引入另外的运算，并不增加语言的能力，而仅仅是简化了表达。

关系演算是以数理逻辑中的谓词演算为基础的。关系数据库的标准语言是结构化查询语言（structured query language，SQL），结构化查询语言功能丰富，使用灵活方便、语言简洁易学等特点突出，在计算机工业界和计算机用户中备受欢迎。结构化查询语言的功能包括查询、操纵、定义和控制。它是一个综合的、通用的、功能极强的关系数据库语言。结构化查询语言具有一体化的特点，用结构化查询语言可以实现数据库生命期中的全部活动。其次，由于关系模型中实体和实体之间的联系用关系来表示，其数据结构的单一性带来了数据操纵符的统一性，因为信息仅仅以一种方式表示。结构化查询语言有两种使用方式，一种是联机交互方式的表示，另一种是嵌入某种高级语言的程序中，以实现数据库操作。即结构化查询语言既可作为自含式语言独立使用，也可作为嵌入式语言依附于主语言而存在。

结构化查询语言的数据操纵功能有 SELECT、INSERT、DELETE 和 UPDATA 等，结构化查询语言提供了查优化的机制。结构化查询语言是为传统数据库应用面开发的，可以生成报表、并发访问、实时更新等，但是结构化查询语言并没有为数据挖掘算法的实现提供相应的平台，主要是缺乏合适的原语和不能满足相应的效率要求这两个原因。传统结构化查询语言只能完成计数和聚合功能，无法实现统计、奇异值分解等操作。因此，拟合复杂的数据模型与数据库只能是松散耦合的方式，即将数据库中的数据下载到相应的算法中。

数据库中的数据和对象通常包含原始概念层的细节信息，数据概化是一个过程，它将与任务相关的大数据集从较低的概念层抽象到较高的概念层。用于大型数据库的有效而灵活的数据概化方法有数据立方体（或联机分析处理）方法与面向属性的归纳方法。汉（Han）等提出的面向属性的归纳方法，用于数据的概化和基于汇总的特征化。算法使用数据聚集和基于概念分层的概化方法从关系数据库中发现高层的规则。面向属性的归纳方法的基本思想是使用关系数据库查询并收集与任务相关的数据，再通过考察任务相关的数据中每个属性的不同值的个数，再通过属性概化或属性删除的方法进行概化。而聚集则是通过合并相等的广义元组，累计其对应的计数值进行数据聚集。通过这些方法可以压缩概化后的数据集合。结果的广义关系可以映射为不同的形式，如图表、规则等。

数据聚集是指从数据库中收集与任务相关的数据，而数据实现是指基于挖掘请求形成结构化查询语言查询并送给数据库管理系统（DBMS）。

属性概化是指如某属性有大量不同的值，并且该属性上存在概念分层，则可通过概念提升进行概化，即将属性的低层概念用相应的高层概念来代替。

属性删除是指如一个属性有大量的不同值，而对该属性不能概化或该属性的较高层的概念是用其他的属性表示的，则该属性应予删除。

在许多面向数据库的归纳过程中，用户感兴趣的是在不同的抽象层得到数据的量化信息或统计信息。因此，在归纳过程中累积计数和其他聚集值的获得是非常重要的。聚集函数计数（Count）是指概化期间，当合并相等的元组时，与每个数据库元组相关联的新属性，是归纳过程中的累积计数，还有一些聚集函数如求和（sum）和求平均（average）等，也可通过结构化查询语言来实现。

属性概化控制的目标是把握概化的尺度，属性概化控制方法常常有两种方式，一是属性概化阈值控制，通过对所有属性设置一个概化阈值或对每个属性设置一个阈值来控制。若属性的不同值的个数大于属性概化的阈值时，则应做进一步的属性删除或属性概化，阈值的设置可以由用户或专家确定。若对于一个特定的属性，概化的程度太高，可加大阈值，即属性下钻操作，反之可减小阈值，即属性上卷操作。二是概化关系阈值控制，即为概化关系设置一个阈值，如果概化关系中不同元组的个数超过该阈值，则再做概化，否则不再概化。阈值可以由专家或用户事先设定，并可调整。

面向属性的归纳方法对于大型数据库是极为有效的，它从数据库中发现高层的、概化的知识，而丢弃了有关的细节信息，当然概念分层需要领域专家的知识。

而数据立方体方法是基于数据仓库的、面向预计算的、物化视图的方法。它需要事先计算聚集。面向属性归纳的数据立方体方法主要有两种，一是对给定的数据挖掘查询临时构造数据立方体，二是使用预定义的数据立方体。前者根据任务相关的数据集，动态地构造数据立方体，这种数据立方体仅当查询提交之后才计算，后者是在数据挖掘查询提交系统之前构造数据立方体，并对其后的数据挖掘使用预定义的数据立方体。这一数据立方体是预计算的，因此，数据立方体方法适合于属性相关的分析、面向属性的归纳、切片和切块、上卷和下钻。但数据立方体计算和存储的开销较大。

一个数据挖掘系统应该与数据库或数据仓库系统结合，以各种形式无缝地集成到一个信息系统中来，其结合方式有无耦合的、松耦合的、半松耦合的和紧密耦合的。大型数据库中要发现知识，数据的归纳、查询、分类和统计是进行挖掘的基础，结构化查询语言提供的排序、索引、统计、汇总、统计值的预计算等是数据挖掘的有效实现和准备。目标数据集的选择、样本化、关联、分类和聚类等可在一定程度上运用结构化查询语言来实现。一般的数据挖掘过程也是由查询启动的，即由查询指定与任务相关的数据、待挖掘的知识类型、关联限制、阈值等。知识发现中的数据挖掘可能具有两种类型：数据查询和知识查询。数据查询用来发现存储在数据库系统中的具体数据，与数据库系统中的结构化查询语言一条语句对应。知识查询用来发现规则、模式和知识，它对应于数据库知识的查询。知识查询往往对应一个数据查询基础上的数据挖掘过程。实现知识查询要开发相应的数据挖掘原语。

面向数据库的方法用于大型数据库的数据挖掘是有效的和可伸缩的，其目标是搜索经验模式而不是模型或理论，因而是鲁棒性和客观的。然而，面向数据库的方法可能以数据模型为基础，从而限制了某些以一般发现为目的应用。因此，有时需要在有效性和一般性之间进行权衡。

随着数据库技术的发展，出现了各种高级数据库系统，以适应新的数据库应用的需要。新的数据库应用包括处理空间数据、工程设计数据、超文本数据和多媒体数据、时间相关数据。这些应用需要有效的数据结构和可伸缩的方法，处理复杂的对象结构，变长记录、半结构化和无结构的数据以及文本数据和多媒体数据，并具有复杂结构和变化的数据库模式。

空间数据库包含空间信息，空间数据库的数据可能以光栅格式提供，由 n 位位图或像意图构成。空间数据挖掘可以发现特定地区的特征数据，可以构造空间立方体，将数据组织到多维结构和层次中，进行有关的联机分析处理的操作。

时间数据库和时间序列数据库都存放与时间有关的数据。时间数据库通常存放包含时间相关属性的数据。时间序列数据库存放随时间变化的值序列，如股票的交易数据等。

文本数据库是包含对象文字描述的数据库。通常，这些词描述的不是简单的关键词，而是长句子或短文，文本数据库可能是高度非结构化的。有些文本数据库可能是半结构化的，而其他的可能是非结构化的。通常，具有很好结构的文本数据库可以使用关系数据库系统实现。文本数据库可以从中发现对象类的一般描述，以及关键词或内容的关联和文本对象的聚类行为。目前的技术是将标准的数据挖掘技术与信息检索技术和文本数据特有的层次构造，以及面向学科的术语分类系统集成在一起。

多媒体数据库存放图像、音频和视频数据，它们用于基于图像内容的检索、声音的传递、视频点播和基于语音用户界面的口令识别等问题。多媒体数据库必须支持大对象，因为像视频这样的数据对象可能需要兆字节级的存储，还需要特殊的存储和搜索技术，为了防止图像或声音间断和系统缓冲区溢出，要求视频和音频数据需以稳定的、预先确定的速率实量检索，因此，这种数据称为连续媒体数据，对于多媒体数据库的数据挖掘，需将存储和搜索技术与标准的数据挖掘方法集成在一起。目前好的方法有多媒体数据立方体、多媒体数据的特征提取和基于相似性的模式匹配。

异种数据库由一组互联的、自治的成员数据库组成。这些成员相互通信，以便交换信息和回答查询。一个成员数据库中的对象可能与其他成员数据库中的对象不同，使其很难将它们的语义吸收进一个整体的异种的数据库中。许多企业需要遗产数据库，遗产数据库是一种异种数据库，它将不同的数据系统组合在一起，遗产数据库中的异种数据库可以通过内部计算机网或互联网连接。

2.1.4 可视化理论

科学计算可视化（visualization in scientific computing，VISC）是对计算和数据进行探

索，以获得对数据的理解与洞察。也就是说，科学计算可视化实现把计算中所涉及的和所产生的数字信息转变为直观的、以图像或图形信息表示的、随时间和空间变化的物理现象或物理量呈现在研究者面前，使他们能够观察到模拟和计算，即看到传统意义上不可见的事物或现象；同时还提供与模拟和计算相关的视觉交互手段。通常，科学计算可视化也称为科学可视化或简称可视化。因此，科学计算可视化的目的就是依靠人类强大的视觉能力，促进对所考察数据更深一层的理解，培养出对新的潜在过程的洞察力。

科学计算可视化综合利用计算机图形学、图像处理、系统设计和信号处理等领域的各种知识，把这些被认为是相互独立的区域，通过可视化工具与技术的集成进行统一研究和分析。这种统一的研究和分析反过来又推动当前科学计算可视化的新发展，使科学可视化工具与技术向着对用户更加友好，对各应用领域更加适应的方向发展，从而增强它的潜力和可用性。

科学计算可视化可在三个层次上实现，对应于三种处理方式，即事后处理（post processing）、跟踪处理（tracking）和驾驭处理（steering）。事后处理是把计算与计算结果的可视化分成两个阶段进行，二者之间不能发生交叉作用。目前事后处理比较普遍的做法是采用分布处理方案，即在超级计算机上进行计算，产生的计算结果经网络传至工作站，可视化任务由工作站承担。跟踪处理要求实时地显示计算中产生的结果，以便使研究人员能了解当前的计算情况，在发现错误或认为无必要继续往下计算时，可停止当前的计算并开始下一个新的计算。驾驭处理则不仅能使研究人员实时地观察到当前计算的状态，而且要能对计算进行实时干预，如增加或减少网络点、修改某些网络中的参数等，并使计算继续下去。

在计算过程中，人们常常希望能将任意的中间结果显示出来，以决定计算是否继续下去，以及计算方法和程序是否需要修改。当计算完成后，可视化技术作用更大，利用计算机图形学提供的各种方法描绘信号的各种物理量分布，提供便于利用和分析的各种画面。研制自动识别与抽取关键特征数据和关键现象的可视化专家系统进行智能显示，是可视化研究的最高阶段。

可视化数据挖掘用数据或知识的可视化技术从大的数据集中发现隐含、和有用的知识。人的视觉系统是由眼睛和人脑控制的，人脑是一个强有力的高度并行的处理机和推理机，并且自带一个巨大的知识库。可视化数据控制把这些强大的组件有效组合起来，使它成为一个吸引人的有效技术，以对数据的属性、模式、簇和孤立点进行综合分析。

可视化数据挖掘可看作数据可视化和数据挖掘两个学科的融合，可以实现数据的可视化、数据挖掘结果的可视化、数据挖掘过程的可视化和交互式的可视化数据挖掘。其中，数据可视化是指数据库和数据仓库中的数据可看作具有不同的粒度或不同的抽象级别，也可以看作是由不同属性和维组合起来的。数据可用多种可视化方式进行描述，可视化可将数据库中数据特性的总体特征提供给用户。数据挖掘结果的可视化是指将得到的知识和结果用可视化形式表示出来。表示的形式可以是散列图、盒状图、决策树、关联规则、簇、孤立点、概化规则等。数据挖掘过程的可视化指用可视化的形式描述各种挖掘过程，从中用户可看出数据源自的数据库或数据仓库、抽取的方式和数据清理、集成、预处理、挖掘的过程。交互式的可视化数据挖掘保证了使用可视化工具进行交互式的挖掘，帮助用户做出数据挖掘的决策。

大多数知识发现系统都涉及一些人机的交互。扎特科夫（Zytkow）和贝克（Baker）验证了一种科学的发现方法用来解决如何在数据库中交互式地发现规律性问题，即运用算法 FORTY-MINER，从整个数据库开始，搜索两个或多个属性间的规律性，将结果表示给用户以决定划分数据、改变参数等。数据的可视化有助于对数据或数据挖掘结果的理解，当然，可视化的形式是尤为重要的。交互式的方法适合于数据探索，但对于大型数据库，其探索速度太慢，且发现的结果也可能是不完全的。因此，知识发现和数据挖掘的可视化还有许多值得研究的问题。

2.1.5 文献计量学理论

文献计量学理论是用数学和统计学的方法，定量地分析一切知识载体的交叉科学。它是集数学、统计学、文献学为一体，注重量化的综合性知识体系。其计量对象主要是文献量、作者数、词汇数等。文献计量学最本质的特征在于其输出务必是"量"。学者对文献定量化的研究，可以回溯到 20 世纪初。1917 年科尔（F. J. Kerr）和伊尔斯（N. B. Ealse）首先采用定量的方法，研究了 1543～1860 年所发表的比较解剖学文献，对有关图书和期刊文章进行统计，并按国别加以分类。1923 年休姆（E. W. Hume）提出"文献统计学"一词，并解释为："通过对书面交流的统计及对其他方面的分析，以观察书面交流的过程及某个学科的性质和发展方向。"1969 年文献学家 A. 普里查德（Prichard）提出用文献计量学代替文献统计学，他把文献统计学的研究对象由期刊扩展到所有的书刊资料。目前，文献计量学已成为情报学和文献学知识发现与挖掘的一个重要学科分支，同时也展现出重要的方法论价值，成为情报学的一个特殊研究方法。在情报学内部的逻辑结构中，文献计量学已渐居核心地位，是与科学传播和基础理论关系密切的学术环节。由于存在影响文献情报流挖掘的人为因素，很多文献问题尚难以定量化。特别是由于文献系统高度的复杂性和不稳定性，研究者不可能获得足够的、有效的信息，来揭示文献的宏观规律。文献计量学的发展有赖于数学工具和统计学技术的支持，移植或利用更有效的数学工具和统计学方法，将是其重要的发展方向。

2.1.6 科学逻辑学理论

逻辑学是从形式上或结构上来研究推理的正确性或者有效性的科学。推理是指由已知的知识做前提推出新知识做结论的思维过程。文献知识发现是由已知的知识做前提推断出有效的、新颖的、潜在有用的和最终可理解的知识的过程，其实质是一个推理的过程。因此，逻辑学可作为其理论基础之一。

逻辑学是一门基础性学科，其基本理论是其他学科普遍适用的原则和方法。同时逻辑学又是一门工具性学科，它为包括基础学科在内的一切科学提供逻辑分析、逻辑批判、逻辑推理、逻辑论证的工具。逻辑学有广义和狭义之分。狭义的逻辑学指研究推理的科学，即只研究如何从前提必然推出结论的科学。广义的逻辑学指研究思维形式、思维规律和思维的逻辑方法的科学。广义逻辑学研究的范围比较大，是一种传统的认识，与哲学研究有很大关系。整个逻辑学科的体系非常庞大复杂，如传统的、现代的和辩证的、演绎的、归纳的和类比的、经典的和非经典的，等等。但是，它再庞杂也有相通的地方，例如构建判断的方法、进行必然性推理、认同逻辑真理或逻辑规律等。逻辑学是研究思维的科学，所有思维都有内容和形式两个方面。思维内容是指思维所反映的对象及其属性。思维形式是指用以反映对象及其属性的不同方式，即表达思维内容的不同方式。从逻辑学角度看，抽象思维的三种基本形式是概念、命题和推理，即三段论理论。

逻辑学的主要性质表现如下。

（1）基础性

逻辑学研究的对象是思维形式、思维基本规律和简单的逻辑方法。思维形式是指概念、判断、推理和逻辑思维规律、简单的逻辑方法等。逻辑学的基本原理对其他任何科学都具有普遍适用性。这是因为所有的科学都离不开以概念、判断和推理等逻辑基本原理作为阐述知识、论证观点的原则和方法。换言之，任何科学都是由概念、判断、推理和论证构成的知识体系，因此任何科学都必须遵循逻辑学的基本原理。如果不遵循逻辑学的原理，就会导致科学的不严密性。例如，任何一门科学的观点都必须明确，这就要遵循排中律的原理；观点不能前后矛盾，这就必须遵循矛盾律的原理；论证必须围绕主题进行，这就必须遵循同一律的原理。由此可见，逻辑学是建立各门学科的基础。因此，世界各国都把逻辑作为基础课来学习，联合国教科文组织1974年把逻辑学列入相对于技术科学的七种基础学科的第二位。由此可见，逻辑学具有基础性的特征。

（2）工具性

人们正确的思维需要逻辑学，正确地表达思想和论证观点需要逻辑学。逻辑学是人们正确思维的工具，也是正确表达思想、论证观点的工具。这就好比工人做工离不开机器，农民种地离不开锄头一样。工人没有机器，就无法做工；农民没有锄头，就无法种地。机器、锄头越好，做工、种地的效率就越高。人们思维也同样如此，逻辑水平越高，思维的能力就越强；思维能力越强，表达思想、论证的水平也就越高。反之，逻辑水平不高，思维水平就低；思维水平不高，就难以准确地表达思想和严密地论证观点。另外，逻辑学能够帮助人们通过推理获取其他的新知识，由此可见，逻辑学具有工具性的特征。

（3）全人类性

有些学科具有阶级性。法学就具有阶级性，任何法学都是为统治阶级的利益服务的。但是，逻辑学并没有阶级性，统治阶级可以运用逻辑学为统治阶级服务，非统治阶级也可以运用逻辑学为非统治阶级服务。这是因为尽管人们的国籍不同、民族不同、地位不同、语言不同，但思维的形式，即概念、判断、推理的形式是相同的。因此，世界无论任何民族和阶级以及任何团体和个人都可以运用逻辑学的知识进行思维和思维实践活动。因此，逻辑学具有全人类性的特征。

2.2 数据仓库的理论基础

2.2.1 数据仓库综述

计算机发展的早期，人们就已经提出了建立数据仓库（data warehouse）（陈德军等，2003）的构想。"数据仓库"一词最早是在1990年由比尔·恩门（Bill Inmon）先生提出的，其描述如下：数据仓库是为支持企业决策而特别设计和建立的数据集合。

企业建立数据仓库是为了填补现有数据存储形式已不能满足信息分析需要的不足。数据仓库理论中的一个核心理念就是：事务型数据和决策支持型数据的处理性能不同。

企业在它们的事务操作过程中收集数据。在企业运作过程中，随着订货、销售记录的进行，这些事务型数据也在连续地产生。为了引入数据，必须优化事务型数据库。

处理决策支持型数据时，一些问题经常会被提出：哪类客户会购买哪类产品？促销后销售额会有多少变化？价格变化后或者商店地址变化后销售额又会有多少变化？在某一段时间内，相对其他产品来说哪类产品特别容易卖？哪些客户增加了购买额，哪些客户又削减了购买额？

事务型数据库可为这些问题作出解答，但是它所给出的答案往往不能让人十分满意。在运用有限的计算机资源时常常存在着竞争，在增加新信息时我们需要事务型数据库是空闲的，而在解答一系列具体的有关信息分析的问题时，系统处理新数据的有效性又会被大大降低。另外，事务型数据总是在动态变化之中，而决策支持型处理需要相对稳定的数据，从而使问题都能得到一致连续的解答。

数据仓库的解决方法包括：将决策支持型数据处理从事务型数据处理中分离出来。数据按照一定的周期，从事务型数据库中导入决策支持型数据库——数据仓库。数据仓库是按回答企业某方面的问题来分"主题"组织数据的，这是最有效的数据组织方式。

2.2.2 数据仓库的产生和发展

2.2.2.1 数据仓库的产生

数据仓库的出现和发展是计算机应用到一定阶段的必然产物。经过多年的计算机应用和市场积累，许多商业企业已保存了大量原始数据和各种业务数据，这些数据真实地反映了商业企业主体和各种业务环境的经济动态。然而由于处理信息量的不断加大，企业需要多角度处理海量信息并从中获取支持决策的信息，面向事务处理的操作型数据库就显得力不从心，因而面向主题集成大量数据的数据仓库技术产生。数据仓库因其具有面向主题性、集成性、稳定性和时变性，不仅在数据的集成、存储上效果好，在从操作系统提取信息和支持系统操作的前端工具上更是充分利用了数学严谨的逻辑思维和统计学知识，以及先进的信息技术，使企业的信息利用更有价值。数据仓库按照特定的方法从数据源中提取数据，以特定主题作为维度，利用特定的算法集成数据，给数据用户提供实时查询，最终集成有效信息供决策者使用。数据仓库是一个过程而不是一个项目，是一个解决方案而不是一个产品。

2.2.2.2 数据仓库的发展

（1）萌芽阶段

数据仓库概念最早可追溯到 20 世纪 70 年代，麻省理工学院的研究人员致力于研究一种优化的技术架构，该架构试图将业务处理系统和分析系统分开，即将业务处理和分析处理分为不同层次，针对各自的特点采取不同的架构设计原则。麻省理工学院的研究人员认为这两种信息处理的方式具有显著差别，以至于必须采取完全不同的架构和设计方法，但受限于当时的信息处理能力，这个研究仅仅停留在理论层面。

到了 20 世纪 80 年代中后期，作为当时技术最先进的公司，美国数字设备公司（DEC）结合麻省理工学院数学院的研究结论，建立了技术结构 2（technical architecture 2，TA2）规范，该规范定义了分析系统的四个组成部分：数据获取、数据访问、目录和用户服务。这是系统架构的一次重大转变，第一次明确提出分析系统架构并将其运用于实践。

（2）雏形阶段

1988 年，为解决全企业集成问题，IBM 公司第一次提出了信息仓库（information warehouse）的概念，并于 1991 年在 DEC TA2 的基础上把信息仓库的概念包含了进去，称为 VITAL（virtually integrated technical architecture lifecycle）规范。VITAL 定义了 85 种信息仓库组件，包括 PC、图形化界面、面向对象的组件和局域网等。至此，数据仓库的基本原理、技术架构和分析系统的主要原则都已确定，数据仓库初具雏形。

在 90 年代初期，数据仓库的基本原理、框架结构和分析系统的主要原则都已确定，主要的技术均已具备。同时在 1988 年到 1991 年之间，一些前沿公司已经开始建立数据仓库。

（3）确立阶段

1991 年比尔·恩门出版了他的第一本关于数据仓库的书《创建数据仓库》（*Building the Data Warehouse*），标志着数据仓库概念的确立。第一次给出了数据仓库的清晰定义和操作性极强的指导意见，真正拉开了数据仓库得以大规模应用的序幕。凭借此书，比尔·恩门被称为数据仓库之父。

（4）争议阶段

数据仓库的概念确立之后，有关数据仓库的实施方法、实施路径和架构等问题引发了诸多争议。1993 年，毕业于斯坦福大学计算机系的博士拉尔夫·金博尔（Ralph Kimball）也出版了《数据仓库的工具》（*The Data Warehouse Toolkit*）（Mike Tyers and Matthias Mann，2003），他在书里认同了比尔·恩门对于数据仓库的定义，但却在具体的构建方法上和他分庭抗礼。数据仓库行业就此开始盛行起来，比尔·恩门的《创建数据仓库》主张建立数据仓库时采用自上而下（DWDM）的方式，以第三范式进行数据仓库模型设计，而他的好友金博尔在《数据仓库的工具》则主张自下而上（DMDW）的方式，力推数据集市建设。

（5）合并阶段

经过多次争吵，比尔·恩门推出了新的 BI 架构——应用互操作框架（corporation information factory，CIF），把拉尔夫·金博尔的数据集市（Patterson and Aebersold，2003）也包容进来。金博尔首次同意比尔·恩门的观点。但很多人还在争论：是自上而下，还是自下而上。应用互操作框架的核心思想把整个架构划分成了不同层次以满足不同需求，详细描述了数据仓库库、数据挖掘、运营数据仓库。后来应用互操作框架成为建设数据仓库框架指南。

如今，数据仓库已成为商务智能（Aebersold and Mann，2003）由数据到知识，由知识转化为利润的基础和核心技术。在我国，因数据仓库的实施需要较多的投入，再加之需要足够的数据积累才能看到结果，所以不能很好地被企业普遍接受。这对对数据仓库的发展产生了一些负面影响。但事实却是多维处理海量数据已成为信息时代企业发展所必需的工作。数据仓库要在顺应企业业务发展的过程中不断完善技术能力，提供更灵活、更丰富的服务，才能更好地支撑时代企业发展。数据仓库从基本的信息提供角色开始，将逐步演化为连接市场与企业管理的重要桥梁。

2.2.3 数据仓库的基本知识

2.2.3.1 数据仓库的定义

数据仓库不是数据的简单堆积，而是从大量的事务型数据库中抽取数据，并将其清理、转换为新的存储格式，即为决策目标把数据聚合在一种特殊的格式中。公认的数据仓库之父比尔·恩门将其定义为："数据仓库是支持管理决策过程的、面向主题的、集成的、随时间而变的、持久的数据集合。"

2.2.3.2 数据仓库的特点

1）面向主题。操作型数据库的数据组织面向事务处理任务，各个业务系统之间各自分离，而数据仓库中的数据是按照一定的主题域进行组织的。主题是一个抽象的概念，是指用户使用数据仓库进行决策时所关心的重点方面，一个主题通常与多个操作型信息系统相关。

2）集成的。面向事务处理的操作型数据库通常与某些特定的应用相关，数据库之间相互独立，并且往往是异构的。而数据仓库中的数据是在对原有分散的数据库数据抽取、清理的基础上经过系统加工、汇总和整理得到的，必须消除元数据中的不一致性，以保证数据仓库内的信息是关于整个企业一致的全局信息。

3）相对稳定的。操作型数据库中的数据通常实时更新，数据根据需要及时发生变化。数据仓库的数据主要供企业决策分析之用，所涉及的数据操作主要是数据查询，一旦某个数据进入数据仓库以后，一般情况下将被长期保留，也就是数据仓库中一般有大量的查询操作，但修改和删除操作很少，通常只需要定期地加载、刷新。

4）反映历史变化。操作型数据库主要关心当前某一个时间段内的数据，而数据仓库中的数据通常包含历史信息，系统记录企业从过去某一时刻（如开始应用数据仓库的时刻）到目前各个阶段的信息，通过这些信息，可对企业的发展历程和未来趋势做出定量分析和预测。

2.2.3.3 数据仓库的组成

数据仓库的组成如图 2-1 所示。

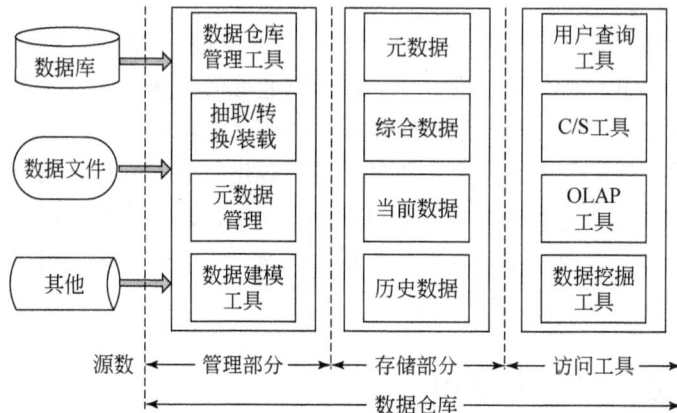

图 2-1 数据仓库的组成结构

1）数据。它是整个数据仓库环境的来源，可来自于数据库、数据文件或其他数据源。

2）数据仓库管理部分。由数据仓库管理工具、抽取/转换/装载、元数据管理、数据建模工具构成。主要功能是把数据从各种各样的存储方式中拿出来，进行必要的转化、整理，再存放到数据仓库内。

3）数据仓库存储部分。由元数据、综合数据、当前数据、历史数据构成，是数据仓库的主体部分。

4）数据仓库访问工具。为用户访问数据仓库提供手段。有数据查询和报表工具、应用开发工具、C/S 工具、在线分析工具、数据挖掘工具等。

2.2.3.4 数据仓库的信息存储方式

数据仓库中的信息存储，是根据对数据处理的不同深度形成不同层次的。其结构一般划分为五个方面：①历史性详细数据层——存储历史数据，供分析、建模、预测用。②当前详细数据层——存储最新详细数据，是进行上步分析数据的基础。③不同程度的归纳总结信息层——可包含多个层次，根据所需分类和归纳的不同程度而定，如按周、月、年统计的数据。④专业分析信息层——进一步的专业分析结果，如统计分析、运筹分析、时间序列分析和表面数据的内在规律分析等。⑤结构信息——数据仓库的内部结构信息，反应各种信息在数据仓库中的位置分布和处理方式等，以便检索查询之用。具体见图 2-2。

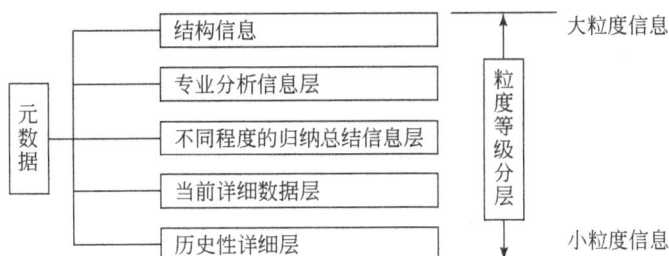

图 2-2 数据仓库的信息存储方式

2.2.4 数据仓库的数据存储及处理

2.2.4.1 数据仓库的数据结构

数据仓库的数据存储可用图 2-3 所示的三层数据结构来表示。简单地说，数据是从企业内外部的各业务处理系统（操作型数据）流向企业级数据仓库或操作型数据存储区。在这个过程中，要根据企业（或其他组织）的数据模型和元数据库对数据进行调和处理，形成一个中间数据层，然后再根据分析需求，从调和数据层（企业数据库（EDW）、运营数据仓库（ODS））将数据引入导出数据层，如形成满足各类分析需求的数据集市。

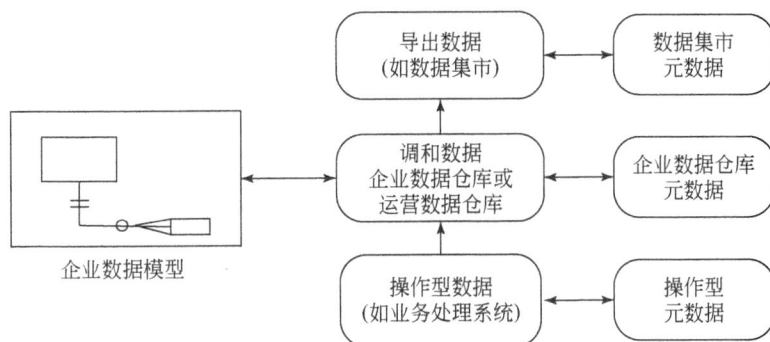

图 2-3 数据仓库的三层数据结构

图 2-3 中各个组成部分的含义如下：①企业数据模型（enterprise data model）（朱明，2008）。企业数据模型描述一个解释组织（企业或事业单位）所需数据的整体轮廓。由于调和数据层是数据仓库单一的、权威的数据源，调和数据就必须符合企业数据模型中说明的设计规格。企业数据模型控制着数据仓库的阶段演化，随着新需求的不断出现，企业数据模型得以不断完善。②导出数据（derived data）。导出数据是存储在各个数据集市中的数据。对终端用户的决策支持应用来说，导出数据是已选择的、格式化了的聚集数据。③调和数据（reconciled data）。调和数据是存储在企业级数据仓库和操作型数据存储中的数据。调和数据是详细的、当前的数据。对所有的决策支持应用来说，调和数据是单一的、权威的数据源。④操作型数据（operational data）。操作型数据通常存储在遍及组织的各种

不同的操作型记录系统中（如企业 ERP、业务计费系统和供应链系统等，有时甚至是在组织外部的信息系统中）。⑤元数据（metadata）。元数据定义数据仓库有什么，指明数据仓库中数据的内容和位置，刻画数据的抽取和转换规则，存储与数据仓库主题有关的各种商业信息，而且整个数据仓库的运行都是基于元数据的。元数据是描述其他数据的属性或特征的技术和业务数据。简单地说，元数据就是描述数据的数据，它体现的是一种抽象。在设计模式中，强调要对接口编程，就是说不要处理这类对象和那类对象的交互，而要处理这个接口和那个接口的交互，先不管它们内部是怎么实现的。元数据存在的意义也在于此。元数据的存在就是要做到在更高抽象一层设计软件。数据仓库系统元数据的作用，其实就是实现系统的自动运转，以便于管理。元数据是数据仓库的应用基础。图 2-3 给出元数据与不同数据层的连接，对应三个数据层的元数据分别如下：①操作型元数据。描述不同操作型业务系统（和外部数据）中提供给企业数据仓库的数据特性。操作型元数据一般以多种不同的格式存在，质量通常非常差。②企业级数据仓库元数据。通常来源于企业数据模型，至少是与企业数据模型保持一致。EDW 元数据主要描述调和数据层的数据特性和抽取、转换、加载操作型数据到调和数据的 ETL 规则。③数据集市元数据。描述导出数据层的数据特性和从调和数据到导出数据的转换规则。

2.2.4.2　数据仓库的数据特征

（1）状态数据与事件数据

数据仓库中的数据可分为状态数据和事件数据两类，如果是描述对象的状态即为状态数据，若是描述对象发生的事件即为事件数据，两者的关系如下：

（前像）状态数据→事件数据→（后像）状态数据

事务是引起一个或更多个业务事件的数据库层次上发生的业务活动，事件是一个由事务引起的数据库活动（创建、修改、删除）。一个事务可能引起一个或多个事件。例如，企业销售事务将导致相关销售账户余额的变化；钱从一个账户转移到另一个账户，即导致了两个事件：一个取款事件和一个存款事件。有时，非事务也是非常重要的事件，如一个取消的在线购物车、网络连接突然中断等。

状态数据和事件数据都可以存储在数据库中，然而，存储在数据库和数据仓库中的基本数据类型是状态数据。数据仓库通常包括状态数据的历史快照或关于事务或事件数据的汇总。

（2）当前数据与周期数据

在数据仓库中，当事件在过去发生时，保存一份记录常常是非常必要的。例如，比较一个特定日期或一段时间内的销售或库存同以前年份相同日期或同样的时间段的销售或库存。操作型业务系统中往往存储大量的"当前数据"类型的数据。

当前数据（transient data）只保留当前的最新数据，现存的最新纪录将改变以前记录中的数据，即不保存以前的记录内容。因此，当前数据将破坏以前的历史数据内容。

周期数据（periodic data）则相反，一旦保存，物理上就不再改变或删除数据。以数据日志模式记录的前像和后像代表周期数据。通常每个周期数据记录都会包含一个时间戳来指示日期甚至时间（如果需要）。

数据仓库的一个典型目标就是保存关键事件的历史记录或为特定变量（如销售量）创建一个时间序列。这常常需要存储周期性的历史数据而不是仅存当期数据。一旦一个记录存储在周期数据表中，这个记录就不再改变。当一个记录改变时，前像和后像将分别被存储在表中。周期数据类型可以积攒足够长的历史数据用于趋势分析等工作。存储周期数据需要大量的存储空间，因此数据仓库的周期数据存储量将随着时间推移迅速增长，用户必须非常小心地选择需要这种处理方式的关键数据。

（3）元数据

数据仓库的第三个数据特征是其元数据。数据仓库的元数据实际上是要解决何人在何时何地为了什么原因及怎样使用数据仓库的问题，再具体一点说，元数据在数据仓库管理员的眼中是数据仓库中包含的所有内容和过程的完整知识库及其文档，在最终用户（即数据分析人员）眼中是数据仓库的信息地图。数据仓库的元数据通常分为技术元数据（technical metadata）和业务元数据（business metadata）两类。技术元数据是描述关于数据仓库技术细节的数据，这些元数据应用于开发、管理和维护数据仓库，主要包含以下信息：①数据仓库结构的描述。包括数据仓库的模式、视图、维、层次结构和导出数据的定义，以及数据集市的位置和内容等。②业务系统、数据仓库和数据集市的体系结构和模式。③汇总算法。包括度量和维定义算法、数据粒度、主题领域、聚合、汇总和预定义的查询与报告。④由操作型业务环境到数据仓库环境的映射。包括源数据和它们的内容、数据分割、数据提取、清理、转换规则和数据刷新规则与安全（用户授权和存取控制）。

业务元数据是从业务角度描述数据仓库中的数据，它提供介于使用者和实际系统之间的语义层，使不懂计算机技术的业务人员也能够"读懂"数据仓库中的数据。业务元数据主要包括以下信息：①使用者的业务术语所表达的数据模型、对象名和属性名。②访问数据的原则和数据的来源。③系统所提供的分析方法和公式与报表的信息。

数据分析员为了能有效地使用数据仓库环境，往往需要元数据的帮助。尤其是在数据分析员进行信息分析处理时，他们首先需要查看元数据。元数据还涉及数据从操作型业务环境到数据仓库环境的映射。当数据从操作型业务环境进入数据仓库环境时，数据要经历数据的转化、清洗、过滤、汇总和结构改变等过程。数据仓库的元数据要能够及时跟踪这些转变，当数据分析员需要就数据的变化从数据仓库环境追溯到操作型业务环境时，就要利用元数据来追踪这种转变。另外，由于数据仓库中的数据会存在很长一段时间，其间数据仓库往往可能会改变数据的结构。随着时间的流逝来跟踪数据结构的变化，也是元数据另一个常见的使用功能。

元数据描述了数据的结构、内容、链和索引等项内容。在传统的数据库中，元数据是对数据库中各个对象的描述，数据库中的数据字典就是一种元数据。在关系数据库中，这种描述就是对数据库、表、列、观点和其他对象的定义。在数据仓库中，元数据定义数据仓库中的对象，如表、列、查询、业务规则和数据仓库内部的数据转移信息等。元数据是数据仓库的重要构件，是数据仓库的导航图。元数据在数据源抽取、数据仓库应用开发、业务分析、数据仓库服务和数据重构等过程中都有重要的作用。

2.2.4.3 数据仓库的数据抽取、转换、加载过程

建设数据仓库需要集成来自多种业务数据源中的数据，这些数据源可能是在不同的硬件平台上，使用不同的操作系统，因而数据以不同的格式存在不同的数据库中。如何向数据仓库中加载这些数量大、种类多的数据，已成为建立数据仓库所面临的一个关键问题。如果其中的信息不准确，那么这个数据仓库便形同虚设。因此，向数据仓库中导入操作型数据时，必须进行精心规划，选择合适的数据源，创建标准的字段名集，确定、开发与使用一致的数据仓库元数据标准（Blagoev，et al.，2004）。当完成这些工作后，便可以根据设计方案建立一个应用系统来转换数据，这个系统通常称为数据抽取、转换、加载（extract、transform、load，ETL）工具。在创建数据仓库时，需要使用数据抽取、转换、加载工具将所需数据从其他数据库中（例如不同版本的 SQL Server、Oracle 数据库等）选择、加工、装载到数据仓库中去。

数据抽取、转换、加载是用来实现异构数据源的数据集成，即完成数据的抽取、清洗、转换、加载与索引等数据调和工作，如图 2-4 所示。

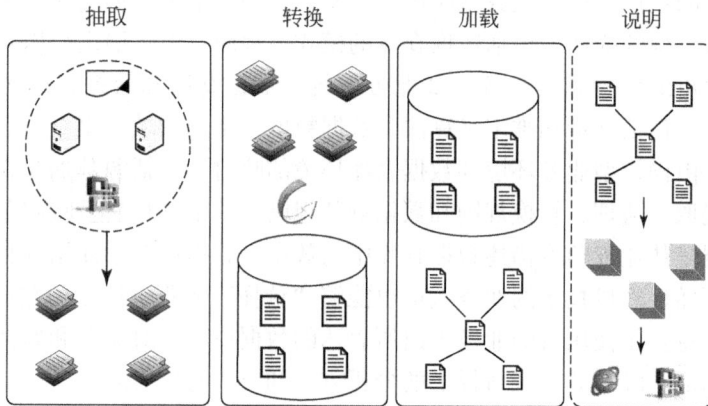

图 2-4　数据抽取、转换、加载过程

数据抽取、转换、加载软件的主要功能如下。

1）数据的抽取。从不同的网络、不同的操作平台、不同的数据库与数据格式、不同的应用中抽取数据。

2）数据的转换。数据转化（数据的合并、汇总、过滤和转换等）、数据的重新格式化和计算、关键数据的重新构建和数据汇总、数据定位等。

3）数据的加载。将数据加载到目标数据库（数据仓库）中，通常需要跨网络，甚至跨操作平台进行加载。

因此，数据抽取、转换、加载过程就是调和数据的过程。一个企业数据仓库或者运营数据仓库通常是规范化的关系数据库，但它需要灵活性去适应多种决策支持应用的需要。

（1）数据抽取、转换、加载的目标

抽取、转换、加载过程的目的是为决策支持应用提供一个单一的、权威的数据源。因此，要求 ETL 过程产生的数据（即调和数据层）是详细的、历史的、规范化的、可理解的、即时的和质量可控制的。

1）详细的。数据是详细的（不是概括的），为不同用户构造数据提供最大的灵活性，以满足他们的需要。

2）历史的。数据是周期性的，用来提供历史记载。

3）规范化的。数据是完全规范化的（如第三范式或更高级的范式）。规范化的数据比非规范化的数据能提供更完整、更灵活的使用。反向规范化对于改进调和数据层的性能通常不是必需的，因为调和数据通常使用批处理定期访问。然而，导出层的数据往往是非规范化的，一些流行的数据仓库或数据集市的核心数据结构是非规范化的。

4）可理解的。要求站在企业整体的角度设计调和数据层数据，它的设计要同企业数据模型一致。

5）即时的。除了实时数据仓库体系结构外，数据不需要是实时的。然而，数据必须是足够当前的，以使决策制订能够及时做出反应。

6）质量可控制的。调和数据必须有公认的质量和完整性，因为它们将被聚集进数据集市且用于决策制订。

经过数据抽取、转换、加载产生的调和数据同其来源的操作型数据有很大的区别，因为操作型数据具有如下特征：①操作型数据是即时的，而不是历史的。②操作型数据的规范化程度依赖于它们的来源，有规范化程度高的，也有可能从未被规范化或因为性能的原因可能被反向规范化。③操作型数据通常局限在特定的应用范围，而不是全局可理解的。④操作型数据非常详细，但可能质量很差，通常会存在一些不一致或错误的数据。

（2）数据抽取、转换、加载过程描述

数据抽取、转换、加载过程就是负责将操作型数据转换成决策支持型数据的过程。因此，数据调和是构建一个数据仓库中最难的和最具技术挑战性的部分。在为企业级数据仓库填充数据的过程中，数据调和可分为如下两个阶段。

1）企业级数据仓库首次创建时的原始加载。

2）接下来的定期修改，以保持企业数据仓库的当前有效性和扩展性。

数据抽取、转换、加载过程如图 2-5 所示，由四个步骤组成，即抽取、清洗、转换、加载与索引。事实上，这些步骤可进行不同的组合，如可将数据抽取与清洗组合为一个过程，或者将清洗和转换组合在一起。通常，在清洗过程中发现的拒绝数据信息会送回到源操作型业务系统中，然后将数据在源系统中加以处理，以便在以后重新抽取。

（3）数据抽取

从源文件和源数据库中获取相关数据用于填充数据仓库，称为抽取。并非所有包含在不同操作型业务系统中的数据都需要抽取，通常只需要其中的一个子集。抽取数据的一个

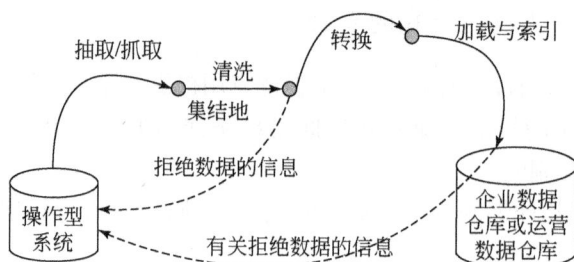

图2-5　数据抽取、转换、加载过程示意图

子集是基于对源系统和目标系统的扩展分析，一般会由终端用户和数据仓库专家共同决定。

数据抽取的两个常见类型是静态抽取（static extract）和增量抽取（incremental extract）。静态抽取用于最初填充数据仓库，是一种在某一时间点获取所需源数据快照的方法，源数据的视图独立于它被创建的时间。增量抽取用于进行数据仓库的维护，仅仅获取那些从上一次获取之后源数据中所发生的变化；最普遍的方法是日志获取，数据库日志包括数据库记录中最近变化的后像。

抽取数据进入集结区域的一个关键是源系统中的数据质量，特别是：

1）数据命名的透明度。以使数据仓库设计者确切地知道什么数据存放于哪个源系统中。

2）由一个源系统实施的业务规则的完整性和准确性。这将直接影响数据的精度，而且，源系统中的业务规则应该同数据仓库中使用的规则相匹配。

3）数据格式。跨数据源的统一格式有助于匹配相关的数据。

（4）数据清洗

通常接受的事实是，数据抽取、转换、加载过程的作用是为了识别错误数据，而不是处理它们。应该在适当的源系统中进行处理错误数据，以使由于系统过程错误所造成的错误数据不再重新出现。丢弃错误数据并且在下一个从相关源系统的反馈中重新处理。

但由于许多常见的原因，操作型业务系统中的数据质量很差，这些元凶包括雇员和客户的数据登录错误、源系统的变化、损坏的元数据、系统错误或抽取过程中对数据的破坏。因此，当源系统工作非常好的时候（例如源系统使用默认的、但是不准确的值），也不能假定数据就是干净的。其中一些错误和典型的数据不一致性如下：

1）错误拼写的名字和地址。

2）不可能的或错误的出生日期。

3）没有使用目的的字段。

4）不匹配的地址和电话区号。

5）缺失的数据。

6）重复的数据。

7）跨源的不一致性（例如不同的地址）等。

数据清洗（data scrubbing）是一种使用模式识别和其他技术，在将原始数据转换和移到数据仓库之前来升级原始数据质量的技术。怎样清洗随着属性变化的每条数据，在每个清洗的步骤中值得考虑分析。每次对源数据做出改变时，数据清洗技术必须被重新评价。当数据很明显是坏数据时，一些清洗就会完全拒绝这些数据，而且发送一个消息给源系统，让它修正错误数据，同时为下一次抽取做准备。在完全拒绝数据之前，其他清洗结果可能为更详细的手工分析标记数据（例如，为什么一个销售员售出比其他销售员多出好几倍的货物）。

成功的数据仓库需要实现一个全面质量管理（total quality management，TQM）的正式程序。全面质量管理侧重于缺陷的预防，而不是缺陷的纠正。虽然数据清洗可以帮助提高数据质量，但并不是一个长期解决数据质量问题的方法。

需要清洗的数据类型依赖于源系统中数据的质量。除了修正早期识别出的问题类型外，其他常见的清洗任务如下：

1）为数据解码，使它们对于数据仓库技术的应用是可理解的。

2）重新格式化和改变数据类型，而且执行其他的功能，以使从每个源得到的数据放入为转换而准备的标准数据仓库。

3）增加时间戳以区分处于不同时间的相同属性的值。

4）在不同的度量单位之间进行转换。

5）为表的每一行产生一个主码。

6）匹配且合并抽取数据到一个表或文件，而且通过匹配数据进入到生成的表的同一行（当不同的源系统使用不同的码时，当命名习惯不同时，当源系统中的数据有错时，这可能是一个非常困难的过程）。

7）登录错误检测，修正这些错误，在不创建重复登录的情况下重新处理纠正的数据。

8）找到缺失的数据，使即将进行的加载工作所必需的批数据完善。

不同的数据源被处理的顺序可能很重要，例如，在从外部系统来的新客户人员统计数据能与这些客户匹配之前，处理从销售系统来的客户数据可能是必需的。

（5）数据转换

数据转换在数据的数据抽取、转换、加载过程中处于中心位置，它把数据从源操作型业务系统的格式转换到企业数据仓库的数据格式。数据转换从数据抽取阶段接收数据（如果需要数据清洗，则在数据清洗之后），将数据映射到调和数据层（EDW 或 ODS）的格式，然后传递到加载和索引阶段。

数据转换可能只是简单的数据格式等表示方式的变化，也可能是高度复杂的数据组合的变化。例如，某制造型企业的产品数据分别存放在三个操作型业务系统中：制造系统、销售系统和工程应用系统。构建企业数据仓库需要设计这些产品数据的一个统一视图。数据转换需要解决不同的键结构如何转换成普通的代码集合、如何从不同的数据源组合数据等。这些转换工作非常简单，大多数所需功能可以在一个带有图形接口的标准商业软件包中找到。

有时，数据清洗功能和数据转换功能混合在一起。通常情况下，数据清洗的目的是纠正源数据中数据值的错误，而数据转换的目的是把源系统中的数据格式转化成目标系统的数据格式。数据转换前进行清洗是非常必要的，因为如果数据在转换之前有错误，错误在转换之后仍会保留。

2.2.5 数据仓库的体系结构

企业数据仓库的建设，是以现有企业业务系统和大量业务数据的积累为基础的。数据仓库不是静态的概念，只有把信息及时交给需要这些信息的使用者，供他们做出改善其业务经营的决策，信息才能发挥作用，才有意义。而把信息加以整理归纳和重组，并及时提供给相应的管理决策人员，是数据仓库的根本任务。因此，从产业界的角度看，数据仓库不是产品，而是一种技术，是一种数据库的解决方案。"数据仓库技术"这一概念包含一系列有效可行的方法以及公共的数据模型并与数据库中已有的数据集成在一起。当用户向数据仓库进行查询时，需要的信息已经准备好了，数据冲突、表达不一致等问题已经得到解决，这使得决策查询更容易、更有效。也就是说，数据仓库不是简单地对数据进行存储，而是对数据进行"再组织"。一个完整数据仓库体系的基本结构如图2-6所示。

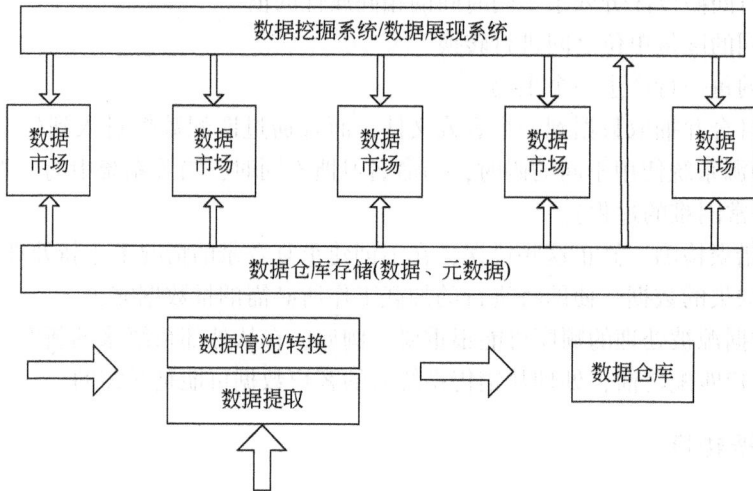

图2-6　数据仓库体系结构

数据仓库系统由数据仓库、仓库管理和分析工具三部分组成。本小节先介绍仓库管理和分析工具。下节详细介绍数据仓库。

2.2.5.1 仓库管理

在确定数据仓库信息需求之后，首先进行数据建模，确定从源数据到数据仓库的数据抽取、清理和转换过程。源数据（Ong and Mann，2005）是数据仓库的核心，它用于存储数据模型、定义数据结构、转换规划、仓库结构、控制信息等。仓库的管理工作需通过数据仓库管理系统来完成。

（1）定义部件

定义部件用于定义和建立数据仓库系统。它包括：设计和定义数据仓库的数据库、定义数据来源、确定从源数据向数据仓库复制数据时的清理和增强规划。

（2）数据获取部件

该部件把数据从源数据中提取出来，依定义部件的规则，抽取、转化和装载数据进入数据仓库。

（3）管理部件

它用于管理数据仓库的工作，包括：对数据仓库中数据的维护，把仓库数据送给分散的仓库服务器或决策支持系统用户，仓库数据的安全、归档、备份、恢复等处理工作。

（4）元数据

元数据是关于数据、操纵数据的进程和应用程序的结构和意义的描述信息，其主要目标是提供数据资源的全面指南。元数据不仅定义数据仓库中数据的模式、来源以及抽取和转换规则等，而且整个数据仓库系统的运行都是基于元数据的，是元数据把数据仓库系统中的各个松散的组件联系起来，组成一个有机的整体。

2.2.5.2　分析工具

由于数据仓库的数据量大，必须有一套功能很强的分析工具集来实现从数据仓库中提供辅助决策的信息，完成决策支持系统的各种要求。分析工具集包括两类工具。

（1）查询工具

数据仓库的查询不是查询记录级数据，而是查询分析要求。查询工具一般含可视化工具和多位分析工具。

（2）数据挖掘工具

从大量数据中挖掘出有规律性的知识需要利用数据挖掘工具。

数据仓库的运行结构表示为：典型的客户/服务器（C/S）结构形式，如图2-7所示。

图 2-7　C/S 运行结构

客户端所做的工作：客户交互、格式化查询、结果显示、报表生成等。

服务器端完成各种辅助决策的结构化查询语言查询、复杂的计算和各类综合功能等。

2.2.6 数据仓库和数据集市

数据仓库作为企业级应用,其涉及范围和投入成本常常是巨大的,它的建设很容易形成高投入、慢进度的大项目。这一切都是设计者和使用者所不希望看到和不能接受的。使用者要求在部门内部获得一种适合自身应用、容易使用且自行定向而方便高效的开放式数据接口工具。正是这种需求使数据集市应运而生

(1) 基本概念

数据集市是一个小型的部门或工作组级别的数据仓库。数据集市分为独立型和从属型两种类型。独立型数据集市直接从操作型环境获取数据。从属型数据集市从企业级数据仓库获取数据。从长远的角度看,从属型数据集市在体系结构上比独立型数据集市更稳定。

独立型数据集市的存在会给人造成一种错觉,似乎可先独立地构建数据集市,当数据集市达到一定的规模可直接转换为数据仓库,有些销售人员会推销这种错误的观点,因为建立企业级数据仓库的销售周期长。多个独立的数据集市的累积是不能形成一个企业级的数据仓库的,这是由数据仓库和数据集市本身的特点决定的。如果脱离集中式的数据仓库,独立地建立多个数据集市,企业只会又增加一些信息孤岛(Sam,2003),仍然不能以整个企业的视图分析数据,数据集市为各个部门或工作组所用,各个集市之间又会存在不一致性。当然,独立型数据集市是一种既成事实,为满足特定用户的需求而建立的一种分析型环境,但是,从长远的观点看,是一种权宜之计,必然要为一个企业级的数据仓库所取代。

(2) 数据仓库和数据集市的区别

数据仓库和数据集市之间的区别可以直观地用图2-8表示。

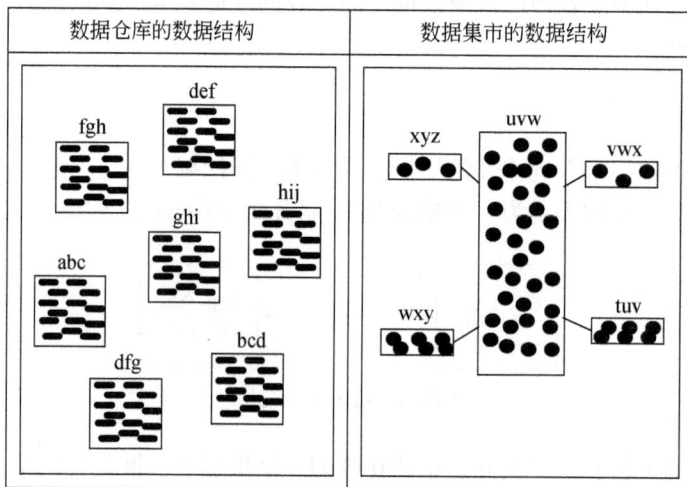

图2-8 数据仓库和数据集市的区别

从图中可以看出，数据仓库中的数据结构采用的是规范化模式（关系数据库设计理论），数据集市中的数据结构采用的是星型模式（多维数据库设计理论），而且数据仓库中数据的粒度比数据集市的细。上图只反映数据结构和数据内容的两个特征，对于其他区别如表 2-1 所示。

表 2-1　数据仓库与数据集市的区别

	数据仓库	数据集市
数据来源	遗留系统、联机分析处理系统、外部数据	数据仓库
范围	企业级	部门级或工作组级
主题	企业主题	部门或特殊的分析主题
数据粒度	最细的粒度	较粗的粒度
数据结构	规范化结构（第 3 范式）	星型模式、雪片模式或两者混合
历史数据	大量的历史数据	适度的历史数据
优化	处理海量数据 数据探索	便于访问和分析 快速查询
索引	高度索引	高度索引

数据集市主要是为有关的决策提供支持，它能够大大提高工作效率，降低建设风险，在较短的时间内取得较好的成果，因此得到广泛的应用。比如，它可用在流动人口的管理上，形成一个通用性好、查询性能优良的流动人口管理软件。随着我国社会经济的不断发展，人口流动也日益频繁。因此加强流动人口的管理成为一项十分重要的工作。基于此，在流动人口统计数据仓库的基础上，应用数据集市技术将成为流动人口管理的好方法。数据仓库中存储流动人口的基本资料，如基本情况、暂住情况、所携带未成年人口情况等。在实际需要中，公安刑侦部门通常需要流动人口的基本情况，户籍部门通常需要流动人口的暂住情况，有时候计划生育部门还要所携带未成年人口情况。由于采用数据集市技术，支持定制化使用数据，极大地方便了这些部门的工作，提高了工作效率，达到各取所需。尤其利于基于 Web 的信息发布系统。

2.2.7　数据仓库的设计流程

数据仓库是面向主题的、集成的、不可更新的、随时间的变化而不断变化的，这些特点决定了数据仓库的系统设计不能采用同开发传统的联机分析处理（on-line transaction processing，OLTP）数据库一样的设计方法。

数据仓库系统的原始需求不明确，且不断变化与增加，开发者最初不能确切了解到用户的明确而详细的需求，用户所能提供的无非是需求的大的方向和部分需求，更不能较准确地预见到以后的需求。因此，采用原型法来进行数据仓库的开发是比较合适的，因为原型法的思想是从构建系统的简单的基本框架着手，不断丰富与完善整个系统。但是，数据仓库的设计开发又不同于一般意义上的原型法，数据仓库的设计是数据驱动的。这是因为数据仓库是在现存数据库系统基础上进行开发，它着眼于有效地抽取、综合、集成和挖掘已有数据库的数据资源，服务于企业高层领导管理决策分析的需要。但需要说明的是，数据仓库系统开发是一个经过不断循环、反馈而使系统不断增长与完善的过程，这也是原型法区别于系统生命周期法的主要特点。因此，在数据仓库开发的整个过程中，自始至终要求决策人员和开发者共同参与和密切协作，要求保持灵活的头脑，不做或尽量少做无效的工作或重复工作。

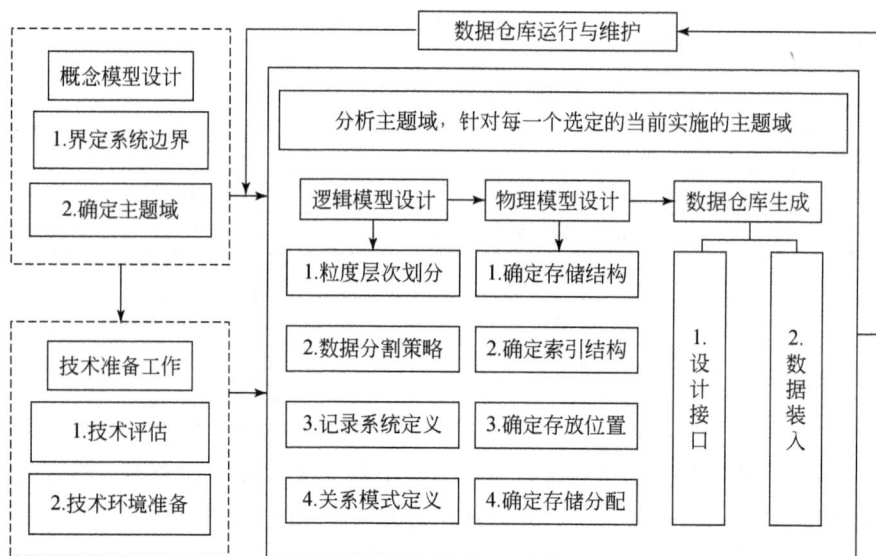

图2-9 数据仓库设计的基本步骤

图2-9为数据仓库设计的基本步骤，其具体内容如下。

2.2.7.1 概念模型设计

（1）概念模型设计的任务

进行概念模型设计所要完成的任务主要有两个：

1）界定系统边界。数据仓库是面向决策分析的数据库，我们无法在数据仓库设计的最初就得到详细而明确的需求，但是一些基本的方向性的需求还是摆在了设计人员的面前，例如：要做的决策类型有哪些？决策者感兴趣的是什么问题？这些问题需要什么样的信息？要得到这些信息需要包含原有数据库系统的哪些部分的数据？这样，我们可以划定一个当前的大致的系统边界，集中精力进行最需要的部分的开发。因而，从某种意义上讲，界定系统边界的工作也可以看作是数据仓库系统设计的需求分析，因为它将决策者数据分析的需求用系统边界的定义形式反映出来。

2）确定主要的主题域及其内容。在这一步中，要确定系统所包含的主题域，然后对每个主题域的内容进行较明确的描述，描述的内容包括主题域的公共码键、主题域之间的联系、充分代表主题的属性组。例如，在商业领域的商品销售过程中，确定主题域包括：①明确对于决策分析最有价值的主题领域有哪些？②每个主题域的商业维度是哪些？每个维度的粒度层次有哪些？③制定决策的商业分区是什么？④不同地区需要哪些信息来制定决策？⑤对哪个区域提供特定的商品和服务？

（2）概念模型设计的成果

概念模型设计的成果是，在原有的数据库的基础上建立一个较为稳固的概念模型。因为数据仓库是对原有数据库系统中的数据进行集成和重组而形成的数据集合，所以数据仓库的概念模型设计，首先要对原有数据库系统加以分析理解，看在原有的数据库系统中"有什么"、"怎样组织的"和"如何分布的"等，然后再来考虑应当如何建立数据仓库系统的概念模型。一方面，通过原有的数据库的设计文档和在数据字典中的数据库关系模式，可以对企业现有的数据库中的内容有一个完整而清晰的认识，另一方面，数据仓库的概念模型是面向企业全局建立的，它为集成来自各个面向应用的数据库的数据提供统一的概念视图。

2.2.7.2 技术准备工作

这一阶段的工作包括：技术评估、技术环境准备。

（1）技术评估

进行技术评估，就是确定数据仓库的各项性能指标。一般情况下，需要在这一步确定的性能指标包括：管理大数据量数据的能力、进行灵活数据存取的能力、根据数据模型重组数据的能力、透明的数据发送和接收能力、周期性成批装载数据的能力、可设定完成时间的作业管理能力。

（2）技术环境准备

一旦数据仓库的体系化结构的模型大体建好后，下一步的工作就是确定应该怎样来装配这个体系化结构模型以及确定对软硬件配置的要求。主要考虑相关的问题：预期在数据仓库上分析处理的数据量有多大？如何减少或减轻竞争性存取程序的冲突？数据仓库的数据量有多大？进出数据仓库的数据通信量有多大？等等。

技术准备工作这一阶段的成果是：技术评估报告、软硬件配置方案、系统（软、硬件）总体设计方案。管理数据仓库的技术要求和管理操作型环境中的数据与处理的技术要求区别很大，两者所考虑的方面也不同。我们之所以在一般情况下总是将分析型数据与操作型数据分离开来，将分析型数据单独集中存放，也就是用数据仓库来存放，技术要求上的差异是一个重要原因。

2.2.7.3 逻辑模型设计

在这一步进行的工作主要有以下几个方面。

（1）分析主题域，确定当前要装载的主题

在概念模型设计中，我们确定了几个基本的主题域，但是，数据仓库的设计方法是一个逐步求精的过程，在进行设计时，一般是一次一个主题或一次若干个主题地逐步完成的。因此，我们必须对概念模型设计步骤中确定的几个基本主题域进行分析，并选择首先要实施的主题域。选择第一个主题域所要考虑的是它要足够大，以便使该主题域能建设成为一个可应用的系统；它还要足够小，以便于开发和较快地实施。如果所选择的主题域很大并且很复杂，我们甚至可以针对它的一个有意义的子集来进行开发。在每一次的反馈过程中，都要进行主题域的分析。

（2）确定粒度层次划分

数据仓库逻辑设计中要解决的一个重要问题是决定数据仓库的粒度划分层次，因为粒度层次划分适当与否直接影响数据仓库中的数据量和所适合的查询类型。

（3）确定数据分割策略

在这一步，要选择适当的数据分割标准，一般要考虑以下几方面因素：数据量（而非记录行数）、数据分析处理的实际情况、简单易行的粒度划分策略等。数据量的大小是决定是否进行数据分割和如何分割的主要因素。数据分析处理的要求是选择数据分割标准的一个主要依据，因为数据分割是跟数据分析处理的对象紧密联系的，我们还要考虑所选择的数据分割标准应是自然的、易于实施的，同时也要考虑数据分割的标准与粒度划分层次是适应的。

（4）关系模式定义

数据仓库的每个主题都是由多个表来实现的，这些表之间依靠主题的公共码键联系在一起，形成一个完整的主题。在概念模型设计时，就确定了数据仓库的基本主题，并对每个主题的公共码键、基本内容等做了描述。在这一步，我们将要对选定的当前实施的主题进行模式划分，形成多个表，并确定各个表的关系模式。

逻辑模型设计的成果是，对每个当前要装载的主题的逻辑实现进行定义，并将相关内容记录在数据仓库的元数据中，包括：适当的粒度划分、合理的数据分割策略、适当的表划分、定义合适的数据来源等。

（5）定义记录系统

定义记录系统是建立在数据仓库中的，以源系统中的数据作为对照记录找出最优数据，并且要记入数据仓库的元数据。

2.2.7.4 物理模型设计

确定数据仓库实现的物理模型，要求设计人员必须做到以下几方面：要全面了解所选用的数据库管理系统，特别是存储结构和存取方法；了解数据环境、数据的使用频度、使用方式、数据规模以及响应时间要求等，这些是对时间和空间效率进行平衡和优化的重要依据；了解外部存储设备的特性，如分块原则、块大小的规定、设备的 I/O 特性等。

物理模型设计这一步所做的工作是以下几个方面。

（1）确定数据的存储结构

一个数据库管理系统往往都提供多种存储结构供设计人员选用，不同的存储结构有不同的实现方式，各有各的适用范围和优缺点，设计人员在选择合适的存储结构时应该权衡三个方面的主要因素：存取时间、存储空间利用率和维护代价。

（2）确定索引策略

数据仓库的数据量很大，因而需要对数据的存取路径进行仔细的设计和选择。由于数据仓库的数据都是不常更新的，因而可以设计多种多样的索引结构来提高数据存取效率。

在数据仓库中，设计人员可以考虑对各个数据存储建立专用的、复杂的索引，以获得最高的存取效率，因为在数据仓库中的数据是不常更新的，也就是说每个数据存储是稳定的，因而虽然建立专用的、复杂的索引有一定的代价，但一旦建立就几乎不需维护索引的代价。

（3）确定数据存放位置

我们说过，同一个主题的数据并不要求存放在相同的介质上。在物理设计时，我们常常要按数据的重要程度、使用频率和对响应时间的要求进行分类，并将不同类的数据分别存储在不同的存储设备中。重要程度高、经常存取并对响应时间要求高的数据就存放在高速存储设备上；存取频率低或对存取响应时间要求低的数据则可放在低速存储设备上。

数据存放位置的确定还要考虑其他一些方法，如决定是否进行合并表，是否对一些经常性的应用建立数据序列，对常用的、不常修改的表或属性是否冗余存储。如果采用这些技术，就要记入元数据。

（4）确定存储分配

许多数据库管理系统提供一些存储分配的参数供设计者进行物理优化处理，如块的尺寸、缓冲区的大小和个数等，它们都要在物理设计时确定。这同创建数据库系统时的考虑是一样的。

2.2.7.5 数据仓库生成

在这一步进行的工作主要有以下几个方面。

（1）接口编程

将操作型环境（Putz, et al., 2005）下的数据装载进入数据仓库环境，需要在两个不同环境的记录系统之间建立一个接口。乍一看，建立和设计这个接口，似乎只要编制一个抽取程序就可以了，事实上，在这一阶段的工作中，的确对数据进行了抽取，但抽取并不是全部的工作，这一接口还应具有以下的功能：从面向应用和操作的环境生成完整的数据、数据的基于时间的转换、数据的凝聚、对现有记录系统的有效扫描。

当然，考虑这些因素的同时，还要考虑物理设计的一些因素和技术条件限制，根据这些内容，严格地制定规格说明，然后根据规格说明，进行接口编程。从操作型环境到数据仓库环境的数据接口编程的过程与一般的编程过程并无区别，它也包括伪码开发、编码、编译、检错、测试等步骤。在接口编程中，要注意：保持高效性，这也是一般的编程所要求的；要保存完整的文档记录；要灵活，易于改动；要能完整、准确地完成从操作型环境到数据仓库环境的数据抽取、转换和集成。

（2）数据装入

在这一步所进行的就是运行接口程序，将数据装入到数据仓库中。其主要工作是：确定数据装入的次序；清除无效或错误数据；数据"老化"；数据粒度管理；数据刷新等。

数据仓库生成这一步工作的成果是：数据已经装入到数据仓库中，可在其上建立数据仓库的应用，即 DSS 应用。

2.2.7.6 数据仓库运行与维护

建立企业的体系化环境，不仅包括建立操作型和分析型的数据环境，还应包括在这一数据环境中建立企业的各种应用。数据仓库装入数据后，下一步工作是：一方面，使用数据仓库中的数据服务于决策分析的目的，也就是在数据仓库中建立起决策支持系统（Alison，2002）应用，另一方面，根据用户使用情况和反馈来的新的需求，开发人员进一步完善系统，并管理数据仓库的一些日常活动，如刷新数据仓库（陈京民等，2002）的当前详细数据、将过时的数据转化成历史数据、清除不再使用的数据、调整粒度级别等。我们把这一步骤称为数据仓库的使用与维护。

2.3 联机分析处理的理论基础

联机分析处理（Michael et al.，2001）概念最早是由数据库之父科德（E. F. Codd）于1993 年提出的，他同时提出了关于联机分析处理的 12 条准则，见表2-2。联机分析处理的提出引起了很大的反响，联机分析处理作为一类产品同联机事务处理明显区分开来（Schirmer et al.，2003），区别见表2-3。

表 2-2 关于联机分析处理的 12 条准则

准则 1	联机分析处理模型必须提供多维概念视图
准则 2	透明性准则
准则 3	存取能力推测
准则 4	稳定的报表能力
准则 5	客户/服务器体系结构
准则 6	维的等同性准则
准则 7	动态的稀疏矩阵处理准则
准则 8	多用户支持能力准则
准则 9	非受限的跨维操作
准则 10	直观的数据操作
准则 11	灵活的报表生成
准则 12	不受限的维与聚集层次

当今的数据处理大致可分成两大类：联机事务处理、联机分析处理。联机事务处理是传统的关系型数据库的主要应用，主要是基本的、日常的事务处理，例如银行交易。联机分析处理是数据仓库系统的主要应用，支持复杂的分析操作，侧重决策支持，并且提供直观易懂的查询结果。见表2-3。

表2-3　面向属性的归纳与联机分析处理的比较

	联机事务处理	联机分析处理
用户	操作人员、低层管理人员	决策人员、高级管理人员
功能	日常操作型事务处理	分析决策
数据库设计目标	面向应用	面向主题
数据特点	当前的、最新的、细节的、二维的与分立的	历史的、聚集的、多维的、集成的与统一的
存取规模	通常一次读或写数十条记录	可能读取百万条以上记录
工作单元	一个事务	一个复杂查询
用户数	通常是成千上万个用户	可能只有几十个或上百个用户
数据库大小	通常在 GB 级（100MB～1GB）	通常在 TB 级（100GB～1TB 及以上）

2.3.1　联机分析处理的发展背景

随着数据库技术的广泛应用，企业信息系统产生了大量的数据，如何从这些海量数据中提取对企业决策分析有用的信息成为企业决策管理人员所面临的重要难题。传统的企业数据库系统（管理信息系统）即联机事务处理系统作为数据管理手段，主要用于事务处理，但它对分析处理的支持一直不能令人满意。因此，人们逐渐尝试对联机事务处理数据库中的数据进行再加工，形成一个综合的、面向分析的、更好的支持决策制定的决策支持系统（Lasonder et al.，2002）。企业目前的信息系统的数据一般由数据库管理系统（database management system，DBMS）（Andersen，Wilkinson，et al.，2003）管理，但决策数据库和运行操作数据库在数据来源、数据内容、数据模式、服务对象、访问方式、事务管理乃至物理存储等方面都有不同的特点和要求，因此直接在运行操作的数据库上建立决策支持系统是不合适的。数据仓库技术就是在这样的背景下发展起来的。数据仓库的概念提出于 20 世纪 80 年代中期，20 世纪 90 年代，数据仓库已从早期的探索阶段走向实用阶段。构建数据仓库的过程就是根据预先设计好的逻辑模式从分布在企业内部各处的联机分析处理数据库中提取数据并经过必要的变换最终形成全企业统一模式数据的过程。当前数据仓库的核心仍是关系数据库管理系统（relational database management system，RDBMS）管理下的一个数据库系统。数据仓库中数据量巨大，为了提高性能，关系数据库管理系统一般也采取一些提高效率的措施：采用并行处理结构、新的数据组织、查询策略、索引技术等。

联机分析处理在内的诸多应用牵引驱动了数据仓库技术的出现和发展，而数据仓库技术反过来又促进了联机分析处理技术的发展。科德认为联机分析处理已不能满足终端用户对数据库查询分析的要求，结构化查询语言对大数据库的简单查询也不能满足用户分析的需求。用户的决策分析需要对关系数据库进行大量计算才能得到结果，而查询的结果并不能满足决策者提出的需求。联机分析处理委员会对联机分析处理的定义为：使分析人员、管理人员或执行人员能够从多种角度对从原始数据中转化出来的、能够真正为用户所理解的、真实反映企业维特性的信息进行快速、一致、交互地存取，从而获得对数据的更深入了解的一类软件技术。联机分析处理的目标是满足决策支持或多维环境特定的查询和报表需求，它的技术核心是"维"这个概念，因此联机分析处理也可以说是多维数据分析工具的集合。

2.3.2 联机分析处理的特点和相关概念

（1）联机分析处理的特点

在过去的 20 年中，大量的企业利用关系型数据库来存储和管理业务数据，并建立相应的应用系统来支持日常业务运作。这种应用以支持业务处理为主要目的，被称为联机事务处理应用，它所存储的数据被称为操作数据或者业务数据。

随着市场竞争的日趋激烈，近年来企业更加强调决策的及时性和准确性，这使得以支持决策管理分析为主要目的的应用迅速崛起，这类应用被称为联机分析处理，它所存储的数据被称为信息数据。

联机分析处理的用户是企业中的专业分析人员和管理决策人员，他们在分析业务经营的数据时，从不同的角度来审视业务的衡量指标是一种很自然的思考模式。例如分析销售数据，可能会综合时间周期、产品类别、分销渠道、地理分布、客户群类等多种因素来考量。这些分析角度虽然可通过报表来反映，但每一个分析的角度可生成一张报表，各个分析角度的不同组合又可生成不同的报表，使 IT 人员的工作量相当大，而且往往难以跟上管理决策人员思考的步伐。

联机分析处理的主要特点是直接仿照用户的多角度思考模式，预先为用户组建多维的数据模型，在这里，维指的是用户的分析角度。例如对销售数据的分析，时间周期是一个维度，产品类别、分销渠道、地理分布、客户群类也各是一个维度。一旦多维数据模型建立完成，用户就可快速地从各个分析角度获取数据，也能动态地在各个角度之间切换或者进行多角度综合分析，具有极大的分析灵活性。这也是联机分析处理在近年来被广泛关注的根本原因，它从设计理念和真正实现上都与旧有的管理信息系统有着本质的区别。

事实上，随着数据仓库理论的发展，数据仓库系统已逐步成为新型的决策管理信息系统的解决方案。数据仓库系统的核心是联机分析处理，但数据仓库包括更为广泛的内容。

概括来说，数据仓库系统是指具有综合企业数据的能力，能够对大量企业数据进行快速和准确的分析，辅助做出更好的商业决策的系统。它本身包括三部分内容，如图 2-10 所示。

从应用角度来说，数据仓库系统除了联机分析处理外，还可采用传统的报表，或者采用数理统计和人工智能等数据挖掘手段，涵盖的范围更广。就应用范围而言，联机分析处理往往根据用户分析的主题进行应用分割，例如销售分析、市场推广分析、客户利润率分析等，每一个分析的主题形成一个联机分析处理应用，而所有的联机分析处理应用实际上

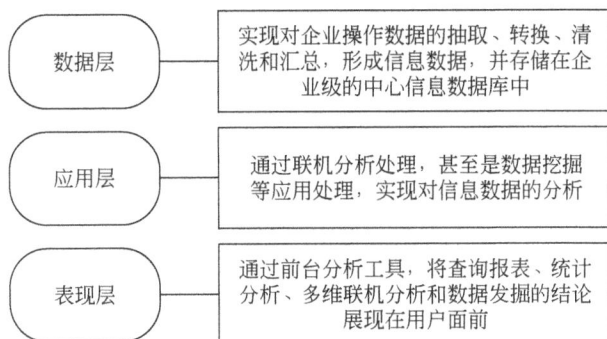

图 2-10　数据仓库的内容

只是数据仓库系统的一部分。

（2）联机分析处理技术的相关概念

1）多维数据集。多维数据集是联机分析处理的主要对象，它是一个数据集合，通常从数据仓库的子集构造，并组织汇总成一个由一组维度和度量值定义的多维结构。

2）维度。维度是联机分析处理技术的核心，即人们观察客观世界的角度，通过把一个实体的一些重要属性定义为维（Andersen，et al.，2005），使用户能对不同维属性上的数据进行比较研究。因此，"维"是一种高层次的类型划分，一般都包含层次关系，甚至相当复杂的层次关系。例如，一个企业在考虑产品的销售情况时，通常从时间、销售地区和产品等不同角度来深入观察产品的销售情况。这里的时间、地区和产品就是维度。而这些维的不同组合和所考查的度量值（如销售额）共同构成的多维数据集则是联机分析处理的基础。

3）度量值。度量值也叫度量指标，是多维数据集中的一组数值，这些值基于多维数据集的事实数据表中的一列，是最终用户浏览多维数据集时重点查看的数值数据，也是所分析的多维数据集的中心值，如销售量、成本值和费用支出等都可能成为度量值。

4）多维分析。多维分析是指对以"维"形式组织起来的数据（多维数据集）采取切片（slice）、切块（dice）、钻取（向上钻取（drill down）和向下钻取（roll up）等）和旋转（pivot）等各种分析动作，以求剖析数据，使用户能从不同角度、不同侧面观察数据仓库中的数据，从而深入理解多维数据集中的信息。

多维分析操作通常包括如下内容：①钻取可以改变维的层次，变换分析的粒度，包括向上钻取（roll up）、向下钻取（drill down）、交叉钻取（drill across）和钻透（drill through）等。向上钻取即减少维数，是在某一维上将低层次的细节数据概括到高层次的汇总数据，而向下钻取则正好相反，它从汇总数据深入到细节数据进行观察，增加了维数。②切片和切块是在一部分维上选定值后，度量值在剩余维上的分布。如剩余维有两个则是切片，如有三个则是切块。③旋转是变换维的方向，即在表格中重新安排维的放置，例如行列互换。

联机分析处理技术是使分析人员、管理人员或执行人员能够从多角度对信息进行快速、一致、交互的存取，进而获得对数据深入了解的一种软件技术。其目标是满足在多维数据环境下的特定查询和报表需求，以及辅助决策支持的需求。联机分析处理技术通常表现为多维数据分析工具的集合。

2.3.3　联机分析处理系统的体系结构和分类

数据仓库与联机分析处理的关系是互补的，现代联机分析处理系统一般以数据仓库作为基础，即从数据仓库中抽取详细数据的一个子集并经过必要的聚集存储到联机分析处理存储器中供前端分析工具读取。

联机分析处理系统按照其存储器的数据存储格式可分为关系联机分析处理（relational OLAP，ROLAP）、多维联机分析处理（multidimensional OLAP，MOLAP）（毛国君等，2005）和混合型联机分析处理（hybrid OLAP，HOLAP）三种类型。

（1）关系联机分析处理

关系联机分析处理将分析用的多维数据存储在关系数据库中并根据应用的需要有选择地定义一批实视图作为表也存储在关系数据库中。不必将每一个结构化查询语言查询都作为实视图保存，只定义那些应用频率比较高、计算工作量比较大的查询作为实视图。对每个针对联机分析处理服务器的查询，优先利用已经计算好的实视图来生成查询结果以提高查询效率。同时用作关系联机分析处理存储器的关系数据库管理系统也针对联机分析处理作相应的优化，比如并行存储、并行查询、并行数据管理、基于成本的查询优化、位图索引、结构化查询语言的联机分析处理扩展（cube，rollup）等。

（2）多维联机分析处理

多维联机分析处理（Kerner，et al.，2005）将联机分析处理分析所用的多维数据物理上存储为多维数组的形式，形成"立方体"的结构。维的属性值被映射成多维数组的下标值或下标的范围，而总结数据作为多维数组的值存储在数组的单元中。由于多维联机分析处理采用新的存储结构，从物理层实现起，因此又称为物理联机分析处理（physical OLAP）；而关系联机分析处理主要通过一些软件工具或中间软件实现，物理层仍采用关系数据库的存储结构，因此称为虚拟联机分析处理（virtual OLAP）。

关系联机分析处理与多维联机分析处理特点比较如表2-4所示。

（3）混合型联机处理

由于多维联机分析处理和关系联机分析处理各有优点和缺点，且它们的结构迥然不同，这给分析人员设计联机分析处理结构提出了难题。为此一个新的联机分析处理结构——混合型联机分析处理被提出，它能把多维联机分析处理和关系联机分析处理两种结构的优点结合起来。迄今为止，对混合型联机处理（Khan，et al.，2005）还没有一个正式的定义。但很明显，混合型联机分析处理结构不应该是多维联机分析处理与关系联机分析处理结构的简单组合，而是这两种结构技术优点的有机结合，能满足用户各种复杂的分析请求。

表 2-4 关系联机分析处理与多维联机分析处理的特点比较

关系联机分析处理	多维联机分机处理
沿用现有的关系数据库的技术	专为联机分析处理所设计
响应速度比多维联机分析处理慢；现有关系型数据库已经对联机分析处理做了很多优化，包括并行存储、并行查询、并行数据管理、基于成本的查询优化、位图索引、结构化查询语言的联机分析处理扩展（cube，rollup）等，性能有所提高	性能好、响应速度快
数据装载速度快	数据装载速度慢
存储空间耗费小，维数没有限制	需要进行预计算，可能导致数据爆炸，维数有限；无法支持维的动态变化
借用关系数据库管理系统存储数据，没有文件大小限制	受操作系统平台中文件大小的限制，难以达到 TB 级（只能 10-20G）
可以通过结构化查询语言实现详细数据与概要数据的存储	缺乏数据模型和数据访问的标准
不支持有关预计算的读写操作 结构化查询语言无法完成部分计算 无法完成多行的计算 无法完成维之间的计算 维护困难	支持高性能的决策支持计算 复杂的跨维计算 多用户的读写操作 行级的计算 管理方便

2.3.4 联机分析处理的多维数据分析

2.3.4.1 联机分析处理的多维数据结构

数据在多维空间中的分布总是稀疏的、不均匀的。在事件发生的位置，数据聚合在一起，其密度很大。因此，联机分析处理系统的开发者要设法解决多维数据空间的数据稀疏和数据聚合问题。事实上，有许多方法可以构造多维数据。

（1）超立方结构

超立方结构指用三维或更多的维数来描述一个对象，每个维彼此垂直。数据的测量值发生在维的交叉点上，数据空间的各个部分都有相同的维属性。

这种结构可应用在多维数据库和面向关系数据库的联机分析处理系统中，其主要特点是简化终端用户的操作。超立方结构有一种变形，即收缩超立方结构。这种结构的数据密度更大，数据的维数更少，并可加入额外的分析维。

（2）多立方结构

在多立方结构中，将大的数据结构分成多个多维结构。这些多维结构是大数据维数的子集，面向某一特定应用对维进行分割，即将超立方结构变为子立方结构。它具有很强的灵活性，提高了数据的分析效率。

一般来说，多立方结构灵活性较大，但超立方结构更易于理解。超立方结构可提供高水平的报告和多维视图。多立方结构具有良好的视图翻转性和灵活性。多立方结构是存储稀疏矩阵的一个更有效方法，并能减少计算量。因此，复杂的系统及预先建立的通用应用倾向于使用多立方结构，以使数据结构能更好地得到调整，满足常用的应用需求。

许多产品结合了上述两种结构，它们的数据物理结构是多立方结构，但却利用超立方结构进行计算，结合了超立方结构的简化性和多立方结构的旋转存储特性。

2.3.4.2　联机分析处理的多维数据分析

分析是指对以多维形式组织起来的数据采取切片、切块、旋转和钻取等分析动作，以求剖析数据，使最终用户能从多个角度、多侧面地观察数据仓库中的数据，从而深入地了解包含在数据中的信息、内涵。多维分析方式迎合了人们的思维模式。

（1）切片

定义 2.5　在多维数组的某一维上选定一维成员的动作成为切片，即在多维数组（维 1，维 2，…，维 n，变量）中选一维：维 i，并取其一维成员（设为"维成员 vi"），所得的多维数组的子集（维 1，…，维成员 vi，…，维 n，变量）称为在维 i 上的一个切片。

按照定义 2.5，一次切片一定是原来的维数减 1。因此，所得的切片不一定是二维的"平面"，其维数取决于原来的多维数据的维数，这样的切片定义不通俗易懂。下面给出另一个比较直观的定义。

定义 2.6　选定多维数组的一个二维子集的动作叫做切片，即选定多维数组（维 1，维 2，…，维 n，变量）中的两个维：维 i 和维 j，在这两个维上取某一区间或者任意维成员，而将其余的维都取定一个维成员，则得到的就是多维数组在维 i 和维 j 上的一个二维子集，称这个二维子集为多维数组在维 i 和维 j 上的一个切片，表示为（维 i 和维 j，变量）。

按照定义 2.6，不管原来的维数有多少，数据切片的结果一定是一个二维的"平面"。从另一个角度来讲，切片就是在某个或某些维上选定一个维成员，而在某两个维上取一定区间的维成员。从定义 2.6 可知：

1）一个多维数组的切片最终是由该数组中除切片所在平面的两个维之外的其他维的成员值确定的。

2）维是观察数据的角度，那么切片的作用或结果就是舍弃一些观察角度，使人们能在两个维上集中观察数据，因为人的空白想象力有限。因此，对于维数较多的多维数据空间进行数据切片是十分有意义的。比照定义 2.5，我们可将切片的这两个定义联系起来，对于一个 n 维数组，按定义 2.5 进行的 $n-2$ 切片的结果，就必定对应于按定义 2.6 进行的某一次切片的结果。

（2）切块

定义 2.7　在多维数组的某一维上选定某一区间的维成员的动作称为切块，即限制多维数组在某一维的取值区间，显然，当这一区间只取一个维成员时，即得到一个切片。

定义 2.8 选定多维数组的一个三维子集的动作称为切块，即选定多维数组（维 1，维 2，…，维 n，变量）中的三个维：维 i、维 j、维 r，在这三个维上取某一区间或任意的维成员，而将其余的维都取定一个维成员，则得到的就是多维数组在维 i、维 j、维 r 上的三维子集，我们称这个三维子集为多维数组在维 i、维 j、维 r 上的一个切块，表示为（维 i、维 j、维 r，变量）。切块和切片的作用与目的是相似的。

（3）旋转

旋转即是改变一个报告或者页面的维方向，例如：旋转可能包含交换行与列，或是把某一个行维移到列维，或是把页面显示中的一个维和页面外的维进行交换（令其成为新的行或者列的一个）。

（4）钻取

钻取处理是使用户在数据仓库的多层数据中，能够通过导航信息获得更多的细节性数据，钻取一般是指向下钻取。大多数的联机分析处理工具可让用户钻取至一个数据集中有更好细节描述的数据层，而更完整的工具可让用户随处钻取，即除一般往下钻取外，随处钻取还包括向上钻取和交叉钻取。

（5）多视图模式

人们发现，获取相同的信息，图形显示所带来的直观性有时是简单的数据表所无法提供的。一个联机分析处理系统，应当采取多种不同的格式显示数据，使用户能够获得最佳的观察数据的视角。

在现代社会中，计算机软硬件的飞速发展和数据采集设备与存储介质的层出不穷，极大地推动了数据库和信息产业的发展，使大量数据和信息存储用于数据分析、事务管理和信息检索。知识发现的任务就是从存放在数据库、数据仓库中的大量数据中发现有用的信息。数据仓库技术是为了有效地把数据集成到统一的环境中以提供决策型数据访问的各种技术和模块的总称。数据仓库技术的发展与知识发现有着密切的关系，数据仓库的发展是促进知识发现越来越热的原因之一。知识发现也不一定需要建立在数据仓库的基础上，可以是数据仓库的一个逻辑上的子集，而不一定非得是物理上单独的数据库。但以数据仓库为基础，对于知识发现来说源数据的预处理将简化许多，而且数据仓库可以很好地满足知识发现对数据量的巨大需求。因此，数据仓库和知识发现的结合已成为必然趋势。

2.4 智能决策的理论基础

随着企业规模的扩大和企业间竞争的日趋激烈，利用计算机技术进行数据处理、辅助决策，对企业的生存发展尤为重要。这样决策支持技术也逐渐成为计算机应用领域中的一个重要分支，并得以迅速发展，从而出现了以人工智能技术和决策支持技术相结合为基础的智能决策技术。

2.4.1　智能决策的基础知识

2.4.1.1　人的智能型行为

人的智能行为主要体现在进行学习和解决问题。

1）学习的过程包括三个方面：①知识的学习。②技能的学习。③个性的形成。

知识学习是技能和能力形成与发展的基础，知识学习是产生创造性的必要前提。科学知识学习是人们认识世界和改造世界的手段。学习知识的过程可分为知识的理解、巩固和应用三个彼此相互联系又相对独立的阶段。技能的学习是个人心智活动及生活实践习惯化行为的学习。主要是针对解决问题的方法的学习。技能的学习是进行学习活动、提高学习效率的必要条件，而且技能的形成促进人类智力、能力的发展。个性的形成主要是把前人的知识和技能变成自己的知识和技能。根据个人学习的效果和应用的情况形成个人的特性。学习的目的在于解决问题。

2）解决问题又分两类：①用已知的知识和技能解决问题。②创造性解决问题。

2.4.1.2　关于机器智能的定义

图灵（Turing）测试由计算机、被测试的人和主持试验人组成。计算机和被测试的人分别在两个不同的房间里。测试过程由主持人提问，由计算机和被测试的人分别做出回答。观测者能通过电传打字机与机器和人联系（避免要求机器模拟人外貌和声音）。被测人在回答问题时尽可能表明他是一个"真正的"人，而计算机也将尽可能逼真地模仿人的思维方式和思维过程。如果试验主持人听取他们各自的答案后，分辨不清哪个是人回答的，哪个是机器回答的，则可以认为该计算机具有了智能。

2.4.1.3　决策

决策问题的范围很广，计划、调度命令、政策、法规、发展战略、体制结构、系统目标等都属于决策范畴。人们常说"决策是一个过程"。所谓决策过程是人们为实现一定的目标而制定行动方案，并准备组织实施的活动过程，这个过程也是一个提出问题、分析问题、解决问题的过程。一般的决策过程如图 2-11 所示。

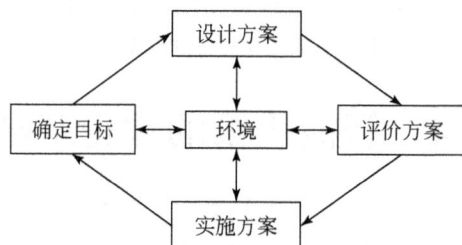

图 2-11　决策过程

1）人类的决策行动包括确定目标、设计方案、评价方案和实施方案四个阶段，其中前三个阶段通常作为决策科学的研究对象。

2）图 2-11 中的环境包括客观物质世界，也包括与决策人密切相关的社会系统。

3）人们在决策时，一方面必须认识环境，了解有关的信息，如客观物质世界的真实写照和社会系统的有关政策、价值观和决策机制等，另一方面决策的各阶段还要受到环境的制约，例如，决策问题的目标确定可能受环境中层次较高的目标的约束，方案的设计必然要受到现实可行性的限制等。

目前学术界对决策问题的分类普遍接受的观点是：依据对问题结构化程度的不同描述，把决策问题分为三种类型：结构化决策问题、半结构化问题和非结构化问题。

1）结构化决策问题。结构化决策问题相对比较简单、直接，其决策过程和决策方法有固定的规律可循，能用明确的语言和模型加以描述，并可依据一定的通用模型和决策规则实现其决策过程的基本自动化。早期的多数管理信息系统能够求解这类问题，例如，应用解析方法、运筹学方法等求解资源优化问题。

2）非结构化决策问题。非结构化决策问题是指那些决策过程复杂，其决策过程和决策方法没有固定的规律可循，没有固定的决策规则和通用模型可依，决策者的主观行为（学识、经验、判断力、个人偏好和决策风格等）对各阶段的决策效果有相当的影响。往往是决策者根据掌握的情况和数据临时做出决定。

3）半结构化决策问题。半结构化问题介于上述两者之间，其决策过程和决策方法有一定规律可循，但又不能完全确定，即有所了解但不全面，有所分析但不确切，有所估计但不确定。半结构化决策问题可通过编制程序进行定量分析和计算，或者运用相对明确的决策规则和方法来解决，同时还要依靠人的知识、经验和直觉来判断与选择。所以在求解该类决策问题时，往往要经过很多次人机交互对话才能完成问题的求解。这种决策问题是DSS 发展的基础。

正如决策问题可分为结构化、半结构化和非结构化三类，决策也分为三个层次：

1）战略规划。确定组织的目标、政策和总的发展方向，以组织为整体进行分析。

2）运筹规划。资源获取，其目的是实现战略规划。

3）作业调度。有效地利用现有资源来完成各项活动，具体实施运筹规划的内容，间接完成战略规划目标。

这样就存在九种决策类型，如表 2-5 所示。

表 2-5 不同的决策类型

决策问题分类	决策层次			支持需求
	作业调度	运筹规划	战略规划	
结构化	零件订货 库存报表	线性规划 生产调度	工厂位置选址	EDP，MIS
半结构化	股票管理贸易	经费预算 开发市场	资本获利分析	DSS
非结构化	选择杂志封面	聘用管理人员	研究和开发分析	经验和直觉

2.4.1.4　辅助决策

辅助决策有以下几种方式：

1）以数据形式辅助决策。这是最基本的辅助决策方式。数据能反映事物的数量化特征，所以这种方式是在数量上为管理者和决策者提供数据与辅助决策信息。管理信息系统属于这种方式，它是决策支持系统的初级形式。

2）以模型和方法的形式辅助决策。利用模型和方法是比较有效的辅助决策的形式。这种形式的实质是寻找事物发展的规律，建立模型和方法，再按模型和方法的思想去指导决策者的行动。由于客观事物异常复杂，模型可能因为条件、环境的变化而失效，因此模型是否真正反映客观事物的规律性，是评价是否有效的关键。

3）以多模型组合形式辅助决策。由于单模型难以反映客观事物的全貌，故单模型辅助决策的效果是有限的。模型和数据是相连的，多模型不同于单模型，后者只用少数数据文件便可获取所需的数据，而多模型的组合将涉及大量的数据，所以一般采用数据库系统来实现数据共享，消除冗余性并对其进行统一管理。多模型的组合还需要建立模型库来统一管理、组合和集成。决策支持系统正是按照这种形式的辅助决策方式建立起来的。

2.4.2　智能决策的关键技术

从智能决策的概念可知，智能决策技术包含人工智能技术，与决策支持有关的人工智能技术有数据挖掘、专家系统、神经网络、遗传算法、机器学习、自然语言理解等。

2.4.2.1　数据挖掘

数据挖掘也称数据开采，是从大量数据中提取出知识的过程，主要用于实现从海量数据中获取有用的信息或模式。传统的数据分析提取方法主要是应用数据库技术来实现对数据的检索、查询或统计，依赖人工来分析、判断和解释数据，不仅效率低，成本高，而且主观性强。而数据挖掘通过对数据的清理、集成、选择、变换、挖掘、评估，能实现从大量数据中自动发现对决策有帮助的数据（知识），提取出有价值的信息，并将其作为下一步智能决策的数据源。通常采用决策树、遗传算法、粗糙集和神经网络、回归分析等为代表的数据挖掘方法，对数据进行挖掘分析。

2.4.2.2　专家系统

专家系统是具有相当于专家的知识与经验水平和解决专门问题能力的计算机系统，通常主要是指计算机软件系统。专家系统是把一个或多个专家在某一领域的知识集中起来，用来有效解决问题的程序。专家系统也可以理解成是一个基于知识库的人工智能程序。专家系统具有使专家知识集中，避免重复决策的优点。专家系统主要由知识库、推理机、工作数据库、用户界面、解释程序和知识获取程序六部分组成。

专家系统不同于一般的计算机软件系统，其特点在于：

1）知识信息处理：主要用于知识信息处理，而不是数值处理；依靠知识表达技术，而不是数学描述方法。

2）知识利用系统：通过知识获取、表达、存储和编排，建立知识库及其管理系统；利用专家的知识和经验，求解专门问题。

3）知识推理能力：采用基于知识的程序设计方法，系统的工作是在环境模式驱动下的知识推理过程，而不是在固定程序控制下的指令执行过程。

4）咨询解释能力：专家系统不仅对用户的提问给出解答，而且能够对答案的推理过程做出解释，提供答案的可信度估计。

专家系统的基本结构如图 2-12 所示。

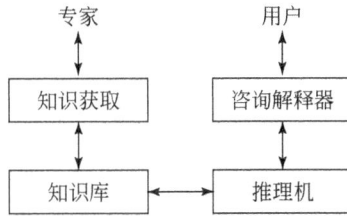

图 2-12 专家系统结构

其中，各部分的功能如下：

1）知识库（包括知识库及其管理系统）。用于存取和管理所获取的专家知识和经验，供推理机利用。具有知识存储、检索、编排、增删、修改和扩充等功能。

2）推理机（包括推理机及其控制系统）。用于利用知识进行推理，求解专门问题。具有启发推理、算法推理、正向推理或双向推理等功能。

3）咨询解释器。即专家系统与用户之间的人机接口，其功能有两方面：①咨询理解：对用户的提问进行"理解"，将用户输入的提问和有关事实、数据与条件，转换为推理机可接受的信息。②结论解释：向用户输出推理的结论或答案，并且根据用户需要对推理过程进行解释，给出结论的可信度估计。

4）知识获取手段。这是专家系统与专家的"界面"。专家系统一般都通过"人工移植"方法获取知识，"界面"就是知识工程师采用"专题面谈"、"口语记录分析"等方式获取知识，经过整理后，再输入知识库。

2.4.2.3 神经网络

人工神经网络也简称神经网络或称作连接模型（connection model），它是一种模仿动物神经网络行为特征，进行分布式并行信息处理的算法数学模型。这种网络依靠系统的复杂程度，通过调整内部大量节点之间相互连接的关系，达到处理信息的目的。

2.4.2.4 遗传算法

遗传算法（genetic algorithm）是一类借鉴生物界的进化规律（适者生存，优胜劣汰遗传机制）演化而来的随机化搜索方法，由美国的霍兰德（J. Holland）教授 1975 年首先提出的。其主要特点是直接对结构对象进行操作，不存在求导和函数连续性的限定；具有内在的秉性和更好的全局寻优能力；采用概率化的寻优方法，能自动获取和指导优化的搜索空间，自适应地调整搜索方向，不需要确定的规则。遗传算法的这些性质，已被人们广泛应用于组合优化、机器学习、信号处理、自适应控制和人工生命等领域。它是现代有关智能计算中的关键技术。

2.4.2.5 机器学习

机器学习（machine learning）是研究如何使用机器来模拟人类学习活动的学科，主要研究人类学习过程的认知模型、通用的学习算法和构造面向任务的专用学习系统的方法。当前，机器学习在知识系统和决策科学中已得到广泛应用。智能决策技术中常用的机器学习部分主要包括决策树、粗糙集、证据推理和案例推理。

2.4.2.6 自然语言理解

自然语言理解（natural language understanding），也称人机对话，是让计算机理解和处理人类进行交流的自然语言。研究用电子计算机模拟人的语言交际过程，使计算机能理解和运用人类社会的自然语言如汉语、英语等，实现人机之间的自然语言通信，以代替人的部分脑力劳动，包括查询资料、解答问题、摘录文献、汇编资料和一切有关自然语言信息的加工处理。这在当前新技术革命的浪潮中占有十分重要的地位。研制第五代计算机的主要目标之一，就是要使计算机具有理解和运用自然语言的功能。

2.4.3 智能决策系统框架

知识发现和数据仓库及其相关技术的发展为智能决策的发展注入了新的活力。基于数据挖掘技术的智能决策系统能够对海量结构化和非结构化的数据进行开发、挖掘和分析，从中识别、抽取隐含信息，并发现这些信息之间的关联、关系和规则。从分析现代科学决策和系统工程入手，按照整体协调的观点，本节提出基于数据挖掘技术的智能决策系统框架，如图 2-13 所示。该框架基于传统决策系统的"六库"结构，且将数据仓库和数据挖掘技术与"六库"有机地集合起来，既有传统决策系统的辅助决策功能，又可通过数据挖掘来提高系统的智能性。框架中文本库、图形库、数据仓库、模型库、方法库、知识库各自独立且分别有自己的库管理系统，模块化的结构形式直观，管理方便，有利于决策系统的实际开发。

2.4.3.1 智能化交互式人机界面

智能化交互式人机界面是智能决策系统中非常重要的部分，决策过程是人机交互的过程。用户接口首先应能接收并理解用户通过自然语言表达的用户问题，然后将用户问题转换为系统可以理解的形式。其次用户接口应将系统求得的结果转换为自然语言或决策熟悉的形式，如图表等。而且，在运算和决策过程中，用户接口可提示用户并能接收补充信息，用户可随时中断决策过程。同时，用户接口应向用户解释决策过程，包括采用的模型、参数、方法、推理过程等。

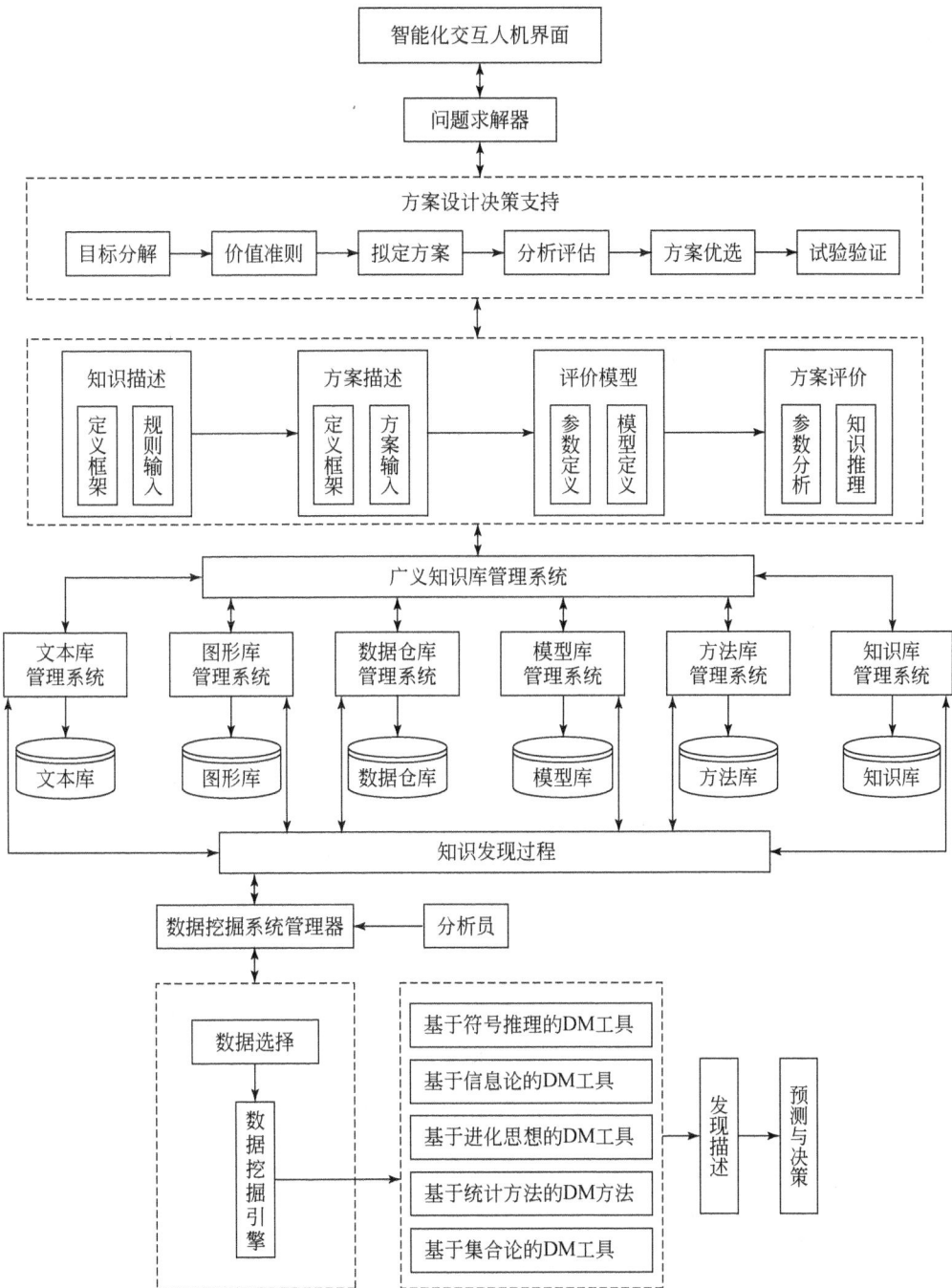

图 2-13 智能决策系统框架

2.4.3.2 问题求解器

问题求解器有两方面的功能：问题分析和问题求解。在问题分析器中有自然语言处理器，它能够理解用户以自然语言描述的问题，并调用知识库中的知识进行分析，将问题按结构化、半结构化或非结构化进行分类。对结构化问题给出相应的模型名，对半结构化或非结构化问题给出初始条件和目标。问题求解器对于给出模型名的结构化问题调用模型库中的模型、文本库中的文本、图形库中的图形、知识库中的知识、数据仓库中的数据进行运行。对半结构化或非结构化问题，问题求解器使用正反向推理、推理树、逆向推理过程等推理机制进行求解。

2.4.3.3　方案设计决策支持

方案设计决策支持严格执行科学决策的步骤，即用科学的决策程序、科学的决策技术、科学的思维方法做出决断。科学决策程序一般分为六个阶段，在具体情况下允许各阶段有所交叉。同时在不同的决策中，省略某个阶段是允许的。决策分析方法是研究不确定性问题的一种系统分析方法，其目的是改进决策过程，从一系列备选方案中选出一个能满足一定目标的合适方法。对于不同的决策有不同的方法，如确定性情况采用最优解法；随机性情况采用决策树法；不确定性情况采用拉普拉斯准则、乐观准则、悲观准则、遗憾准则等舍取方案；多目标情况采用多目标决策方法；多人决策情况采用对策论、冲突分析、群决策等方法。除上述各种方法外，还有对结局评价等有模糊性时采用的模糊决策方法和决策分析阶段序贯进行所采用的序贯决策方法等。

2.4.3.4　广义知识库管理系统

（1）文本库子系统

文本库和文本库管理系统组成文本库子系统。文本库中存放决策过程中需要阅读的大量文献，例如政策条例、考察报告、市场分析报告、可行性报告、公文信函、技术情报资料等非结构化的文本信息，它往往以自然语言的形式存在。文本库子系统与其他子系统的联系比较松散，不需要依靠其他系统的功能，其功能在逻辑上是独立完整的。文本库管理系统负责对文本库的检索、增加、删除等操作。

（2）图形库子系统

图形库和图形库管理系统组成图形库子系统。图形库中存放决策过程中需要的大量图形，其功能在逻辑上也是独立完整的。图形库管理系统负责对图形库的检索、增加、删除、维护等操作。

（3）模型库子系统

模型库和模型库管理系统组成模型库子系统。模型是对于现实世界的事物、现象、过程或系统的简化描述。模型有很多类型，数学模型是辅助决策中使用最多、范围最广的模型。除此之外还有图形图像模型、报表模型、职能模型等。模型库将众多模型按一定的结构形式组织起来。模型库是决策系统中必不可少的，它包括标准的模型软件包和用户自定义模型。模型库管理系统负责管理和维护模型库藏，包括对模型的增加、删除、修改、查询、组合等操作。

（4）方法库子系统

方法库和方法库管理系统组成方法库子系统。方法指解决问题的基本算法。方法库中存放着各种方法，其传统方法包括基本数学方法（如拟合法、插分法、各种初等函数算法等）、数理统计方法、优化方法、预测方法、计划方法等；其创造性方法就是根据专家知识和经验创造的。建立方法库的目的是为决策系统的问题模型提供求解算法。计算过程从数据仓库中选择数据、从方法库中选择方法、将数据和方法结合起来进行计算。方法库管理系统负责对方法库中的方法进行维护，也可根据用户需要自动生成解决某一问题的新方法。

（5）知识库子系统

知识库和知识库管理系统组成知识库子系统。知识库是随着决策系统的智能化而引入的，是智能决策系统必不可少的部分。知识库藏中包含在解决问题中所使用的知识，即那些既不能用数据表示，又不能用模型表示，也无固定方法和专门知识的历史经验。知识库的使用简化称为系统的工作过程，为系统的工作提供依据，使之可以利用已有的知识而不必重新开始。知识库中除了专家提供的知识，还包括在数据挖掘过程中得到的知识。知识库管理系统负责对知识库中的知识进行增加、删除、修改、维护等操作。

（6）数据仓库子系统

数据仓库和数据仓库管理系统组成数据仓库子系统。数据仓库是智能决策系统的来源，也是数据挖掘的基础和依据。数据仓库中的数据与传统决策系统的数据库中的数据有很大差别。数据仓库中的数据是面向主题的而非面向应用的；数据在进入数据仓库之前必须经过加工与集成；数据仓库中包含大量的历史数据，同时数据仓库中的数据又是随时间变化的，不断增加新的数据，删除旧的数据。数据仓库中的数据保存的时间较长，以适应智能决策系统进行时间趋势的需要。数据仓库对数据的预处理可以显著加快数据挖掘的速度。数据仓库管理系统主要负责对数据仓库的数据进行维护。

2.4.3.5　知识发现过程

知识发现过程是识别出数据仓库中有效的、新颖的、具有潜在效用的乃至最终可理解的模式的非平凡过程，主要包括三个阶段：数据准备、数据挖掘、结果表达和理解。数据挖掘是知识发现的重要阶段，是知识发现概念的深化。它使用专门的数据挖掘工具，如基于符号推理的挖掘工具、基于信息论的挖掘工具、基于进化思想的挖掘工具、基于统计方法的挖掘工具、基于集合论的挖掘工具等。数据仓库中的数据是数据挖掘的依据，同时模型库为数据挖掘提供模型、文本库和图形库为数据挖掘提供相关的参考文献、方法库为数据挖掘提供方法、知识库为数据挖掘提供知识。数据挖掘的结果形成新的知识和模型，进一步充实知识库和模型库。

第3章 知识发现和数据挖掘对象与模式

在第1章和第2章中针对知识发现与数据挖掘的概念及相关理论基础进行了阐述，本章主要讨论知识发现和数据挖掘的对象及具体模式。

3.1 知识发现的挖掘对象

形成知识的源泉是大型数据库和数据仓库。原始数据有时是结构化的（关系数据库中的数据），有时是半结构化的（图像数据、文本与图形），有时还是 WWW 上的异构型的。一般情况下，数据挖掘对象可以是存储的任何类型的信息，如关系数据库、数据仓库、事务数据库、万维网、面向对象数据库、对象关系数据库、时间序列数据库、空间数据库、文本数据库、多媒体数据库等。为了便于对以后章节的理解，本节将对关系数据库、数据仓库、文本数据库、多媒体数据库等进行简要介绍。

3.1.1 关系数据库

关系数据库是表的集合，每张表都有一个唯一的标识（表名），表的每一列表示一个属性（也称字段），用一个唯一的字段名来标识，表中每一行为一个元组（也叫记录），所有的记录都被顺序指定了记录号。对数据库进行存取、维护和完整性与安全性控制的软件被称为数据库管理系统。

关系数据库因为具有坚实的数据基础、统一的组织结构、完整的规范化理论、一体化的查询语言等优点，成为当前数据挖掘最重要、最流行、也是信息最丰富的数据源，并且也是人们对数据挖掘研究的主要形式之一。关系数据库的查询语言主要是结构化查询语言，结构化查询语言查询被转换成一系列的关系操作，如选择、连接、投影等。这些操作可解决人们提出的许多问题，也可产生新的关系表。几乎所有的资源都可用关系表（关系模型）来表达，例如图3-1就是一个工程项目、零件、供应商关系表以及两两之间的关系模型。

数据挖掘用于关系数据库时，可通过关联分析等技术发现知识和潜在信息，如超市所销售的商品之间的联系，分析不同年龄层次的顾客购物倾向等。例如通过图 3-1 中关系表去发现哪些项目中使用了（螺母，红色）零件，就可通过 Part 关系，以（螺母，红色）得到记录的主键值 P3，然后，通过关系 P-P 获得使用 P3 元件的项目 J1、J2、J3，再到 Project 关系表中得到使用 P3 元件的项目：项目 1、项目 2、项目 3。这种数据查询是关系的一种重要操作——自然连接，它起到了导航数据的作用。

从数据库中发现知识就是从数据集中识别出有效的、新颖的、潜在有用的，以及最终

Project关系

J#	JNAME	DATE
J1	项目1	2012.1
J2	项目2	2012.8
J3	项目3	2013.4

Part关系

P#	PNAME	COLOR	WEIGHT
P1	螺杆	蓝色	20
P2	螺母	绿色	23
P3	螺母	红色	18
P4	铰链	红色	17

Supplier关系

S#	SNAME	ADDR
S1	华星建材厂	南京
S2	兰迪元件厂	西安
S3	永陵螺丝厂	上海

P-P关系

J#	P#	TOTAL
J1	P1	70
J3	P3	11
J2	P2	18
J1	P2	67
J2	P3	32
J1	P3	14

P-S关系

P#	S#	QUANTITY
P1	S1	150
P3	S3	200
P2	S2	180
P2	S3	310
P3	S1	120

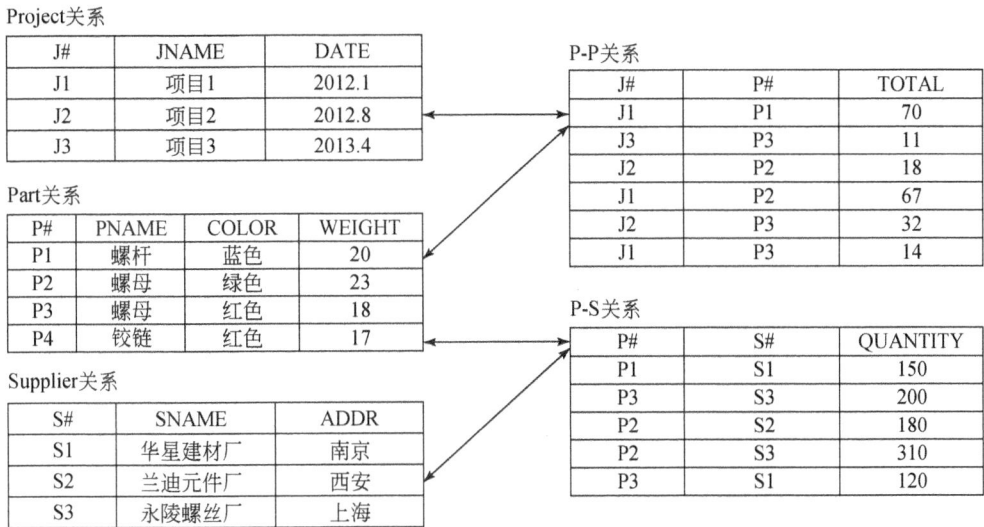

图 3-1　关系表案例

可理解的模式的非平凡过程。从关系数据库中进行数据挖掘是当前研究比较多的。目前研究的主要问题有：

1）超大数据量。数据库中数据的迅速增长是数据挖掘得以发展的原因之一，这也正是对数据挖掘研究的挑战。枚举法、经验分析法对数兆字节、数千兆字节、甚至数太字节的数据显得无能为力。此时数据挖掘系统必须采用一定的数据汇集方法，根据用户定义的发现任务，选择有关的域空间，采取随机抽样的方法，对样本进行分析。

2）动态变化的数据。数据的动态变化是大多数数据库的一个主要特点。一个联机系统应能保证数据的变化不会导致错误的发生。

3）噪声。由于人为因素的影响，如数据的手工录入和主观选取数据等，引起的错误数据，使数据具有噪声。带噪声的数据会影响抽取的模式的准确性，可造成最终结果的不确定性。发现和表示这样的模式要用概率的方法，用概率来表示。

4）数据不完整。数据库中某些记录及其属性域可能存在空值现象。另外对某一发现来说还可能完全不存在其所必需的记录域，这造成数据的不完整。这些都给发现、评估和解释一些重要的模式带来困难。

5）冗余信息。数据库中同一信息有时存储在多个地方，函数依赖就是一个通常的冗余形式。冗余信息可能造成错误的知识发现，至少有些发现是用户完全不感兴趣的。为避免这种情况发生，系统需要知道数据库中有哪些固有的依赖关系。

6）数据稀疏。数据库对应于可能的巨大发现空间，它的实际数据记录的密度非常稀疏。

3.1.2　数据仓库

数据仓库是数据库技术发展的高级阶段，它是面向主题的、集成的、内容相对稳定的、随时间变化的数据集合，可以用来支持管理决策的制定过程（恩门，2002）。数据仓库系统允许将各种应用系统、多个数据集成在一起，为统一的历史数据分析提供坚实的平台。

数据仓库是源于决策支持过程的需要而产生的，因此，它首先是面向决策支持的，其目的是要建立一种高度一体化的数据存贮处理环境，将分析决策所需的大量数据从传统的操作环境中分离出来，使分散的、不一致的操作数据转换成集成的、统一的、相对固定的信息。数据仓库最有效的数据挖掘工具是多维分析方法。

数据挖掘需要有良好的数据组织和"纯净"的数据，数据的质量直接影响数据挖掘的效果，而数据仓库的特点恰恰最符合数据挖掘的要求，它从各类数据源中抓取数据，经过清洗、集成、选择、转换等处理，为数据挖掘所需要的高质量的数据提供了保证。可以说，数据挖掘为数据仓库提供了有效的分析处理手段，数据仓库为数据挖掘准备了良好的数据源。因此，随着数据仓库与数据挖掘的协调发展，数据仓库必然成为数据挖掘的最佳环境。

与传统数据库相比，数据仓库具有许多特点：①面向主题，如，政策数据仓库、客户数据仓库。②集成性，它不是简单的数据堆积，而是经过清理、去冗、综合多个数据源将其集成到数据仓库。③数据的只读性，对用户来说，数据仓库中的数据只供查询、检索、提取，不能进行修改、删除等操作。④数据的历史性，历史性主要指对过去数据的积累。⑤随时间的变化性，数据仓库中的数据随时间推移而定期的被更新。数据仓库还有其他一些特点，但与数据库相比并不十分明显。总之，数据仓库的这些特点是非常适合于进行数据挖掘的。

3.1.3　文本数据库

文本数据库所记载的内容均为文字，这些文字不是简单的关键词，而是长句子、段落甚至全文，文本数据库多数为非结构化的，也有些是半结构化的，如 HTML、E-mail 等。Web 网页也是文本信息，把众多的 Web 网页组成数据库就是最大的文本数据库。如果文本数据具有良好的结构，可以使用关系数据库来实现。

在文本数据库中数据挖掘究竟能够挖掘到什么？回答这个问题，我们首先从用户的角度分析。用户从大量的文本信息源中获取信息，希望能够得到反映某个主题的所有文本，或是希望获取某一类信息的所有文本，当然，由于找到的文本很多，篇幅也可能很长，希望能够把长文本浓缩成反映文本主要内容的短文本（摘要），通过对短文本的阅读进一步筛选信息。因此，针对文本数据库的数据挖掘，主要内容包括：文本的主题特征提取、文本分类、文本聚类、文本摘要。

文本分析过程就是通过分析文本，从中找出一些特征，以利于将来使用。一般地，文本分析有以下几个基本过程。

（1）语种识别

语种识别工具能自动发现文本使用的是何种语种。它利用文本内容的一些线索去识别语种。如果文本使用两种语种，它能确定哪部分使用哪种语种。这个确定过程是根据相应语种的训练文本例子训练的。同时还能通过训练识别其他语种。它可以根据不同的语种自动组织索引数据，不同的语种有不同的查询结果，能将文本提交给语种翻译器。

（2）特征提取

特征提取主要是识别文本中词项的意义。提取过程是自动的。提取的特征与分析文本的领域有关，且大部分是文本集中表示的概念，因此特征提取是一种强有力的文本挖掘技术。自动识别的特征可能包括：人名、组织名、地名、多字词、缩写、其他（如日期、货币等）。

分析一个文本时，特征识别工具采取两种模式：一种是单独分析该文本，另一种是先根据其他相似文本自动建立一个词典，然后在该文本找到词典中出现的词项。如果分析的是文本集，特征提取工具则先从许多文本中找到一些特征，然后取最优的词汇。例如，它经常检测到几个不同的词项确实是同一个特征的不同变形，那么就可取其中一个（通常是最长的一个）作为该特征的规范形式。另外，也可给每一个词项赋予一个统计测度。该统计测度是具有同一意义的单词、词组的测度之和。

（3）聚类

聚类是把一个文本集合分成几组的过程。每组中的文本在某种情况下相似。如果把文本内容作为聚类的基础，那么不同的组就对应文本集中不同的主题。因此聚类可用来找到集合包含什么内容，即通过识别在文本组中常用的一系列术语或单词来描述主题。聚类也可通过文本的长度、日期等特征来进行。因此，聚类可描述整个文本集的内容，找到其中隐含的相似关系，从而更容易找到相似或相关信息。聚类后，组内的文本相似度极大，组间的文本相似度极小。

（4）分类

分类是把文本分配到已存在的类中，即已存在的"主题"中。如果由人工分类，处理如此多的数据将是一个巨大的工程，很不实际。而通过自动组织，把文本分到相应的主题中，使之更容易浏览、查询，则是一种数据组织的有力手段。目前关于文本分类的文献较多。阿普特（Apte）用决策树技术获取分类器；杨（Yang）构造了一种近邻算法进行分类；路易斯（Lewis）采用一个线性分类器；科恩（Cohen）设计了一种建立在权值更新基础上的休眠专家算法。

用以上所提及的一些方法分类文本时，首先将网页表示为关键词或概念向量，然后计算出向量之间在向量空间中的距离作为分类依据。如杨计算训练集中每一向量与待分类向量的距离，然后选取 K 个最近距离进行综合分类，而路易斯先构成类别向量，然后以向量的内积计算待分类向量与类别向量的距离。

3.1.4 复杂类型数据库

复杂类型的数据库是指非单纯文本的数据库或能够表示动态的序列数据的数据库，主要有以下几类。

3.1.4.1 空间数据库

主要指存储空间信息的数据库，其中数据可能以光栅格式提供，也可能用矢量图形数据表示。例如，地理信息数据库、卫星图像数据库、城市地下管道、下水道及各类地下建筑分布数据库等。对空间数据库的挖掘可以为城市规划、生态规划、道路修建提供决策支持。

空间数据与其他类型数据的一个重要区别是它的空间特性。空间数据挖掘的任务包括：

1）空间数据特征比较。

2）空间聚类分析。

3）空间分类。

4）空间关联。

5）空间模式分析。

空间相关的语义（按地域分类）包括：

1）聚类分析（例如相邻或邻近）。

2）空间联机分析（特征）。

3）从不同角度观察数据。

4）综合和多重概念。

空间关联和空间关系的分层有：

1）关联关系：包括空间预测，例如接近、相交、包含等。

2）拓扑关系：相交、重叠、析取等。

3）空间取向：右、西、下等。

4）距离信息：接近、在距离之内等。

5）层次空间关系：相接、相交、包含等。

目前在地学数据分析中对空间特性的主要处理方法有：①将空间作为框架，同一区域范围内不考虑空间要素，其研究方法包括静态研究（如各种区域统计指标计算）、动态研究（如系统动力学模型等）。②利用空间统计方法，如变异函数、空间自相关指数等，探讨空间分布的特征。③将空间要素转化为一维属性要素参与分析，如距离、方向等用于主成分分析、多变量相关等。④空间要素作为属性要素的乘积因子，如交通中的等到达时线、水文中的等流时线等。⑤将不同要素的图层进行空间配准后采用（geographic information system，GIS）地理通信系统中的叠加（overlay）方法，形成规则网格或最小图斑单元，然后参与一般分析，不再考虑空间因素。

国内外都开展了地球空间数据挖掘和知识发现方面的研究。加拿大西蒙·法拉色大学计算机科学系的韩家炜（Han Jiawei）教授领导的小组，在 MapInfo 平台上建立了空间数据挖掘的原型系统，实现了空间数据特征描述、空间比较、空间关联、空间聚类和空间分类等空间数据挖掘方法。1996 年艾斯特（Ester）的 DASCAN 利用空间数据结构 R * tree 进行基于密度的空间聚类。史多罗兹（Stolorz）的 QuakeFinder 采用统计、超级并行、全局优化等从空间发现有关地震的知识。国内武汉大学李德仁教授提出从地理信息系统数据库可以发现包括几何信息、空间关系、几何性质与属性关系以及面向对象知识等的多种知识 (苏新宁等，2003)。

3.1.4.2　时序数据库

主要用于存放与时间相关的数据，它可用来反映随时间变化的即时数据或不同时间发生的不同事件。例如，连续地存放即时的股票交易信息、卫星轨道信息等。对时序数据的挖掘可以发现事件的发展趋势、事物的演变过程和隐藏特征，这些信息对事件的计划、决策和预警是非常有用的。

3.1.4.3　多媒体数据库

用于存放图像、声音和视频信息的数据库。由于多媒体技术的发展，以及相关研究 (如可视化信息检索、虚拟现实技术) 的成就，多媒体数据库也逐渐普及，并应用于许多重要研究领域。目前，多媒体数据的挖掘主要放在对图像数据的检索与匹配上，随着研究的深入将会拓展到对声音、视频信息的挖掘处理。例如，对影视信息的摘录处理。

所谓面向图像和视频的数据挖掘是指从大量的图像和视频数据中发掘出有用的信息。比如，地球资源卫星每天都要拍摄大量的图像或录像，对同一个地区而言，这些图像存在着明显的规律性，白天和黑夜的图像不一样，当发生洪水时与正常情况下的图像又不一样，通过分析这些图像的变化，我们可以推测天气的变化，可以对自然灾害进行预报。这类问题，在通常的模式识别和图像处理中都需要通过人工分析这些变化规律，从而不可避免地漏掉许多有用的信息。比如，可以实现一个系统，根据河流或湖面水域的宽度来预测是否发生洪水，这时，就可能遗漏这样一个十分有用的信息：庄稼区域颜色或纹理的变化，可以预测是否发生病、虫灾害。事实上，不管事先给定多少条规则，都不可能穷举蕴涵在图像或视频数据中的信息，因为，即使是一幅十分简单的图像，也往往包含十分丰富的内容。

用数据挖掘的方法可从图像和视频数据中发掘出尽可能多的有用信息，供人类专家参考。在这一方法中，一个十分关键的问题是图像和视频信息本身的表示问题，这也是图像处理和模式识别中的关键问题。一般来说，可用颜色、纹理、形状、运动向量等基本特征来表示图像和视频的基本特征。高级概念可看成一种特征模式，比如，河流可被认为是具有某种颜色特征的长条形，大片的庄稼区可看成具有某种颜色分布和纹理特征的大块图像区域。高级概念是我们所关心的，它可能是某种物体的存在、某种现象的发生等。底层的基本特征与高层概念之间必然存在着某种映射关系，可用数据挖掘的方法发现。整个过程如图 3-2 所示。

3.1.4.4　Web 信息库

随着网络的不断发展，网络数据的规模呈指数级增长。用户面对如此众多的资源，一方面为能获得丰富的信息而感到高兴，另一方面又为如何从这些信息资源中快速地找到自己所需要的东西而担忧，因此迫切需要一种高效快速的信息资源分析工具帮助用户快速浏览网页，并能从这些大量的信息中找出隐含的内容，减少用户的负担。

面对这种需求，Web 信息挖掘技术应运而生。它是根据面向 Internet 的分布式信息资

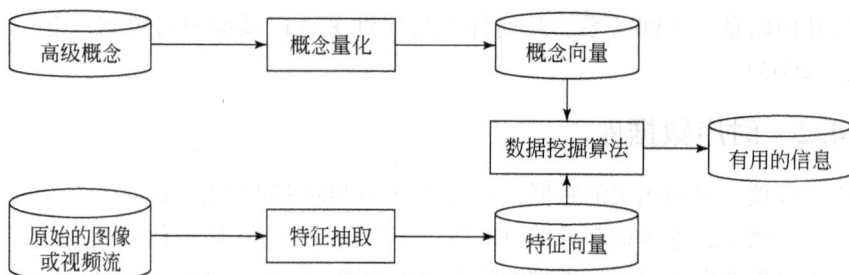

图 3-2 图像和视频数据挖掘

源的特点的一种模式抽取过程，不仅能查找分布式信息资源中已存在的信息，还能识别出大量存在于数据中隐含的、有效的规律。

目前已有一些机构开展了 Web 信息挖掘工作。IBM 公司建造了一个名为 Intelligent Miner 的工具，它主要从四个方面分析文本：从文本中抽取出关键信息、根据主题组织文本、从文本集中找到一个模式描述该集合、使用强有力的查询来检索文本。CMU 的丹尼·弗莱塔格（Dayne Freitag）则利用一阶谓词，对大学主页定义类与类之间的关系，找出一些规律，构成知识库。埃奇奥尼（Etzioni）等则通过记录用户访问站点改善站点的设计，帮助用户更快地浏览该站点（Jiawei and Micheline，2006）。

3.2　知识发现的挖掘模式

3.2.1　关联模式

在数据挖掘的知识模式中，关联规则模式是比较重要的一种。关联规则的概念由阿格拉沃尔（Agrawal）、艾米林思科（Imielinski）、斯瓦米（Swami）提出，是数据中一种简单但很实用的规则。关联规则模式属于描述型模式，发现关联规则的算法属于无监督学习（无导师学习）的方法（陈志泊，2009）。

3.2.1.1　基本概念

关联规则挖掘是发现大量数据中项集之间有趣的关联或相关联系。关联规则是形如 $X \Rightarrow Y$ 的蕴含式，式中，X、Y 为属性——值对集（或称为项目集），且 $X \cap Y$ 为空集。在数据库中若 $S\%$ 的实例同时包含 X 和 Y，则关联规则 $X \Rightarrow Y$ 的支持度为 $S\%$；若 $C\%$ 包含属性——值对集 X 的事务，也包含属性——值对集 Y，则关联规则 $X \Rightarrow Y$ 的可信度为 $C\%$。例如关联规则：

Computer System software ［support＝20%，confidence＝60%］

该关联规则表示分析数据库中实例的 20%（支持度）同时购买计算机和系统软件，且数据库中所有购买计算机的顾客 60%（可信度）也购买系统软件。

在数据建模中，基于预处理数据的关联规则是很多的，而且绝大多数对用户是无用的，为了在建模过程中提高模型在实际应用中的准确性，通常我们用最小支持度和可信度来衡量关联规则，只有支持度和可信度分别大于用户指定的最小值的关联规则才是符合要求的关联规则模型。需要注意的是，最小支持度和可信度是由用户或领域专家设定的。

设 $I = \{i_1, i_2, \cdots, i_m\}$ 是二进制文字的合集，式中的元素称为项。记 D 为交易 T 的集合，这里交易 T 是项的集合，并且 $T \subseteq I$。每一个交易对应有唯一的标识，如交易号，记作 TID。设 X 是一个 I 中项的集合，如果 $X \subseteq T$，那么称交易 T 包含 X。一个关联规则是形如 $X \Rightarrow Y$ 的蕴涵式，这里 $X \subset I$，$Y \subset I$，并且 $X \cap Y = \varnothing$。规则 $X \Rightarrow Y$ 在交易数据库 D 中的支持度是交易集中包含 X 和 Y 的交易数与所有交易数之比，记为 support $(X \Rightarrow Y)$，即

$$\text{support}(X \Rightarrow Y) \overset{\text{der}}{=\!=} \frac{|\{T : X \cup Y \subseteq T, \ T \in D\}|}{|D|}$$

规则 $X \Rightarrow Y$ 在交易集合中的可信度（confidence）是指包含 X 和 Y 的交易数与包含 X 的交易数之比，记为 confidence $(X \Rightarrow Y)$，即

$$\text{confidence}(X \Rightarrow Y) \overset{\text{der}}{=\!=} \frac{|\{T : X \cup Y \subseteq T, \ T \in D\}|}{|\{T : X \subseteq T, \ T \in D\}|}$$

给定一个交易集 D，挖掘关联规则问题就是产生支持度和可信度分别大于用户给定的最小支持度（min_supp）和最小可信度（min_conf）。

3.2.1.2 关联规则挖掘任务和种类

(1) 关联规则挖掘的任务

给定一个事务数据库 D，求出所有满足最小支持度 min_supp 和最小可信度 min_conf 的关联规则。该问题可分解为两个子问题：①求出 D 中满足最小支持度 min_supp 的所有频繁项目集。②利用频繁项目集生成满足最小可信度 min_conf 的所有关联规则。子问题①的求解是关联规则挖掘的关键部分，因此提高该问题效率是当今学者的主要研究方向。子问题②的解决方法较为简单，对每个频繁项目集 L，计算其所有的非空子集，对每个子集 A，考察规则 A-(L-A)，如果该规则的可信度大于最小可信度 min_conf，则输出此规则。

(2) 关联规则挖掘种类

关联规则挖掘种类如表 3-1 所示。

表 3-1 关联规则挖掘种类

基于规则中处理的变量的类别	布尔型关联规则	处理的值都是离散的、种类化的，它显示了这些变量之间的关系
	数值型关联规则	可以和多维关联或多层关联规则结合起来，对数值型字段进行处理，将其进行动态的分割，或直接对原始的数据进行处理，当然数值型关联规则中也可包含种类变量
基于规则中数据的抽象层次	单层关联规则	所有的变量都没有考虑现实的数据是具有多个不同层次的
	多层关联规则	对数据的多层性已进行了充分的考虑
基于规则中涉及的数据的维数	单维关联规则	只涉及数据的一个维，如用户购买的物品
	多维关联规则	要处理的数据将涉及多个维

3.2.1.3 关联规则挖掘算法

挖掘关联规则的算法已有很多种，典型的关联规则挖掘算法有 Apriori 和 DHP 等，它们都属于数据库遍历类算法。Apriori 算法的核心方法是一个基于两阶段频集思想的算法，该算法将关联规则挖掘算法的设计分解为两个子问题：①找到所有支持度大于最小支持度的项集（item set），这些项集称为频集（frequent item set）。②使用第①步找到的频集产生期望的规则。其核心思想如下：

L1 = ｛large 1–itemset s｝

for （k = 2；Lk–1<>Φ；k + +）do begin

Ck = Apriori–gen（Lk+1）　　//新的候选集

for all transactions tD do begin

　　　　Ct = subset（Ck，t）　　//事务 t 中包含的候选集

for all candidatescCt do

c. count + +

end

Lk = ｛cCk | c. count>=minsup｝

end

Answer = ∪kLk

首先产生频繁项目集 L1，然后是频繁项目集 L2，直到有某个 r 值使得 Lr 为空，算法停止。在第 k 次循环中，过程先产生候选项集的集合 Ck，Ck 中的每一个项集是通过对两个只有一个项不同且属于 Lk-1 的频集做一个（k-2）连接来产生的。Ck 中的项集是用来产生频集的候选集，最后的频集 Lk 必须是 Ck 的一个子集。Ck 中的每个元素需在交易数据库中进行验证来决定其是否加入 Lk，验证过程是算法性能的一个瓶颈。这个方法要求多次扫描可能很大的交易数据库，即如果频集最多包含 10 个项，那么就需要扫描交易数据库 10 遍，这需要很大的 I/O 负载。

3.2.1.4 Apriori 算法的改进

Apriori 算法的频繁项集方法已被证明是在大型数据库中挖掘关联规则的有效工具，但由于该算法只用支持度和置信度这两个标准来衡量关联规则，在实际应用中往往会生成大量冗余的、虚假的和用户不感兴趣的关联规则（韩家炜和堪博，2007）。为此，我们有必要对 Apriori 算法加以改进，主要方法如表3-2所示。

表3-2　Apriori 算法改进方法

	方法	改进内容
1	基于哈希（Hash）表技术	利用哈希表技术可帮助有效减少候选项集 Ck（k>1）所占用的空间
2	减少交易的数据	减少在后面循环中所需要扫描的交易记录数。一个不包含任何频繁项集 Lk 的交易记录不可能包含任何频繁项集 Lk+1。当这样的记录出现时，可给其加上标记或从交易数据库中移去。因此以后为产生频繁项集 Lj（j>k）而进行的数据库扫描就无需再对这些记录进行扫描分析了

续表

	方法	改进内容
3	采样技术	对给定数据集的一个子集进行挖掘。采样方法的核心是随机从数据集 D 中采集 S 样本集，然后搜索 S 中（而不是 D 中）的频繁项集。这样就以效率换取准确性
4	动态项集计数	在扫描的不同时刻添加候选项集。动态项集计数是在对数据库进行划分挖掘时提出的，并对划分的各数据块做开始标记。在这一变化中，在任一开始点均可加入新的候选项集，这样所获得的算法需要进行两次扫描
5	杂凑	一个高效地产生频集的基于杂凑的算法由帕克等提出。通过实验可发现寻找频集主要的计算是在生成频繁 2-项集 Lk 上，帕克等就是利用这个性质引入杂凑技术来改进产生频繁 2-项集方法的
6	划分	萨瓦塞雷等设计了一个基于划分的算法，这个算法先把数据库从逻辑上分成几个互不相交的块，每次单独考虑一个分块并对它生成所有的频集，然后把产生的频集合并，用来生成所有可能的频集，最后计算这些频集的支持度。这里分块的大小选择要使每个分块可被放入主存，每个阶段只需被扫描一次。而算法的正确性是由每一个可能的频集至少在某一个分块中是频集保证的。上面所讨论的算法是可以高度并行的，可把每一分块分别分配给某一个处理器生成频集。产生频集的每一个循环结束后，处理器之间进行通信来产生全局的候选 k-项集。通常这里的通信过程是算法执行时间的主要瓶颈，另外，每个独立的处理器生成频集的时间也是一个瓶颈。其他的方法还有在多处理器之间共享一个杂凑树来产生频集。更多的关于生成频集的并行化方法可在文献中找到

除了上述经典的关联规则挖掘算法 Apriori 外，还有很多典型算法如 FP-树频集算法、多层关联规则挖掘、多维关联规则挖掘等。

3.2.1.5 衡量关联规则价值的方法

当我们用数据挖掘的算法得出一些结果后，数据挖掘系统如何知道哪些规则对于用户来说是有用的，哪些规则是有价值的呢？需从系统和用户两个方面来衡量关联规则的价值。

（1）系统方面

很多算法都使用"支持度-可信度"的框架，这样的结构有时会产生一些错误的结果。有时某条规则的支持度和可信度比另一条蕴涵正向关联的规则低，当时它可能更精确。如果我们把支持度和可信度设得足够低，那么将得到两条矛盾的规则。总之，没有一对支持度和可信度的组合可以产生完全正确的关联。人们经过研究发现，引入兴趣度可用来修剪无趣的规则。一般情况下，一条规则的兴趣度是在基于统计独立性假设下真正的强度与期望的强度之比。然而在许多应用中已发现，只要人们仍把支持度作为最初项集产生的主要决定因素，那么，要么把支持度设得足够低，不丢失任何有意义的规则，要么冒丢失一些重要规则的风险。前一种情形的计算效率可能不高，而后一种情形则有可能丢失从用户观点来看是有意义的规则。

（2）用户方面

上面的讨论只是基于系统方面的考虑，而一个规则的有用与否应最终取决于用户的感觉，只有用户才能决定规则的有效性和可行性。实际中我们应将用户的需求和系统相结合，可采用一种基于约束（constraint based）的挖掘。具体约束的内容如下：

1）数据约束。用户可指定对哪些数据进行挖掘，而不一定是全部数据。

2）指定挖掘的维和层次。用户可指定对数据哪些维和这些维上的哪些层次进行挖掘。

3）规则约束。可指定哪些类型的规则是我们所需要的。引入一个模板（template）的概念，用户使用它来确定哪些规则是令人感兴趣的，哪些则不然。如果一条规则匹配一个包含的模板，则是令人感兴趣的，而如果一条规则匹配一个限制的模板，则被认为是缺乏兴趣的。其中有些规则可以与算法紧密结合，以提高效率，同时又使挖掘的目的更加明确化。

3.2.1.6 前沿研究

作为最成功的一种数据挖掘工具，关联规则挖掘得到了全面而深入的研究。目前，前沿研究主要有以下几个方面：

（1）时间-空间数据库

时间-空间关联规则（spatial-temporal association rule），就是在关联规则的谓词集中加入空间谓词和时间谓词。这方面的研究主要集中在地理信息系统和地球科学等自然科学领域，由于时间-空间数据库的规模异常庞大，主要使用空间换时间的算法策略，以在较短的时间内尽快挖掘出有效规则。

（2）Web 挖掘

通常互联网站无法获取用户访问网页的完整行为，只能得到大量访问日志文件和网页链接的点击记录。因此，Web 挖掘理所当然地成为数据挖掘的一个主要研究领域。现阶段的研究集中在 Web 内容挖掘和 Web 使用挖掘。关联规则作为 Web 挖掘的重要工具，即可通过分析 Web 日志文件和 Web 链接数据挖掘出用户的访问规律，也可作为 Web 内容聚类和检索的预处理步骤。

（3）多媒体数据库

现在多媒体数据库的容量和规模快速增长，迫切需要一个有效的查询技术以提高多媒体数据库的使用效率。可是，现代计算机图形技术提供的基于图形描述的图形检索与用户输入的查询的概念描述仍然存在差距。这是因为：第一，低层次的图形特征关系无法准确反映用户查询的概念描述。第二，用户主观性也会导致概念描述的差异。此外，多媒体数据库本身也在不断完善之中，相应的数据库操作仍在研究之中，因此关联规则挖掘还局限在静态图像的范围内。

（4）可视化挖掘

人类视觉系统是一个非常宽域的信息通道。可视化方法就是利用人类这一能力发现并解释基于图形表示的数据模式和结构。因此关联规则发现过程的可视化就成为最具潜力的研究方向之一。

3.2.2　分类模式

数据挖掘的另一个重要应用是对大量数据的分类能力，又定义为挖掘分类规则。分类和预测是两种数据分析形式，可用于提取描述重要数据类的数据模型或预测未来的趋势。分类是预测分类标号（离散值），而预测是建立连续值函数模型。分类问题也是机器学习、模式识别、专家系统、统计学和神经生物学的研究领域，并已开发出许多相符的算法，如决策树方法、统计学方法、贝叶斯网络、神经网络、粗糙集、基于数据库的方法和其他的分类方法等。

决策树算法是数据挖掘领域研究分类问题常采用的方法，其原因有三：一是决策树构造的分类器易于理解。二是采用决策树分类，其速度快于其他分类方法。三是采用决策树的分类方法得到的分类准确性好于其他方法。利用决策树分类通常分为两步，即树的生成和剪枝。树的生成采用自上而下的递归分治法，剪枝则是剪去那些可能增大树的错误预测率的分枝。生成最优决策树的问题是一个非确定多项式问题（non-deferninistic polynomial，NP）。目前，决策树算法通过启发式属性选择策略来实现。

贝叶斯分类是一种基于统计学的分类方法，可预测一个类成员关系的可能性，即给定样本属于一个特定类的概率。数据挖掘领域主要使用两种贝叶斯方法，即朴素贝叶斯方法和贝叶斯网络方法（Cooley and Srivastava，1999）。前者使用贝叶斯公式进行预测，把从训练样本中计算出的各个属性值和类别频率比作为先验概率，并假定各个属性之间是独立的，然后利用贝叶斯公式及有关概率公式计算各实例的条件概率值，并选取其中概率值最大的类别作为预测值。此方法简单易行且精度较好。后者是一个带有注释的有向无环图，以有效表示大的变量集的联合概率分布，适合用来分析大量变量之间的相互关系，利用贝叶斯公式的学习和推理能力，实现预测、分类等数据挖掘任务。事实上，贝叶斯网络也是一种适合表示不确定性知识的方法。贝叶斯网络的构造涉及网络结构和网络参数两部分的学习。但是获得最优结构和参数都是非确定多项式问题，因此出现了许多启发式的方法。

神经网络的研究已取得许多方面的进展和成果，提出了大量的网络模型，发现了许多学习算法，人工神经网络在模式分类、机器视觉、机器听觉、智能计算、机器人控制、信号处理、组合优化求解、医学诊断、数据挖掘等领域具有很好的应用。

神经网络可分为四种类型，即前向型、反馈型、随机型和自组织型。前向神经网络是数据挖掘中广为应用的一类网络，其原理和算法也是其他一些网络的基础。神经网络具有对噪声数据的承受能力，尤其是它对未经训练的数据的分类能力。实验表明，神经网络在某些分类问题上具有比符号方法更好的表现，但是神经网络没有很好地用于数据挖掘的原因在于无法获得显式的规则（郑岩等，2011）。近来已出现由训练过的神经网络提取规则的算法，如 KBANN 等。

除了上述方法外，分类还可使用 K 最邻近分类、基于案例的推理（case based reasoning，CBR）、遗传算法、粗糙集和模糊集方法。一般地，商品化的数据挖掘软件中很少使用这些方法，因为 K 最邻近方法要求存储所有的样本，数据集较大时无法使用该方法，而基于案例的推理、粗糙集方法和遗传算法尚处于原型阶段，还有许多值得研究的问题。

给定一个样本，K 最邻近分类法搜索模式空间，找出最接近未知样本的 K 个训练样本，即 K 个近邻。临近性可由欧几里得距离定义。未知样本可被分配到 K 个最邻近者中最公共的类。最邻近分类是基于要求的或懒散的学习方法，即它存放所有的训练样本，并且直到新的样本需要分类时才建立分类。有关 K 最邻近算法用于数据挖掘的研究已有许多报道。

基于案例的推理分类法是基于要求的方法，基于案例的推理存放的样本或案例是复杂的符号描述。给定一个待分类的新案例时，基于案例的推理首先检查是否存在一个同样的训练案例。如果有，则返回附在该案例上的解。如果没有，则基于案例推理将搜索具有类似于新案例成分的训练案例，即视为新案例的邻近者。基于案例的推理研究方向为寻找一种好的相似性度量，探索训练案例索引的有效技术和组合解的方法。

遗传算法和进化计算是基于生物学优胜劣汰、自然进化机理的研究领域，适合于并行优化问题和数据分类。将免疫机制与遗传算法和进化计算集成用于数据挖掘问题是一个新的挑战。

粗糙集方法也可用于分类问题，尤其适合于发现不准确数据或噪声数据内在的结构和联系。它主要用于离散值属性的数据，一般地，对于连续型属性应在处理前离散化。模糊逻辑也是进行数据挖掘的理论和工具之一，因为模糊逻辑可以处理不精确的知识，进行不精确的推理，所以模糊逻辑与神经网络、遗传算法等集成应用于数据挖掘，也是未来的研究方向。

3.2.3 聚类模式

3.2.3.1 聚类分析相关概念和意义

（1）聚类的概念

聚类分析是研究"物以类聚"的一种科学有效的方法，聚类分析的目的是利用计算机技术将一个数据集划分成若干类，并使同一类内的对象具有最大的类内相似性，不同类的对象之间的类间相似性尽可能小。

聚类分析的一般做法是：先确定聚类统计量，然后利用统计量对样本或者变量进行聚类。根据分类对象的不同，聚类分析可分为样本（case）聚类和变量（variable）聚类两种。对 n 个样本进行分类处理的方法称为 Q 型聚类，用来衡量样本个体之间属性相似程度的统计量称为"距离系数"，对 n 个变量进行分类处理的方法称为 R 型聚类，用来衡量变量之间属性相似程度的统计量称为"相似系数"。

做聚类分析时，出于不同的目的和要求，可选择不同的统计量和聚类方法，因此聚类的结果是允许有差异的。

（2）聚类分析的意义

聚类分析（clustering analysis）是人类对自然界事物内在联系进行认识和探索的一种基于观察式学习的方法。聚类分析能够从样本数据出发，依照事先确定好的概念自动进行分类分析，不需要事先给出一个分类标准，所有的数据类别都是未知的，根据对象间的相似性或相异性来对数据进行分组，把相近的对象归入同一个组，而差异较大的对象归入不同的组。因此聚类分析是一种无监督的学习（unsupervised learning）方法，一种探索性的分析方法。

（3）聚类分析与判别分析的异同

聚类分析和判别分析都是研究分类问题，但二者有本质的区别。聚类分析一般是寻求客观分类的方法，事先对总体到底有几种类型无从知晓，而判别分析则是在总体类型划分已知，在各总体分布或来自各总体样本的基础上，对当前的新样本用统计的方法判定它们属于哪个总体。判别分析与聚类分析也有一定的联系。在判别分析中，在决定某一样本应属于哪类时，通常也使用聚类分析中的一些思想和方法。

3.2.3.2 聚类分析数据变换

设有 n 个样本 X_1，X_2，$\cdots$，X_n，每个样本有 m 个指标，它们的观测值用矩阵表示为

$$X = (x_1,\ x_2,\ \cdots,\ x_n) = \begin{bmatrix} x_{11} & x_{12} & \cdots & x_{1n} \\ x_{21} & x_{22} & \cdots & x_{2n} \\ \vdots & \vdots & \ddots & \vdots \\ x_{m1} & x_{m2} & \cdots & x_{mn} \end{bmatrix}$$

称为样本观测值矩阵，式中 x_{ij} 为第 j 个样本第 i 个指标的观测值。

由于每个样本中各变量的观测值具有不同的测量单位和不同的数量级，就有必要做数据变换，或者用下列五种方法之一进行调整，得到无量纲数据，以此消除其中不合理的现象，提高分类效果的目的。常用的数据变换方法如表 3-3 所示。

表 3-3 常用数据正规化方法

序号	数据变换方法	公式	均值	标准差
1	标准化法	$x_{ij}^{*} = \dfrac{x_{ij} - \bar{x}_i}{S_i}$	0	1
2	正规化法	$x_{ij}^{*} = \dfrac{x_{ij} - \min\limits_{1 \leqslant j \leqslant n}(x_{ij})}{\max\limits_{1 \leqslant j \leqslant n}(x_{ij}) - \min\limits_{1 \leqslant j \leqslant n}(x_{ij})}$	0.5	$\dfrac{S_i}{\max\limits_{1 \leqslant j \leqslant n}(x_{ij}) - \min\limits_{1 \leqslant j \leqslant n}(x_{ij})}$
3	极大值正规化法	$x_{ij}^{*} = \dfrac{x_{ij}}{\max\limits_{1 \leqslant j \leqslant n}(x_{ij})}$	[0.5, 1]	$\dfrac{S_i}{\max\limits_{1 \leqslant j \leqslant n}(x_{ij})}$

序号	数据变换方法	公式	均值	标准差
4	均值正规化法	$x_{ij}^* = \dfrac{x_{ij}}{\bar{x}_i}$	1	—
5	极差标准化法	$x_{ij}^* = \dfrac{x_{ij} - \bar{x}_i}{\max\limits_{1\leqslant j\leqslant n}(x_{ij}) - \min\limits_{1\leqslant n\leqslant n}(x_{ij})}$	0	1

表3-3中:

$$\bar{x}_i = \frac{1}{n}\sum_{j=1}^{n} x_{ij}, \quad S_i = \sqrt{\frac{1}{n-1}\sum_{j=1}^{n}(x_{ij}-\bar{x}_i)^2} \ (i=1, 2, \cdots, m; j=1, 2, \cdots, n)$$

3.2.3.3 聚类分析相似性度量

聚类分析过程的质量取决于所选择的相似性度量标准,在一般情况下,聚类算法不是计算两个样本之间的相似程度,而是用特征空间中的距离作为度量标准来计算两个样本的相异程度。

(1) Q 型聚类相似性度量方法

对样本进行聚类,描述变量之间的相似程度常用"距离"来度量。两个样本之间的距离越小,表示两者之间相似度越大。

令 $D=\{x_1, x_2, \cdots x_n\}$ 为 m 维空间中一组对象,$x_i, x_j \in D$,d_{ij} 是 x_i 和 x_j 之间的距离。当 x_i, x_j 相似时,距离 $d(x_i, x_j)$ 取值很小,当 x_i, x_j 不相似时,$d(x_i, x_j)$ 就很大。常用距离公式如下:

明可夫斯基距离(Minkowski distance):x_i, x_j 是相应的特征,n 是特征的维数。x_i 和 x_j 的明可夫斯基距离度量的形式如下:

$$d(x_i, x_j) = \left(\sum_{p=1}^{n}|x_{ip}-x_{jp}|^p\right)^{\frac{1}{p}} \tag{3-1}$$

特别当 $p=1, 2, \infty$ 时,分别可得到如下三种距离:

①曼哈顿距离(Manhattan distance):当 $p=1$ 时,明科夫斯基距离演变为曼哈顿距离:

$$d(x_i, x_j) = \sum_{p=1}^{n}|x_{ip}-x_{jp}| \tag{3-2}$$

②欧氏距离(Euclidean distance):当 $p=2$ 时,明科夫斯基距离演变为欧氏距离:

$$d(x_i, x_j) = \left(\sum_{p=1}^{n}|x_{ip}-x_{jp}|^2\right)^{\frac{1}{2}} \tag{3-3}$$

③切比雪夫距离(Chebychev distance):当 $p=\infty$ 时,即各属性之差的最大值。

$$d_{ij} = \max_{1\leqslant p\leqslant m}|x_{ip}-x_{jp}| \tag{3-4}$$

以上几种距离中,通常最常用的是欧氏距离和平方欧氏距离,其特点是对坐标系进行平移和旋转变换之后,保持欧氏距离不变,因此对象仍然保持原来的相似结构。

(2) R 型聚类相似性度量方法

对变量进行聚类,描述变量之间的近似程度常用"相似系数"来度量。两个变量之间的相似系数的绝对值越接近于 1，表示两者关系越密切；绝对值越接近于零，关系越疏远。

对任意变量 x_i，x_j（i，$j=1$，2，$\cdots$，m），实值函数 C_{ij} 称为变量 x_i 与 x_j 的相似系数。常用的相似距离有以下两种：

1）夹角余弦（Cosine）。

$$C_{ij} = \cos \alpha_{ij} = \frac{\sum_{p=1}^{n} x_{ip} x_{jp}}{\sqrt{\left(\sum_{p=1}^{n} x_{ip}^2\right)\left(\sum_{p=1}^{n} x_{jp}^2\right)}} \tag{3-5}$$

$$(i, j = 1, 2, \cdots, m)$$

2）皮尔逊相关系数（Pearson correlation）。

$$C_{ij} = \frac{\sum_{p=1}^{n} (x_{ip} - \bar{x}_i)(x_{jp} - \bar{x}_j)}{\sqrt{\sum_{p=1}^{n} (x_{ip} - \bar{x}_i)^2} \sqrt{\sum_{p=1}^{n} (x_{jp} - \bar{x}_j)^2}} \tag{3-6}$$

式中，

$$\bar{x}_i = \frac{1}{n} \sum_{p=1}^{n} x_{ip}, \quad \bar{x}_j = \frac{1}{n} \sum_{p=1}^{n} x_{jp}$$

$$(i, j = 1, 2, \cdots, m)$$

3.2.3.4 聚类分析类间测度距离

设有两个类 C_i 和 C_j，它们分别有 m 和 n 个元素，类的中心分别为 r_i 和 r_j。类的重心（类内元素平均值）分别为 z_i 和 z_j。设 $x_i \in C_i$，$x_j \in C_j$，这两个元素间的距离记为 $d(x_i, x_j)$，类间距离记为 $D(C_i, C_j)$。如表 3-4。

表 3-4 聚类分析类间测度距离方法

序号	类间测度距离方法	定义	公式表示
1	最短距离法	两个类中最近的两个元素间的距离	$D_s(C_i, C_j) = \mathrm{Min} d(x_i, x_j)$
2	最长距离法	两个类中最远的两个元素间的距离	$D_L(C_i, C_j) = \mathrm{Max} d(x_i, x_j)$
3	中心法	两类的两个中心间的距离	$D_z(C_i, C_j) = d(x_i, x_j)$
4	类平均法	两个类中任意两个元素间的距离	$D_G(C_i, C_j) = \frac{1}{mn} \sum_{x_i \in C_i} \sum_{x_j \in C_j} (d(x_i, x_j))$
5	重心法	两类的两个类重心的平方距离	$D_R(C_i, C_j) = \frac{m z_i + n z_j}{m + n}$

除了表 3-4 所示五种方法外，还有一种方法即离差平方和法。离差平方和法的基础是方差分析，同类样本的离差平方和应比较小，类与类之间的离差平方和应该比较大。基本思路是先让每个样本各自成一类，这时离差平方和为 0，然后每次通过合并减少一类，每减少一类离差平方和就要增大，这时类的数目减少到（$n-1$）个，随后再合并其中的两

类，选择使离差平方和增加最小的两类合并，直到所有的样品归为一类为止。

3.2.3.5 聚类分析的方法

聚类分析的内容非常丰富，采用不同的聚类算法，对于相同的数据集可能有不同的划分结果，很多文献从不同角度对聚类分析方法进行分类，如表 3-5 所示，有以下几种方法。

表 3-5　主要的聚类方法

按照聚类的标准	统计聚类方法	包括系统聚类法、动态聚类法、分解法、加入法、有序样品聚类、重叠聚类、模糊聚类等。它要求数据需预先给定，而不能动态地增加新的数据对象
	概念聚类方法	典型的概念聚类方法有：COBWEB、OLOC、基于列联表的方法
按照聚类处理的数据类型	数值型数据聚类方法	其所分析的数据的属性为数值数据，可直接比较大小
	离散型数据聚类方法	基于此类数据的聚类算法：K-mode、ROCK、CATUS 和 STIRR
	混合型数据聚类方法	可同时处理数值型数据和离散型数据。其典型算法有：K-原型算法
按照聚类的尺度	基于距离的聚类算法	常用的距离定义有欧式距离和马氏距离，该算法聚类标准易于确定、容易理解，对数据维度具有可伸缩性，但对独立点敏感，只能发现具有类似大小和密度的圆形或球状聚类
	基于密度的聚类算法	该算法通常需要规定最小密度门限值，对噪声数据不敏感，可以发现不规则的类，担当类或子类粒度小于密度计算单位时，会被遗漏
	基于互联性的聚类算法	此算法基于图或超图模型，不适合处理太大的数据集
按照聚类的原理	划分聚类方法	
	层次聚类方法	
	密度聚类方法	
	网格聚类方法	
	模型聚类方法	

按照聚类的原理进行分类，可分为五类：划分聚类（partition-based clustering）方法、层次聚类（hierarchical clustering）方法、密度聚类（density-based clustering）方法、网格聚类（mesh-based clustering）方法、模型聚类（model-based clustering）方法等传统典型聚类法以及模糊聚类（fuzzy cluster）方法。上述方法各有特点，在不同的领域和数据特点下发挥不同的作用，实现数据的有效聚类。

（1）划分聚类方法

该方法也被称为动态聚类法、快速聚类法或逐步聚类法，当样本点数量十分庞大时，是一件非常繁重的工作，且聚类的计算速度也比较慢。这时采用系统聚类法就很困难，而划分聚类法就会显得方便、适用。

将一个有 N 个样本的数据集，划分为 K 个分组（$K \leqslant N$），每个划分表示一个聚类，并同时满足以下两个条件的过程，称为划分算法：①每个分组至少包含一个样本。②每个样本必须属于且仅属于一个分组。一个好的分组的一般规则是：在同一个类中的对象之间尽可能地"接近"或相似，而不同类中的对象之间尽可能地"远离"或相异。其基本流程是选择聚点—划分对象—修改聚点——当满足终止条件形成最终划分。代表算法有 K-means 算法、PAM 算法、CLARA 算法和 CLARANS 算法等。

（2）层次聚类方法

层次聚类方法又称系统聚类方法，是将类由多变少的聚类方法。层次聚类法是采用自上向下（分解型层次聚类方法）或自下向上（凝聚型层次聚类方法）的方法在不同的层次上对对象进行分组，形成一种树形的聚类结构。分解型是先视为一大类，再分成几类；凝聚型是先视每个为一类，再合并为几大类。层次聚类方法的前提条件是假设数据是一次性提供的，因此都不是增量算法。该方法的优点主要在于：既可对样本也可对变量进行聚类；所使用的变量既可是连续性变量，也可是分类变量；可供选择的距离测量方法和结果表示方法也非常丰富。其缺点是：一旦一个步骤（分解或聚结）完成，就不能被撤销，因而不能更正错误的决定。当样本太多或变量较多时，该方法的运算速度明显比快速聚类法慢得多。代表算法有 BIRCH 方法，是专门针对大规模数据集提出的聚结型层次聚类算法，还有 CURE 方法、ROCK 方法等。

（3）密度聚类方法

基于密度的聚类法与其他方法的一个根本区别是：它不是基于各种各样的距离的，而是基于密度的，这样就能克服基于距离的算法只能发现"类圆形"的聚类的缺点。该方法的主要思想是：对于一个类中的每一个对象，在其给定半径的领域中包含的对象不能少于某一给定的最小阈值。只要临近区域的密度超过某个阈值，就继续聚类。这样的方法可用来过滤"噪声"孤立点数据，发现任意形状的簇。其优点是：能够发现空间数据库中任意形状的密度连通集；在给定合适的参数条件下，能很好地处理噪声点；减少用户领域知识的要求；对数据的输入顺序不太敏感；适用于大型数据库。其缺点是：该算法需要预先指定区域和阈值；具体使用的参数依赖于应用的目的。代表算法有 DBSCAN 算法、OPTICS 算法和 DENCLUE 算法。

（4）网格聚类方法

基于网格的聚类法采用一个多分辨率的网格数据结构。它将数据空间划分为有限个单元的网格结构，所有的聚类操作都在网格上进行，因此所有的网格聚类算法都存在一个量化尺度的问题，一般来说，太粗糙的划分会增加不同聚类的对象被划分到同一个单元的可能性，称为量化不足。相反，太细的划分则会得到许多小的聚类，称为量化过度。为此常用的方法是先从小单元开始寻找聚类，再逐渐增大单元的体积，重复这个过程直到发现满意聚类为止。其优点是：效率高，利于并行处理和增量更新，且其计算式独立于查询等。缺点是：聚类质量取决于网格结构最底层的粒度，而粒度的大小会明显地影响处理代价；该算法没有考虑子单元和其他相邻单元之间的关系，可能会降低簇的质量和精确性。代表算法有 STING 算法、Wave Cluster 算法。

（5）模型聚类方法

基于模型聚类法为每个聚类都假定了一个模型，并寻找数据对给定模型的最佳拟合。该算法通过构建反映数据点空间分布的密度函数来实现聚类。这种聚类方法试图优化给定的数据和某些数字模型之间的适应性。代表算法为 COBWEB 算法，COBWEB 可自动修正划分中类的数目，不需要用户提供输入参数来确定分类的个数。其缺点是：COBWEB 基于这样一个假设——在每个属性上的概率分布是彼此独立的，但这个假设并不总是成立，因为属性间经常是相关的。该算法不适用于聚类大型数据库的数据。

基于上述分析，下面对以上五种主要聚类方法的一些优缺点进行比较，结果如表 3-6 所示。

表 3-6 主要聚类算法的比较

聚类方法	优点	缺点
划分聚类方法	应用最广；收敛速度快；用于大规模的数据集；可伸缩性较高	倾向于识别凸形分布、大小相近、密度相近的聚类；中心选择和噪声聚类对结果影响很大
层次聚类方法	适用于任意形状和任意属性的数据集；灵活控制不同层次的聚类力度，强聚类能力	大大延长算法的执行时间，不能回溯处理
密度聚类方法	适用于对空间数据的聚类；将密度足够大的相邻区域连接；能有效处理异常数据	需要事先指定领域和阈值
网格聚类方法	适用于任意类型数据；处理时间与数据对象的数目无关，与数据的输入顺序无关	处理时间与每维空间所划分的单元数相关，一定程度上降低了聚类的质量和准确性
模型聚类方法	不需要用户提供输入参数，可以自动修正划分中类的数目	不适用于大型数据库数据，对于偏斜输入数据不是高度平衡

表 3-7 总结了代表算法的性质和优缺点。

表 3-7 聚类算法的比较

方法	算法	数据	聚类	特点
划分聚类	K-means	数值型数据，对输入顺序不敏感	球形，近似大小	参数：聚类个数和初始中心 优点：数学描述，简单易实现 缺点：多次扫描，局部最优，对初始条件敏感，所有的数据装入内存
	CLARANS	数值型数据，对输入顺序不敏感	球形，近似大小	参数：访问邻居次数和迭代次数 优点：自动确定最优的聚类个数 缺点：随机搜索降低聚类的质量

续表

方法	算法	数据	聚类	特点
层次聚类	CURE	数值型数据，对输入顺序不敏感	任意形状和大小	参数：样本大小，聚类个数，收缩因子，代表点个数 优点：较强的抗干扰性 缺点：多次扫描
	ROCK	混合型数据，对输入顺序不敏感	任意形状和大小	参数：聚类个数和相似度 优点：较强的抗干扰性，能处理大规模数据 缺点：多次扫描抽样数据
	BIRCH	数值型数据，对输入顺序不敏感	球形，任意大小	参数：结点直径和分支个数 优点：只需一次扫描，充分利用内存，可作为其他聚类算法的预处理过程 缺点：CF 树结点的有限空间限制了所能存储的对象个数，对噪声和输入顺序敏感
密度聚类	DBSCAN	数值型数据，对输入顺序不敏感	任意形状和大小	参数：邻域大小和密度 优点：只需一次扫描，能发现任意形状的聚类，可识别噪声 缺点：聚类的结果与参数有关，对稀疏程度不同的聚类效果不好，不能用于高维数据
	OPTICS	数值型数据，对输入顺序不敏感	任意形状和大小	参数：邻域大小和密度 优点：只需一次扫描，能发现不同密度的聚类 缺点：不能用于高维数据
	DENCLUE	数值型数据，对输入顺序不敏感	任意形状和大小	参数：单元个数和单元密度 优点：只需一次扫描，综合了各种聚类算法，用简单的等式描述任意形状的聚类 缺点：不能用于高维数据
网格聚类	STRING	数值型数据，对输入顺序不敏感	任意形状和大小	参数：单元个数 优点：只需一次扫描，支持快速区域查询 缺点：不能用于高维数据
	WaveCluster	数值型数据，对输入顺序不敏感	任意形状和大小	参数：单元个数 优点：只需一次扫描，抗干扰性强，得到不同粒度上的结果，能发现复杂形状的聚类
密度和网格相结合	CLIQUE	数值型数据，对输入顺序不敏感	任意形状和大小	参数：单元个数和单元密度 优点：只需一次扫描，能发现子空间的聚类，聚类描述简单 缺点：聚类之间存在重叠，子空间搜索需要多次扫描数据库

(6) 模糊聚类法

前五种方法可导出确定的聚类，即一个数据对象必定属于一个类，具有"非此即彼"的性质，因此这种类别划分的界限是分明的。我们称这些方法为"确定性聚类方法"。实际上，大多数对象并没有严格的属性，它们在性态和类属方面存在着中介性，具有"亦此亦彼"的性质，模糊聚类的提出为这种软划分提供了有力的分析工具，在模糊聚类中，每个样本不再仅属于某一类，而是以一定的隶属度属于多个聚类。即通过模糊聚类分析，得到各样本属于各个类别的不确定性程度，也就是建立起样本对于类别的不确定性的描述，这样就更能准确地反映现实世界。

(7) 谱系聚类法

谱系聚类法是根据古老的植物分类学的思想对研究对象进行分类的一种方法。其基本思想是首先视各种样本（或变量）自成一类，然后把最相似的样本（或变量）聚为小类，再将已聚合的小类按其相似性再聚合，如此一来，相似性逐渐减弱，最后将一切子类都聚合到一个大类，从而得到一个按相似性大小聚结起来的一个谱系关系。

(8) 两步聚类法

两步聚类法是一种探索性的聚类方法，是随着人工智能的发展而发展起来的智能聚类方法中的一种。它主要用于解决海量数据或者具有复杂类别结构的聚类分析问题。该方法具有以下特点：①可同时处理离散变量和连续变量。②自动选择聚类数。③通过预先选取样本中的部分数据构建聚类模型，两步聚类可处理超大样本量的数据。

(9) 文本聚类法

文本聚类基于相似度算法能对大量无类别的文本进行自动归类，把内容相似的文档聚为一类，是一种典型的无监督的机器学习方法。它将一个文本集分成若干类，每个类中的成员之间有较大的相似性，而类间的文本具有较小的相似性。因此，它可以对文本信息进行有效的组织，而且具有一定的灵活性和较高的自动化处理能力。

(10) 带约束条件的聚类

带约束条件的聚类是特定领域知识以"约束"的形式展现，并嵌入到聚类过程中的方法。由于使用了领域知识，使聚类算法得到更多启发式信息，从而减少了其搜索过程中的"盲目性"，提高了效率和聚类质量。根据约束条件施加的对象范围，带约束条件的聚类分为：全局级约束、聚类级约束、特征级约束、实例级约束四类。另外，也可按照约束条件执行时的严格程度分为硬性约束条件和柔性约束条件。

聚类分析将大量数据划分为性质相同的子类，以便于了解数据的分布情况。因此，它广泛应用于模式识别、图像处理、数据压缩等许多领域。聚类的结果可得到一组数据对象的集合，称其为簇。簇中的对象彼此相似，而与其他簇中的对象相异。在许多应用中，可将一个簇中的数据对象作为一个整体来对待。

聚类技术最早在统计学和人工智能等领域得到广泛的研究。在人工智能中,聚类又称作无监督归纳(unsupervised induction)。因为和分类学习相比,分类学习的例子或数据对象有类别标记,而要聚类的例子则没有标记,需要由聚类学习算法来自动确定。近几年来,随着数据挖掘的发展,聚类以其特有的优点,成为数据挖掘研究领域中一个非常活跃的研究课题。在数据挖掘里,面临的常常是含有大量数据的数据库,因此要探讨面向大规模数据库的聚类方法,以适应新问题带来的挑战。

一些聚类算法集成了多种聚类方法的思想,因此有时将某个给定的算法划分为属于某类聚类方法是很困难的。此外,某些应用可能有特定的聚类标准,要求综合多个聚类技术。

3.2.4　回归模式

回归分析是一种应用极为广泛的数量分析方法。它用于分析事物之间的统计关系,侧重考察变量之间的数量变化规律,并通过回归方程的形式描述和反映这种关系,从而帮助人们准确把握变量受其他一个或多个变量影响的程度,进而为预测提供科学依据。回归分析的基本思想是:虽然自变量和因变量之间没有严格的、确定性的函数关系,但可以设法找出最能代表它们之间关系的数学表达形式。回归分析主要解决以下几个方面的问题:

1)确定几个特定的变量之间是否存在相关关系,如果存在的话,找出它们之间合适的数学表达式。

2)根据一个或几个变量的值,预测或控制另一个变量的取值,并且可以知道这种预测或控制能达到什么样的精确度。

3)进行因素分析。例如在对于共同影响一个变量的许多变量(因素)之间,找出哪些是重要因素,哪些是次要因素,这些因素之间又有什么关系等。

回归模型一般分为线性回归和非线性回归,线性分析是回归分析中最重要的组成部分,因为它比较清晰地阐述了回归分析的思想,同时其理论已经比较完善,并且很多非线性模型都可以经过适当的变换转化为线性。

3.2.4.1　一元线性回归模型

(1) 回归模型的建立

一元回归分析里,考察因变量 y 和自变量 x 之间的关系,对于 x,y,通过观测得到若干数据 (x_i, y_i)。在此基础上,获得 y 对 x 的回归关系 $y = a + bx + e$,$e \sim N(0, \sigma^2)$,a, b 是回归系数。

(2) 回归系数估计

利用最小二乘法来计算 a,b 的值,从而来估计 y_i 的值。可用公式 $d = \sum_{i=1}^{n} \{y_i - (a + bx_i)\}^2$ 来刻画,该公式达到最小值时,表示该直线最靠近上述的 n 个数据点。一般情况下 n

对 (x_i, y_i) 不完全相等，则 a，b 的最小二乘估计为

$$\hat{a} = \bar{y} - \hat{b}\bar{x}$$

$$\hat{b} = \sum_{i=1}^{n}(x_i - \bar{x})(y_i - \bar{y}) \Big/ \sum_{i=1}^{n}(x_i - \bar{x})^2$$

式中，$\bar{x}$、$\bar{y}$ 为 x_i，y_i 的平均值。

（3）显著性校验

回归系数的计算是依据若干样本实现的，抽样不同会导致获得的回归系数也不相同。此时需要通过样本对总体情况做出推断，也就是要对回归方程和回归系数进行显著性检验，以检验 y 和 x 之间确实存在线性关系。回归方程的显著性检验是利用方差分析所获得的 F 检验值，检测回归模型总体线性关系的显著性。

对于基于 n 个样本计算的线性回归关系 $y_i = a + bx_i + e$，来检验假设：H0：$b = 0$，如果否定该假设，说明上述模型确实存在；反之，则认为该模型不存在。令 $U = \sum_{i=1}^{n}(\hat{y_i} - \bar{y})^2$，$Q = \sum_{i=1}^{n}(y_i - \bar{y_i})^2$，$F = U(n-2)/Q$。在 H0 下 F 服从自由度为 $(1, n-2)$ 的 F 分布，根据样本计算 F 的值，同时查 F 分布表的自由度为 $(1, n-2)$ 时 $1 - \alpha$ 分位数的值为 F_0。如果 $F > F_0$，则否定了该假设，因此可以认为该线性回归关系确实存在。

多元回归分析是研究多个变量之间关系的回归分析方法，按因变量和自变量的数量对应关系可划分为一个因变量对多个自变量的回归分析（简称为"一对多"回归分析）和多个因变量对多个自变量的回归分析（简称为"多对多"回归分析），按回归模型类型可划分为线性回归分析和非线性回归分析。

3.2.4.2 多元线性回归模型

在实际问题中，因变量常受不止一个自变量的影响，因此有必要研究多个自变量的回归分析。在 m 个自变量的情况下，线性回归模型变为：$y = a + \sum_{i=1}^{m}b_ix_i + e$ 同样采用最小二乘法，求出各回归系数 a 和 b_i，并对回归关系进行显著性验证。

3.2.4.3 非线性回归

并不是任意非线性关系最后都可以用线性关系来近似，因此在某些情况下必须考虑变量间的非线性关系。非线性回归可分为两种情况，即已知方程类型和未知方程类型。如果已知曲线类型，回归效果会比较有保证。通常可以根据专业经验和散点图来判断方程类型，然后用显性方法和曲线拟合方法来确定回归系数，最后进行显著性验证。对于未知方程类型，常用方法为多项式回归。即设 $y = a + b_1x + b_2x^2 + \cdots + b_kx_k$，同时令 $x_i = b_ix_i$，此时就转化为多元线性回归关系，然后根据上述理论进行计算和检验。

3.2.5 序列模式

3.2.5.1 基本概念

序列模式的概念最早是由阿格拉沃尔和斯坎塔提出的（孙永华等，2012）。序列模式是给定一个由不同序列组成的集合，其中每个序列由不同的元素有序地排列，每个元素由不同项目组成，并由用户定义一个最小支持度，序列模式挖掘就是从所有满足最小支持度的序列中找出所有的最大序列，每一个最大序列就是一个序列模式。序列模式是关联规则的变体，但寻找的是事件时间上的相关性，发现序列模式的目的是为了寻找一段特定时间以外的可预测行为模式。目前序列模式已经在客户购买行为模式分析、市场趋势预测、疾病检测、DNA序列分析、自然灾害、科学实验等领域获得了广泛应用。序列模式常用算法有 AprioriAll、GSP、PrefixSpan、IUS、ISM、ISE 等，其中 IUS 算法（incrementally updating sequences）是较为先进的一种增量式挖掘算法。

用于序列模式挖掘的事务数据库是顾客代号、事务发生时间、事务发生时所购买的商品代号所组成的，并以顾客代号和事务发生的时间为关键字进行排序。算法一般都分为两个阶段：①频繁序列的发现。②规则的产生。算法的计算量主要集中在第一阶段上，如何快速确定频繁序列是算法效率的关键。

设 D 代表原数据库，其中包含原来的各种数据；d 代表新增加的数据库，U 代表更新后的数据库，$U = D + d$。support (S, D) 表示序列 S 在数据库 D 中的支持度，Min_ supp 表示频繁序列的最小支持度，Min_ nbd_ supp 表示最小负边界序列支持度。CD 和 LD 分别表示数据库 D 中的候选和频繁序列集合，$C_m D$ 和 $L_m D$ 分别为数据库 D 中长度为 m 的候选和频繁序列集合。seq_m 为长度为 m 的序列。

定义 3.1 产生子序列。当 $k \geqslant 3$（k 表示序列长度）时，一个 k 序列 α 的产生子序列是指构成这个 k – 列的两个 $(k-1)$ 序列 β 和 γ，其中，β 的 $(k-2)$ 后缀与 γ 的 $(k-2)$ 后缀相同，β 与 γ 连接起来，去掉一个相同的 $(k-2)$ 序列就构成了 α。

定义 3.2 负边界。所有序列都不是频繁序列，但是所有序列的产生子序列都是频繁序列所组成的合集。负边界中的序列称为负边界序列，数据库 D 的负边界用 $NB(D)$ 表示。

定义 3.3 最小负边界序列支持度与最小支持度的性质类似，由用户定义，用来控制负边界中序列的一个条件。在 IUS 算法中，负边界中的序列 α 还必须满足这样的条件：$NB(D) = \{\alpha \mid \alpha \in C^D - L^D$ 且 support$(\alpha) > Min_{nbd_{supp}}\}$。

定义 3.4 设已知序列 $\text{seq}_m = \langle e_{i1}, e_{i2}, \cdots, e_{im}\rangle$，在 D 中 seq_m 发生的次数记为 occur(seq_m, D)，则 seq_m 在 D 中的支持度定义为

$$\text{support}(\text{seq}_m, D) \underset{=}{\text{def}} \frac{\text{occur}(\text{seq}_m, D)}{\mid D \mid}$$

定理 3.1 S_b 为 D 中的一个频繁序列，对于任意序列 $S_a \subseteq S_b$，有 occur$(S_a, D) \geqslant$ occur(S_b, D)。

定理 3.2 S 为 D 中的一个频繁序列，S_a、S_b 分别是 U 中的频繁序列，若 $S_a \notin L^D$，$S_b \notin$

L^D，且$S_a = \langle\langle S\rangle\langle S_1\rangle\rangle$，$S_b = \langle\langle S_2\rangle\langle S\rangle\rangle$，那么序列$S_1$，$S_2$在$D$中至少发生一次。

3.2.5.2　开发工具

序列模式开发工具的功能及具体内容如表3-8所示。

表3-8　序列模式开发工具

	功能	内容
1	数据预处理功能	在挖掘前对原始日志文件中的数据进行标准化处理，包括数据清洗、用户识别、会话识别、路径补充四个步骤，最终得到结构化的用户信息库
2	背景结构提取功能	提取背景结构，为数据处理、挖掘和显示模块服务
3	统计分析功能	统计与挖掘息息相关，这个功能模块主要是对背景的处理信息进行基本统计分析，使分析人员对于数据的特点有所了解，便于他们做最基本的分析
4	挖掘功能	挖掘是整个系统的核心，主要采用序列模式挖掘算法。首先，利用扩展有向树分析由会话集产生的最大向前路径（maximum forward path，MFP）。MFP 是将用户会话分隔成更小的、更精确的、具有一定语义的用户访问事务，他是用户为获得一项有用的信息所点击的页面序列。再通过挖掘算法找出 MFP 中满足一定支持度的连续页面序列，挖掘用户的频繁访问模式，并把发现的模式融入到可视化显示窗口中
5	背景结构显示功能	这个模块的主要功能是借助背景结构提取结果，用可视化的方法把背景结构显示出来

开发工具的研究目标是试图发现问题，为了达到这个目的，应设计相应的挖掘策略，具体步骤如下：

1）确定分析点。通过工具的统计分析功能可得出用户频繁访问的模块，这些模块是用户的兴趣点。

2）挖掘分析点的频繁访问路径。通过工具的挖掘功能，得到分析点所涉及的页面的频繁访问路径。

3）通过用户的频繁访问路径得到用户的访问模式。

4）分析行为模式。运用专业知识对用户的访问模式加以分析。

5）结合背景结构和具体页面分析问题产生的原因。

6）归纳问题。利用可用性准则和一些相应的知识得到具体的问题。

第4章 数据预处理

4.1 数据预处理的作用

数据预处理是指在做主要的处理以前对数据进行的一些处理。数据挖掘和知识发现过程中的第一个步骤就是数据预处理。统计发现，在数据挖掘和知识发现的过程中，数据预处理占到整个工作量的60%。因此，在现代的科研和实际工作中，当现实世界中的数据无法直接进行数据挖掘或者挖掘结果差强人意时，就需要数据的预处理，进行数据的筛选，去粗取精，去伪存真，从而有效地提高数据挖掘结果的质量，使挖掘过程更有效。

本节主要介绍数据预处理的四种作用：

4.1.1 处理脏数据

在现实社会中，存在着大量的"脏"数据，它们往往是杂乱的，主要表现为：

4.1.1.1 不完整性

不完整性数据的出现可能有多种原因。某些数据被认为是不必要的，如销售事物数据中顾客的信息并非总是可用的；其他数据没有包含在内，可能是因为输入时认为是不重要的；相关数据没有记录可能是由于理解错误，或者因为设备故障；与其他记录不一致的数据可能已经删除；记录历史或者修改的数据可能被忽略；空缺的数据，特别是某些属性上缺少的元组可能需要推导。总之由于数据人员的局限性，数据库缺少感兴趣的属性或者感兴趣的属性中缺少部分属性值，又或者仅仅包含聚合数据而没有详细数据，造成数据属性值的遗漏或者不确定，统称为数据的不完整性。

4.1.1.2 不一致性

数据的不一致是由于原始数据的来源不同，数据定义缺乏统一标准，导致系统间数据内涵不一样。这种不一致性严重影响了集成后目标库的数据质量。如果是数据仓库，还可能进一步影响基于数据仓库之上的联机分析处理和数据挖掘。因此，消除不一致数据是提高集成质量的关键。

4.1.1.3 有噪声

数据含噪声（包含错误或存在偏离期望值的离群值）可能有多种原因。收集数据的设备可能出故障；人或计算机的错误可能在数据输入时出现；数据传输中的错误也可能出现。这些可能是由于技术的限制，如用于数据传输同步的缓冲区大小的限制。不正确的数据也可能是由命名约定或所用的数据代码不一致，或输入字段（如日期）的格式不一致造成的。

4.1.1.4 冗余性

数据的冗余主要表现为重复存储或者属性的重复。含大量冗余数据可能降低知识发现过程的性能或使之陷入混乱。

4.1.2 数据集成

数据挖掘的数据源可能是多个互相独立的数据源，比如关系数据库、多维数据库或者文件、文档数据库等，他们构成异构数据系统。然而，要在多数据库的复杂环境中，实现不同数据库间数据信息资源的合并和共享，以及不同数据库之间的连接、数据交换和数据共享，就需要数据集成来屏蔽各种异构数据间的差异，进而提供统一的表示、存储和管理。通常，在为数据仓库准备数据时，数据集成作为预处理步骤进行。

4.1.3 数据变换

在使用基于距离的挖掘算法中，假如顾客数据包含年龄和年薪属性，年薪属性的取值范围可能比年龄大得多，这样，如果属性未规范化，距离度量对年薪所取的权重一般要超过距离度量对年龄的权重。此外，分析得到每个客户区域的销售额这样的聚集信息可能是有用的。这种信息不在你的数据仓库的任何预算的数据立方体中。在这种情况下，实施数据变换操作，如规范化和聚集，是导向挖掘成功的预处理过程。也就是为了使数据挖掘更方便使用，需要数据预处理进行数据转换，从而在海量的数据中发现更深层次、更重要的信息，使之能够描述数据的整体特征，可预测发展趋势，形成决策。

4.1.4 数据规约

数据规约是指在数据集合中挑选、过滤出具有代表性的数据。通过数据规约得到的数据集的简化表示，它小得多，但能够产生同样的（或几乎同样的）分析结果。有许多数据规约策略，包括数据聚集（例如建立数据立方体）、属性子集选择（例如通过相关分析去掉不相关的属性）、维度规约（例如建立诸如最小长度编码或小波等编码方案）和数值规约（例如使用聚类或参数模型等较小的表示"替换"数据）。利用数据规约，可大幅缩减数据挖掘所需的时间和储存的成本，还可提高知识的应用性与准确性，降低无效、错误数据的影响。

概言之，没有高质量的数据就没有高质量的挖掘结果。高质量的决策必须基于高质量的数据基础之上，而数据仓库需要对高质量的数据进行一致的集成。通过数据的预处理，检测数据异常，尽早调整数据并规约待分析的数据，将在决策过程中得到高回报，这对于实现数据挖掘和知识发现尤为重要。

4.2 数据预处理的方法

现实中数据大多数都是不完整、不一致和含噪声的，无法直接进行数据挖掘，或直接影响挖掘结果。为了提高数据挖掘质量和数据挖掘效率，产生了数据预处理技术。数据预处理一般包括：数据清理、数据集成与变换、数据归纳等方法。这些数据预处理技术根据数据挖掘项目的需要和原始数据的特点，在数据挖掘之前有选择地单独使用或综合使用，可改进数据的质量，从而改善挖掘过程的性能，提高挖掘结果的质量，降低实际挖掘所需要的时间。因此数据预处理是知识发现过程的重要步骤。

4.2.1 数据清理

数据清理是清除错误和不一致数据的过程，当然，数据清理不是简单地更新数据记录，在数据挖掘过程中，数据清理是第一步骤，即对数据进行预处理的过程。数据清理的任务是过滤或者修改那些不符合要求的数据，是数据准备过程中最花费时间、最乏味，但也是最重要的步骤。该步骤可以有效减少学习过程中可能出现的相互矛盾情况。初始获得的数据主要有以下几种情况需要处理：

4.2.1.1 含噪声数据

处理此类数据，目前最广泛的是应用数据平滑技术。Pyle 系统归纳了利用数据平滑技术处理噪声数据的方法，主要有：

（1）分箱

分箱（binning）方法通过考察"邻居"（即周围的值）来平滑存储数据的值。存储的值被划分到若干个箱或桶中。由于仅考察被平滑点邻居的数据，因此分箱方法进行的是局部平滑。例4-1展示了一些分享技术，在该例中，score 数据首先被划分并存入等深（每个箱中的数据个数相等）的箱中。平均值平滑是指将同一箱中的数据全部用该箱中数据的平均值替换。例如，箱1中的值60，65，67的平均值是64，那么该箱中每一个值被替换为64。类似地，可以使用按箱中值平滑，此时，箱中的每一个值被箱中的中值替换，按箱边界平滑，箱中的最大值和最小值被视为箱边界，箱中的每一个值被最近的边界值替换。分箱技术可采用等深和等宽的分布规则对数据进行平滑，等深指每个箱中的数据个数相同，等宽指每个箱的取值范围相同。分箱也可作为一种离散化技术使用。

例4-1 score 排序后的数据（分）：60，65，67，72，76，77，84，87，90

划分为（等深，深度为3）箱（桶）：

箱1：60，65，67

箱2：72，76，77

箱3：84，87，90

采用分箱平滑技术后，用平均值平滑得：

箱1：64，64，64

箱2：75，75，75

箱3：87，87，87

用边界值平滑得：

箱1：60，67，67

箱2：72，77，77

箱3：84，84，90

（2）聚类

孤立点可以被聚类（clustering）检测。通过聚类可发现异常数据（outliers），相似或相邻的数据聚合在一起形成各个聚类集合，而那些位于聚类集合之外的数据，自然被认为是异常数据（孤立点）。直观地看，落在聚类集合之外的值被视为孤立点。

（3）回归

可以利用拟合函数对数据进行平滑。例如，线性回归（regression）需要找出适合两个变量的"最佳"直线，使一个变量能预测另一个，多线性回归是线性回归的扩展，它涉及多于两个变量。利用回归分析方法获得的拟合函数，能够帮助平滑数据并除去其中的噪声。

（4）计算机和人工相结合

通过人与计算机相结合的检查方法，可帮助识别孤立点。例如，利用基于信息论方法可帮助识别用于手写符号库中的异常模式，所识别出的异常模式可输出到一个列表中，然后由人对这一列表中的各异常模式进行检查，并最终确认无用模式。这种人机结合检查的方法比简单利用手工方法手写符号库进行检查要快得多。

许多数据平滑的方法也是离散化的数据规约方法。例如，上面介绍的分箱技术减少了每个属性不同值的数量。概念分层是一种数据离散化形式，也可用于数据平滑。score 的概念分层可把 score 的值映射到优、良、中、及格和不及格，从而减少挖掘工程所处理的值的数量。有些分类方法有内置的数据平滑机制，如网络神经。

4.2.1.2 错误数据

对有些带有错误的数据元组，结合数据所反映的实际问题进行分析、更改、删除或忽略。同时也可结合模糊数学的隶属函数寻找约束函数，根据前一段历史趋势数据对当前数据进行修正。

4.2.1.3 缺失数据

1）若数据属于时间局部性的缺失，则可采用近阶段数据的线性插值法进行补缺；若时间段较长，则应采用该时间段的历史数据恢复丢失数据。若属于数据的空间缺损则用其周围数据点的信息来代替，且对相关数据作备注说明，以备查用。

2）使用一个全局常量或属性的平均值填充空缺值。

3）使用回归的方法或基于推导的贝叶斯方法或判定树等对数据的部分属性进行修复。

4）忽略元组。即不选择有空缺值的元组。此方法不是很有效。除非元组有多个属性缺少值时。

4.2.1.4 冗余数据

包括属性冗余和属性数据的冗余。若通过因子分析或经验等方法确信部分属性的相关数据足以对信息进行挖掘和决策，可用相关数学方法找出具有最大影响属性因子的属性数据即可，其余属性则可删除。若某属性的部分数据足以反映该问题的信息，则其余的可删除。若经过分析，这部分冗余数据可能还有他用则先保留并作备注说明。

4.2.2 数据集成

数据集成是将多个数据源中的数据结合起来、存放在一个一致的数据存储中，如数据仓库中。这些数据源可能包括多个数据库、数据文档或一般文件。在数据挖掘中，经常需要数据集成来转换成适于挖掘的形式。在数据集成时，有以下问题需要考虑：

4.2.2.1 模式集成问题

模式集成可能是有技巧的。来自多个信息源的现实世界的实体如何才能"匹配"？这涉及实体识别问题。例如，数据分析者或计算机如何才能确信一个数据库中的 customer-id 和另一个数据库中的 customer-number 指的是同一实体？通常，数据库和数据仓库有元数据——关于数据的数据，这种元数据可以帮助避免模式集成中的错误（杨炳儒，2000）。

4.2.2.2 冗余问题

冗余是另一个重要问题。一个属性是冗余的，如果它能由另一个表"导出"；属性或维命名不一致也可能导致数据集中的冗余。

有些冗余可被相关分析检测到。例如，给定两个属性，根据可用的数据，这种分析可以度量一个属性能在多大程度上蕴涵另一个。属性 A 和 B 之间的相关性可用下式度量：

$$r_{A, B} = \frac{\sum (A - \overline{A})(B - \overline{B})}{(n - 1)\sigma_A \sigma_B} \tag{4-1}$$

式（4-1）中，n 是元组个数；$\overline{A}$ 和 $\overline{B}$ 分别是 A 和 B 的平均值；σA 和 σB 分别是 A 和 B 的标准差。如果（4-1）式的值大于 0，则 A 和 B 是正相关的，意为 A 的值随 B 的值增加而增加。该值越大，一个属性蕴涵另一个的可能性越大。因此，一个很大的值表明 A（或 B）可以作为冗余而被去掉。如果结果值等于 0，则 A 和 B 是独立的，它们之间不相关。如果结果值小于 0，则 A 和 B 是负相关的，一个值随另一个减少而增加。这表明每一个属性都阻止另一个出现。（4-1）式可以用来检测上面的 customer-id 和 customer-number 的相关性。

除了检测属性间的冗余外，"重复"也应在元组级进行检测。重复是指对于同一数据，存在两个或多个相同的元组。

4.2.2.3　数据值冲突的检测与处理

数据集成的第三个重要问题是数据值冲突的检测与处理。例如，对于现实世界的同一实体，来自不同数据源的属性值可能不同。这可能是因为表示、比例或编码不同。例如，重量属性可能在一个系统中以公制单位存放，而在另一个系统中以英制单位存放。不同旅馆的价格不仅可能涉及不同的货币，而且可能涉及不同的服务（如免费早餐）和税。数据这种语义上的异种性，是数据集成的巨大挑战。

因此，仔细将多个数据源中的数据集成起来，能够减少或避免结果数据集中数据的冗余和不一致性。这有助于提高其后挖掘的精度和速度。

4.2.3　数据变换

数据变换是将数据转换成适合于挖掘的形式。数据变换主要涉及如下内容：

4.2.3.1　平滑

平滑是指去掉数据中的噪声。这种技术包括分箱、聚类和回归。

4.2.3.2　聚集

聚集是指对数据进行汇总和聚集。例如，可聚集日销售数据，计算月和年销售额，通常，这一步用来为多粒度数据分析构造数据方。

4.2.3.3　数据泛化

数据泛化是指使用概念分层，用高层次概念替换低层次"原始"数据。例如，分类的属性，如 street，可泛化为较高层的概念，如 city 或 country。类似地，数值属性，如 age，可映射到较高层概念，如 young, middle-age 和 senior。

4.2.3.4　属性构造（或特征构造）

属性构造是指可构造新的属性并添加到属性集中，以帮助挖掘过程。

4.2.3.5　规范化

规范化是指将属性数据按比例缩放，使之落入一个小的特定区间，如-1.0 到 1.0 或 0.0 到 1.0。对于距离度量分类算法，如涉及神经网络或诸如最临近分类和聚类的分类算法，规范化特别有用，它可以帮助防止具有较大初始值域的属性（如 income）与具有较小初始值域的属性（如二进位属性）相比，权重过大。在数据规范化中，主要介绍三种方法：最小–最大规范化、z-score 规范化和按小数定标规范化（毛国君，2007）。

1）最小–最大规范化对原始数据进行线性变换。假定 min_A 和 max_A 分别为属性 A 的最小和最大值。最小–最大规范化通过计算

$$v' = \frac{v - \min_A}{\max_A - \min_A}(\text{new\_} \max_A - \text{new\_} \min_A) + \text{new\_} \min_A \tag{4-2}$$

将 A 的值 v 映射到区间 $[\text{new\_}\min_A, \text{new\_}\max_A]$ 中的 v'。

最小–最大规范化保持原始数据值之间的关系。如果今后的输入落在 A 的原数据区之外，该方法将面临"越界"错误。

2）在 z-score 规范化（或零–均值规范化）中，属性 A 的值基于 A 的平均值和标准差规范化。A 的值 v 被规范化为 v'，由（4-3）式计算

$$v' = \frac{v - \bar{A}}{\sigma_A} \tag{4-3}$$

式中，$\bar{A}$ 和 σ_A 分别为属性 A 的平均值和标准差。当属性 A 的最大和最小值未知，或局外者左右了最大–最小规范化时，该方法是有用的。

3）小数定标规范化通过移动属性 A 的小数点位置进行规范化。小数点的移动位数依赖于 A 的最大绝对值。A 的值 v 被规范化为 v'，由（4-4）式计算：

$$v' = \frac{v}{10^j} \tag{4-4}$$

式中，j 是使得 $\text{Max}(|v'|) < 1$ 的最小整数。

4.2.4　数据归约

假定由数据仓库选择了数据用于分析。数据集将非常大，在海量数据上进行复杂的数据分析和挖掘将需要很长时间，使这种分析不现实或不可行。

数据归约技术可用来得到数据集的归约表示，它小得多，但仍接近地保持原数据的完整性。这样，在归约后的数据集上挖掘将更有效，并产生相同（或几乎相同）的分析结果。现介绍数据归约的策略如下：

4.2.4.1　数据立方体聚集

这种聚集操作用于数据方中的数据。例如，通过数据仓库，得到 1997 ～ 1999 年每季度的销售数据。若决策需要依赖于年销售（每年的总和），而不是每季度的总和。可对这些销售数据再聚集，使结果数据汇总每年的总销售，而不是每季度的总销售。该聚集如图 4-1 所示。结果数据量小得多，但并不丢失分析任务所需的信息。

数据立方体存放多维聚集信息。例如，图 4-2 所示数据方用于所有分部每类商品年销售多维数据分析。每个单元存放一个聚集值，对应于多维空间的一个数据点。每个属性可能存在概念分层，允许在多个抽象层进行数据分析。例如，branch 的分层允许分部按它们的地址聚集成地区。数据方提供对预计算的汇总数据进行快速访问，因此它适合联机数据分析和数据挖掘。

创建在最底层的数据方称为基本方体。最高层抽象的数据方称为顶点方体。对于图 4-2 的销售数据，顶点方体将给出一个汇总值——所有商品类型、所有分部三年的总销售额。对不同层创建的数据方称为方体，因此"数据方"可看作方体的格。每个较高层的抽

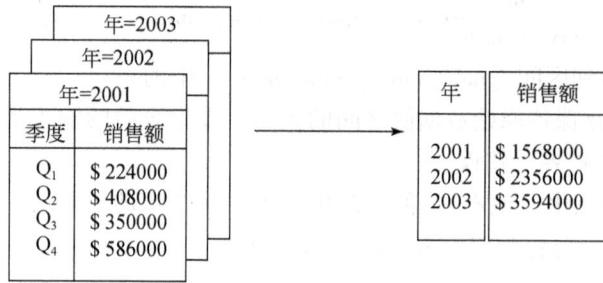

图 4-1　销售数据

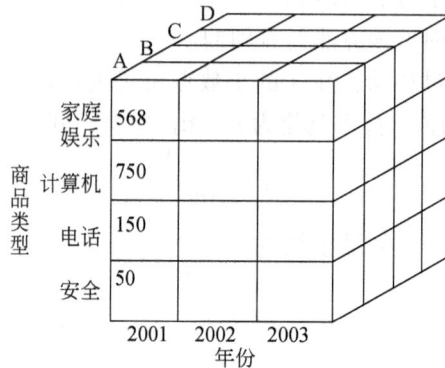

图 4-2　销售数据立方体

象将进一步减少结果数据。

　　基本方体应对应于感兴趣的实体，如 sales 或 customer。换言之，最低层对于分析应当是有用的。由于数据方提供了对预计算的汇总数据的快速访问，在响应关于聚集信息的查询时应使用它们。当响应 OLAP 查询或数据挖掘查询时，应使用与给定任务相关的最小方体。

4.2.4.2　属性子集选择

　　维度归约可用来检测并删除不相关、弱相关或冗余的属性或维。

　　例如，如果分析任务是按顾客听到广告后，是否愿意购买流行的新款 CD 将顾客分类，与属性 age、music-taste 不同，诸如顾客的电话号码等属性多半是不相关的。尽管领域专家可以挑选出有用的属性，但这可能是一项困难而费时的任务，特别是当数据的行为不清楚时更是如此。然而遗漏相关属性或留下不相关属性是有害的，可能会导致所用的挖掘算法无所适从。此外，不相关或冗余的属性增加了数据量，可能会减慢挖掘进程。

　　通过维度归约来删除不相关的属性（或维）减少数据量，通常使用属性子集选择方法。属性子集选择的目标是找出最小属性集，使数据类的概率分布尽可能地接近使用所有属性的原分布。在压缩的属性集上挖掘还有其他的优点。它减少了出现在发现模式上的属性的数目，使模式更易于理解。

　　m 个属性有 2^m 个可能的子集，那么如何找出原属性的一个"好的"子集？利用穷举搜索找出属性的最佳子集可能是不现实的，特别是当 m 和数据类的数目增加时。因此，对于属性子集选择，通常使用压缩搜索空间的启发式算法。通常，这些算法是贪心算法，在搜索属性空间时，总是做看上去是最佳的选择。它们的策略是做局部最优选择，期望由此导致全局最优解。在实践中，这种贪心方法是有效的，并可逼近最优解。

"最好的"（或"最差的"）属性使用统计测试来选择。这种测试假定属性是相互独立的。也可使用一些其他属性估计度量，如使用信息增益度量来建立分类判定树。

属性子集选择的基本启发式方法包括以下技术，其中一些图示在图 4-3 中。

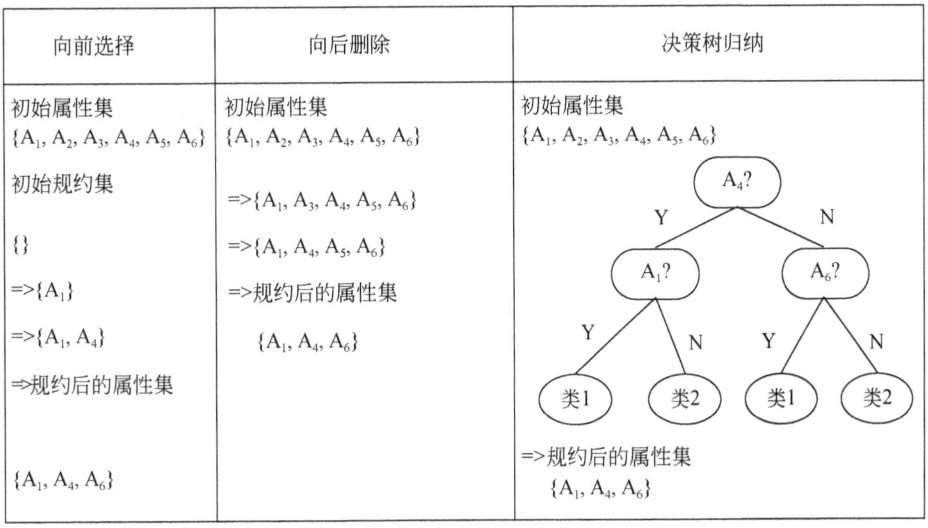

向前选择	向后删除	决策树归纳
初始属性集 $\{A_1, A_2, A_3, A_4, A_5, A_6\}$ 初始规约集 $\{\}$ $=>\{A_1\}$ $=>\{A_1, A_4\}$ $=>$规约后的属性集 $\{A_1, A_4, A_6\}$	初始属性集 $\{A_1, A_2, A_3, A_4, A_5, A_6\}$ $=>\{A_1, A_3, A_4, A_5, A_6\}$ $=>\{A_1, A_4, A_5, A_6\}$ $=>$规约后的属性集 $\{A_1, A_4, A_6\}$	初始属性集 $\{A_1, A_2, A_3, A_4, A_5, A_6\}$ （A_4? Y/N 树，A_1? A_6?，类1 类2 类1 类2） $=>$规约后的属性集 $\{A_1, A_4, A_6\}$

图 4-3 属性子集选择的贪心（启发式）方法

1）逐步向前选择：该过程由空属性集开始，选择原属性集中最好的属性，并将它添加到该集合中。在其后的每一次迭代，将原属性集剩下的属性中的最好的属性添加到该集合中。

2）逐步向后删除：该过程由整个属性集开始。在每一步，删除掉尚在属性集中的最坏属性。

3）向前选择和向后删除的结合：向前选择和向后删除方法可以结合在一起，每一步选择一个最好的属性，并在剩余属性中删除一个最坏的属性。

4）判定树归纳：判定树算法，如 ID3 和 C4.5 最初是用于分类的。判定树归纳构造一个类似于流程图的结构，其每个内部（非树叶）结点表示一个属性上的测试，每个分枝对应于测试的一个输出；每个外部（树叶）结点表示一个判定类。在每个结点，算法选择"最好"的属性，将数据划分成类。

当判定树归纳用于属性子集选择时，树由给定的数据构造。不出现在树中的所有属性假定是不相关的。出现在树中的属性形成归约后的属性子集。

方法的结束标准可以不同。该过程可以使用一个阈值来确定是否停止属性选择过程。

4.2.4.3　维度规约

在数据压缩时，应用数据编码或变换，以便得到原数据的归约或"压缩"表示。如果原数据可由压缩数据重新构造而不丢失任何信息，则所使用的数据压缩技术是无损的。如果我们只能重新构造原数据的近似表示，则该数据压缩技术是有损的。有一些很好的串压缩算法。尽管它们是无损的，但它们只允许有限的数据操作。这里主要介绍另外两种流行、有效的有损数据压缩方法：小波变换和主要成分分析。

（1）小波变换

离散小波变换（discrete warelet transform，DWT）是一种线性信号处理技术，当使用数据向量 D 时，将它转换成不同的数值向量小波系数 D'。两个向量具有相同的长度。这种技术关键在于小波变换后的数据可以裁减，这样就可用于数据压缩。例如，保留大于用户设定的某个阈值的小波系数，其他系数置为 0。这样，结果数据表示非常稀疏，使得如果在小波空间进行的话，利用数据稀疏特点的操作计算得非常快。该技术也能用于消除噪声，而不会平滑掉数据的主要特性，使它们也能有效地用于数据清理。给定一组系数，使用所用的 DWT 的逆，可以构造原数据的近似。

离散小波变换与离散傅里叶变换（discrete fourier test，DFT）有密切关系。傅里叶变换是一种涉及正弦和余弦的信号处理技术。然而，一般地说，离散小波变换是一种较好的有损压缩。即对于给定的数据向量，如果离散小波变换和傅里叶变换保留相同数目的系数，离散小波变换将提供原数据更精确的近似。因此，对于等价的近似，离散小波变换比傅里叶变换需要的空间小。不像傅里叶变换，小波空间局部性相当好，有助于保留局部细节。

只有一种傅里叶变换，但有若干族离散小波变换。图 4-4 给出一些小波族。流行的小波变换包括 Haar-2，Daubechies-4 和 Daubechies-6 变换。应用离散小波变换的一般过程使用一种分层金字塔算法，它在每次迭代将数据减半，导致很快的计算速度（Simitsis et al.，2003）。该方法如下：

1）输入数据向量的长度 L 必须是 2 的整数幂。必要时，通过在数据向量后添加 0，这

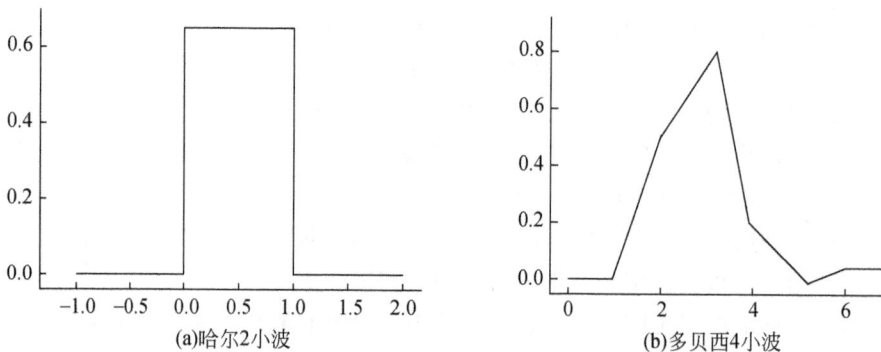

(a)哈尔2小波　　　　　　　　　　(b)多贝西4小波

图 4-4　小波族的例子（小波名后的数是小波的消失瞬间）

一条件可以满足。

2）每个变换涉及应用两个函数。第一个使用某种数据平滑，如求和或加权平均。第二个进行加权差分，产生数据的细节特征。

3）两个函数作用于输入数据对，产生两个长度为 $L/2$ 的数据集。一般地，它们分别代表输入数据的平滑后或低频的版本和它的高频内容。

4）两个函数递归地作用于前面循环得到的数据集，直到结果数据集的长度为 2。

5）由以上迭代得到的数据集中选择值，指定其为数据变换的小波系数。

等价地，可将矩阵乘法用于输入数据，以得到小波系数。所用的矩阵依赖于给定的 DWT。矩阵必须是标准正交的。即它们的列是单位向量并相互正交，使矩阵的逆是它的转置。

小波变换可用于多维数据，如数据方。可按以下方法来做：首先将变换用于第一个维，然后第二个，如此下去。计算复杂性对于方中单元的个数是线性的。对于稀疏或倾斜数据、具有有序属性的数据，小波变换给出很好的结果。在实际应用中，小波变换也有诸多涉及，包括手写体图像压缩、计算机视觉、时间序列数据分析和数据清理。

（2）主要成分分析

作为一种数据压缩方法，本部分直观地介绍主要成分分析。假定待压缩的数据由 N 个元组或数据向量组成，取自 k-维。主要成分分析（PCA（可编程计算阵列），又称 Karhunen-Loeve 或 K-L 方法）（Miller and Han, 2001）搜索 c 个最能代表数据的 k-维正交向量；这里 $c \leq k$。这样，原来的数据投影到一个较小的空间，导致数据压缩。主要成分分析可作为一种维归约形式使用。然而，不像属性子集选择通过保留原属性集的一个子集来减少属性集的大小，主要成分分析通过创建一个替换的、较小的变量集"组合"属性的本质。原数据可投影到该较小的集合中。

基本过程如下：

1）对输入数据规范化，使每个属性都落入相同的区间。此步确保具有较大定义域的属性不会主宰具有较小定义域的属性。

2）主要成分分析计算 c 个规范正交向量，作为规范化输入数据的基。这些是单位向量，每一个都垂直于另一个。这些向量被称为主要成分。输入数据是主要成分的线性组合。

3）对主要成分按"意义"或强度降序排列。主要成分基本上充当数据的一组新坐标轴，提供重要的方差信息。即，对轴进行排序，使得第一个轴显示的数据方差最大，第二个显示的方差次之，如此下去。例如，图 4-5 展示对于原来映射到轴 X_1 和 X_2 的给定数据集的两个主要成分 Y_1 和 Y_2。这一信息帮助识别数据中的分组或模式。

4）既然主要成分根据"意义"降序排列，就可通过去掉较弱的成分（即方差较小的那些）来压缩数据。使用最强的主要成分，应可能重构原数据的很好的近似值。

主要成分分析计算花费低，可用于有序和无序的属性，并且可处理稀疏和倾斜数据。多于 2 维的数据可通过将问题归约为 2 维来处理。例如，对于具有维 item-type, branch 和 year 的 3-D 数据方，必须首先将它归约为 2-D 方体，如具有维 item-type 和 branch×year 的

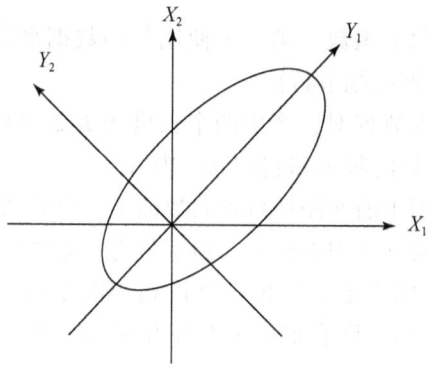

图 4-5 主要成分分析

方体。与数据压缩的小波变换相比，主要成分分析能较好地处理稀疏数据，而小波变换更适合高维数据。

4.2.4.4 数值规约

数值规约是用替代的、较小的数据来表示替换或估计数据。这些技术可以是有参的，也可以是无参的。对于有参方法，使用一个模型来评估数据，使得只需要存放参数，而不是实际数据。（局外者也可能被存放。）对数线性模型是一个例子，用它估计离散的多维概率分布。存放数据归约表示的非参数的方法包括直方图、聚类和选样。

下面详细介绍上面所提的各种数值规约技术。

（1）回归和对数线性模型

回归和对数线性模型可用来近似给定数据。在线性回归中，对数据建模，使之适合一条直线。例如，可用式（4-5），将随机变量 Y（称作响应变量）表示为另一随机变量 X（称为预测变量）的线性函数

$$Y = \alpha + \beta X \tag{4-5}$$

式中，假定 Y 的方差是常量。系数 α 和 β（称为回归系数）分别为直线的 Y 轴截取和斜率。系数可用最小平方法求得，使分离数据的实际直线与该直线间的误差最小。多元回归是线性回归的扩充，响应变量是多维特征向量的线性函数。

对数线性模型近似离散的多维概率分布。基于较小的方体形成数据方的格，该方法可用于估计具有离散属性集的基本方体中每个单元的概率。这允许由较低秩的数据方构造较高秩的数据方。这样，对数线性对于数据压缩是有用的（因为较小秩的方体总共占用的空间小于基本方体占用的空间），对数据平滑也是有用的（因为与用基本方体进行估计相比，用较小秩的方体对单元进行估计选样变化小一些）。

回归和对数线性模型都可用于稀疏数据，尽管它们的应用可能是受限的。虽然两种方法都可用于倾斜数据，但回归可能更好。当用于高维数据时，回归可能是计算密集的，而对数线性模型表现出很好的可规模性，可扩展到 10 维左右。

（2）直方图

直方图使用分箱近似数据分布，是一种流行的数据归约形式。属性 A 的直方图将 A 的数据分布划分为不相交的子集或桶。桶安放在水平轴上，而桶的高度（和面积）是该桶所代表的值的平均频率。如果每个桶只代表单个属性值/频率对，则该桶称为单桶。通常，桶表示给定属性的一个连续区间。

对于桶和属性值的划分，包括下面一些规则：

1）等宽：在等宽的直方图中，每个桶的宽度区间是一个常数。

2）等深（或等高）：在等深的直方图中，桶这样创建，使每个桶的频率粗略地为常数（即每个桶大致包含相同个数的临近样本）。

3）V-最优：给定桶个数，如果我们考虑所有可能的直方图，V-最优直方图是具有最小偏差的直方图。直方图的偏差是每个桶代表的原数据的加权和，其中权等于桶中值的个数。

4）MaxDiff：在 MaxDiff 直方图中，我们考虑每对相邻值之间的差。桶的边界是具有 β-1 个最大差的对；这里，β 由用户指定。

V-最优和 MaxDiff 直方图看来是最精确和最实用的。对于近似稀疏和稠密数据，以及高倾斜和一致的数据，直方图是高度有效的。上面介绍的单属性直方图可推广到多属性。多维直方图可表现属性间的依赖。业已发现，这种直方图对于多达五个属性能够有效地近似数据。对于更高维，多维直方图的有效性尚需进一步研究。对于存放具有高频率的例外者，单桶是有用的。

（3）聚类

聚类技术将数据元组视为对象。它将对象划分为群或聚类，使在一个聚类中的对象"类似"，但与其他聚类中的对象"不类似"。通常，类似性基于距离，用对象在空间中的"接近"程度定义。聚类的"质量"可用"直径"表示；而直径是一个聚类中两个任意对象的最大距离。质心距离是聚类质量的另一种度量，它定义为由聚类质心（表示"平均对象"，或聚类空间中的平均点）到每个聚类对象的平均距离。图 4-6 展示关于顾客在一个城市中位置的顾客数据 2-D 图，每个聚类的质心用"+"显示，三个数据聚类已标出。

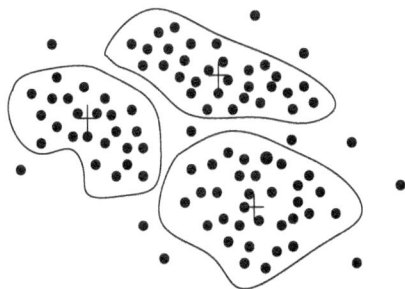

图 4-6 聚类图

在数据归约时，用数据的聚类表示替换实际数据。该技术的有效性依赖于数据的性质。如果数据能够组织成不同的聚类，该技术有效得多。

在数据库系统中，多维索引树主要用于提供对数据的快速访问。它也能用于分层数据的归约，提供数据的多维聚类。这可用于提供查询的近似回答。对于给定的数据集合，索引树动态地划分多维空间，其树根结点代表整个空间。通常，这种树是平衡的，由内部结点和树叶结点组成。每个父结点包含一些关键字和指向子女结点的指针，子女结点一起代表父结点代表的空间。每个树叶结点包含指向它所代表的数据元组（或实际元组）的指针。

这样，索引树可在不同的清晰度或抽象层存放聚集和细节数据。它为数据集合的聚类提供了分层结构；其中，每个聚类有一个标号，存放包含在聚类中的数据。如果我们把父结点的每个子女看作一个桶，则索引树可看作一个分层的直方图。例如，考虑图4-7所示 B+树的根，它具有指向数据键 986、3396、5411、8392 和 9544 的指针。假定树包含 10 000 个元组，其键值由 1 到 9999。则树中的数据可用 6 个桶的等深直方图近似，其键值分别从 1 到 985、986 到 3395、3396 到 5410、5411 到 8391、8392 到 9543、9544 到 9999。每个桶大约包含 10 000/6 个数据项。类似地，每个桶被分成较小的桶，允许在更细的层次聚集数据。作为数据清晰度的一种形式，使用多维索引树依赖于每一维属性值的次序。多维索引树包括 R–树、四叉树和它们的变形。他们都非常适合处理稀疏数据和倾斜数据。

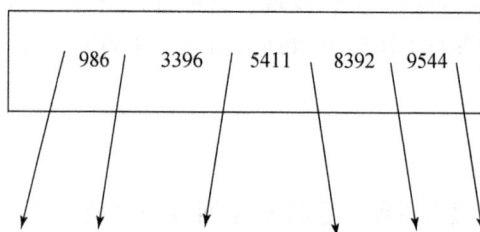

图4-7　给定数据集的 B+树的根

（4）选样

选样可作为一种数据归约技术使用，因为它允许用数据的较小随机样本（子集）表示大的数据集。假定大的数据集 D 包含 N 个元组。我们看看对 D 的可能选样：

1）简单选择 n 个样本，不回放（SRSWOR）：由 D 的 N 个元组中抽取 n 个样本（$n<N$）；D 中任何元组被抽取的概率均为 $1/N$。即所有元组是等可能的。

2）简单选择 n 个样本，回放（SRSWR）：该方法类似于不回放，不同在于当一个元组被抽取后，记录它，然后放回去。这样，一个元组被抽取后，它又被放回 D，以便它可以再次被抽取。

3）聚类选样：如果 D 中的元组被分组放入 M 个互不相交的"聚类"，则可以得到聚类的 m 个简单随机选样；这里，$m<M$。例如，数据库中元组通常一次取一页，这样每页就可视为一个聚类。例如，可将不回放用于页，得到元组的聚类样本，由此得到数据的归约表示。

4）分层选样：如果 D 被划分成互不相交的部分，称作"层"，则通过对每一层的简单随机选样就可得到 D 的分层选样。特别是当数据倾斜时，这可帮助确保样本的代表性。例如，可得到关于顾客数据的一个分层选样，其中分层对顾客的每个年龄组创建。这样，具有最少顾客数目的年龄组肯定能够表示。

这些选样如图 4-8 所示。它们代表最常用的数据归约选样形式。

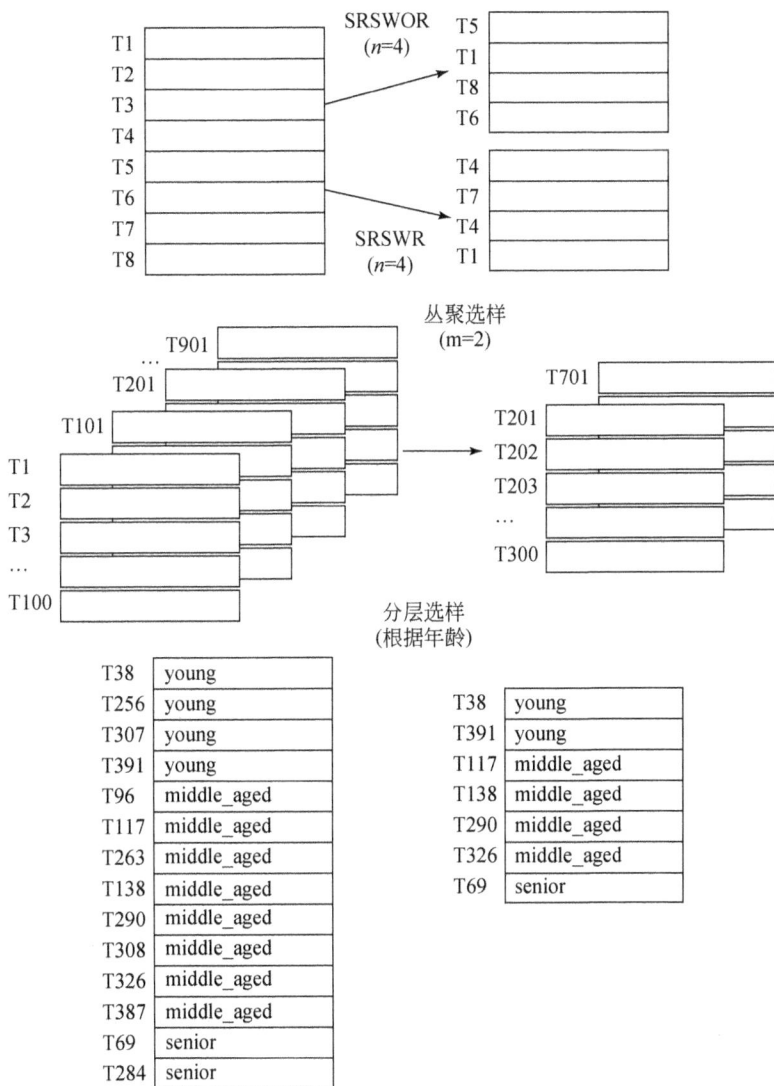

图 4-8　几种抽样方式

采用选样进行数据归约的优点是，得到样本的花费正比例于样本的大小 n，而不是数据的大小 N。因此，选样的复杂性子线性（sublinear）于数据的大小。其他数据归约技术至少需要完全扫描 D。对于固定的样本大小，选样的复杂性仅随数据的维数 d 线性地增加，而其他技术，如使用直方图，复杂性随 d 指数增长。

用于数据归约时，选样最常用来回答聚集查询。在指定的误差范围内，可确定（使用中心极限定理）估计一个给定的函数所需的样本大小。样本的大小 n 相对于 N 可能非常小。对于归约数据的渐进提炼，选样是一种自然选择。这样的集合可通过简单地增加样本大小进一步提炼。

4.2.5　数据离散化

数据库中的属性可分为两种类型：一种是连续（定量）属性，它们表示对象的某种可测性质，其值取自某个连续的区间。另一种是离散（定性）属性，这种属性是用语言或少量离散值来表示的。在绝大多数情况下，同一数据库中既包含连续属性，又包含离散属性。对于连续属性的处理通常采用的是统计分析的方法，而统计方法是不适用于处理离散属性的。很多数据挖掘和机器学习算法要求连续属性数据必须预先离散化，离散化就是把连续属性的取值范围或取值区间划分为若干个数目不太多的小区间，其中每个小区间对应着一个离散的符号。离散化的步骤反映我们看待客观世界的精确程度。

在决策表的离散化过程中 $S = (U, A \cup \{d\})$，式中 $v_a = [r_a, w_a)$ 是实值区间，对于 $\forall a \in A$ 我们寻找 v_a 的一个离散化划分 P_a。v_a 的任意划分是由来自 v_a 的割集 $v_1 < v_2 < \cdots < v_k$ 序列所定义。因此，离散划分组可由一系列割集确定。在离散化过程中，我们寻找满足某些自然条件的割集序列。

离散化问题的正规描述为：

令 $S = (U, A \cup \{d\})$ 是一决策系统，式中 $U = \{x_1, x_2, \cdots, x_n\}$，$A = \{a_1, a_2, \cdots, a_k\}$ 及 $d: U \to \{1, \cdots, r\}$。假定对于 $\forall a \in A$，$v_a = [l_a, r_a) \subset \Re$ 是实值区间，S 是相容决策系统。$\forall a \in A$ 且 $c \in R$，任意有序对 (a, c) 称作 v_a 的割集。令 P_a 是 v_a 的子区间划分，即对于某一整数 k_a，$P_a = \{[c_0^a, c_1^a), [c_1^a, c_2^a), \cdots, [c_{k_a}^a, c_{k_a+1}^a)\}$，式中 $l_a = c_0^a < c_1^a < c_2^a < \cdots < c_{k_a}^a < c_{k_a+1}^a = r_a$ 和 $v_a = [c_0^a, c_1^a) \cup [c_1^a, c_2^a) \cup \cdots \cup [c_{k_a}^a, c_{k_a+1}^a)$。因此任意划分 P_a 可由其割集序列唯一确定。割集序列为

$$\{(a, c_1^a), (a, c_2^a), \cdots (a, c_{k_a}^a)\} \subset A \times \Re$$

由决策系统 $A = (U, A \cup \{d\})$ 定义的任意割集 $P = \bigcup_{a \in A} P_a$ 可产生一新的决策系统 $S^P = (U, A^P \cup \{d\})$ 称作 S 的 P-离散化，式中 $A^P = \{a^P : a \in A\}$ 和 $a^p(x) = i \Leftrightarrow a(x) \in [c_i^a, c_{i+1}^a)$。

关于数据离散化方法的具体内容，将在下一小节中讨论。

4.3　数据离散化方法

在上一节中，主要探讨了数据预处理的五种任务，其中数据的离散化技术是通过将属性范围划分为若干个区间来减少给定连续属性值的个数，它是很有效的预处理方法。在本节中，将重点介绍离散化的相关方法。

4.3.1　连续属性离散化方法综述

由于对连续属性的值进行离散化划分具有不同种方法，现有实验已经证明所有可能划

分状态的最优离散化方法是一种 *NP*-hard 问题。对连续属性离散化的方法目前有三种分类：其一，有监督的离散化和无监督的离散化。其二，全局离散化与局部离散化。其三，静态离散化与动态离散化。

无监督的离散化过程（unsupervised discretization procedures）划分一个连续变量时仅考虑这个属性数据的分布特性，而有监督的离散化过程（supervised discretization procedures）除此之外还需考虑每一个对象的分类信息。常用的无监督的离散化过程包括：

1）等宽区间法（equal-width-intervals），它把连续属性取值区间等分为 N 个小区间（N 是用户给定的离散值个数），例如设原始区间为 $[a, b]$，则 N 个等分区间为 $[a, a + (b - a)/N)$，$[a + (b - a)/N), a + 2(b - a)/N)$，$\cdots$，$[b - (b - a)/N, b]$。

2）等频区间法（equal-frequency-intervals），它把原始区间划分为 N 个小区间（N 是用户给定的离散值个数）使每个小区间中所含的数据个数近似相同。即从 a_{min} 开始，每次取相同数目的属性值样本作为一个区间，若该属性的属性值总数目为 M，离散为 N 个区间，则每一个区间中的样本数目为 M/N。

3）串分析方法，其思路是把数据划分成不同的组或串，每一个串形成一个概念等级的节点，一个串中的所有节点处于同一个概念等级。每一个串可再分成不同的子串，形成底层的概念等级，不同的串也可再聚类形成更高层次的概念等级。其目的是使分类后子组内对象的聚合性最大，子组间对象的耦合性最小（Jffrey et al.，2007）。

有监督的离散化是为了使被离散化属性与分类属性之间的某种关系测度最大化。例如可利用熵测度或信息增益测度（Quinlan，1993；Catlett，1991；Fayyad and Irani，1993）。熵测度是用来搜索最佳离散划分点的准则，用熵连同连续属性值区间可产生搜索模型。其算法的思想是：首先将连续属性区间划分成两个等间隔区间，然后使用两个离散值推导出决策规则，并对规则进行有效性检验。如果得出非确定性规则或者系统的一致性水平比预定的低，则这两个区间的某个区间要进行再次等间隔划分，然后重新产生规则并进行规则的有效性检验。重复以上过程直到决策系统达到给定的一致性检验水平指标阈值；ChiMerge 算法（Kerber，1992）和 StatDisc 算法（Richeldi & Rossotto，1995）利用类似聚合等级串技术确定哪些数据可以合并为一组；Holte's 1R（Holte，1993）方法是使每一个分组包含最多的属于同一分类的对象数目，其约束条件是最少给定的分类组数。无监督的离散化算法运行速度快，而有监督的离散化算法由于考虑分类标识因而可产生精度较高的离散树（Dorian，2005）。

全局离散化（global discretization method）是指在同一时刻对决策表中全部连续条件属性的属性值进行划分的方法，而局部离散化（local discretization method）则是指在同一时刻仅对一个连续属性的属性值进行划分的方法（陈京民，2004）。全局离散化在全部连续属性的离散化过程中只能产生一组离散划分值，而局部离散化针对同一个连续属性都可产生不同种划分。对于全局离散方法主要有以下几种策略：归并方法和划分方法。归并策略的思路是，初始把属性的每个取值当做一个离散的属性值，然后逐个反复合并相邻的属性值，直到满足某种停机条件。划分的思路则是：初始把整个属性取值范围作为一个离散属性值，然后对该区间进行反复划分，不停地把一个区间分为两个相邻的区间，每个区间对应一个离散的属性值，直到满足某种停机条件。划分法又分为动态型和静态型。动态划分主要与决策树有关，它是一边生成决策树，一边进行连续值区间的划分。由于属性值的选择是随着树的生成而动态变化的，因此该离散化方法属于动态划分法。静态划分方法又称为预处理型，即在训练例子集合之前就把连续属性预先都离散化了，从而在机器学习时可大大提高学习效率。使用有监督离散化方法的系统大部分使用全局离散化，例如，有监督的全局离散化方法包括 D-2，ChiMerge，Holte's 1R，StacDisc；而 C4.5 和最小熵方法（Fayyad and Irani，1993）都使用了有监督的局部离散化方法（韩家炜和堪博，2007）。

静态离散化方法如捆绑法（binning）和基于熵的方法都是针对不同的属性 a_i 可产生不同个数的离散化间隔数 k_i，而动态离散化方法则是在所有属性上尽可能产生同一个离散间隔数 k。目前文献记载的离散化方法均属于静态离散化方法，动态离散化是学者正在研究的目标。

不论哪一种类型的连续属性离散化方法，对于离散化的结果都应满足下列三点：连续属性离散化后的空间维数尽量小，也就是每一个离散归一化后的属性值的种类尽量少；属性值被离散归一化后的信息丢失尽量少；对于小样本，离散化后应保持决策系统的相容性；对于大样本，可给出离散化后的决策系统不相容性水平。

4.3.2 基于数据分布特征的离散化方法

4.3.2.1 基本原理

对于一个含有连续属性的决策系统，我们可根据其样本空间构造一个过渡表，此表构成一个二维空间矩阵，每一维代表一个随机变量。在过渡表中含有 r 行，对应指标 Y_1，每一行代表一类决策值；并且含有 l 列，对应指标 Y_2，每一列代表一个属性值的取值区间。过渡表如表 4-1 所示。

表 4-1　样本空间的过渡表

属性区间 决策类	Y_2			
Y_1	Q_1	Q_2	$\cdots$	Q_l
D_1	n_{11}	n_{12}	$\cdots$	n_{1l}
$\vdots$	$\vdots$	$\vdots$	$\vdots$	$\vdots$
D_r	n_{r1}	n_{r2}	$\cdots$	n_{rl}
—	n_1	n_2	$\cdots$	N

设 N_{ij} 为随机变量，代表在过渡表中属于 Q_j 和 D_i 交叉处的样本频率。假设属性值的采样过程是随机的，则 N_{ij} 的数学期望为

$$e_{ij} = E(N_{ij}) = np_{ij}$$

样本值与期望值之间的误差测度可定义为 $(N_{ij} - np_{ij})^2$

根据中心极限定理：若随机变量是由大量的相互独立的随机因素的综合影响所形成，而其中每一个别因素在总的影响中所起的作用都是微小的，则随机变量往往服从正态分布。如此可定义一个随机变量：

$$w = \sum_{i=1}^{r} \sum_{j=1}^{l} \frac{(N_{ij} - np_{ij})^2}{np_{ij}}$$

在样本空间 n 足够大时，可认为 w 近似服从 χ^2 分布。

由于分类决策值是相互独立的，则每一行分类对应过渡表中两列随机变量 X_1 和 X_2。令 $u_i = P(X_1 = i)$，$v_j = P(X_2 = j)$，则

$$P_{ij} = P(X_1 = i, X_2 = j) = P(X_1 = i) \cdot P(X_2 = j) = u_i \cdot v_j$$

式中，$i = 1 \cdots r$，$j = 1 \cdots l$，则 w 统计变量可写为

$$w = \sum_{i=1}^{r} \sum_{j=1}^{l} \frac{(N_{ij} - nu_iv_j)^2}{nu_iv_j}$$

u_i 和 v_j 的最大估计量为

$$\begin{cases} u_i^* = \dfrac{m_i}{n} \\ v_j^* = \dfrac{n_j}{n} \end{cases}$$

式中，m_i 和 n_j 分别对应过渡表上第 i 行和第 j 列上的元素之和。

用最大估计量代替 w 随机变量的 χ^2 分布样本值，可得如下推导：

$$w = \sum_{i=1}^{r} \sum_{j=1}^{l} \frac{(N_{ij} - nu_iv_j)^2}{nu_iv_j}$$

$$= \sum_{i=1}^{r} \sum_{j=1}^{l} \frac{\left(N_{ij} - \dfrac{m_in_j}{n}\right)^2}{\dfrac{m_in_j}{n}}$$

令 $f_{ij} = \dfrac{m_in_j}{n}$，则上式可简化为

$$w = \sum_{i=1}^{r} \sum_{j=1}^{l} \frac{(N_{ij} - f_{ij})^2}{f_{ij}}$$

当考虑属性值的间隔合并时，过渡表上的任意相邻两列要进行 χ^2 样本值统计，则随机变量 w 可写为如下形式：

$$w = \sum_{i=1}^{2} \sum_{j=1}^{k} \frac{(B_{ij} - F_{ij})^2}{F_{ij}}$$

式中，k 为决策分类数目；B_{ij} 为第 i 个分段间隔、第 j 个决策类处的样本数；T_i 为第 i 个分段间隔的样本总数，即 $T_i = \sum_{j=1}^{k} B_{ij}$；$G_j$ 为第 j 个决策类的样本总数，即 $G_j = \sum_{i=1}^{2} B_{ij}$；$N$ 为 2 列 k 行的样本总数，即 $N = \sum_{i=1}^{2} T_i$；F_{ij} 为 B_{ij} 的数学期望，即 $F_{ij} = (T_i * G_j) / N$。

χ^2 值检验是一个统计测度用于检验两个离散的变量是否统计独立。它应用于离散化问题中，是用来测试分类（决策）属性与连续条件属性的两个相邻间隔之间的统计独立性。如果 χ^2 检验值的结论表明分类与相邻间隔之间统计独立，则属性的相邻间隔应合并；如果 χ^2 检验值的结论表明分类与间隔不独立，间隔对应的分类之间存在着显著性差别，则不能

合并相邻间隔。在进行 χ^2 检验值统计时，χ^2 表上自由度 n 只列到 45 为止，当 n 充分大时（Fisher R. A. 曾证明），近似地有：

$$\chi_\alpha^2 \approx \frac{1}{2}\left(z_\alpha + \sqrt{2n-1}\,\right)^2$$

式中，z_α 是标准正态分布的上 α 分位点。

一般而言，连续属性的离散化应保持决策系统的相容性，但对于大样本的决策系统允许离散化后出现一定的不相容性，否则离散化后的间隔仍很多，离散化的意义不大。因此，为了下述算法过程的实现，本书引入决策系统不相容水平的测度用来作为离散化结果的停止条件。

定义 4.1 设 V_d 是决策属性 d 的取值范围集合 $\{1, \cdots, r(d)\}$，称决策系统的归纳函数定义如下：

$$\partial_A(x) = \{v \in V_d \mid \exists x' \in U..S.T.\ x'\mathrm{IND}(A)x\ \text{且}\ d(x')=v\}$$

定义 4.2 令 $D(B)$ 是属性集合 $I \subseteq A$ 上的决策函数。定义不相容水平 β 为

$$\beta = \frac{\sum_{D(B)} \mathrm{card}(\partial_B(x))}{\mathrm{card}(D(B))}$$

决策系统不相容水平 α 的算法步骤如下：

步骤 1：计算 U/IND（B）；令 number = card（U/IND（B））

步骤 2：for I = 1 to number

　　call check（Ei）

　　{ if check（Ei）= true then　β = β+card（E$_i$）/card（U）}

next I

步骤 2 中 check（Ei）是检验等价类 Ei ∈ U/IND（B）是否存在不同决策值的逻辑函数。

4.3.2.2　算法思路及实现

令 A 为条件属性集合，d 为决策属性，首先对连续属性值进行简单划分，得到初始化的划分间隔。算法如下：

步骤 1：选择属性 a∈A；

步骤 2：令 C$_a$ = Φ；

步骤 3：call sort（a）

步骤 4：对于所有相邻属性值对，

{if（V$_a$（i）≠V$_a$（i+1）and d（i）≠d（i+1））　　then

C = ⌈（V$_a$（i）+V$_a$（i+1））/2 ⌉

C$_a$ = C$_a$∪C}

步骤 5：对于属性集合 A 中的连续属性，重复步骤 2～步骤 4；

对于任意连续属性 a，以 C_a 为初始划分间隔，计算最终合并间隔。算法如下：

步骤 6：令 α = 0.75，StandardValue = χ$_\alpha^2$（n），β = 0.2；

步骤 7：do while CheckBuXiangRong（data）<β

ResultValue=ComputeTestValue（attribute，data）；

　If ResultValue<StandardValue then

　　　MergeInterval（attribute，data）；}

步骤 8：计算下一个连续属性，重复 step6 ~ step7；

步骤 9：α＝DecreValue（α）

算法基本思路即通过 χ^2 统计值确定属性相邻两个间隔的分类独立性，当分类独立则合并两间隔，否则属性值间隔保持不变。

4.3.2.3　算例

以下分析数据来源于斯洛文斯基（Slowinski）教授（1992）关于胃溃疡病人接受 HSV 治疗所构成的决策表（刘同明，2001）。此表由 122 个病人数据构成，具有 11 个条件属性，其中两个为离散属性，九个为连续属性和一个决策属性。决策属性是对手术效果的评价，具有四类：①Excellent；②very good；③Satisfactory；④Unsatisfactory。11 个条件属性含义及取值分别为：

属性 1：Sex（years）取值为：男、女

属性 2：Age（years）取值为：[21，71]

属性 3：Duration of disease（years）取值为：[0，32]

属性 4：Complication of ulcer 取值为：none, acute, multiple, perforation, pyloric

属性 5：HCL concentration（mmol HCL/100ML）取值为：[1，26.1]

属性 6：Volume of gastric juice per 1h（ml）取值为：[15，525]

属性 7：Volume of residual gastric juice（ml）取值为：[2，254]

属性 8：Basic acid output（mmol HCL/h）取值为：[0.48，39.1]

属性 9：HCL concentration（mmol HCL/100ML）取值为：[1.6，42.3]

属性 10：Volume of gastric juice per 1h（ml）取值为：[21，627]

属性 11：Maximal acid output（mmol HCL/h）取值为：[2.1，151.4]

斯洛文斯基教授在其文献中是利用专家领域知识对连续属性进行离散化的。对如上所描述的决策表进行离散化成后得到如表 4-2 所示的离散划分区间。

表 4-2　用领域知识离散化后的属性区间

区间	0	1	2	3	4
属性 1	0	1	—	—	—
属性 2	≤35	>35	—	—	—
属性 3	≤0.5	(0.5，3)	>3	—	—
属性 4	N	A	M	Pe	Py
属性 5	≤2	(2，4)	>4	—	—
属性 6	≤70	−70，150	>150	—	—
属性 7	≤50	−50，100	>100	—	—

续表

区间	0	1	2	3	4
属性8	≤2	(2，3)	>3	—	—
属性9	≤10	(10，15)	>15	—	—
属性10	≤100	-100，250	>250	—	—
属性11	≤15	(15，25)	(25，40)	>40	—

首先用无监督离散化方法如 Equal WidInterval 进行离散化，得到的决策表其不相容性程度超过60%，再用串分析法对其离散化得到的决策表丢失的信息太多，两者的离散化结论均不理想。现在对如上所述的决策表进行离散化处理，初始显著性水平设为0.75，不相容性水平设为0.2，则通过算法得到如表4-3所示的连续属性离散划分区间。

表4-3　用数据分布特征离散化后的属性区间

区间	0	1	2	3	4
属性1	0	1	—	—	—
属性2	[21，39]	[40，60]	[63，71]	—	—
属性3	[0，0.83]	[1，4]	[5，15]	[20，32]	—
属性4	0	1	2	3	4
属性5	[1，4]	[4.1，13.4]	[14.1，26.1]	—	—
属性6	[15，80]	[82，152]	[155，249]	[270，360]	[401，525]
属性7	[2，65]	[66，120]	[128.254]	—	—
属性8	[0.48，3.8]	[3.9，13.8]	[14.2，24.7]	[26.8，39.1]	—
属性9	[1.6，11]	[11.1，16.3]	[16.7，28.7]	[34.5，42.3]	—
属性10	[21，101]	[113，224]	[229，379]	[387，627]	—
属性11	[2.1，13.2]	[13.3，22.3]	[22.6，53.4]	[53.8，151.4]	—

对照表4-2和表4-3，分析结论如下：

结论1：斯洛文斯基教授利用专家领域知识进行划分，结论受专家领域知识的约束；这里的算法属于全局离散化中的归并方法，不受专家领域知识的限制，属于一种领域独立的方法。

结论2：除属性8以外，其余属性的离散化结论大致与斯洛文斯基教授的结论相吻合。这里的处理方法是利用数据的整体统计分布特征，根据属性值相邻间隔的 χ^2 值检验得到的，因此属性8的划分区间相对平稳。

结论3：斯洛文斯基教授得到的表4-2所对应的决策表其不相容性测度大约为29%，而这里的算法得到的表4-3所对应的决策表其不相容性水平设定为20%，故除属性8以外的其余属性划分区间较多。

结论4：若要减少表4-3所得到的属性区间分类数，可采取提高不相容性水平值的设置或利用相应的专家知识对区间进行合并。

结论5：这里的算法适用于数据统计特征分布明确的决策系统，并且根据离散化后得到的决策系统挖掘出的决策分类规则简练明了。

结论6：这里的算法对于大样本的数据集合离散化后的结果更趋于合理。

第 5 章　基于符号推理的数据挖掘方法

5.1　BACON 系统

5.1.1　BACON 系统基本原理

BACON 系统是运用人工智能技术从试验数据中寻找其规律性比较成功的一个系统，是帕特朗格利（Pat Langly）于 1980 年研制的。它运用的是数据驱动方法，这种方法使用的规则空间与假设空间是分开的。系统的规则空间包括若干精炼算子，算法使用精炼算子修改假设。所谓精炼算子就是修改假设空间的子程序，每个精炼算子以特定的方式修改假设空间。整个学习程序由多个精炼算子组成，程序使用探索知识对提供的训练用例进行分析，决定选用哪个精炼算子。这类学习方法的大致步骤为（牛常胜和杨国为，2006）：

第 1 步：收集某些训练用例。

第 2 步：对训练用例进行分析，决定应该使用的精炼算子。

第 3 步：使用选出的算子修改当前的假设空间。

重复执行第 1 步到第 3 步直到取得满意的假设为止。

BACON 系统的思想是程序反复地考察数据并使用精炼算子创造新项，直到创造的这些项中有一个是常数时为止。于是一个概念就用"项＝常数"的形式表示出来，其中项是变量运算的组合而形成的表达式。

BACON 系统主要精炼算子如下：

（1）发现常数

当某一属性特征向量取某一值至少两次的时候，触发这个算子，该算子建立这个特征向量等于常数的假设。

（2）具体化

当已经建立的假设同数据相矛盾时触发这一算子，它通过增加合取条件的形式把假设具体化。

（3）斜率和截距的产生

当发现两个特征向量是线性相互依赖时触发这一算子，它是建立线性关系的斜率和截距作为新项。

（4）积的产生

当发现两个特征向量以相反方向递增但又不线性依赖时触发该算子，并产生两向量的乘积作为新项。

（5）商的产生

当发现两向量以相同方向递增但又不线性依赖时触发该算子，并产生两向量的商作为新项。

（6）模 n 的项的产生

当发现两向量 v_1 和 v_2 在某数 n 相等时触发该算子，并产生 v_2（mod n）作为新项。

5.1.2 BACON 系统的应用

BACON 系统一共有五个版本，对于不同的版本其规则空间也不同（陈文伟和张钟，1999）。

BACON.1 提出了 6 种精炼算子。

BACON.2 是 BACON.1 的扩展形式，它包括两条附加的运算程序，能够发现递归序列并通过计算重复差的方法产生多项式，BACON.2 的能力有很大提高。

BACON.3 是 BACON.1 的另一扩展形式，它使用发现常数运算程序提出的假设重新构造训练例。它用不同的描述层次来表示数据，其中最低层是直接观察的，最高层对应于数据的假说，中间层相对于下层，它是假说，相对于上层它是数据，它不把假说和数据分开。BACON.3 由大约 86 个产生式规则组成，共分七组，各组产生式规则负责不同的任务，有的负责直接搜索观测数据，有的负责数据的规律性，有的计算项的值，有的把新项分解为它的组成部分。

BACON.4 把观察变量的组合式认为是推理项，它使用启发式的搜索方法，即程序总是注意两个数值变量之间增加或减少的单调关系，如果斜率是变化的（不是线性关系），则 BACON.4 计算有关项的乘积或比值，并把这个变量当做一个新的推理项，一旦新的项确定，就不再区别推理项和观察变量。BACON.4 递归应用同样试探规则使系统具有相当大的搜索经验规律的能力。

BACON.5 增加简单的类比推理发现守恒定律，对两个具有完全相关项的物体，BACON.5 推测最后的定律是对称的。它把各项排序，使属于同一物体的项首先改变，一旦该物体的这些变量中发现有关不变推理项，程序就假定必有一个类似项可用于另一物体。因此，BACON.5 只需相同地改变另一个项集合中的推理项，当做了这点后，两个高层项取不同的值，可用其他试探规则查找它们之间的关系，这样一来，在物理中普遍存在的对称定律可以很容易地被发现。

总的来说，BACON 系统是一个较为完善的机器学习系统，但是，BACON 系统存在的缺陷也是显而易见的，在 BACON 系统中，自动学习的能力比较弱，十分强调人工干预的作用，例如，需要用户指明数据之间的关联性，甚至有时要指出公式的大概形式，才能进行正确的学习，基本上仍局限于一个再发现系统，需要在自动学习和可视化方面加以改进。如表 5-1。

表 5-1　BACON 系统各版本的应用

各个版本	主要应用
BACON. 1	发现了开普勒第三定律
BACON. 2	解决一大类序列外推的任务
BACON. 3	重新发现了理想气体定律、开普勒第三定律、库仑定律、伽利略定律和欧姆定律
BACON. 4	发现了若干自然规律，如 Snell 折射定律、动量守恒定律、万有引力定律、Black 比热定律
BACON. 5	发现了能量守恒定律

5.1.3　案例

理想气体定律的发现（王滨和金明河，2007）：

理想气体有 4 个变量：体积（V）、压强（P）、温度（T）和克分子数（N）。如表 5-2 所示。

表 5-2　理想气体相关数据一

	V	P	T	N
I_1	0. 0062400	400000	300	1
I_2	0. 0083200	300000	300	1
I_3	0. 0049920	500000	300	1
I_4	0. 0085973	300000	310	1
I_5	0. 0064480	400000	310	1
I_6	0. 0051584	500000	310	1
I_7	0. 0088747	300000	320	1
I_8	0. 0066560	400000	320	1
I_9	0. 0053248	500000	320	1
⋮	⋮	⋮	⋮	⋮
I_{28}	0. 0266240	300000	320	3
I_{29}	0. 0199680	400000	320	3
I_{30}	0. 0159740	500000	320	3

为了发现它们之间的规律，先取变量 T 和 N 相同的数据（如 $T = 300$，$N = 1$），对变量 V 和 P 进行发现，由于 V、P 两个变量以相反方向递增，利用 BACON 精炼算子，建立两个变量相乘的新变量 PV，且通过计算得 PV 等于常数 2496。如表 5-3 所示。

表 5-3 理想气体相关数据二

	V	P	T	N
I_1	0.0083200	300000	300	1
I_2	0.0062400	400000	300	1
I_3	0.0049920	500000	300	1

对另一组相同数据（ $T=310$, $N=1$ ），利用相同的方法得到 PV 新常数 2579.1900 ，这样得到新的理想气体数据。如表 5-4 所示。

表 5-4 合并 PV 变量后的理想气体数据

	T	N	PV
I'_1	300	1	2496.0000
I'_2	310	1	2579.1900
I'_3	310	1	2579.2000
I'_4	320	1	2662.4100
I'_5	320	1	2662.4000
I'_6	320	3	7987.2000
I'_7	320	3	7987.0000

新变量 PV ，它和变量 T 和 N 仍是三个变量。为了有效地发现它们之间的规律，仍先固定变量 N ，研究变量 PV 与 T 之间的关系。变量 PV 和 T 是以相同方向递增，利用 BACON 精炼算子，建立两变量相除的新变量 PV/T ，且新变量等于常数（不同 N 时， PV/T 常数不同）。这样得到的理想气体数据如表 5-5 所示。

表 5-5 最新理想气体数据

	N	PV/T
I''_1	1	8.32
I''_2	3	24.96

表 5-5 中数据是两个变量 PV/T 与 N 的数据。分析两个变量 PV/T 和 N 的变化关系。两变量以相同的方向递增，利用 BACON 精炼算子，建立两变量相除的新变量 $PV/T/N = PV/TN$ ，得到常数 8.32 。

按照 BACON 精炼算子，发现公式为

$$PV/TN = 8.32$$

5.2 FDD 系统

5.2.1 FDD.1

经验公式发现系统（formula discovery from data，FDD）（同济大学数学教研室，1996）

是应用人工智能技术的机器发现技术和数值计算中的曲线拟合技术以及可视化技术结合起来自行研制的系统。它是从大量试验数据中发现经验公式，逐步完成任意函数的任意组合（线性组合、初等运算组合、复合函数运算组合等）对自然规律和经验规律的发现。

5.2.1.1 问题描述

一组可观察变量 $x(x_1, x_2, \cdots, x_n)$ 和这组变量的试验数据 $D_i(d_{i1}, d_{i2}, \cdots, d_{in})$，$i = 1, 2, \cdots, m$，机器发现系统找出该组变量满足的数学关系式：$f(x_1, x_2, \cdots, x_n) = c$，其中 c 为常数，即：对于任意一组试验数据 $(d_{i1}, d_{i2}, \cdots, d_{in})$ 均满足关系式 $f(d_{i1}, d_{i2}, \cdots, d_{in}) = c$

所找出的关系式 $f(x)$ 是任何形式的数学公式，包括分段函数。

对于关系式 $f(x_1, x_2, \cdots, x_n) = c$ 的复杂程度可分为如下几种。

1）变量的初等运算：$f(x, y) = x\theta y$，其中 θ 为 + 、- 、* 、/ 。

2）变量的初等函数运算：$f(x) = c$，其中 $f(x)$ 为初等函数。

3）初等函数的任意组合：$f(x, y) = a_1 * f(x)\theta a_2 * f(y)$ 。

4）复合函数的运算：$g(f(x)) = c$，其中 $g(x)$，$f(x)$ 均为初等函数。

5）复合函数的任意组合：$h(a_1 * g_1(f(x))\theta a_2 * g_2(f(y)))$，其中 $h(x)$ 、$g(x)$ 、$f(x)$ 均为初等函数。

6）多个初等函数的组合：$f(x, y) = a_1 * f_1(x)\theta a_2 * f_2(x)\cdots\theta a_k f_k(y)$，其中 $f(x)$，$f(y)$ 均为初等函数。

7）分段函数：对于不连续的点，分别用不同的函数加以描述。

以上是对两个变量的讨论，在现实世界中存在着多变量的更为复杂的关系，在机器发现过程中采用先寻找两变量的关系，再逐步扩充为寻找多变量关系的方法。

5.2.1.2 FDD.1 的设计思想

FDD.1 系统的基本思想是利用人工智能启发式搜索函数原型，寻找具有最佳线性逼近关系的函数原型，并结合曲线拟合技术和可视化技术来寻找数据间的规律性。

（1）人工智能的启发式方法

启发式方法是求解人工智能问题的一个重要方法。一般启发式是建立启发式函数，用以引导搜索方向，以便用尽量少的搜索次数，从开始状态达到最终状态。

FDD.1 系统在执行搜索的过程中，对原型函数的搜索以及对它们的组合函数的搜索，也是一种组合爆炸现象。为解决这一问题，在设计系统时采用了启发式方法来实现。

对某一变量取初等函数和另一变量的初等函数或原始数据进行线性组合，即从原型库中选取逼近效果最好的少数几个初等函数作为基函数，并进一步形成组合函数，直至找到最后的目标函数。FDD.1 系统的启发式函数形式为

$$f(x_2) = a + b * f_1(x_1) \tag{5-1}$$

线性逼近误差公式为

$$d_t = (a + b * f(x_1) - f(x_2))/f(x_2) \tag{5-2}$$

我们总是选取 d_t 最小的 $f(x_i)$ 作为继续搜索的当前结点。这一启发式函数在以后的多次应用中证明是有效的。

（2）数值分析中的曲线拟合方法

在科学试验或统计研究中，人们常常需要从一组测定的数据中（例如，已知 N 个点 (x_i, y_i)）去求得自变量 x 和因变量 y 一个近似表达式 $y = \varphi(x)$。

这就是数据拟合问题。根据数据之间的关系给出它们之间的数学公式有

$$y^* = a_0 + a_1 * \varphi_1(x) + a_2 * \varphi_2(x) + \cdots + a_k * \varphi_k(x) \tag{5-3}$$

在曲线拟合中，$\varphi_k(x)$ 一般取 x^k 或者是正交多项式，y 的表达式是多项式形式。其 a_0，a_1，a_2，$\cdots$，a_k 各个系数的确定常用的是最小二乘法，即使各点的误差平方和最小：

$$(y - y^*)^2 = (y - (a_0 + a_1 * \varphi_1(x) + a_2 * \varphi_2(x) + \cdots + a_k * \varphi_k(x)))^2 = \min \tag{5-4}$$

对于如何选择 a_0，a_1，a_2，$\cdots$，a_k 使误差平方和最小，可用数学分析中求极值方法，即函数 $\varphi(a_0, a_1, a_2, \cdots, a_k)$ 对 a_0，a_1，a_2，$\cdots$，a_k 求偏微商，再使偏微商等于零，得到 a_0，a_1，a_2，$\cdots$，a_k 应满足的方程，求得这组方程的解 $\{a_i\}$，即可得拟合公式。

FDD.1 系统中 $\varphi_k(x)$ 是取各种初等函数或是它们的组合，或是复合函数。用启发式搜索找到所需要的基函数，然后利用曲线拟合方法求得其系数，从而得到经验公式。

5.2.1.3 FDD.1 系统的结构

（1）总体结构图

FDD.1 总体结构图（冯金花等，2008）如图 5-1 所示，该系统由试验数据输入、数据生成器、公式发现控制、可视化过程、数据项、原型选择、公式生成、误差分析、循环控制、公式输出与可视化显示 10 个模块和原型算法库、试验数据库、知识库与公式库 4 个库组成。

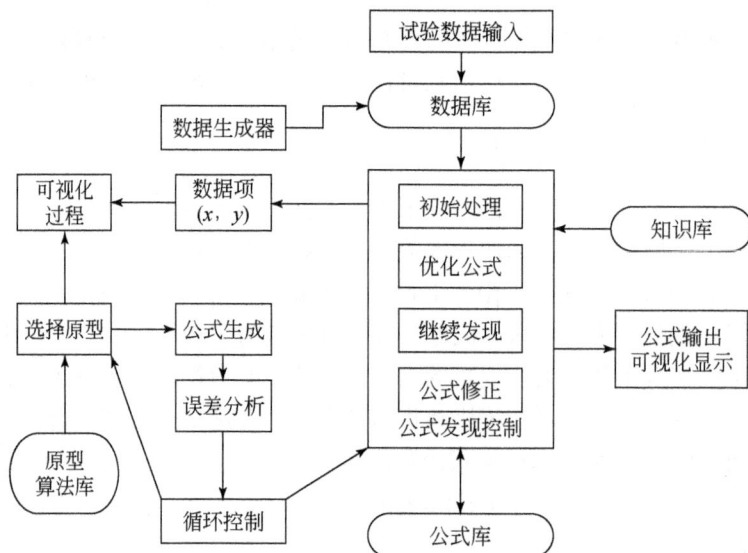

图 5-1　FDD.1 总体结构图

（2）各模块说明

1）试验数据输入（input data）。提示用户输入试验数据。

2）数据生成器（generator）。此模块用于测试系统效果。给定一个已知公式后，它能生成一批数据，FDD 系统的核心程序将利用这些数据来找出给定的公式，从而达到测试系统公式发现能力的效果。此模块是一个可独立执行模块。

3）数据库（database）。数据库存放待处理的变量数据，一般是科学数据和工程实验数据。公式的正确与否与数据的规律性和充分性密切相关。系统本身可提供直接输入数据的功能，用户可在系统的提示下将数据输入。也可用数据生成器为系统提供数据，系统将其按一定的格式存储起来，存放在数据库中。数据库中有一个缓冲区，供系统运行时存放中间变量数据以及实现数据的移动和变化。

4）可视化过程。此模块又分成以下三个子模块（杨云升，2009）：

① 描绘试验数据的变化趋势。

② 描绘出原型算法库中各函数原型的变化规律。此子模块具有很大的灵活性，用户可根据需要随意调用所选择原型以描绘其变化趋势。

③ 描绘所发现的公式的变化规律与原始数据之间的误差分布状况。

5）公式发现控制模块。此模块是 FDD 的核心部分，它主要是利用知识库中的知识来优选函数原型、控制继续发现、修正公式等。它包括初始处理、优选公式、继续发现和公式修正 4 个子模块。

① 初始处理。此模块的主要功能有两个，一是根据具体情况对用户所提供的数据进行初步处理，二是在多变量中选择两个变量和向多变量的过渡处理。

② 优选公式。其主要功能是对公式库中提供的公式根据其误差逼近情况来优选函数原型，对函数原型一般选择 2~3 个。

③ 继续发现。此模块将根据误差分析情况完成如下功能：a. 建立新变量，b. 颠倒变量关系，c. 对所选择的函数原型进行组合。

④ 公式修正。这是在输出公式之前所必经的一个过程，此过程将根据用户提供的误差要求决定是否对系统所发现的公式进行修正。若不必修正则将公式送入"公式输出"与"可视化"模块，否则对公式进行修正。目前系统提供了三种公式修正方法，如下所述：

a. 调和级数回归。由数学分析可知，对任意周期函数 $y = f(x)$，可用三角函数的富里埃级数来逼近，即

$$y = \phi(x) + \sum_{j=1}^{m} (a_j * \cos(j * c) + b_j * \sin(j * x)) \tag{5-5}$$

将 n 组试验数据（x_1, y_1）代入上式，各点误差值以调和函数方程式的形式表示为

$$y_i = a_0 + \sum_{j=1}^{m} (a_j * \cos(j * x_i) + b_j * \sin(j * x_i))$$
$$i = 1, 2, \cdots, m, \quad j = 1, 2, \cdots, m \tag{5-6}$$

可按最小二乘原理求出调和级数中各未知系数。

b. 用直线来描述误差。此算法和公式生成模块的直线拟合法类似。

c. 用神经元网络方法逼近误差函数。利用神经元网络中的函数式网络对误差函数进行计算，求出网络权值，使函数型网络逼近该误差函数。函数型网络选取的函数为

$$\sin(2k\pi x)、\cos(2k\pi x) \quad k=1,2\cdots n$$

6）数据项。程序中的两个指针变量用以存放在多个变量中所选择出的两个变量的实验数据。

7）选择原型。此过程通过调用原型算法库、可视化过程和误差分析模块提供的误差来进行函数原型的选择。有以下两种选择方式。

①由用户指定选择。

②通过循环控制进行顺序选择。

8）公式生成。此模块主要应用数值分析中的曲线拟合技术，求得拟合公式系数，同时生成公式。

9）误差分析模块。此模块的主要功能是对公式生成模块提供的公式计算相对误差及对误差进行比较。

10）循环控制模块。此模块设有一个控制开关，对选择原型和公式发现控制两个过程进行循环运行。

11）公式输出和可视化显示。此过程是系统所要执行的最后一步，当公式发现控制模块决定最终输出公式后执行此模块，输出公式并进行可视化显示。这样用户可很直观地阅读公式，了解所发现的公式逼近实验数据的情况。

12）原型算法库。原型是构成数学公式的基本单元，原型算法库所包括的原型决定系统的发现能力。本系统的函数原型由基本原型和组合原型构成。

基本原型由初等函数组成，如：

x、x^2、x^3、x^{-1}、x^{-2}、$\mathrm{sqrt}(x)$、$x^{\frac{1}{3}}$、$\log_2(x)$、$\exp(x)$、$\sin(x)$、$\cos(x)$ 等。

组合原型由初等函数的初等运算组合而成，如：

$x\sin(x)$、$x\cos(x)$、$x\exp(x)$、$x\lg(x)$、$x^{-1}\lg(x)$、$x^{-1}\exp(x)$、$1/\lg(x)$、$1/\mathrm{sqrt}(x)$、$\sin(x)+\cos(x)$ 等。

在原型算法库中，每个原型都给出一个算法，只不过每个算法的程序结构都非常相似。

5.2.1.4 FDD.1 系统中的知识

在 FDD 系统中，知识采用的是产生式规则的表示形式（if…then）。

主要的基本规则如下（Langley P，1978）。

规则 1：发现常数

当某一变量 x 取一个常数，则建立该变量等于常数的公式，即：$z=c$。

规则 2：两变量的初等运算组合

当两变量进行初等运算等于常数时，则建立该变量的初等运算关系式：

$$a_1 x_1 \theta a_2 x_2 = c \quad 式中\theta:\ +、\ -、\ *、\ /$$

规则 3：变量取初等函数

当某变量取初等函数等于常数，则建立该变量的初等函数关系式：

$$f(x)=c$$

式中，$f(x)$ 为初等函数。

规则 4：两变量取初等函数的线性组合

两变量分别取初等函数后的线性组合等于常数，则建立两变量取初等函数的线性组合关系式：

$$a_1 f_1(x_1) + a_2 f_2(x_2) = c$$

式中，$f_1(x_1)$、$f_2(x_2)$ 为初等函数。

规则 5：某变量取某一初等函数与另一变量的线性组合

对某一变量 x_i 取初等函数后与另一变量 x_j，进行线性组合，若为常数，则建立关系式：

$$c_1 f(x_i) + c_2 x_j = c$$

规则 6：对某一变量 x_j 取初等函数，另一变量 x_i，取两个 x_i 的初等函数进行线性组合，若为常数，则建立关系式：

$$c_1 f_1(x_i) + c_2 f(x_i) + c_3 g(x_j) = c$$

规则 7：建立新变量（启发式 1）

若两变量的某初等运算接近常数，则建立新变量为该两变量的某种初等运算。

规则 8：建立某变量的某种初等函数为新变量（启发式 2）

若某变量的某初等函数与另一变量或它的初等函数进行线性组合接近常数，则建立该变量的初等函数为新变量。

以上规则的嵌套或递归使用，将形成变量的任意函数间的任意组合。在应用规则时，利用可视化技术将减少各种函数和各种运算的选取，大大节省了搜索时间。

5.2.1.5　案例

开普勒第三定律的发现（表 5-6）：

表 5-6　行星运转相关数据

行星名称	公转周期（P）	太阳距离（D）
水星	0.241	0.387
金星	0.615	0.723
地球	1.000	1.000
火星	1.881	1.524
木星	11.862	5.203
土星	29.457	9.539

对于行星绕太阳运动的开普勒第三定律，我们利用变量取初等函数的线性组合趋向直线方程的思想，对该定律也重新发现，公式发现的搜索树如图 5-2 所示。

公式发现搜索树中有两个分枝，右分枝路径为：

先固定 d，对变量 p 求各原型函数 $f(p)$，用 d 和 $f(p)$ 拟合线性方程 $f(p) = a + b \times d$，求逼近 $f(p)$ 的相对误差，选误差最小的函数为 $\log p$，误差为 2.240。

建立新变量 $p' = \log p$，并固定它，再对 d 变量求各原型函数 $g(d)$，对 $\log p$ 和 $g(d)$ 拟合线性方程，并求逼近 $g(d)$ 的相对误差，选取误差最小者为 $\log(d)$，误差为 0.00001。

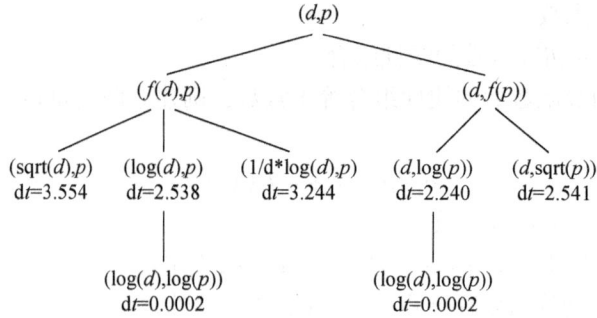

图 5-2　开普勒第三定律搜索树

调用公式生成模块求得公式及系数，公式为

$$\log 10(d) = 0.0 + 0.666666667 \times \log 10(p)$$

即

$$d^3 = p^2$$

从左分枝树也可发现开普勒第三定律，这里不再详述。

5.2.2　FDD. 2

5.2.2.1　FDD. 2 问题描述

给定两组可观察变量 $X(x_1, x_2)$ 和这组变量的实验数据 $D_i(d_{i1}, d_{i2})$，$i=1, 2, 3\cdots,$ m，机器发现系统找出该组变量满足的数学关系式：$f(x_1, x_2)-c=\min$，其中 c 为常数，即：对于任意一组实验数据 (d_{i1}, d_{i2}) 均满足关系式 $f(d_{i1}, d_{i2})-c=\min$，所找出的关系式 $f(x)$ 是任何形式的数学公式。

对于关系式 $f(x_1, x_2)-c=\min$ 中的函数 f 的复杂程度可分为：

变量的初等运算 $f(x, y)=x\theta y$，其中 θ 为 +、-、*、/；

变量的初等函数运算 $f(x)=c$，其中 $f(x)$ 为初等函数；

初等函数的任意组合 $f(x, y)=a_1 * f(x)\theta a_2 * f(y)$；

复合函数的运算 $g(f(x))=c$，其中 $g(x)$、$f(x)$ 均为初等函数等；

导数处理函数。

设给出的测量数据为（表 5-7）：

表 5-7　测量数据

I	1	2	$\cdots$	N
X	x_1	x_2	$\cdots$	x_n
Y	y_1	y_2	$\cdots$	y_n

则，一阶差分：$\Delta x_k = x_{k+1}-x_k$；$\xi^{n-1} y = f^{(n-1)}(\xi)/(n-1)$　　$(k=1, 2, \cdots, n-1)$；

二阶差分：$\Delta^2 y_k = \Delta y_{k+1}-\Delta y_k$；$\Delta^2 x_k = \Delta x_{k+1}-\Delta x_k (k=1, 2, \cdots, n-2)$；

$\vdots$

m 阶差分：$\Delta^m y_k = \Delta^{m-1} y_{k+1} - \Delta^{m-1} y_k$；

在这里差分指向前差分。

一阶差商：$\delta y_k = (y_{k+1} - y_k)/(x_{k+1} - x_k)$　（$k=1$，2，$\cdots$，$n-1$）；

二阶差商：$\delta^2 y_k = (\delta y_{k+1} - C y_k)/(x_{k+2} - x_k)$　（$k=1$，2，$\cdots$，$n-2$）；

$\vdots$

m 阶差商 $\delta^m y_k = (\delta^{m-1} y_{k+1} - \delta^{m-1} y_k)/(x_{k+m} - x_k)$；

可用导数表达差商，若 $f(x)$ 在 $[a, b]$ 上 n 次可微，x_1，$\cdots$，x_n 是 $[a, b]$ 内的 n 个不同的点，则有 $\xi(a < \xi < b$ 使 $\xi^{n-1} y = f^{(n-1)}(\xi)/(n-1)!$。

5.2.2.2　FDD.2 规则描述

在 FDD.2 系统中，知识同样采用的是产生式规则的表示形式（if$\cdots$then）。除包括 FDD.1 的规则外，还包括如下规则（Langley et al.，1992）。

规则 1：差分发现常数

当某一变量差分 y 取一个常数 c，则建立该变量等于常数的公式，即 $y = a + cx$。

规则 2：差商发现常数

当两个变量差商取一个常数 c，则建立该变量等于常数的公式，即 $y' = c$。

规则 3：特殊函数形式导数函数

（1）阶差（向前差分）法判定类型

若 $\Delta^2 y_i = $ 定值，则方程为 $y = a + bx + cx^2$；

若 $\Delta^3 y_i = $ 定值，则方程为 $y = a + bx + cx^2 + dx^3$；

若 $\Delta (y_i)^{-1} = $ 定值，则方程为 $y^{-1} = a + bx$；

若 $\Delta^2 (y_i)^2 = $ 定值，则方程为 $y^2 = a + bx + cx^2$；

若 $\Delta^2 (x_i/y_i) = $ 定值，则方程为 $y = x/(a + bx + cx^2)$；

若 Δy_i 成正比数列，则方程为 $y = ab^x + c$；

若 $\Delta \lg(y_i)$ 成正比数列，则方程为 $\lg(y) = a + bx + cx^2$；

若 $\Delta^2 y_i$ 成等比数列，则方程为 $y = ab^x + cx + d$；

（2）差法判定类型

若 $\Delta \lg(y_i)/\Delta \lg(x_i) = $ 定值，则方程为 $\lg y = ax^b$；

若 $\Delta \lg(y_i)/\Delta x_i = $ 定值，则方程为 $y = ab^x$；

若 $\Delta (x_i y_i)/\Delta x_i = $ 定值，则方程为 $y = a + b/x$；

若 $\Delta (x_i/y_i)/\Delta x_i = $ 定值，则方程为 $y = x/(ax + b)$；

若 $\Delta y_i/\Delta (x_i)2 = $ 定值，则方程为 $y = a + bx^2$；

规则 4：两变量的导数运算组合

当两变量进行初等运算，若等于常数，则建立该变量的初等运算关系式：

$\Delta f(x_1)\theta f(x_2)=c$ 其中 θ 为+、-、*、/，其中 Δf 为差分或差商计算。

规则5：两变量取导数运算的线性组合

两变量分别取导数运算后的线性组合等于常数 c，则建立两变量取导数运算的线性组合

关系式：$a_1\Delta f(x_1)+a_2\Delta f(x_2)=c$，其中 $\Delta f(x_1)$、$\Delta f(x_2)$ 为导数运算。

以上规则和 FDD.1 中的规则的嵌套或递归使用，将形成变量的任意函数和导数运算组合。

5.2.2.3　FDD.2 函数公式发现算法

FDD.2 系统的公式生成搜索树按照对变量 x_1 和变量 x_2 分别应用函数空间中的函数进行，每应用一次时，就进行误差计算，选择误差最小的公式进入下一次迭代。在应用到具体问题时，应用这种方法不能保证上一次的公式能进入下一次迭代，导致结果出现偏差。因此对 FDD 系统中公式发现算法进行改进如下（Lenat，1977）：

FindFun（x_1，x_2）//输入两组数据，发现公式后存储到公式库中

步骤1：初始化，确定问题函数空间 Ω，选择函数库内容 P，准备两个变量的数据 V = $\{x_1，x_2\}$。

步骤2：循环 While（EndRule（）<>true）do//应用终止规则判断循环是否结束

DataProcess（x_1，x_2）；//按照导数规则的数据运算处理，得到 x'_1，x'_2

For（i=0；i++；i<|P|）

For（j=0；j++；j<|P|）

FunRule（$f_i(x_1)$，$f_j(x_2)$）；//应用函数规则进行构造公式

CalParam（$f_i(x_1)$，$f_j(x_2)$）；//应用最小二乘法计算参数

FunRule（$f_i(x_1^{'})$，$f_j(x_2^{'})$）；//对导数规则得到的数据进行构造公式

CalParam（$f_i(x_1^{'})$，$f_j(x_2^{'})$）；//应用最小二乘法计算参数

If（ErrRule（）= true）then//应用误差规则

SaveFun（）；//对该次发现的公式进行存储

Endif

Endfor

Endfor

End

步骤3：生成公式，GenerateFun（）//SaveFun（）所存储的函数进行处理，根据步骤2中的发现算法生成公式。

步骤4：可视化输出。

改进的公式生成搜索树按照对变量 x 和变量 y 分别应用函数空间中的函数，每应用一次时，就进行误差计算，应用误差规则，第一种情况，选择误差小的进入下一次迭代；第二种情况，选择误差有减小趋势的进入下一次迭代。这样，就克服了在 FDD 算法中不能保证上一次的公式能进入下一次迭代的缺点。在生成搜索树时，同时对变量 x 和变量 y 应

用函数空间中的函数。因为算法空间包含函数 $y=x$，所以改进的搜索树包含 FDD 公式生成算法的搜索树。改进的公式生成算法的搜索树如图 5-3 所示。

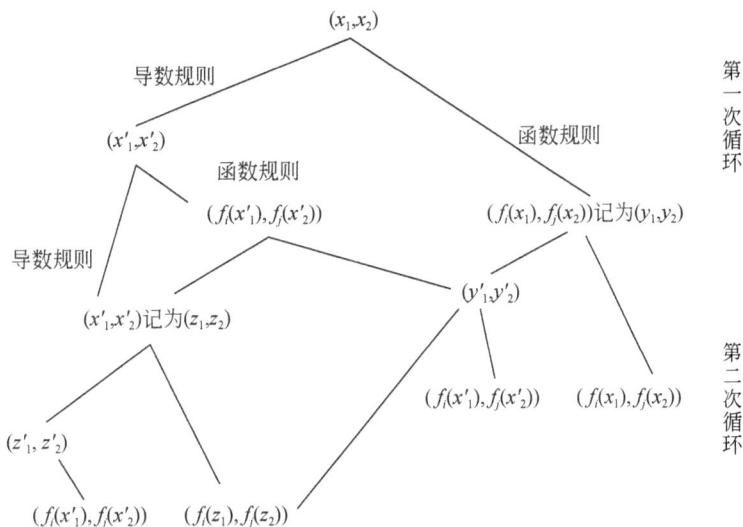

图 5-3 公式生成算法的搜索树

在此搜索树中，应用两种规则：导数规则和函数规则。因为导数规则是对数据的处理，处理后数据的个数减少，它和函数规则不一样，所以要单独处理。上面的是简化的搜索数，其中导数规则和函数规则都有多个。在一次循环中有两个方面的内容，一个是函数作用于变量生成公式，另一个是数据通过导数规则处理后，应用函数作用于变量生成公式。

应用误差规则进行剪枝操作，误差小的和误差收敛的进入下一次循环。

5.2.2.4 FDD.2 参数确定

在公式生成中引入曲线拟合方法，即求解数学模型或公式 5-7（耐格纳维斯基，2007）：

$$f(y) = b_1\varphi_1(x) + b_2\varphi_2(x) + \cdots + b_n\varphi_n(x) \qquad (5-7)$$

式中，函数 f 和 Φ_1，$\cdots$，Φ_n 为函数空间中选择的函数，现取 m 个实验数据点，(x_i, y_i)，$i=1$，2，$\cdots$，m，把 m 个点代入式中，得到一矛盾方程组，要求 $(m>n)$，应用最小二乘法确定各个参数 b_1，b_2，$\cdots$，b_n，使各点的误差平方和最小。

用数学分析求极值的方法，求出 Q 对 b_k 的偏导，并令其等于 0，得

$$Q = (Y-j)^2 = (Y - f^{-1}(b_1\varphi_1(x) + b_2\varphi_2(x) + \cdots + b_n\varphi_n(x)))^2 = \min$$

求这组方程，得到解 $\{b_k\}$，即可求出拟合公式。

$$\frac{\partial Q}{\partial b_k} = \sum_{i=1}^{m} 2(y_i - f^{-1}(\sum_{i=1}^{m}\varphi_j(x_i)))\left\{\frac{\partial(f^{-1}(\sum_{i=1}^{m}\varphi_j(x_i)))}{\partial b_k}\right\} = 0 \quad (k=1, 2, \cdots, n)$$

引入导数算法后，生成的公式类似于：$y'=f(x)$，经过处理得

$$y = \int f(x)\,d(x) + C$$

应用最小二乘法求 c 值，要求：

$$Q = (Y - y)^2 = (Y - \int f(x)\,d(x) + C)^2 = \min$$

Y 是实际观测数据值，为使 Q 最小，求 Q 对 c 的偏导，同样令其等于 0，得

$$\frac{\partial Q}{\partial C} = \partial\left(\sum_{i=1}^{m} (y_i - \int f(x)\,d(x) + C)^2 \right) / \partial C = 0 \quad (k = 1, 2, \cdots, n)$$

经计算得

$$C = \frac{1}{m} \sum_{i=1}^{m} (y_i - y_i^*)$$

即得生成公式。

5.2.2.5 案例

导数函数公式的发现

x，y 为样本数据，Y 为发现的公式计算值（表5-8）。

表 5-8　样本数据

x	y	Y
1.01	4.61	4.66
2.07	10.51	10.66
2.98	14.65	14.24
7.89	14.61	14.52
7.02	11.08	11.74
6.03	10.2	10.38
6.98	12.6	12.67
8.01	18.27	18.26
9.04	27.3	27.17
9.99	24.46	24.25
11.02	22.08	22.04
12.01	19.72	19.96
12.97	20.93	21.11

发现导数函数公式：$y' = 1.52 - 4.34\sin(x)$，误差为 0.048。

5.2.3　FDD.3

5.2.3.1　多维函数空间定义

多维函数空间由初等函数、初等函数组合、复合函数、复合函数组合、函数导数等组

成。初等函数组合是初等函数之间的运算组合；导数处理包括一阶差分、二阶差分、一阶差商、二阶差商等。多维函数空间的构造如下：

定义 5.1 设多维函数空间 Ω：$\Omega = <P, V, c>$，其中：

$P = \{f_1, f_2, \cdots, f_m\}$ 是一个多元函数集，f_i 是多元函数；

$V = \{v_1, v_2, \cdots, v_k\}$ 是一个有穷变元集；

$C = \{c_1, c_2, \cdots, c_k\}$ 是一个有穷常元集。

P 函数集可包括：

算术运算（如 +、-、*、/ 等）；

初等函数（如 1，x^1，x^2，$x^{\frac{1}{3}}$，sin，，属性 cos，exp，log 等一元函数）；

导数处理函数。

5.2.3.2 多维函数空间性质

从以上定义可看出，多维函数空间具有如下性质（蔡自兴，2003）：

性质 5.1 在多维函数空间中，设 $E = V \cup C$，它满足条件：

1）对 $\forall e$，若 $e \in E$，则 $e \in \Omega$。

2）对 $\forall f$，e_i，若 $f \in P$，$e_i \in E$，则 $f(e_1, e_2, \cdots, e_n) \in \Omega$，$i = 1, 2, \cdots, n$，即函数作用于变元或常数仍然属于函数空间。

3）若 $p_1, p_2, \cdots, p_n \in \Omega$，则对 $\forall f \in p$，$f(p_1, p_2, \cdots, p_n) \in \Omega$，即函数作用于函数仍然属于函数空间。

性质 5.2 由于函数作用于变元或常数和函数作用于函数仍然是函数，故函数空间是封闭的。

对于在函数空间上的任意函数组合，仍然在函数空间中，这样为计算机对函数空间的处理提供了可递归的前提。在函数空间中的函数集合可组成解决问题的原型库。原型库一般包括初等函数、组合函数、复合函数，还包括差分计算、差商计算和导数计算等。

5.2.3.3 FDD.3 规则内容

系统中的知识采用产生式规则表示形式（if…then…），规则内容包括函数规则和控制规则，函数规则组成知识库，知识库不仅包括 FDD.1 系统规则、FDD.2 系统规则，还包括如下规则：

1）函数规则（FunRule）。

2）函数嵌套规则。

3）误差规则（ErrRule）。

4）终止规则（EndRule）。

5）多维函数扩展舰则（MultiRule）。

5.2.3.4 FDD.2 扩展到 FDD.3 公式发现算法

应用 FDD.2 发现算法确定两个参数的变化规律后，对其进行扩展，确定三维以上函数之间的关系。FDD.3 算法描述如下（陆汝铃，2000）：

FindFormula （x_1, x_2, x_3, x_4⋯）

步骤1：//寻找两个变量之间的函数关系，并存储到公式库中

For （i=1；i⩽⩽｜V｜；i++）

For （j=i；j<｜V｜；j++）

        FindFun （x_i, x_j）；

    EndFor

  EndFor

步骤2：//对公式库中的公式应用三维以上扩展规则

While （EndRule （） <>true） do

    GetFun （f_1, f_2）；//从公式库中选取两个公式

      Fun—MultiRule （f_1, f_2）；//应用三维以上扩展规则

       If （checkFun （Fun） = true）//应用原始数据检验公式误差是否满足要求

           then；

SaveFun （Fun）；

  Endlf

    EndWhile

步骤3：return Select Best （）；//输出结果

在该算法中，从公式库中选择公式是关键，根据给定数据维数的多少和库中公式的数量来确定选择公式的次数，并且保证库中每个公式被选中。在应用三维以上扩展规则时，扩展的公式不一定是合适的，需要用原始数据进行检验，合适的公式入库保存。最终在库中选择满足误差要求的公式作为结果。

5.2.3.5 FDD.1、FDD.2 和 FDD.3 的比较分析

FDD.2 算法是通过引入导数规则对 FDD.1 算法的规则进行扩充，同时修改算法流程，使算法运行更加合理，扩大了发现公式的宽度和广度。FDD.3 算法引入多维函数处理规则后对 FDD.2 算法进行了扩充，同时通过嵌套 FDD.2 算法流程，实现三维以上发现公式FDD.3 算法。把这三个算法进行比较分析（史忠植，2011），如表5-9所示。

表5-9　FDD.1、FDD.2 和 FDD.3 的比较分析

比较方面	FDD.1	FDD.2	FDD.3
时间复杂度	$O(8nm)$	$O(2n^2m)$	$O(c_d^2 2n^2 m)$
流程循环	函数作用于一个变量	不同的函数作用于两个变量	
剪枝条件	误差最小原则	误差最小原则	误差最小原则
		误差收敛原则	误差收敛原则
发现公式范围	初等函数、复合函数及其组合	在 FDD 基础上增加导数以及和导数相关的处理	在二维 MD-FDD 基础上增加：三维扩展规则
			多维扩展规则

注：n 为函数个数，m 为搜索树的深度，d 为维度。

在进行算法的时间复杂度分析时，因为搜索树的剪枝根据具体情况的不同而不同，所以假设在没有剪枝的情况下分析各个算法的时间复杂度。由于算法流程的不同，在发现同样形式的公式情况下，FDD.1 和 FDD.2、FDD.3 算法搜索树的深度不同，FDD.1 算法的搜索树深度是 FDD.2、FDD.3 算法的两倍。

在 FDD.1 算法中，每个函数对两个变量分别作用的时间复杂度为 $O(2n)$，选择两个误差小的进入下面的分支，并且树的深度是 $2m$，则时间复杂度为 $O(8n*m)$（Gillies D，1996）。

在 FDD.2 算法中，两个函数同时作用于两个变量时间复杂度为 $O(n*n)$，选择误差小的和误差收敛的进入下一个循环，则时间复杂度为 $O(2*n*n*m)$。在 FDD.3 算法中，设函数的维数为 d，则任取其中的两个变量的组合为 C_d^2 个，所以整个算法的时间复杂度为 $O(C_d^2 2n^2 m)$。FDD.3 算法的发现公式的广度是以牺牲时间为代价的（焦李成，2006）。

BACON 系统采用"项—常数"的形式描述公式形式，而 FDD 采用的是"项—初等函数或初等函数的复合形式"的形式，并且引入导数规则等，和 BACON 相比发现公式的范围和复杂度都有很大的提高。

5.2.3.6　案例

折射定律的发现（朱明，2008）

基础实验数据如表 5-10 所示（液体，温度为 20°C）。

表 5-10　折射实验基础数据

物质	从空气中入射率 n_1（n_1，i 恒定）			从空气射入玻璃（n_1，n_2 恒定）	
	折射率 n_2	入射角 i	折射角 g	入射角 i	折射角 g
1	1.3618	30	21.54		
2	1.4453	30	20.24	60	37.26
3	1.6195	30	17.16	55	37.1
4	1.4607	30	20.02	50	30.71
5	1.6279	30	17.89	45	28.13
6	1.5014	30	19.45	40	27.37
7	1.5863	30	18.37	35	22.48
8	1.3585	30	21.6	30	19.47

设入射角为 i，折射角为 γ，入射线所在介质的折射率为 n_1，折射线所在介质的折射率为 n_2。

由于光的可逆性，入射角和入射线的折射率与折射角和折射线的折射率两组数据可以互换，折射角 γ 改为入射角 i，入射角 i 变为折射角 γ，入射线和折射线所在位置的折射率也相应地调换。

对于从空气中入射到各介质，固定 n_1 和 i 角后，应用二维函数公式发现算法，得到折射率和折射角的公式：

$$\sin(\gamma) = 0.5/n_2 \tag{5-8}$$

反之，从介质中入射到空气时（n_1 变为 n_2，i 角变为 γ 角），固定 n_2 和 γ 角后，发现公式为

$$\sin(i) = 0.5/n_1 \tag{5-9}$$

在固定空气和玻璃两种介质时（n_1，n_2 恒定），入射角 i 和折射角 γ 的关系，公式发现得

$$\sin(i) = 1.5 \times \sin(\gamma) \tag{5-10}$$

式（5-8）和式（5-9）两个公式从空气中入射不同物质的数据中生成，式（5-10）为从空气中入射玻璃的一组数据中生成。式（5-9）和式（5-10）应用三维扩展规则得

$$\sin(i) = C_1 \times \sin(\gamma)/n_1 + C_2$$

即

$$\sin(\gamma) = C_1 \times \sin(i) \times n_1 + C_2 \tag{5-11}$$

对式（5-8）和式（5-11）利用四维扩展规则进行合并，得

$$\sin(\gamma) = C''_1 \times \sin(i) \times (n_1/n_2) + C''_2$$

用已知的数据确定系数，得 $C''_1 = 1$，$C''_2 = 0$，即得 Snell 折射定律：

$$\sin(i) \times n_1 = \sin(\gamma) \times n_2$$

第6章 基于信息论思想的数据挖掘方法

6.1 ID3方法

6.1.1 ID3基本思想

当前国际上最有影响的示例学习方法首推澳大利亚约翰·罗斯·昆兰（J. R. Quinlan）教授的 ID3（interative dicremiserversions 3）。它的前身是概念学习系统（concept learning system，CLS）。概念学习系统的工作过程为，首先找出最有判别力的因素，然后把数据分成多个子集，每个子集又选择最有判别力的因素进行划分，一直进行到所有子集仅包含同一类型的数据为止。最后得到一棵决策树，可用它来对新的样例进行分类。

昆兰的工作主要是引进了信息论中的互信息，他将其称为信息增益（information gain），作为特征判别能力的度量，并且将建树的方法嵌在一个迭代的外壳之中。

在实体世界中，每个实体都是用多个特征来描述。每个特征限于在一个离散集中取互斥的值。例如，设实体是某天早晨，分类任务是关于气候的类型，特征如下：

天气　取值为　晴，多云，雨
气温　取值为　冷，适中，热
湿度　取值为　高，正常
风　　取值为　有风，无风

某天早晨的气候描述如下：

天气　多云
气温　冷
湿度　正常
风　　无风

它属于哪类气候呢？要解决这个问题，需要用某个原则来判定，这个原则来自于大量的实际例子，从例子中总结出原则，有了原则就可以判定任何一天的气候了。

每个实体在世界中属于不同的类别，为简单起见，假定仅有两个类别，分别为 P，N。在这种两个类别的归纳任务中，P 类和 N 类的实体分别称为概念的正例和反例。将一些已知的正例和反例放在一起便得到训练集。

表6-1给出了一个训练集。用 ID3 算法得出一棵正确分类训练集中每个实体的决策树。

表 6-1 气候训练集

序号	属性				类别
	天气	气温	湿度	风	
1	晴	热	高	无风	N
2	晴	热	高	有风	N
3	多云	热	高	无风	P
4	雨	适中	高	无风	P
5	雨	冷	正常	无风	P
6	雨	冷	正常	有风	N
7	多云	冷	正常	有风	P
8	晴	适中	高	无风	N
9	晴	冷	正常	无风	P
10	雨	适中	正常	无风	P
11	晴	适中	正常	有风	P
12	多云	适中	高	有风	P
13	多云	热	正常	无风	P
14	雨	适中	高	有风	N

　　决策树叶子为类别名，即 P 或者 N。其他结点由实体的特征组成，每个特征的不同取值对应一分枝。若要对一实体分类，从树根开始进行测试，按特征的取值分枝向下进入下层结点，对该结点进行测试，过程一直进行到叶结点，实体被判为属于该叶结点所标记的类别。

　　实际上，能正确分类训练集的决策树不止一棵。昆兰的 ID3 算法能得出结点最少的决策树。

6.1.2　ID3 算法

6.1.2.1　主算法

主算法的具体步骤如下：

1）从训练集中随机选择一个既含正例又含反例的子集（称为"窗口"）。

2）用"建树算法"对当前窗口形成一棵决策树。

3）对训练集（窗口除外）中例子用所得决策树进行类别判定，找出错判的例子。

4）若存在错判的例子，把它们插入窗口，重复步骤2），否则结束。

主算法流程如图 6-1 所示。其中 PE、NE 分别表示正例集和反例集，它们共同组成训练集。PE′，PE″和 NE′，NE″分别表示正例集和反例集的子集。

主算法中每迭代循环一次，生成的决策树将会不相同。

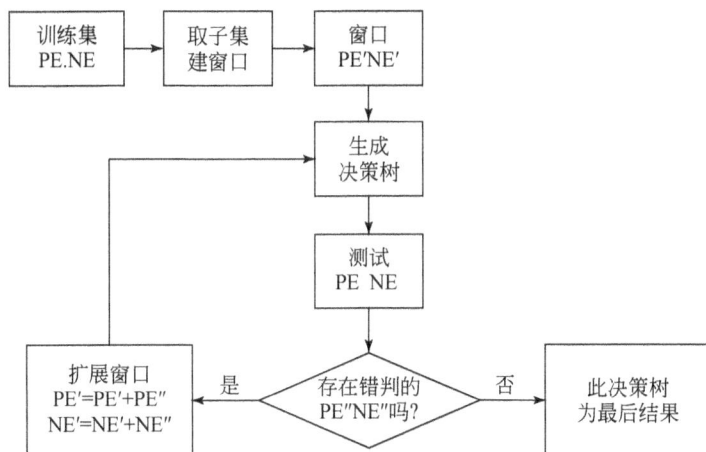

图 6-1 ID3 主算法流程

6.1.2.2 建树算法

建树算法的具体步骤如下：

1）对当前例子集合，计算各特征的互信息。

2）选择互信息最大的特征 A_k。

3）把在 A_k 处取值相同的例子归于同一子集，A_k 取几个值就得几个子集。

4）对既含正例又含反例的子集，递归调用建树算法。

5）若子集仅含正例或反例，对应分枝标上的 P 或 N，返回调用处。

6.1.3 ID3 的优缺点

6.1.3.1 优点

ID3 在选择重要特征时利用互信息的概念，算法的基础理论清晰，使算法较简单，是一个很有实用价值的示例学习算法。

该算法的计算时间是例子个数、特征个数、结点个数之积的线性函数。有一个试验，用 4761 个关于苯的质谱例子来进行。其中正例 2361 个，反例 2400 个，每个例子由 500 个特征描述，每个特征取值数目为 6，得到一棵 1514 个结点的决策树。对正、反例各 100 个测试例作了测试，正例判对 82 个，反例判对 80 个，总预测正确率 81%，效果是令人满意的。

6.1.3.2 缺点

1）互信息的计算依赖于特征取值数目较多的特征，这样不太合理。一种简单的办法是对特征进行分解，如天气分类问题一例中，特征取值数目不一样，可把它们统统化为二值特征，如天气取值晴、多云、雨，可分解为三个特征：天气——晴，天气——多云，天气——雨。取值都为"是"或"否"，对气温可做类似的工作。这样就不存在偏向问题了。

2）用互信息作为特征选择量存在一个假设，即训练例子集中的正、反例的比例应与实际问题领域里正、反例的比例相同。一般情况不能保证相同，这样计算训练集的互信息就有偏差。

3）ID3 在建树时，每个节点仅含一个特征，是一种单变元的算法，特征间的相关性强调不够。虽然它将多个特征用一棵树连在一起，但联系还是松散的。

4）ID3 对噪声较为敏感。关于什么是噪声，昆兰的定义是训练例子中的错误就是噪声。它包含两方面，一是特征值取错，二是类别给错。

5）当训练集增加时，ID3 的决策树会随之变化。在建树过程中，各特征的互信息会随例子的增加而改变，从而使决策树也变化。这对渐近学习（即训练例子不断增加）是不方便的。

总的来说，ID3 由于其理论清晰，方法简单，学习能力较强，适于处理大规模的学习问题，在世界上广为使用，得到极大的关注，是数据挖掘和机器学习领域中的一个极好范例，也不失为一种知识获取的有用工具。

6.1.3.3　案例

上文中对于气候分类问题，属性为：

天气（A_1）取值为：晴，多云，雨

气温（A_2）取值为：冷，适中，热

湿度（A_3）取值为：高，正常

风（A_4）取值为：有风，无风

表 6-1 给出了一个训练集。

解：对于气候分类问题进行具体计算有：

1）计算各特征的互信息：

$$H(S) = -\sum_{i=1}^{m} P(u_i)\log P(u_i)$$

式中，S 是样例的集合，$P(u_i)$ 是类别 i 出现概率：

$$P(u_i) = \frac{|u_i|}{|S|}$$

$|S|$ 表示例子集 S 的总数，$|u_i|$ 表示类别 u_i 的例子数。对 9 个正例和 5 个反例有：

$$P(u_1) = \frac{9}{14}, \quad P(u_2) = \frac{5}{14}$$

$$H(S) = \frac{9}{14}\log\frac{14}{9} + \frac{5}{14}\log\frac{14}{5} = 0.94\text{bit}$$

2）选择互信息最大的特征 A_k：

$$\text{Gain}(S, A) = \text{Entropy}(S) - \sum_{v \in Value(A)} \frac{|S_v|}{|S|}\text{Entropy}(S_v)$$

式中，A 是属性；Value(A) 是属性 A 取值的集合；v 是 A 的某一属性值；S_v 是 S 中 A 的值为 v 的样例集合；$|S_v|$ 为 S_v 中所含样例数。

以属性 A_1 为例，根据信息增益的计算公式，属性 A_1 的信息增益为

$$\text{Gain}(S, A_1) = \text{Entropy}(S) - \sum_{v \in |\text{晴}, \text{多云}, \text{雨}|} \frac{|S_v|}{|S|} \text{Entropy}(S_v)$$

$S = [9+, 5-]$ //原样例集中共有 14 个样例，9 个正例，5 个反例；

S 晴 $= [2+, 3-]$ //属性 A_1 取值晴的样例共 5 个，2 正例，3 反例；

S 多云 $= [4+, 0-]$ //属性 A_1 取值多云的样例共 4 个，4 正例，0 反例；

S 雨 $= [3+, 2-]$ //属性 A_1 取值晴的样例共 5 个，3 正例，2 反例。

故

$$\text{Gain}(S, A_1) = \text{Entropy}(S) - \sum_{v \in |\text{晴},\text{多云},\text{雨}|} \frac{|S_v|}{|S|} \text{Entropy}(S_v)$$

$$= \text{Entropy}(S) - \left[\frac{5}{14}\text{Entropy}(S_\text{晴}) + \frac{4}{14}\text{Entropy}(S_\text{多云}) + \frac{5}{14}\text{Entropy}(S_\text{雨})\right]$$

而

$$\text{Entropy}(S_\text{晴}) = -\left[\frac{2}{5}\log\frac{2}{5} + \frac{3}{5}\log\frac{3}{5}\right]$$

$$\text{Entropy}(S_\text{多云}) = -\left[\frac{4}{4}\log\frac{4}{4} + \frac{0}{4}\log\frac{0}{4}\right]$$

$$\text{Entropy}(S_\text{雨}) = -\left[\frac{3}{5}\log\frac{3}{5} + \frac{2}{5}\log\frac{2}{5}\right]$$

故

Gain $(S, A_1) = 0.246$

Gain $(S, A_1) = 0.246$

Gain $(S, A_2) = 0.151$

Gain $(S, A_3) = 0.048$

Gain $(S, A_4) = 0.029$

因属性 A_1 的信息增益最大，故被选为根结点。

3）建立决策树的根和分枝。

ID3 算法将选择信息增益最大的属性天气作为树根，在 14 个例子中对天气的 3 个取值进行分枝，3 个分枝对应 3 个子集，分别是：

$S_1 = \{1, 2, 8, 9, 11\}$；

$S_2 = \{3, 7, 12, 13\}$；

$S_3 = \{4, 5, 6, 10, 14\}$

其中，S_2 中的例子全属于 P 类，因此对应分枝标记为 P，其余两个子集既含有正例又含有反例，将递归调用建树算法（图 6-2）。

4）递归建树。

分别对 S_1 和 S_3 子集递归调用 ID3 算法，在每个子集中对各属性求信息增益（Zhang et al.，2008）。

$S=\{D1,D2,D3,\ldots\ldots,D14\}$

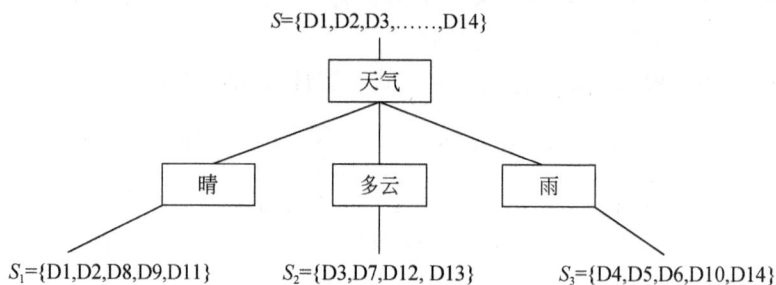

$S_1=\{D1,D2,D8,D9,D11\}$　　　$S_2=\{D3,D7,D12, D13\}$　　　$S_3=\{D4,D5,D6,D10,D14\}$

图 6-2　建立决策树的根与分枝

①对 S_1，湿度属性信息增益最大，以它为该分枝的根结点，再向下分枝。湿度取高的例子全为 N 类，该分枝标记 N。取值正常的例子全为 P 类，该分枝标记 P。

②对 S_3，风属性信息增益最大，则以它为该分枝根结点。再向下分枝，风取有风时全为 N 类，该分枝标记 N。取无风时全为 P 类，该分枝标记 P。

这样就得到如图 6-3 所示的决策树：

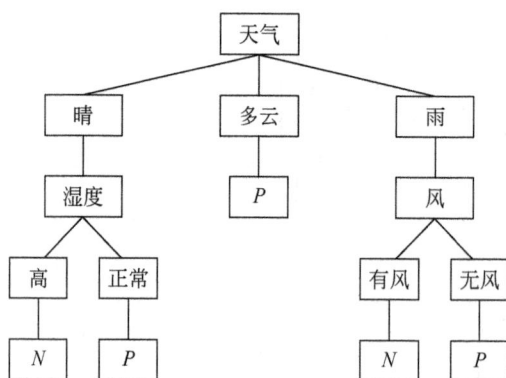

图 6-3　天气决策树

现用上图来判一个具体例子：

某天早晨气候描述为：

天气：多云

气温：冷

湿度：正常

风：无风

它属于哪类气候呢？

从图 6-3 中可判别该样例的类别为 P 类。

6.2　IBLE 方法

6.2.1　IBLE 基本思想

IBLE 是基于信息论的示例学习方法（information based learning from examples，IBLE）。

6.2.1.1　IBLE 方法的特点

1991 年研制的 IBLE 方法（陈志泊，2009）是利用信息论中信道容量的概念作为对实体中选择重要特征的度量。信道容量是一个不依赖于正、反例的比例，而仅依赖于训练集中正、反例的特征取值的选择量。这样，信道容量就克服了互信息依赖正、反例比例的缺点。IBLE 方法不同于 ID3 方法每次只选一个特征作为决策树的结点，而是选一组重要特征建立规则，作为决策树的结点。这样，用多个特征组合成规则的结点来鉴别实例，能够更有效地正确判别。对那些不能直接判定的例子继续利用决策规则树的其他规则结点来判别，这样一直进行下去，直至判出类别为止。

IBLE 方法建立的是决策规则树，树中每个结点是由多个特征所组成的。特征的选取是通过计算各特征信道容量来进行的。各特征的正例标准值由译码函数决定。结点中判别正、反例的阈值（w_n，w_p）是由实例中权值变化的规律来确定的（陈文伟，2006）。

6.2.1.2　学习信道模型的建立

示例学习从训练集归纳出规则，所得的规则要能正确判定一个未知实体是属于"是"类还是"非"类。这种判定是通过考察实体的各特征取值情况作出的。考察实体中某个特征 A_k，设 A_k 的值域为 $\{v_1, v_2, \cdots, v_q\}$，记为 V。令实体类别 U 的值域为 (u_1, u_2)，U 取 u_1 表示取"是"类中的任一例子，取 u_2 表示取"非"类中的任一例子。任一实体在 A_k 处赋值的方法很多；如鸟类一个重要特征是羽毛，由观察得出它有白色、黑色、花色等。把实体中的类别 U 看成输入，把某特征的取值 V 看成输出，建立"学习信道"模型。

6.2.1.3　多元信道转化成二元信道

在各特征取多值的情况下，用互信息作为特征选择量，会出现倾向于取某值的例子数较多的特征的情况，这种倾向并不都合理。用信道容量作为特征选择量也必然有同样的问题存在。一种解决办法是对特征进行分解，如前面举的例子中，特征取值数目不一定把它们统化为二值特征，如天气取值晴、多云、雨，可以分解成三个特征：天气晴、天气多云、天气雨，都取值为 $\{yes, no\}$，对气温也可做类似的工作。这样在选择特征时就不会出现偏向问题了。

6.2.1.4　决策规则树

IBLE 算法从训练集归纳出一棵决策规则树。

判定一个实体是属于 u_1 类，还是属于 u_2 类，应首先从分析该实体的特征入手，用规则分析会得出三种可能结论：①该实体属于 u_1 类。②该实体属于 u_2 类。③不能作出判定，需进一步分析再做结沦。在进一步分析时又会出现上述三种情形。对一实体的分析，这个过程一直进行到得出具体类别为止。IBLE 就是依据这种思想构造决策规则树的。决策规则树如图 6-4 所示。

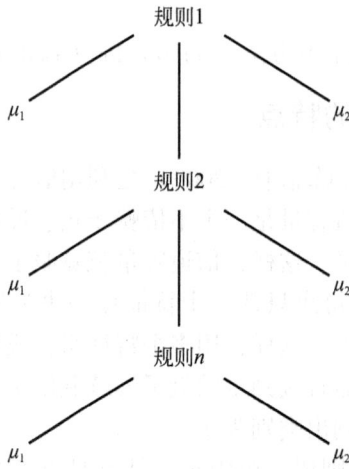

图 6-4　IBLE 算法的一般决策规则树

对于更复杂的问题除使用主规则外，还增加了分规则，得出如图 6-5 所示的复杂决策规则树。

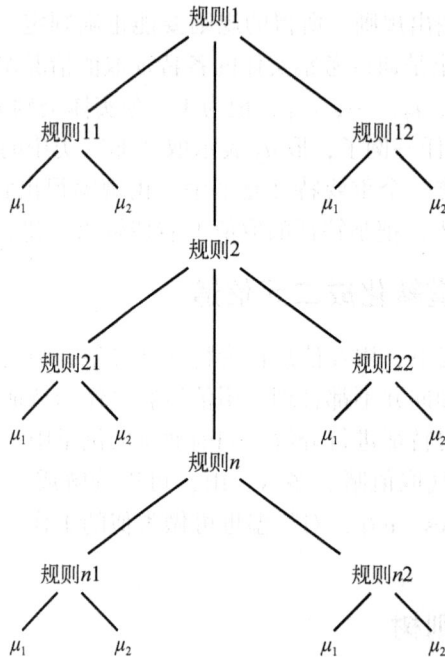

图 6-5　IBLE 算法的复杂决策规则树

6.2.1.5 决策规划树结点

（1）表示形式

决策规则树中非叶结点均为规则。规则形式为（陈文伟和黄金才，2004）：

特征：A_1，A_2，…，A_m

权值：W_1，W_2，…，W_m

标准值：V_1，V_2，…，V_m

阈值：S_p，S_n

该规则可形式描述为：

sum = 0；

对 $i = 1$ 到 m 作：若 $A_i = V_i$，则 sum = sum + w_i；

若 sum $\leqslant S_n$，则该例为 N 类；

若 sum $\geqslant S_p$，则该例为 P 类；

若 $S_n <$ sum $< S_p$，则该例暂不能判定，转下一条规则进行判别。

其中 sum 表示权和。

（2）举例

下面为说明规则中各成分的意义，举一个例子。没问题空间中的例子有 10 个特征，特征编号从 1 到 10。每个特性取值为（no，yes），用（0，1）表示，规则是由重要特征组成的，对每个特征求出权值以表示其重要程度，删除不重要特征即得规则如下（陈志泊，2009）：

特征：1　　　3　　　4　　　6　　　7

权值：100　　90　　　105　　500　　40

标准值：1　　0　　　1　　　1　　　0

阈值：220，100

现有三个测试例子：

例1：（1，0，0，0，1，0，0，1，1，1）

例2：（0，1，0，0，1，0，0，0，1，0）

例3：（0，1，0，0，1，0，1，0，1，1）

例1 的权和 sum = 230，有 sum > 220，判定例1 属于 u_1 类。例2 的权和 sum = 130，有 100 < sum < 220，认为例2 不能判定，而例3 的权和 sum = 90，有 sum < 100，判定例3 的类别为 u_2 类。

通过上例知道规则中 A_1，A_2，…，A_m 为组成规则的特征 W_1，W_2，…，W_m 为对应的权值，V_1，V_2，…，V_m 为对应特征的标准值，若例子在该特征处取值与标准值相同，则 sum（权和）加上对应权值，否则不加。S_p，S_n 是判是、判非、不能判的阈值。若例子的权和为 sum，sum $\geqslant S_p$ 时判为是类（u_1 类），sum $\leqslant S_n$ 时判为非类（u_2 类），$S_n <$ sum $< S_p$ 时认为不能判定。

在分规则中由于不存在不能判的情况，故必有 $S_p=S_n$。

6.2.2 IBLE算法

6.2.2.1 IBLE算法

IBLE算法（刘建炜和燕路峰，2010）由四部分组成：预处理、建规则算法、建决策树算法、类别判定算法，下面分别介绍。

（1）预处理

将例子集的特征取多值，变为多个特征分别取 {0，1} 值，即一个特征取一个值变为 n 个特征分别取 {0，1} 值。

（2）建规则算法

1）求各特征 A_k 的信道容量 C_k，对于一个特征有分特征（原一个特征取多值变成多个特征取 {0，1} 值时，该多个特征为原特征的分特征）时，取最大 c 值的分特征代表该特征。

2）权值的计算（取整）公式为：$w_k=[c_k*1000]$。

3）利用最大后验准则定义该特征 A_k 的译码函数 $F(1)$、$F(0)$。

设类别为 u_1，u_2，特征 V 取值 1 和 0，转移概率为 $P(1/u_1)$，$P(0/u_1)$，$P(1/u_2)$，$P(0/u_2)$。信道容量计算后，可同时得到类别的先验概率 $P(u_1)$ 和 $P(u_2)$。于是，令 sum $=P(u_1)*P(1/u_1)+P(u_2)*P(1/u_2)$。由贝叶斯公式（耐格纳维斯基，2007），$P(u_1/1)$ $=P(u_1)*P(1/u_1)/\text{sum}$，$P(u_2/1)=P(u_2)*P(1/u_2)/\text{sum}$。译码准则为：当 $P(u_1/1)\geqslant P(u_2/1)$ 时，$F(1)=u_1$；否则，$F(0)=u_1$。这样，就定义了特征 V 对类别 u_1（正例）的标准值为 1 或 0。可以证明，该准则的错误概率最小。

4）利用译码函数按正例（u_1）输入，计算特征 A_k 的标准值 {0，1}。

5）选取前 m 个信道容量（即权值）较大的特征构造规则。

一般说来，m 的选取应保证 $c=0.01$bit 的特征都被选中（对具体问题可通过试验来确定）。

6）计算所有的正反例的权和数，从它们的分布规律中得出 S_p、S_n 阀值。

建立一个二维数组 $A(m，n)$，$m=1，2，3$；$n=1，2，\cdots，|U|$（$|U|$表示例子总数）。它由三项组成，$A(1，n)$ 存放各例的权和（例子中各特征的权值累加之和）；$A(2，n)$ 存放正例个数，当例子是正例时，它为1，反之为零；$A(3，n)$ 存放反例个数，当例子是反例时，它为1，反之为零。

先对各正、反例子求权和并填入数组 $A(m，n)$ 中。再按权和从小到大的顺序对数组 $A(m，n)$ 进行排序，对权和相同的、不同的正反例，将它们合并成一列相同的权和，累计正反例个数。这样，数组缩小了，即 $n\leqslant|U|$。而且正反例权和的规律性就出现了：权和小的部分，正例个数为零，反例个数偏大；权和大的部分，反例个数为零，正例个数偏

大。如图 6-6 所示。

$A(1,n)$			S_n				S_p			权和
$A(2,n)$	0	…	0	$\neq 0$	…	…	$\neq 0$	$\neq 0$	…	$\neq 0$	正例个数
$A(3,n)$	$\neq 0$	…	$\neq 0$	$\neq 0$	…		$\neq 0$	0	…	0	反例个数
	反例区			正反例混合区				正例区		

图 6-6 正、反例权和变化规律

从图 6-6 中可知，整个例子集合中，划分成三个区：反例区，正、反例混合区，正例区。在反例区中，正例个数 $A(2, n)$ 为零；在正例区中，反例个数 $A(3, n)$ 为零；在混合区中，正例个数 $A(2, n)$ 和反例个数 $A(3, n)$ 均不为零。在三个区的分界线处的权和值作为 S_p，S_n 值，用作判别正、反例的阈值（蔡自兴，2003）。

（3）建决策树算法

设 T 为存放决策规则树的空间（陆汝铃，2000）。

1）置决策规则树 T 为空。分配一新结点 R，T：$=R$。

2）对当前训练集 PE∪NE，利用"建规则算法"构造主规则。

3）用当前规则测试 PE、NE 得子集 PEP、PEN、PEM（正例 3 个子集），NEP、NEN、NEM（反例 3 个子集）。其中 PEP、PEN、PEM 分别表示正例被判为 P 类、N 类、不能判这 3 个子集，NEP、NEN、NEM 分别表示反例被判为 P 类、N 类、不能判这 3 个子集。

4）将当前规则放入结点 R；

5）若（|PEP|$\neq 0$）∨（|NEP|$\neq 0$）则 PE：=PEP；NE：=NEP；分配一新结点 W_1；R 左指针指向 W_1。

对当前训练集 PE∪NE 利用"建规则算法"构造左分规则。

将左分规则放入结点 W_1。

6）若（|PEN|$\neq 0$）∨（|NEN|$\neq 0$）则 PE：=PEN，NE：=NEN；分配一新结点 W_2；R 右指针指向 W_2。

对当前训练集 PE∪NE 利用"建规则算法"构造右分规则。

将右分规则放入结点 W_2。

7）若（|PEM|$\neq 0$）∨（|NEM|$\neq 0$）则 PE：=PEM，NE：=NEM；分配一新结点 W_3；R 的中指针指向 W_3；R：$=W_3$；转步骤2）。

8）结束。

建决策树算法如图 6-7 所示。

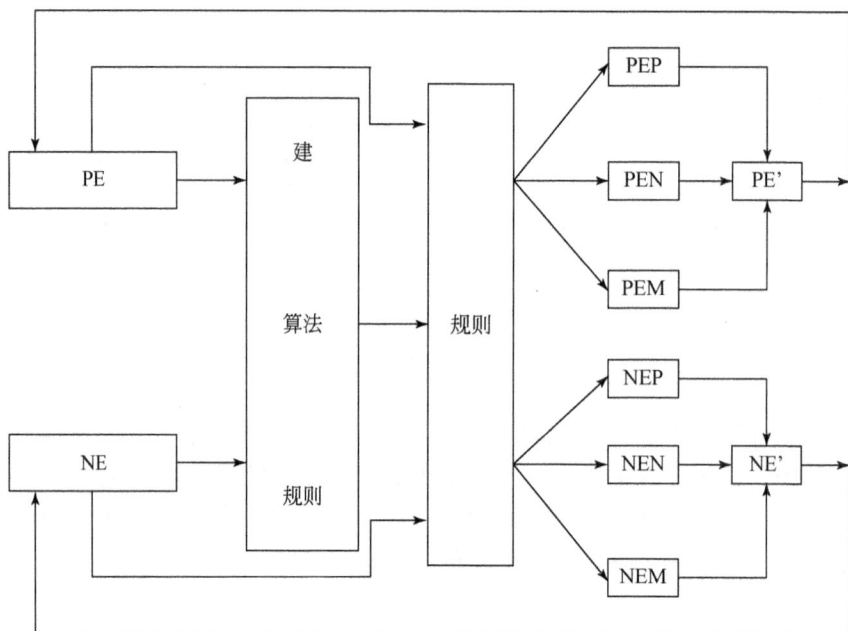

图 6-7 IBLE 建决策树算法图

（4）类别判定算法

在得到一棵决策规则树后，对一未知实体 E 如何分类，下面给出具体的算法（史忠植，2011）：

1）置根结点为当前结点。

2）用当前结点中的规则对 E 进行判定。

判为 P 时（对主规则，该实体不一定是 P 类），若当前结点左指针不空（即左规则存在），将左指针指示的结点置为当前结点且转步骤2），否则（左指针为空，该实体判为 P 类）转步骤3）。

判为 N 时（对主规则，该实体不一定是 N 类），若当前结点右指针不为空（即右规则存在），则将右指针指示的结点置为当前结点且转步骤2），否则（右指针为空，该实体判为 N 类）转步骤3）。

不能判时，将当前结点的中指针指示的结点置为当前结点转步骤2）。

3）输出判别结果，结束。

6.2.2.2 案例

配隐形眼镜问题（焦李成，2006）（表6-2）。

（1）患者配隐形眼镜的类别

患者是否应配隐形眼镜有三类：

1）患者应配隐形眼镜。

2）患者应配软隐形眼镜。

3）患者不适合配隐形眼镜。

（2）患者眼镜诊断信息（属性）

a：患者的年纪：

① 年轻；

② 老光眼；

③ 光眼。

b：患者的眼睛诊断结果：

① 近视；

② 远视。

c：是否散光。

① 是；

② 否。

d：患者的泪腺：

① 发达；

② 正常。

表6-2　配隐形眼镜患者实例

序号	属性取值				诊断值	序号	属性取值				诊断值
	a	b	c	d	ABC		a	b	c	d	ABC
1	1	1	1	1	3	13	2	2	1	1	3
2	1	1	1	2	2	14	2	2	1	2	2
3	1	1	2	1	3	15	2	2	2	1	3
4	1	1	2	2	1	16	2	2	2	2	3
5	1	2	1	1	3	17	3	1	1	1	3
6	1	2	1	2	2	18	3	1	1	2	3
7	1	2	2	1	3	19	3	1	2	1	3
8	1	2	2	2	1	20	3	1	2	2	1
9	2	1	1	1	3	21	3	2	1	1	3
10	2	1	1	2	2	22	3	2	1	2	2
11	2	1	2	1	3	23	3	2	2	1	3
12	2	1	2	2	1	24	3	2	2	2	3

解　利用 IBLE 算法得出的各类决策规则树和逻辑公式：

（1） 1 类的决策规则树

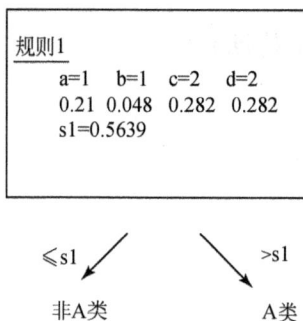

规则1

a=1 b=1 c=2 d=2
0.21 0.048 0.282 0.282
s1=0.5639

≤s1 非A类

>s1 A类

等价规则为：$c=2 \land d=2 \land a=1 \rightarrow A$

$c=2 \land d=2 \land b=1 \rightarrow A$

（2） 2 类的决策规则树

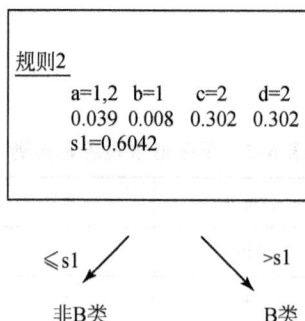

规则2

a=1,2 b=1 c=2 d=2
0.039 0.008 0.302 0.302
s1=0.6042

≤s1 非B类

>s1 B类

等价规则为：$c=1 \land d=2 \land b=2 \rightarrow B$

$c=1 \land d=2 \land a=1 \rightarrow B$

$c=1 \land d=2 \land a=2 \rightarrow B$

（3） 3 类的决策规则树

逻辑公式推导为：

上层结点的逻辑公式：

$d=1 \rightarrow C$

$a=3 \land b=2 \land c=2 \rightarrow C$

上层不能判断逻辑公式有：

$(b=2 \land c=2) \lor (a=3) \lor (a=3 \land c=2) \rightarrow$ 继续判别

下层结点的逻辑公式：

$b=1 \land c=1 \rightarrow C$

$a=2 \rightarrow C$

合并后下层结点的逻辑公式：

规则3

a=3　　b=2　　c=2　　d=1
0.0186　0.004　0.004　0.428
s1=0.004　　s2=0.0265

≤s1　　　　s1<sum<s2　　　　>s2

非C类　　　　　　　　　　　　C类

规则4

a=2　　b=1　　　　c=1
0.22　　0.0144　　0.0144
s1=0.0144

≤s1　　　　　　　　　　　>s1

非C类　　　　　　　　　　　　C类

$a=3 \wedge b=1 \wedge c=1 \rightarrow C$

$a=2 \wedge b=2 \wedge c=2 \rightarrow C$

第 7 章　基于进化思想的数据挖掘方法

7.1　神　经　网　络

7.1.1　神经网络概述

人工神经网络（artificial neural network，ANN），即对人类神经系统的一种模拟，是指由简单计算单元组成的广泛并行互联的网络，能模拟生物神经系统的结构和功能。组成神经网络的单个神经元的结构简单，功能有限，但是，由大量神经元构成的网络系统可实现强大的功能。尽管人类神经系统规模宏大，结构复杂，功能神奇，但其最基本的处理单元却只有神经元。人类神经系统的功能实际上是通过大量生物神经元的广泛互联，以规模宏大的并行运算来实现的。

基于对人类生物系统的这一认识，人们也试图通过对人工神经元的广泛互联来模拟生物神经系统的结构和功能。人工神经元之间通过互联形成的网络称为人工神经网络。在人工神经网络中，神经元之间互联的方式称为联结模式或联结模型，它不仅决定神经网络的互联结构，同时也决定神经网络的信号处理方式。

最早的形式化神经元数学模型是 M-P 模型（Verla et al.，1990），由美国心理学家麦卡洛克和数理逻辑学家皮茨（Pitts）合作，于 1943 年提出。1949 年，心理学家赫布（Hebb）提出通过改变神经元连接强度，达到学习目的的赫布学习规则。1958 年，美国计算机科学家罗森布拉特（Rosenblatt）提出感知器（perceptron）的概念，掀起人工神经网络研究的第一次高潮。但是，1969 年，人工智能专家明斯基（Minsky）和帕伯特（Papert）在 *Perceptron* 一书中表示出对这方面研究的悲观态度，指出感知器只能用于线性分类问题，甚至连简单的异或（XOR）运算都无法实现。另外，冯·诺伊曼串行计算机的发展，使多数学者忽视了发展人工智能新途径的必要性。人工神经网络的研究转入低谷。虽然如此，仍有不少研究者对人工神经网络进行了不懈的研究。格罗斯伯格（Grossberg）和卡本特（Carpenter）提出了自适应共振理论 ART 网络。科霍南（Kohonen）提出了自组织映射网络。Fukushima 提出了神经认知机模型。1982 年，美国加州理工学院的生物物理学家霍普菲尔特进行了开创性的工作，提出霍普菲尔特网络模型，该模型可以用电路实现。这标志着神经网络研究高潮的再次兴起。1985 年，美国加州大学的鲁梅尔哈特（Rumelhart）和麦克莱兰（Meclelland）等提出了 BP 算法。同年，辛顿（Hinton）等提出了 Boltzman 机模型。

目前，已有的人工神经网络模型至少有几十种，其分类方法也有多种。例如，按网络的拓扑结构可分为前馈网络和反馈网络；按网络的学习方法可分为有导师指导的学习网络和无导师指导的学习网络；按网络的性能可分为连续型网络和离散型网络，或分为确定型网络和随机型网络；按突触连接的性质可分为一阶线性关联网络和高阶非线性关联网络。

　　由于现实世界的数据关系相当复杂，非线性问题和噪声数据普遍存在。将人工神经网络应用于数据挖掘，希望借助其非线性处理能力和容噪能力，得到较好的数据挖掘结果。另外，人工神经网络的数据挖掘主要面向分类和聚类问题，但完全可以将人工神经网络用于数据挖掘所涉及的主要知识种类，如关联规则、分类、聚类、时序规则、Web 浏览路径等。有研究者指出，将人工神经网络应用于数据挖掘的主要障碍是，通过人工神经网络学习到的知识难于理解；学习时间太长，不适于大型数据集。针对上述问题，基于人工神经网络数据挖掘的主要研究方向是增强网络的可理解性，提高网络的学习速度，以及拓广人工神经网络适用的知识类型。

7.1.2　神经网络基础

　　构成人工神经网络的基本单元是人工神经元。并且，人工神经元的不同结构和模型会对人工神经网络产生一定的影响。下面主要讨论人工神经元的结构和模型，以及人工神经网络的概念和类型。

7.1.2.1　人工神经元结构

　　人工神经元是对生物神经元的抽象和模拟。所谓抽象是从数学角度而言的，所谓模拟是从其结构和功能角度而言的。1934 年心理学家麦卡洛克和数理逻辑学家皮茨根据生物神经元的功能和结构，提出了一个将神经元看成二进制阈值元件的简单模型，即 MP 模型如图 7-1 所示。

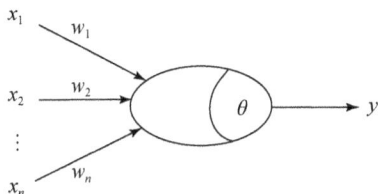

图 7-1　MP 神经元模型

　　在图 7-1 中，x_1，x_2，$\cdots x_n$ 表示某一神经元的 n 个输入；ω_i 表示第 i 个输入的联结强度，也称为联结权值；θ 为神经元的阈值；y 为神经元的输出。可以看出，人工神经元是一个具有多输入，单输出的非线性器件。它的输入为

$$\sum_{i=1}^{n} \omega_i x_i$$

输出为

$$y = f(\sigma) = f\sum_{i=1}^{n}(\omega_i x_i - \theta) \tag{7-1}$$

式中，f 称为神经元功能函数，也称作用函数或激励函数；θ 称为激活值。

7.1.2.2 常用的人工神经元模型

功能函数 f 是表示神经元输入与输出之间关系的函数，根据功能函数的不同，可得到不同的神经元模型。常用的神经元模型有以下几种（Bjorudal et al.，1995）。

（1）阈值型

阈值型（threshold）模型的神经元没有内部状态，功能函数 f 是一个阶跃函数。

$$f(\sigma) = \begin{cases} 1 & |\sigma| \geqslant 0 \\ 0 & \sigma < 0 \end{cases} \tag{7-2}$$

阈值型神经元的输入输出特性如图 7-2 所示。

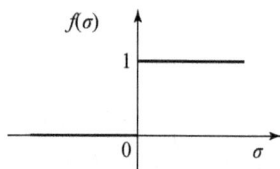

图 7-2　阈值型神经元的输入/输出特性

阈值型神经元是一种最简单的人工神经元，也就是我们前面提到的 MP 模型。它的两个输出值 1 和 0，分别代表神经元的兴奋和抑制状态，任一时刻，神经元的状态由功能函数 f 来决定。

（2）分段线性型

分段线性型（piecewise linear）模型又称为伪线性，其功能函数是一个分段线性函数

$$f(\sigma) = \begin{cases} 1 & |\sigma| \geqslant \dfrac{1}{k} \\ k\sigma & 0 \leqslant \sigma \leqslant \dfrac{1}{k} \\ 0 & \sigma < 0 \end{cases} \tag{7-3}$$

式中，k 为放大系数，该函数的输入/输出之间在一定范围内满足线性关系，一直延续到输出为最大值 1 为止，此时输出就不再增大。当 $k=1$，该模型的输入输出特性如图 7-3 所示。

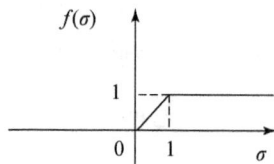

图 7-3　分段线性神经元的输入/输出特性

（3）S 型

S 型（sigmoid）是一种连续的神经元模型，其功能函数也是一个有最大输出值的非线性函数，其输出值是在某个范围内连续取值的，这种模型的功能函数常用指数、对数或双曲正切等 S 型函数表示。它反映的是神经元的饱和特性，如图 7-4 所示。

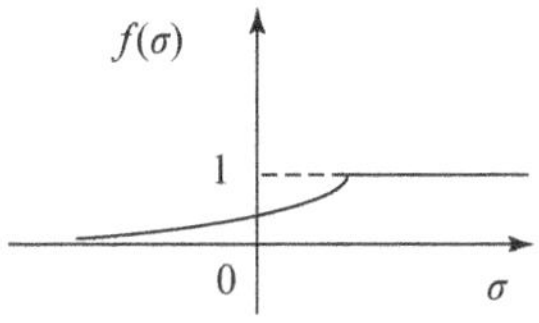

图 7-4　S 型神经元的输入/输出特性

（4）子阈累积型

子阈累积型（subthreshold summation）模型的功能函数也是一个非线性函数，当产生的激活值超过 T 值时，该神经元被激活并产生一个反响。在线性范围内，系统的反响是线性的，如图 7-5 所示。这种模型的作用是抑制噪声，即对小的随机输入不产生反响。

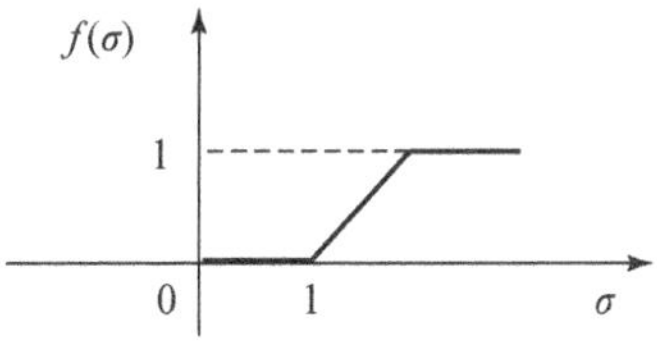

图 7-5　子阈累积型神经元的输入/输出特性

7.1.2.3　人工神经网络

人工神经网络是对人类神经系统的一种模拟。尽管人类神经系统规模宏大，结构复杂，功能神奇，但其最基本的处理单元却只有神经元。人类神经系统的功能实际上是通过大量生物神经元的广泛互联，以规模宏大的并行运算来实现的。

基于对人类生物系统的这一认识，人们也试图通过对人工神经元的广泛互联来模拟生物神经系统的结构和功能。人工神经元之间通过互联形成的网络称为人工神经网络。在人工神经网络中，神经元之间互联的方式称为联结模式或联结模型。它不仅决定神经网络的互联结构，同时也决定神经网络的信号处理方式。

7.1.3　互联结构

人工神经网络的互联结构（或称拓扑结构）是指神经元之间的联结结构模式，它是构成神经网络的基础，也是神经网络诱发偏差的主要来源。从互联结构的角度，神经网络可分为前馈网络和反馈网络两种主要类型（Ge and Mao，2002）。

7.1.3.1 前馈网络

前馈网络是指那种只包含前向联结，而不存在任何其他联结方式的神经网络。所谓前向联结是指那种神经元之间只能从输入层向输出层方向进行逐层单向联结的方式。在前馈网络中，根据网络所拥有的计算结点（即具有联结权值的神经元）的层数，可将其分为单层前馈网络和多层前馈网络两大类。

（1）单层前馈网络

单层前馈网络是指那种只拥有单层计算结点的前馈网络。它仅含有输入层和输出层，并且只有输出层的神经元是可计算结点，如图 7-6 所示。

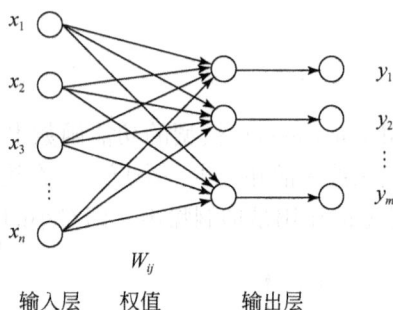

图 7-6 单层前馈网络结构

在图 7-6 中，输入向量为 $X = (x_1, x_2, \cdots, x_n)$；输出向量为 $Y = (y_1, y_2, \cdots, y_m)$；输入层各个输入到相应神经元的联结权值分别是 $\omega_{ij}(i=1,2,\cdots,n; j=1,2,\cdots,m)$。若假设各神经元的阈值分别是 $\theta_j(j=1,2,\cdots,m)$，则各神经元的输出 $y_j(j=1,2,\cdots,m)$ 分别为

$$y_i = f\left(\sum_{i=1}^{n} \omega_{ij}x_i - \theta_j\right) \quad j = 1, 2, \cdots, m \tag{7-4}$$

式中，由所有联结权值 ω_{ij} 构成的联结权值矩阵 W 为

$$W = \begin{bmatrix} \omega_{11} & \omega_{12} & \cdots & \omega_{1m} \\ \omega_{21} & \omega_{22} & \cdots & \omega_{2m} \\ \vdots & \vdots & \ddots & \vdots \\ \omega_{n1} & \omega_{n2} & \cdots & \omega_{nm} \end{bmatrix}$$

在实际应用中，该矩阵是通过大量的训练示例学习而形成的。

（2）多层前馈网络

多层前馈网络是指那种除拥有输入、输出层外，还至少含有一个，或者有更多个隐含层的前馈网络。所谓隐含层是指由那些既不属于输入层又不属于输出层的神经元所构成的处理层。隐含层仅与输入、输出层联结，不直接与外部输入、输出打交道，因此也被称为中间层。隐含层的作用是通过对输入层信号的加权处理，将其转移成更能被输出层接受的形式。隐含层的加入大大提高了神经网络的非线性处理能力，一个神经网络中加入的隐含层越多,其非线性性能就越强。当然,隐含层的加入会增加神经网络的复杂度,一个神经网络的隐含层越多,其复杂度就越高。

多层前馈网络的结构如图 7-7 所示,其输入层的输出向量是第一隐含层的输入信号,而第一隐含层的输出则是第二隐含层的输入信号,以此类推,直到输出层。多层前馈网络的典型代表是 BP 网络。

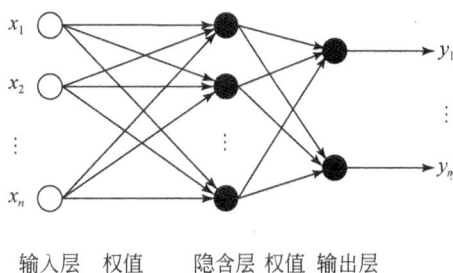

输入层　权值　　隐含层 权值 输出层
图 7-7　多层前馈网络结构

7.1.3.2　反馈网络

反馈网络是指允许采用反馈联结方式所形成的神经网络。所谓反馈联结方式是指一个神经元的输出可以被反馈至同层或前层的神经元。通常把那些引出有反馈联结弧的神经元成为隐神经元,其输出成为内部输出。由于反馈联结方式的存在,一个反馈网络至少应含有一个反馈回路,这些反馈回路实际上是一种封闭环路。

反馈网络和前馈网络不同,前馈网络属于非循环联结模式,它的每个神经元的输出都没有包含该神经元先前的输出,因此不具有“短期记忆”的性质。但反馈网络则不同,它的每个神经元的输入都有可能包含该神经元先前输出的反馈信息。即一个神经元的输出是由该神经元当前的输入和先前的输出这两者来决定的,这就有点类似于人类的短期记忆的性质。

按照网络的层次概念,反馈网络也可分为单层反馈网络和多层反馈网络两大类。单层反馈网络是指不拥有隐含层的反馈网络。多层反馈网络则是指拥有隐含层的反馈网络,其隐含层可以是一层,也可以是多层。反馈网络的典型代表是 Hopfiled 网络。

7.1.4　典型模型

网络模型是对网络结构、联结权值和学习能力的总括。人工神经网络经过几十年的发展,其模型至少有数十种。例如,传统的感知器模型,具有误差反向传播功能的 BP 网络模型,采用反馈联结方式的 Hopfield 网络模型,采用多变量插值的径向基函数网络模型,建立在统计学习理论基础上的支撑向量机网络模型,以及基于模拟退火算法的随机网络模型等。本小节主要讨论其中最常用的感知器(perceptron)模型、BP 网络模型和 Hopfield 网络模型。

7.1.4.1　感知器模型

感知器是美国学者罗森布拉特在研究大脑的存储、学习和认知过程中于 1957 年提出的一类具有自学能力的神经网络模型。对感知器，可根据网络中所拥有的计算结点的层数，将其分为单层感知器和多层感知器（Lee et al.，2002a）。

（1）单层感知器

单层感知器是一种只具有单层可计算结点的前馈网络，其网络拓扑结构是如图 7-6 所示的单层前馈网络。在单层感知器中，每个可计算结点都是一个线性阈值神经元。当输入信息的加权和大于或等于阈值时，其输出为 1；否则，其输出为 0。

此外，由于单层感知器的输出层的每个神经元都只有一个输出，且该输出仅与本神经元的输入及联结权值有关，而与其他神经元无关，因此我们可以对当层感知器进行简化，仅考虑只有单个输出结点的单个感知器。事实上，最原始的单层感知器模型就是只有一个输出结点，即相当于单个神经元。

使用感知器的主要目的是对外部输入进行分类。罗森布拉特已经证明，如果外部输入是线性可分的（指存在一个超平面可将他们分开），则单层感知器就一定能把它划分为两类。其判别超平面由式（7-5）确定

$$\sum_{i=1}^{n} \omega_{ij} x_i - \theta_j \quad j = 1, 2, \cdots, m \tag{7-5}$$

（2）多层感知器

多层感知器是通过在单层感知器的输入、输出层之间加入一层或多层处理单元所构成的。其拓扑结构与如图 7-8 所示的多层前馈网络相似，差别仅在于计算结点的联结权值是可变的。

多层感知器的输入与输出之间是一种高度非线性的映射关系，如图 7-8 所示的多层前馈网络，若采用多层感知器模型，则该网络就是一个从 n 维欧式空间到 m 维欧式空间的非线性映射。因此，多层感知器可实现非线性可分问题的分类。

7.1.4.2 BP 网络模型

BP 网络是误差反向传播网络的简称，它是鲁梅尔哈特和麦克莱兰在研究并行分布式信息处理方法、探索人类认知微结构的过程中，于 1985 年提出的一种网络模型。BP 网络的网络拓扑结构是多层前馈网络，如图 7-8 所示。在 BP 网络中，同层节点之间不存在相互联结，层与层之间多采用全互联方式，且各层的联结权值可调。BP 网络实现了明斯基的多层网络的设想，是当今神经网络模型中试用最广泛的一种。

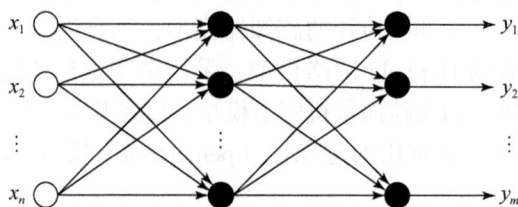

输入层　权值可调　隐含层　权值可调　输出层
图 7-8　一个多层 BP 网络的结构

在 BP 网络中，每个处理单元均为非线性输入/输出关系，其功能函数通常采用的是可微的单极性 Sigmoid 函数，如

$$f(x) = \frac{1}{1 + e^{-x}}$$

或双极性 Sigmoid 函数，即双曲正切函数

$$f(x) = \frac{1 - e^{-x}}{1 + e^{-x}}$$

BP 网络的学习过程是由工作信号的正向传播和误差信号的反向传播组成的。所谓正向传播的过程是指：输入模式从输入层传给隐含层，经隐含层处理后传给输出层，再经输出层处理后产生一个输出模式的这一过程。如果正向传播过程所得到的输出模式与所期望的输出模式有误差，则网络将转为误差的反向传播过程。所谓误差反向传播过程是指：从输出层开始反向把误差信号逐层传送到输入层，并同时修改各层神经元的联结权值，使误差信号为最小。重复上述正向传播和反向传播过程，直至得到所期望的输出模式为止。

对于 BP 网络的学习算法，需要指出以下两点：第一，网络仅在其学习（即训练）过程中需要进行正向传播和反向传播，一旦网络完成学习过程，被用于问题求解时，则只需正向传播，而不需要再进行反向传播。第二，尽管从网络学习的角度，信息在 BP 网络中的传播是双向的，但并不意味着网络层次之间的联结也是双向的，BP 网络的结构仍然是一种前馈网络。

7.1.4.3　Hopfield 网络模型

Hopfield 网络是由美国加州工学院物理学家霍普菲尔特 1982 年提出来的一种单层全互联的对称反馈网络模型，是一个典型的反馈神经网络。Hopfield 神经网络的提出标志着人工神经网络的研究进入新的兴盛期。霍普菲尔特提出人工神经网络的能量函数概念，对网络的运行稳定性判断有了可靠且简单的依据。Hopfield 网络在联想记忆和优化计算等领域均得到了成功的应用，拓展了神经网络的应用范围。这种网络的一个显著优点就是易于通过电子电路实现。它可分为离散 Hopfield 网络和连续 Hopfield 网络（Lee et al. ，2002b）。

（1）离散 Hopfield 网络

离散 Hopfield 网络是在非线性动力学的基础上，由若干基本神经元构成的一种单层全互联网络，其任意神经元之间均有联结，并且是一种对称联结结构。离散 Hopfield 网络的典型结构如图 7-9 所示。离散 Hopfield 网络模型是一个离散时间系统，每个神经元只有 0 和 1（或-1 和 1）两种状态，任意神经元 i 和 j 之间的联结权值为 ω_{ij}。由于神经元之间为对称联结，且神经元自身无联结，因此有

$$\omega_{ij} = \begin{cases} \omega_{ij} & \text{若 } i \neq j \\ 0 & \text{若 } i = j \end{cases} \tag{7-6}$$

由该联结权值所构成的联结矩阵是一个零对角的对称矩阵。

在 Hopfield 网络中，虽然神经元自身无联结，但由于每个神经元都与其他神经元相连，即每个神经元的输出都将通过突触联结权值传递给别的神经元，同时，每个神经元都

接收其他神经元传来的信息，这样对每个神经元来说，其输出经过其他神经元后，又有可能反馈给自己，因此 Hopfield 网络是一种反馈网络。

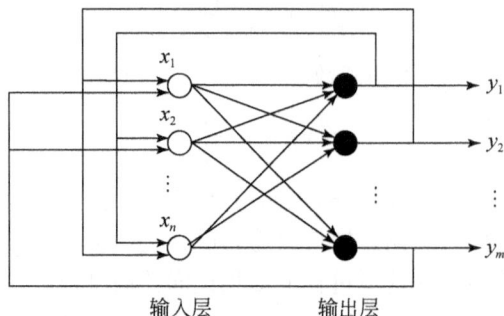

图 7-9　离散 Hopfield 网络的典型结构

Hopfield 网络的输入层不做任何计算，直接将输入信号分布地传送给输出层的各个神经元。如果用 $y_j(t)$ 表示输出层神经元 j 在时刻 t 的状态，则该神经元在下一时刻（即 $t+1$）的状态由式（7-7）确定。

$$y_j(t+1) = \text{sgn}(\sum_{j=1}^{n} \omega_{ij} y_j(t) - \theta_j) = \begin{cases} 1 & 若 \sum_{j=1}^{n} \omega_{ij} y_j(t) - \theta_j \geq 0 \\ 0(或-1) & 若 \sum_{j=1}^{n} \omega_{ij} y_j(t) - \theta_j < 0 \end{cases} \quad (7-7)$$

式中，函数 sgn（）为符号函数；θ_j 为神经元 j 的阈值。

离散 Hopfield 网络中的神经元与生物神经元的差别较大，原因是生物神经元的输入/输出是连续的，并且生物神经元存在延时。为此，霍普菲尔特后来又提出了一种连续时间的神经网络，即连续 Hopfield 网络模型。在该网络中，神经元的状态可取 0~1 之间的任一实数值。

在如图 7-9 所示的离散 Hopfield 网络中，网络的输出要反复地作为输入重新传送到其输入层，这就使网络的状态在不断改变，因此需要考虑网络的稳定性问题。所谓一个网络是稳定的，是指从某一时刻开始，网络的状态不再改变。

设用 $y(t)$ 表示网络在时刻 t 的状态，例如，当 $t=0$ 时，网络的状态就是由输入模式确定的初始状态。如果从某一时刻 t 开始，存在一个有限的时间 Δt，使得从这一时刻开始，网络的状态不再发生变化，即

$$y(t+\Delta t) = y(t) \qquad \Delta t > 0$$

则称该网络是稳定的。如果将神经网络的稳定状态看成是记忆，则神经网络由任一初始状态向稳定状态的变化过程实质上是模拟了生物神经网络的记忆功能。

（2）连续型 Hopfield 神经网络

连续型 Hopfield 神经网络（continuous Hopfield neural network，CHNN）在结构上与离散型相同。Hopfield 利用模拟电路构造了反馈神经网络的电路模型，用来模仿生物神经网络的主要特性。Hopfield 连续神经网络如图 7-10 所示。图中标有正负号的元件是有正反向

输出的运算放大器，其输入输出用来模拟神经元的输入和输出。电容属性和电阻 R 使放大器的输出和输入信号之间产生延迟，用来模拟人工神经元的动态特性。T_{ij} 反映人工神经元的连接权值 w。I 为外加偏置电流，相当于人工神经网络的阈值 θ。

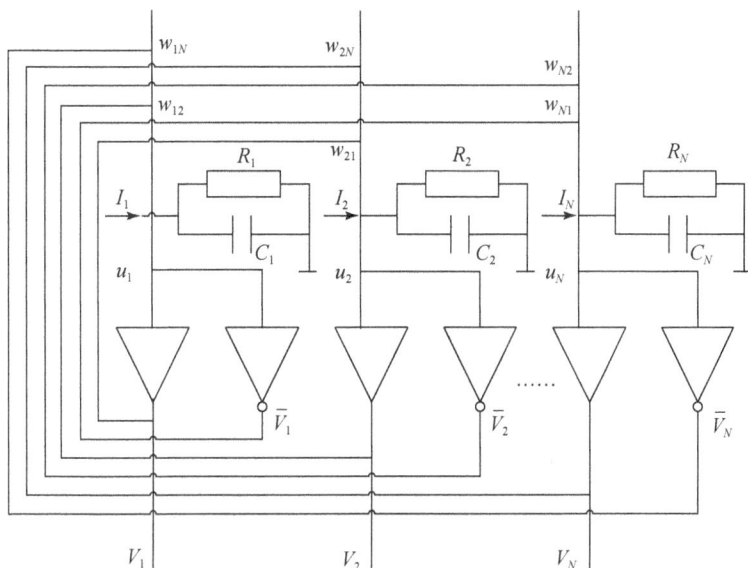

图 7-10　连续 Hopfield 神经网络模型

若定义网络中第 i 个节点的输入为 u_i，输出为 v_i，那么输入输出的关系为：

$$v_i = f(u_i)$$

对于一个 N 节点的连续型 Hopfield 神经网络模型来说，其神经元状态变量的动态变化可用下述非线性微分方程组来描述

$$\begin{cases} C_i \dfrac{\mathrm{d}u_i}{\mathrm{d}t} = \sum_{j=1}^{N} T_{ij}v_j - \dfrac{u_i}{Ri} + I_i, \ i = 1,\ 2,\ 3,\ \cdots,\ N \\ v_i = f_i(u_i) \end{cases}$$

能量函数定义为

$$E = -\frac{1}{2}\sum_{\substack{i=1 \\ j \neq i}}^{N}\sum_{j=1}^{N} T_{ij}v_i v_j - \sum_{i=1}^{N} v_i I_i + \sum_{i=1}^{N}\frac{1}{R_i}\int_0^{v_i} f^{-1}(v)\,\mathrm{d}v$$

连续型 Hopfield 神经网络的能量函数不是物理意义上的能量函数，而是在表达形式上与物理意义的能量函数一致，表征网络状态的变化趋势。

定理 7.1　若作用函数 $f^{-1}(*)$ 是单调递增且连续的，则能量函数 E 是单调递减且有界的。

如果把一个最优化问题的目标函数转换成网络的能量函数，把问题的变量对应于网络的状态，那么 Hopfield 神经网络就能用于解决优化组合问题（王海明，2005）。

应用 Hopfield 神经网络来解决优化计算问题的一般步骤为：

步骤 1：分析问题：网络输出与问题的解相对应；

步骤2：构造网络能量函数：使其最小值对应问题最佳解；

步骤3：设计网络结构：由能量函数和网络稳定条件设计网络参数，得到动力学方程；

步骤4：硬件实现或软件模拟。

7.1.5 案例：基于径向基函数神经网络的大气环境预测

人工神经网络具备强大的自学习、自适应和非线性映射能力，在大气环境预测等非线性预测模型中得到了广泛的应用。其中径向基神经网络为局部逼近网络，对于每个输入输出数据对，只有少量的权值需要调整，具有收敛速度快、网络结构简单、逼近性能良好和不存在局部极小等优点。

7.1.5.1 径向基函数神经网络

径向基函数（radial basis function，RBF）神经网络（Dai et al.，2005）是一种将输入矢量扩展或者预处理到高维空间的神经网络学习方法。它能模拟人脑的局部调整、相互覆盖接受域的神经网络结构，因此，径向基函数神经网络是一种局部逼近网络。理论上已证明，只要隐层神经元的数量足够多，径向基函数神经网络能以任意精度逼近任何单值连续函数。

网络由三层组成，第一层为输入层，第二层为隐层（径向基层），第三层为输出层，其结构如图7-11所示，信号从输入层传递到径向基层，在核函数的作用下产生局部响应，并在输出层形成线性输出。

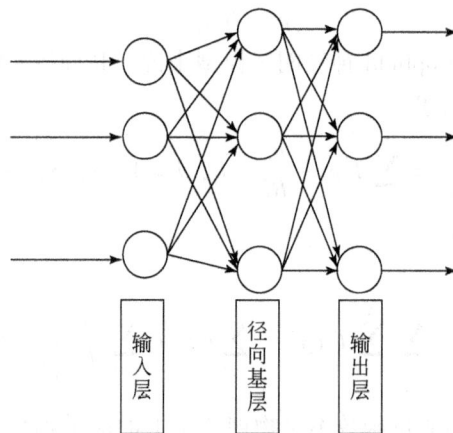

图7-11　RBF神经网络示意图

隐层中的核函数是径向对称的，并且有多种类型，但最常使用的是高斯函数，如下式所示：

$$u_j = \exp\left[\frac{(X - C_j)^T(X - C_j)}{2\delta^2}\right] \quad j = 1, 2, \cdots, N_h \tag{7-8}$$

式中，u_j 为第 j 个隐层节点的输出；$X = (x_1, x_2, \cdots, x_n)$；$T$ 为输入样本；C_j 为高斯函数的中心值；σ_j 为标准化常数；N_h 为隐层节点数。

网络的学习过程分为两阶段：第一阶段，根据输入样本决定径向基层各节点的高斯核函数的中心值 C_j 和标准化常数 σ_j。第二阶段，在决定好隐层的参数后，根据样本，利用最小二乘原则，求出输出层的权值 W_j。因此，网络的训练需要提供输入样本、目标样本和径向基函数的分布系数。

7.1.5.2 预测结果与分析

本文以 SO_2 为浓度序列预测目标。本实验使用的大气污染浓度监测数据为西安市的二氧化硫日均浓度值，资料取五年共 1827 组数据，由西安市环境监测站提供。实验在 MAT-LAB2009a 中实现，神经网络算法的实验使用 MATLAB 自带的神经网络工具箱。

对应的气象资料为同期的西安市日平均气压、日平均气温、日最高气温、日最低气温、日平均相对湿度、最小相对湿度、日平均风速、最大风速风向、日照时数共九种数据。由中国气象科学数据共享服务网 （http://cdc.cma.gov.cn） 提供，也为 1827 组数据。

对所有的数据使用前需要归一化处理。数据归一化到 ［－1，1］ 区间的公式为

$$x_n = \frac{2(x - x_{min})}{x_{max} - x_{min}} - 1 \tag{7-9}$$

式中，x_n 和 x 表示归一化前后的序列值；x_{max} 和 x_{min} 分别表示原序列 x 的最大值和最小值。

反归一化公式为

$$x = 0.5(x_n + 1) * (x_{max} - x_{min}) + x_{min} \tag{7-10}$$

使用如下几个统计量评价预测模型的预测精度：

（1）平均绝对误差

$$MAE = \frac{1}{n} \sum_{t=1}^{n} |y_t - \hat{y}_t| \tag{7-11}$$

（2）平均相对误差

$$MPAE = \frac{1}{n} \sum_{t=1}^{n} \frac{|y_t - \hat{y}_t|}{|y_t|} \tag{7-12}$$

（3）均方根误差

$$RMSE = \sqrt{\frac{1}{n} \sum_{t=1}^{n} (y_t - \hat{y}_t)^2} \tag{7-13}$$

把前四年 1460 组历史数据作为训练样本，每组数据包括 10 个预测因子和一个原始 SO_2 浓度序列值。把第五年共 365 组数据作为测试样本，每组数据包括 10 个输入因子，对每天的 SO_2 浓度值进行预测。

通过多次试验，最终确定的径向基函数神经网络的参数选择为：径向基函数扩展系数 0.7，训练目标 0.001，隐层最大神经元数 500。最后测试数据的真实值和预测值对比图 （图 7-12）。

经过计算，径向基函数神经网络的预测精度指标分别为：MAE = 0.0128，MPAE =

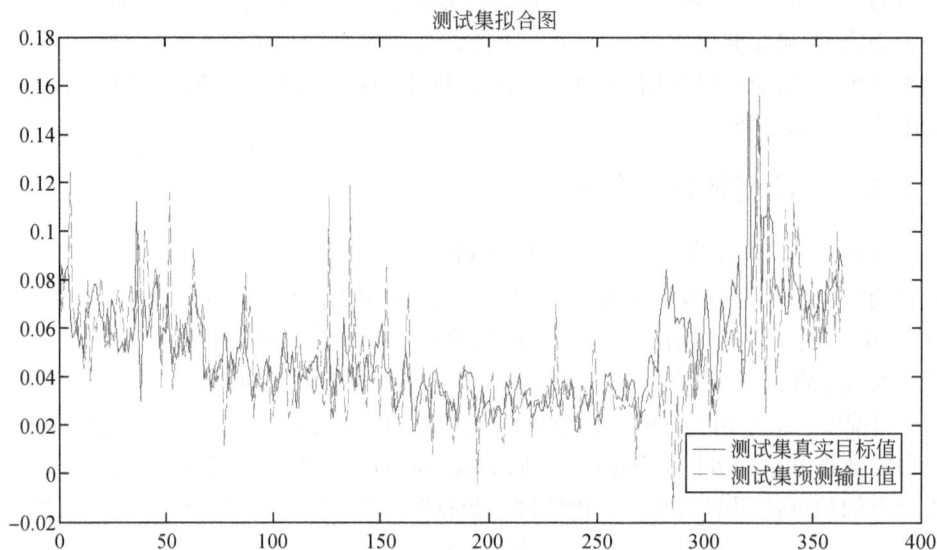

图 7-12　径向基函数神经网络模型真实值与预测值对比图

23.84%，RMSE=0.0209。

从曲线图和统计指标来看，径向基函数神经网络模型对于大气污染预测具有一定的预测能力，但是预测的泛化能力还有待提高。

7.2　遗　传　算　法

7.2.1　遗传算法概述

遗传算法（刘淳安和王宇平，2005）的基本思想是使用模拟生物和人类进化的方法来求解复杂问题，它起源于对生物系统进行的计算机模拟研究。早在 20 世纪 40 年代，就有学者开始研究利用计算机进行生物模拟的技术，他们从生物学的角度进行了生物的进化过程模拟、遗传过程模拟等研究工作。早期的研究特点是侧重于对一些复杂操作的研究。最早意识到自然遗传算法可转化为人工智能算法的是霍兰德教授。1965 年，霍兰德教授首次提出人工智能操作的重要性，并将其应用到自然系统和人工系统中。1967 年，霍兰德教授的学生巴格利（Bagley）在其博士论文中首次提出"遗传算法"一词，并发表了遗传算法应用方面的第一篇论文，从而创立了自适应遗传算法的概念。巴格利发展了复制、交叉、变异、显性、倒位等遗传算子，在个体编码上使用了双倍体的编码方法。1970 年，卡维基奥（Cavicchio）把遗传算法应用于模式识别。霍尔斯替因（Hollstien）最早把遗传算法应用于函数优化。20 世纪 70 年代初，霍兰德教授提出了遗传算法的基本定理——模式定理，从而奠定了遗传算法的理论基础。模式定理揭示出种群中优良个体（较好的模式）的样本数将以指数级规律增长，因而从理论上保证了遗传算法是一个可用来寻求最优可行解的优化过程。1975 年，霍兰德教授出版了第一本系统论述遗传算法和人工自适应系统的专著

《自然系统和人工系统的自适应性》（*Adaptaiom in Natural and Artificial Systems*）。同年，K. A. 德容（K. A. De Jong）在博士论文《遗传自适应系统的行为分析》（*An Analysis of the Behavior of a Classs of Genetic Adeptive System*）中结合模式定理进行了大量的纯数值函数优化计算实验，建立了遗传算法的工作框架，为遗传算法及其应用打下了坚实的基础，他所得出的许多结论迄今仍具有普遍的指导意义。20 世纪 80 年代，霍兰德教授实现了第一个基于遗传算法的机器学习系统——分类器系统（classifier systems, CS），提出了基于遗传算法的机器学习的新概念，为分类器系统构造出一个完整的框架。1989 年，D. J. 戈德堡（D. J. Goldberg）出版了专著《搜索、优化和机器学习中的遗传算法》。该书系统总结了遗传算法的主要研究成果，全面而完整地论述了遗传算法的基本原理及其应用。可以说这本书奠定了现代遗传算法的科学基础，为众多研究和发展遗传算法的学者所瞩目。1991 年，L. 戴维斯（L. Davis）编辑出版了《遗传算法手册》一书，书中包括遗传算法在科学计算、工程技术和社会经济中的大量应用样本，为推广和普及遗传算法的应用起到了重要的指导作用。1992 年，J. R. 科扎（J. R. Koza）将遗传算法应用于计算机程序的优化设计及自动生成，提出了遗传规划（genetic programming, GP）的概念。遗传算法是在模拟自然界生物遗传进化过程中形成的一种自适应优化的概率搜索算法。它从初始种群出发，采用"优胜劣汰，适者生存"的自然法则选择个体，并通过杂交、变异来产生新一代种群，如此逐代进化，直到满足目标为止。它于 1962 年被提出，直到 1989 年才最终形成基本框架。

7.2.2　遗传算法基础

遗传算法（genetic algorithm, GA）是模拟生物进化过程的计算模型，是自然遗传学与计算机科学相互结合、相互渗透而形成的新的计算方法。

遗传是一种生物从其亲代继承特性和性状的现象。继承的信息由基因携带，多个基因组成染色体，基因在染色体中的位置为基因座（locus）。同一基因座可能有的全部基因为等位基因（alleles），等位基因和基因座决定了染色体的特征，也决定了生物个体的特性。从染色体的表现形式看，有两种相应的表示模式，分别为基因型（genotype）和表现型（phenotype）。表现型是指生物个体表现出来的性状，而基因型则是指与表现密切相关的基因组成。同一基因型的生物个体在不同的环境条件下有不同的表现型。因此，表现型是基因型与环境相互作用的结果。在遗传算法中染色体对应的是一系列符号序列，在标准的遗传算法（即基本遗传算法）中，通常用 0, 1 组成的位串表示，串上各个位置对应基因座，各位置上的取值对应等位基因。遗传算法对染色体进行处理，染色体称为基因个体。一定数量的基因个体组成基因种群。种群中个体的数目为种群的规模，个体对环境的适应程度称为适应度（fitness）。在生物生存过程中，能够通过自然选择逐渐向适应生存环境的方向转化，这就是生物的遗传进化。进化过程包括三种演化操作：在父代基因种群中的双亲选择操作；两个父代双亲为产生子代基因的交叉操作；在子代基因种群中的变异操作。遗传算法为模拟生物的遗传进化，必须完成两种数据转换：一是从表现型到基因型的转换，即将搜索空间中的参数或可行解转化成遗传空间中的染色体或个体，完成编码操作，另一种是从基因型到表现型的转换，是前者的反方向操作，为译码操作，即将遗传空间中的染色体或个体转换成解空间中的最优解。遗传算法实质上是一种繁衍、监测和评价的迭代算法。从数学角度看，它是一种概率型搜索算法；从工程学角度看，它是一种自适应的迭代寻优过程。算法以所有个体为对象，通过选择、交叉和变异等算子实现种群的换代演化，使新生代的基因种群具有更强的环境适应能力。遗传算法的最大优点是问题求解与初始条件无关，搜索最优解的能力极强。遗传算法可对各种数据挖掘技术进行优化，例如，神经网络、最近邻规则等。解决这些问题的关键是将复杂的现实问题解决方案转换成计算机中的模拟遗传物质（一系列的计算机符号）。

遗传算法所涉及的基本概念主要有以下几个（高尚等，2007）。

种群（population）：指用遗传算法求解问题时，初始给定的多个解的集合，它是问题解空间的一个子集。遗传算法的求解过程是从这个子集开始的。

个体（individual）：指种群中的单个元素，它通常由一个用于描述其基本遗传结构的数据结构来表示。例如，可用 0，1 组成的长度为 l 的串来表示个体。

染色体（chromosome）：指对个体进行编码后所得到的编码串。染色体中的每一个位成为基因，染色体上由若干个基因构成的一个有效信息段为基因组。

适应度（fitness）函数：是一种用来对种群中各个个体的环境适应性进行度量的函数。其函数值决定染色体的优劣程度，是遗传算法实现优胜劣汰的主要依据。

遗传操作（genetic operator）：指作用于种群而产生新的种群的操作。标准的遗传操作包括选择（或复制）、交叉（或重组）、变异三种基本形式。

遗传算法可形式化的描述为

$$GA = (P(0), N, l, s, g, P, f, T)$$

式中，$P(0) = \{P_1(0), P_2(0), \cdots, P_n(0)\}$ 表示初始种群；N 表示种群规模；l 表示编码串的长度；s 表示选择策略；g 表示遗传算子，它包括选择算子 Q_r、交叉算子 Q_c 和变异算子 Q_m；P 表示遗传算子的操作概率，它包括选择概率 P_r、交叉概率 P_c 和变异概率 P_m；f 是适应度函数；T 是终止标准。

7.2.3 遗传算法的基本过程

遗传算法主要由染色体编码、初始种群设定、适应度函数设定、遗传操作设计等几大部分组成，其算法流程如图 7-13 所示。

以下流程只是一个粗框图，其算法的主要内容和基本步骤可描述如下：

1）编码并生成初始种群。先要定义有待解决的问题，然后将问题转换成遗传空间中的数串结构。主要是对各种自变量进行编码，一般用一定位数的二进制编码表示。将所有的自变量编码连接成一串，得到由自变量的一组取值决定的一个可行解。例如，有自变量 a，b，c，d，每个自变量用四位表示，可取得 16 位的二进制代码，如"1000111001011001"。如将每个解看成生物群体中的一个个体，这个代码串就是个体遗传特性的基因码链。从遗传算法的初始计算考虑，要为遗传计算准备若干初始解的初始种群，这些初始种群由随机数生成。每个码串构成祖先种群中的一个初始个体，一定数量的个体构成原始的初始种群。遗传算法从初始种群开始。

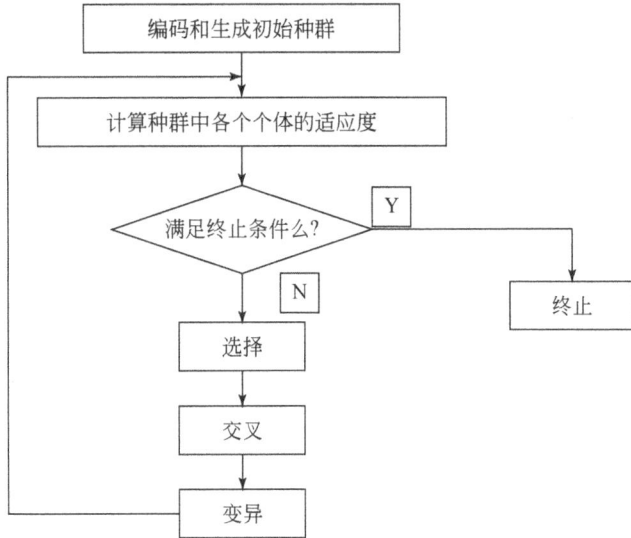

图 7-13　基本遗传算法的算法流程图

2）计算种群中所有个体的环境适应度。分别计算基因种群中所有个体的环境适应度函数。适应度函数表明个体或解的优劣性，不同的问题，适应度函数的定义方式也不同。

3）计算目标函数。用适应度函数评价个体对环境的适应度，评价每个个体的适应度函数，也就是计算目标函数。按照编码规则将每个基因个体的基因码对应的自变量取值代入目标函数，算出相应的函数值 f。f 越大，第 i 个基因的适应度越好。

4）选择适应度好的个体进行复制。选择适应度好的个体作为优先配对繁殖的个体，让适应度好的基因有更多的机会繁殖后代，使优良的基因得以遗传和保留。这些适应度好的基因个体通过复制操作被送进配对库。遗传算法通过选择过程实现达尔文的适者生存原则。

5）选择适应度好的个体进行复制交叉配对繁殖。随机地从配对库中选择双亲进行位串处理，得到新一代基因个体。位串处理时，对随机选择的双亲的位串随机地取一个截断点，将双亲的基因码链在截断点处切开，交换双亲的位串尾部，得到两个后代的基因个体。经过交叉操作得到新一代的个体，新个体对环境的平均适应度要比上一代好。

6）变异操作。新生代的变异操作在完成新生代的繁殖以后，还要随机地从新生代中选择一些个体进行变异操作。变异的概率在 0.01%～1%。变异操作的目的是避免因选择交叉过程中引起某些信息的永久性丢失而降低变异操作的有效性，即避免出现只能获取局部解的弊端。完成变异操作后，可返回第 4）步重新生成新一代。这样持续地迭代下去，使群体的平均适应和最优个体的适应度不断上升，直至得到满意解或样本的适应度不再提高为止。

7）约束条件的处理方法。在实际问题求解中会有一些约束条件。在遗传算法的应用中，还未找到一种能够处理各种约束条件的一般化方法。因此对约束条件进行处理时，只能针对具体应用问题和约束条件的特征，考虑遗传算子的能力，选用不同的处理方法。处理约束条件的常用方法主要有搜索空间限定法、可行解变换法和罚函数法三种。

— 173 —

7.2.4　遗传编码

常用的遗传编码算法有二进制编码、格雷编码、实数编码和字符编码等。下面主要讨论前三种遗传编码算法（王华等，2008）。

（1）二进制编码

二进制编码（binary encoding）是最常用的编码方法，因为二进制表示方法在理论上比较容易分析。基本遗传算法使用固定长度的二进制符号串表示群体中的个体，其等位基因是由二值符号集 $\{0, 1\}$ 组成的。如果解空间中的变量是离散变量，直接用相应位数的二进制串对每个变量进行编码即可。对于那些连续变量，需要先将其离散化，再进行编码。

二进制编码是将原问题的结构变换为染色体的位串结构。在二进制编码中，首先要确定二进制字符串的长度 l，该长度和变量的定义域与所求问题的计算精度有关。

例如假设变量 x 的定义域为 $[5, 10]$，要求的计算精度为 10^{-5}，则需要将 $[5, 10]$ 至少分为 600000 个等长小区间，每个小区间用一个二进制编码串表示。于是，串长至少等于 20，原因是 $524288 = 2^{19} < 600000 < 2^{20} = 1048576$。这样，对应于区间 $[5, 10]$ 内满足精度要求的每个值 x，都可用一个 20 位的二进制编码串 $<b_{19}, b_{18}, \cdots, b_0>$ 来表示。其对应的十进制数为

$$x' = \sum_{i=0}^{19} b_i \cdot 2^i$$

对应的变量 x 的值为

$$x = 5 + x' \cdot \frac{6}{2^{20} - 1} = 5 + \left(\sum_{i=0}^{19} b_i \cdot 2^i \right) \cdot \frac{6}{2^{20} - 1}$$

二进制编码的主要优点有以下几个方面：

①编码、解码操作简单易行。②交叉、变异等遗传操作便于实现。③符合最小字符集编码原则。④便于利用模式定理对算法进行理论分析。

为增强遗传算法的局部搜索能力，人们又提出了一些其他编码方法。

（2）格雷编码

格雷编码（Gray encoding）是对二进制编码进行变换后所得到的一种编码方法。这种编码方法要求两个连续整数的编码之间只能有一个码位不同，其余码位都是完全相同的，其基本原理如下。

设有二进制编码串 $b_1, b_2, \cdots, b_n$ 对应的格雷编码串为 $\alpha_1, \alpha_2, \cdots, \alpha_n$，则从二进制编码到格雷编码的变换为

$$\alpha_i = \begin{cases} b_1 & i = 1 \\ b_{i-1} \oplus b_i & i > 1 \end{cases} \tag{7-14}$$

式中，$\oplus$ 表示模 2 加法。从而一个格雷编码串到二进制编码串的变换为

$$b_i = \sum_{j=1}^{i} \alpha_j(\bmod 2) \tag{7-15}$$

例如，十进制数 7 和 8 的二进制编码分别为 0111 和 1000，而其格雷编码分别为 0100和 1100。

（3）实数编码

实数编码（real encoding）是将每个个体的染色体都用某一范围的一个实数（浮点数）来表示，其编码长度等于该问题变量的个数。这种编码方法是将问题的解空间映射到实数空间上，然后在实数空间上进行遗传操作。由于实数编码使用的是变量的真实值，因此这种编码方法也叫做真值编码方法。实数编码适应于那些多维、高精度要求的连续函数优化问题。

此外，还有符号编码方法、多参数级联编码方法、多参数交叉编码方法等。

7.2.5 适应度函数

遗传算法的一个特点是仅使用求解问题的目标函数值就可得到下一步的搜索信息。对目标函数值的使用是通过评价个体的适应度来体现的。因为个体的适应值是繁衍和消亡的决定因素。适应度函数是一个用于对个体的适应性进行度量的函数。通常，一个个体的适应度值越大，它被遗传到下一代种群中的概率也就越大。评价个体适应度的一般过程是：

1）对个体编码串进行解码处理后，可得到个体的表现型。

2）由个体的表现型可计算出对应个体的目标函数值。

3）根据最优化问题的类型，由目标函数值按一定的转换规则求出个体的适应度。在具体应用中，适应度函数要结合求解问题的要求而定。理想的适应度函数是平滑的，这样一来，适应度可接受的染色体和适应度较好的染色体之间的差别较小。但这在实际问题中往往是不现实的。虽然如此，还是要尽量避免适应度函数有过多的局部最优解，也要避免函数的全局最优解过于孤立。某些问题不能简单地依靠计算适应度函数。因为存在许多约束条件，使许多染色体表示的都是非法的解。此外还需要通过对适应度函数的修改来解决一些遗传算法中的问题。

（1）常用的适应度函数

在遗传算法中，有许多建立适应度函数的方法，其中最常用的适应度函数有以下两种：

1）原始适应度函数。

它是直接将待求解问题的目标函数 $f(x)$ 定义为遗传算法的适应度函数。例如，在求解极值问题时，可用目标函数 $f(x)$ 作为遗传算法的适应度函数，即原始适应度函数。

$$\max_{x \in [a, b]} f(x)$$

采用原始适应度函数的优点是能直接反映出待求解问题的最初求解目标，缺点是有可能出现适应度值为负的情况。

2）标准适应度函数。

在遗传算法中，一般要求适应度函数为负，并且适应度值越大越好。因此，往往需要对原始适应度函数进行某种变换，将其转换为标准的度量方式，以满足进化操作的要求，这样所得到的适应度函数被称为标准适应度函数$f_{\text{normal}}(x)$。

对极小化问题，其标准适应度函数可定义为

$$f_{\text{normal}}(x) = \begin{cases} f_{\max}(x) - f(x) & \text{当} f(x) < f_{\max}(x) \\ 0 & \text{否则} \end{cases} \tag{7-16}$$

式中，$f_{\max}(x)$是原始适应度函数$f(x)$的一个上界。如果$f_{\max}(x)$未知，则可用当前代或到目前为止各演化代中的$f(x)$的最大值来代替。可见，$f_{\max}(x)$是会随着进化代数的增加而不断变化的。

对极大化问题，其标准适应度函数可定义为

$$f_{\text{normal}}(x) = \begin{cases} f(x) - f_{\min}(x) & \text{当} f(x) > f_{\min}(x) \\ 0 & \text{否则} \end{cases} \tag{7-17}$$

式中，$f_{\min}(x)$是原始适应度函数$f(x)$的一个下界。如果$f_{\min}(x)$未知，则可用当前代或到目前为止各演化代中的$f(x)$的最小值来代替。

（2）适应度函数的加速变换

在某些情况下，适应度函数在极值附近的变化可能会非常小，以至于不同个体的适应值非常接近，使得难以区分出哪个染色体更占优势。对此，最好能定义新的适应度函数，使该适应度函数既与问题的目标函数具有相同的变化趋势，又有更快的变化速度。适应度函数的加速变换有两种基本方法，一种是线性加速，另一种是非线性加速。下面重点讨论线性加速问题。线性加速适应度函数的定义如下：

$$f'(x) = \alpha f(x) + \beta$$

式中，$f(x)$是加速转换前的适应度函数；$f'(x)$是加速转换后的适应度函数；α和β是转换系数。对α和β的选择应满足如下条件：

1）变换后得到的新适应度函数的平均值要等于原适应度函数的平均值。这样可保证父代种群中的那些适应度接近于平均适应度的个体，能有相当数量被遗传到下一代种群中。即有关系

$$\alpha \frac{\sum_{i=1}^{n} f(x_i)}{n} + \beta = \frac{\sum_{i=1}^{n} f(x_i)}{n} \tag{7-18}$$

式中，x_i $(i=1, 2, \cdots, n)$为当前代中的染色体。

2）变换后所得到的新的种群个体所具有的最大适应度要等于其平均适应度的指定倍数，即有关系

$$\alpha \max_{1 \leqslant i \leqslant n}\{f(x_i)\} + \beta = M \frac{\sum_{i=1}^{n} f(x_i)}{n} \tag{7-19}$$

式中，x_i $(i=1, 2, \cdots, n)$为当前代中的染色体；M是指将当前的最大适应度放大为其

平均值的 M 倍。这样，通过选择适当的 M 值，就可拉开不同染色体间适应度值的差距。

除采用线性加速变换方法外，也可采用非线性方法。例如，幂函数变换方法

$$f'(x) = f(x)^k \tag{7-20}$$

指数变换方法

$$f'(x) = \exp(-\beta f(x)) \tag{7-21}$$

7.2.6 基本遗传操作

遗传算法中的基本遗传操作包括选择、交叉和变异三种，每种操作又包括多种不同的方法。下面分别进行介绍。

7.2.6.1 选择操作

遗传算法中的选择操作建立在对个体的适应度进行评价的基础上。选择操作用来确定把种群中一些个体遗传到下一代群体。要求避免基因缺失，提高全局收敛性和计算效率。常用的选择策略可分为比例选择、排序选择和竞技选择三种类型。

（1）比例选择

最常用和最基本的选择算子是比例选择算子，比例选择方法（proportional model）的基本思想是：各个个体被选中的概率与其适应度大小成正比。常用的比例选择策略包括轮盘赌选择法和繁殖池选择法等。

轮盘赌选择（roulette wheel selection）法又称转盘赌选择法或轮盘选择法，它是比例选择中最常用的一种方法。该方法的基本思想是：个体被选中的概率取决于该个体的相对适应度。而相对适应度的定义为

$$p(x_i) = \frac{f(x_i)}{\sum\limits_{j=1}^{N} f(x_j)}$$

式中，$p(x_i)$ 是第 i 个个体的相对适应度，即个体 x_i 被选中的概率；$f(x_i)$ 是个体 x_i 自身的适应度；$\sum\limits_{j=1}^{N} f(x_j)$ 是种群中所有个体的累加适应度。

轮盘赌选择算法的基本思想是：根据每个个体的选择概率 $p(x_i)$ 将一个圆盘分成 N 个扇区，每个个体在圆盘中占 1 个扇区，第 i（$i=1,,2\cdots,n$）个扇区的中心角为

$$2\pi \frac{f(x_i)}{\sum\limits_{j=1}^{N} f(x_j)} = 2\pi P(x_i)$$

再设立一个移动指针，并将圆盘的转动等价为指针的移动。当选择进行时，可假想转动圆盘，若圆盘静止时指针指向第 i 个扇区，则选择个体 x_i。其物理意义如图 7-14 所示。

从统计角度看，个体的适应度值越大，其对应扇区的中心角越大，被选中的可能性也越大。从而，其基因被遗传到下一代的可能性也就越大。反之，适应性越小的个体，被选中的可能性就越小，但仍有被选中的可能。这种方法有点类似于发放奖品时使用的轮盘，

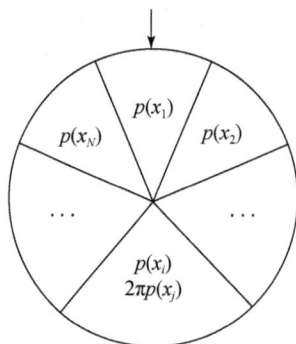

图 7-14　轮盘赌选择的物理意义

并带有某种赌博的意思，因此被称为轮盘赌选择。

繁殖池（breeding pool）选择也是比例选择中常用的一种方法。该方法的基本思想是首先计算种群中每个个体的繁殖数目 N_i，并分别把每个个体复制成 N_i 个个体；接着将这些复制后的个体组成一个临时种群，即形成一个繁殖池；然后从繁殖池中成对的随机抽取个体进行交叉操作，并用新产生的个体取代当前个体；最后形成下一代个体种群。

至于种群中第 i 个个体的繁殖数目 N_i，可按下式计算

$$N_i = \text{round}(\text{rel}_i \cdot N)$$

式中，$\text{round}(x)$ 表示与 x 距离最小的整数；N 表示种群规模；rel_i 表示种群中第 i 个个体的相对适应度，其计算公式为

$$\text{rel}_i = \frac{f(x_i)}{\sum_{j=1}^{N} f(x_j)}$$

式中，$f(x_i)$ 是种群中第 i 个个体的适应度。

可以看出，个体的适应度越大，其相对适应度和繁殖数目也就越多，即它在繁殖池中被选择的机会也就越大。而对那些 $N_i=0$ 的个体，肯定会被淘汰。

（2）排序选择

排序选择（ranking selection）法的基本思想是：首先对种群中的所有个体，按其相对适应度的大小进行排序；然后根据每个个体的排列顺序，为其分配相应的选择概率；最后基于这些选择概率，采用比例选择（如轮盘赌选择）方法产生下一代种群。

这种方法的主要优点是消除个体适应度差别悬殊所产生的影响，使每个个体的选择概率仅与其在种群中的排序有关，而与其适应度值无直接关系。其主要缺点有以下两点：一是忽略了适应度值之间的实际差别，使个体的遗传信息未能得到充分利用；二是选择概率和序号的关系须事先确定。

（3）竞技选择

竞技选择（tournament selection）法也称锦标赛选择法，其基本思想是：首先在种群中随机地选择 k 个（允许重复）个体进行锦标赛式比较，适应度大的个体将胜出，并被作

为下一代种群中的个体；重复以上过程，直到下一代种群中的个体数目达到种群规模为止。参数 k 被称为竞赛规模，通常取 $k=2$。

这种方法实际上是将局部竞争引入到选择过程中，它既能使那些好的个体有较多的繁殖机会，又可避免某个个体因其适应度过高而在下一代繁殖较多的情况。

7.2.6.2　交叉操作

交叉（crossover）操作是指按照某种方式对选择的父代个体的染色体部分基因进行交配重组，从而形成新的个体。交叉算子与研究的问题密切相关，既不能太多地破坏个体编码串中具有优良性状的模式，又要能有效地产生出一些较好的新个体。交配重组是自然界中生物遗传进化的一个主要环节，也是遗传算法中产生新的个体的最主要方法。另外，交叉算子的设计要和个体编码设计统一考虑。根据个体编码方法的不同，遗传算法中所采用的交叉操作也有所不同，下面主要讨论二进制交叉和实值交叉。

（1）二进制值交叉

二进制值交叉（binary valued crossover）是指在二进制编码情况下所采用的交叉操作，它主要包括单点交叉、两点交叉、多点交叉和均匀交叉等方法。

单点交叉（one-point crossover）是最常用和最基本的交叉操作算子，也称简单交叉，它是先在两个父代个体的编码串中随机设定一个交叉点，然后对这两个父代个体交叉点前面或后面部分的基因进行交换，并生成子代中的两个新的个体。在交叉过程的开始，先产生随机数与交叉概率 P 相比较，如果随机数比 P 小，则进行交叉运算，否则不进行交叉运算，直接返回父代。一旦进行交叉操作，就要在染色体中随机选择一个点作为交叉点，然后用第一个父辈的交叉点前的串和第二个父辈的交叉点后的串组合形成一个新的染色体，第二个父辈的交叉点前的串和第一个父辈的交叉点后的串组合形成另一个新的染色体。假设两个附带的个体串分别是

$$X = x_1 x_2 \cdots x_k x_{k+1} \cdots x_n$$
$$Y = y_1 y_2 \cdots y_k y_{k+1} \cdots y_n$$

随机选择第 k 位为交叉点。单点交叉是将 X 中的 x_{k+1} 到 x_n 部分与 Y 中的 y_{k+1} 到 y_n 部分进行交换，交换后生成的两个新的个体是

$$X' = x_1 x_2 \cdots x_k y_{k+1} \cdots y_n$$
$$Y' = y_1 y_2 \cdots y_k x_{k+1} \cdots x_n$$

两点交叉（two-point crossover）是指先在两个父代个体的编码串中随机设定两个交叉点，然后再按这两个交叉点进行部分基因交换，生成子代中的两个新的个体。

假设两个父代的个体串分别是

$$X = x_1 x_2 \cdots x_i \cdots x_j \cdots x_n$$
$$Y = y_1 y_2 \cdots y_i \cdots y_j \cdots y_n$$

随机设定第 i，j 位为两个交叉点（其中 $i<j<n$），两点交叉是将 X 中的 x_{i+1} 到 x_j 部分与 Y 中的 y_{i+1} 到 y_j 部分进行交换，交叉后生成的两个新的个体是

$$X' = x_1 x_2 \cdots x_i y_{i+1} \cdots y_j x_{j+1} \cdots x_n$$

$$Y' = y_1 y_2 \cdots y_i x_{i+1} \cdots x_j y_{j+1} \cdots y_n$$

多点交叉（multiple-point crossover）是指先在两个父代个体的编码串中随机生成多个交叉点，然后再按这些交叉点分段地进行部分基因交换，生成子代中的两个新的个体。

假设设置的交叉点个数为 m 个，则可将个体串（染色体）划分为 $(m+1)$ 个分段（基因组）。其划分方法是：

当 m 为偶数时，对全部交叉点依次进行两两配对，构成 $m/2$ 个交叉段。

当 m 为奇数时，对前 $(m-1)$ 个交叉点依次进行两两配对，构成 $(m-1)/2$ 个交叉段，而第 m 个交叉点则按单点交叉方法构成一个交叉段。

为便于理解，下面以 $m=3$ 为例进行讨论。

假设两个父代的个体串分别是

$$X = x_1 x_2 \cdots x_i \cdots x_j \cdots x_k \cdots x_n$$
$$Y = y_1 y_2 \cdots y_i \cdots y_j \cdots y_k \cdots y_n$$

随机设定第 i，j，k 位为三个交叉点（其中 $i<j<k<n$），则将构成两个交叉段。其中，第一个交叉段是由前两个交叉点构成一个两点交叉段，即对 X 中的 x_{i+1} 到 x_j 部分与 Y 中的 y_{i+1} 到 y_j 部分进行交换；第二个交叉段是由第三个交叉点构成的一个单点交叉段，即对 X 中的 x_{k+1} 到 x_n 部分与 Y 中的 y_{k+1} 到 y_n 部分进行变换。交叉后生成的两个新的个体是

$$X' = x_1 x_2 \cdots x_i y_{i+1} \cdots y_j x_{j+1} \cdots x_k y_{k+1} \cdots y_n$$
$$Y' = y_1 y_2 \cdots y_i x_{i+1} \cdots x_j y_{j+1} \cdots y_k y_{k+1} \cdots x_n$$

均匀交叉（uniform crossover）是先随机生成一个与父串具有相同长度，并被称为交叉模板（或交叉掩码）的二进制串，然后再利用该模板对两个父串进行交叉，即将模板中 1 对应的位进行交换，而 0 对应的位不交换，依次生成子代中的两个新的个体。事实上，这种方法对父串中的每一位都是以相同的概率随机进行交叉的。

（2）实值交叉

实值交叉（real valued crossover）是在实数编码情况下所采用的交叉操作，它包括离散交叉（discrete crossover）和算数交叉（arithmetical crossover）等，这里主要介绍离散交叉。

离散交叉又可分为部分离散交叉和整体离散交叉两种。部分离散交叉是先在两个父代个体的编码向量中随机选择一部分分量，然后对这部分分量进行交换，生成子代中的两个新的个体。而整体交叉则是对两个父代个体的编码向量中的所有分量，都以 1/2 的概率进行交换，从而生成子代中的两个新的个体。

对部分离散交叉，假设两个父代个体的 n 维实向量分别是 $X = x_1 x_2 \cdots x_i \cdots x_k \cdots x_n$ 和 $Y = y_1 y_2 \cdots y_i \cdots y_k \cdots y_n$，若随机选择第 k 个分量以后的所有分量进行交换，则生成的两个新的个体向量是

$$X' = x_1 x_2 \cdots x_k y_{k+1} \cdots y_n$$
$$Y' = y_1 y_2 \cdots y_k x_{k+1} \cdots x_n$$

7.2.6.3 变异操作

变异（mutation）是指对选中个体的染色体中的某些基因进行变动，以形成新的个体。

变异也是生物遗传和自然进化中的一种基本现象，它可增强种群的多样性。遗传算法中的变异操作增加了算法的局部随机搜索能力，从而可维持种群的多样性。根据个体编码方式的不同，变异操作可分为二进制值变异和实值变异两种类型。

（1）二进制值变异

当个体的染色体为二进制编码表示时，其变异操作应采用二进制值变异方法。该变异方法是先随机地产生一个变异位，然后将该变异位置上的基因值由"0"变为"1"，或由"1"变为"0"，产生一个新的个体。

（2）实值变异

当个体的染色体为实数编码表示时，其变异操作应采用实值变异方法。该方法是用另外一个在规定范围内的随机实数去替换原变异位置上的基因值，产生一个新的个体。常用的实值变异操作有基于位置的变异和基于次序的变异等。

基于位置的变异方法是先随机地产生两个变异位置，然后将第二个变异位置上的基因移动到第一个变异位置的前面。基于次序的变异方法是先随机产生两个变异位置，然后交换这两个变异位置上的基因。

7.2.7 案例：遗传算法在西安邮政配送中心选址中的应用

7.2.7.1 数据准备

本节以西安邮政配送系统为研究对象，规划设计三个邮政配送中心，目标是使这三个中心合理布局，以最小的成本投入获得最大的社会收益。参考西安市城市总体规划（1995～2020 年），取 1995 年城市邮政设施规划图进行分析，采用 ArcView GIS 3.2 实现分类图层叠加，包括道路设施图（图 7-15）、数字化后的城市道路网络图（图 7-16）、土地级别图（图 7-17）、资源点分布和需求点分布及类型图（图 7-18）。

采用 ArcView GIS 3.2 对道路设施进行数字化，对道路按交叉点划分并对路段和节点重新编号。数字化后的西安地图共 1726 条道路、986 个节点，如图 7-16 所示。

土地级别如图 7-17，共七级。土地价格由Ⅰ级土地向Ⅶ级土地依次递减。根据市政告字〔2000〕6 号对西安市市区国有土地级别和基准地价的标准，配送中心用地属于工业用地，不同级别的土地价格如表 7-1 所示。

表 7-1 西安市市区国有土地基准地价表（2000 年）

[单位：元/平方米（万元/亩）]

土地级别	Ⅰ	Ⅱ	Ⅲ	Ⅳ	Ⅴ	Ⅵ	Ⅶ
基准地价	1950（130）	1560（104）	1230（82）	870（58）	555（37）	375（25）	300（20）

按照《西安现代物流产业发展规划》中对西安发展现代物流业的具体目标，邮政配送中心规划占地 2 平方公里，即 200 万平方米。在本节中，对配送中心的基本建设费用按照

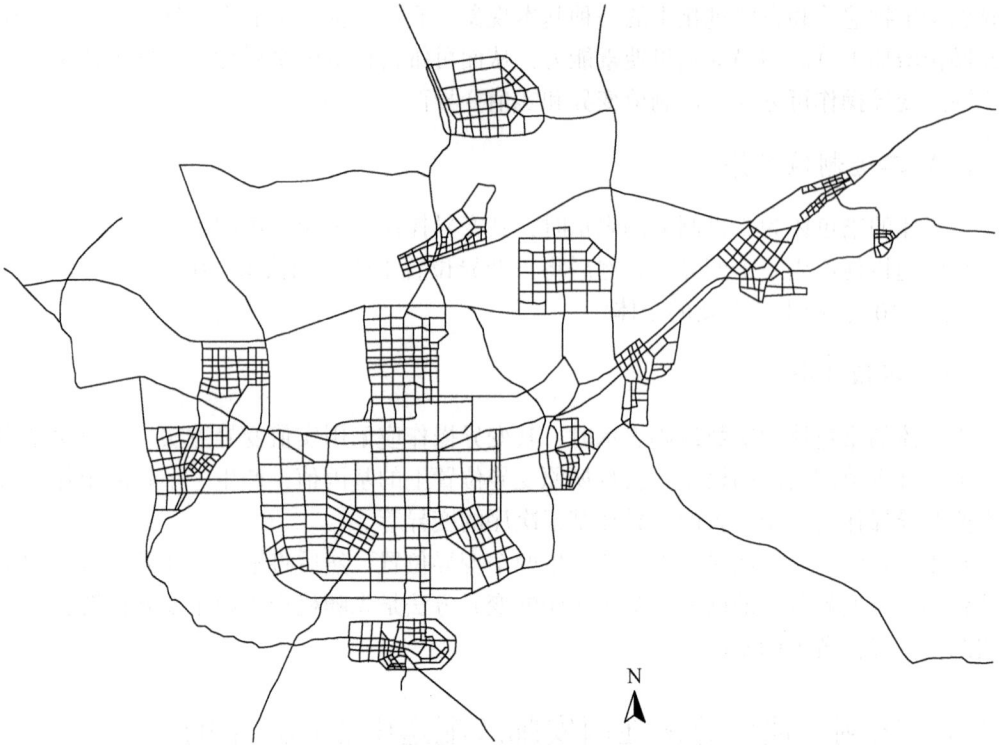

图 7-15　道路设施图

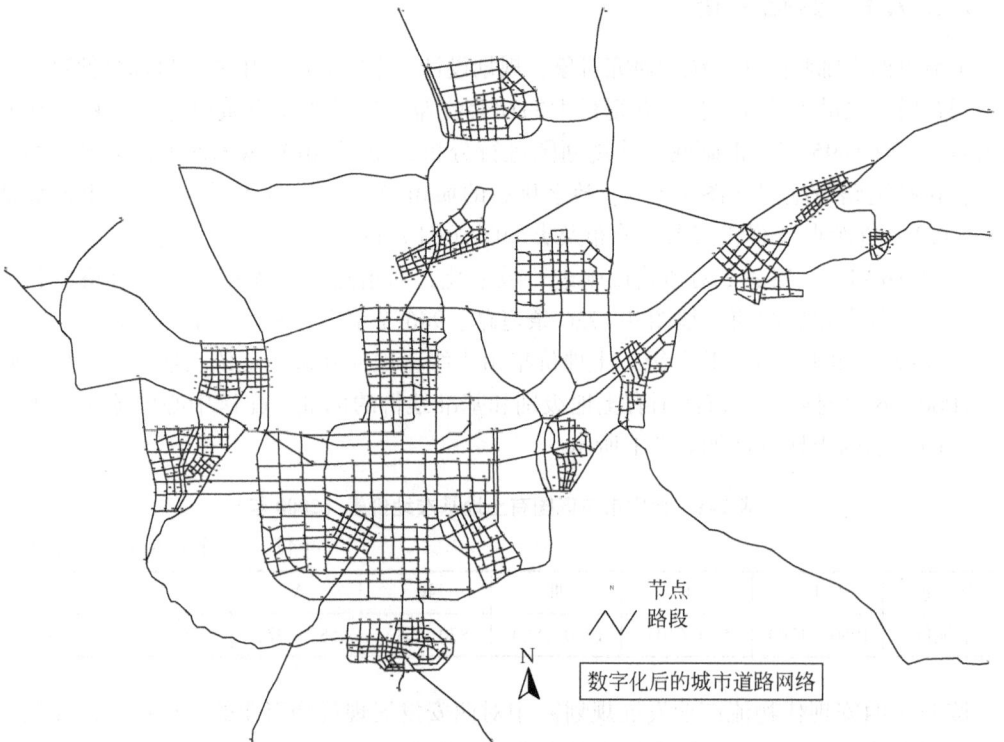

图 7-16　数字化后的城市道路网络图

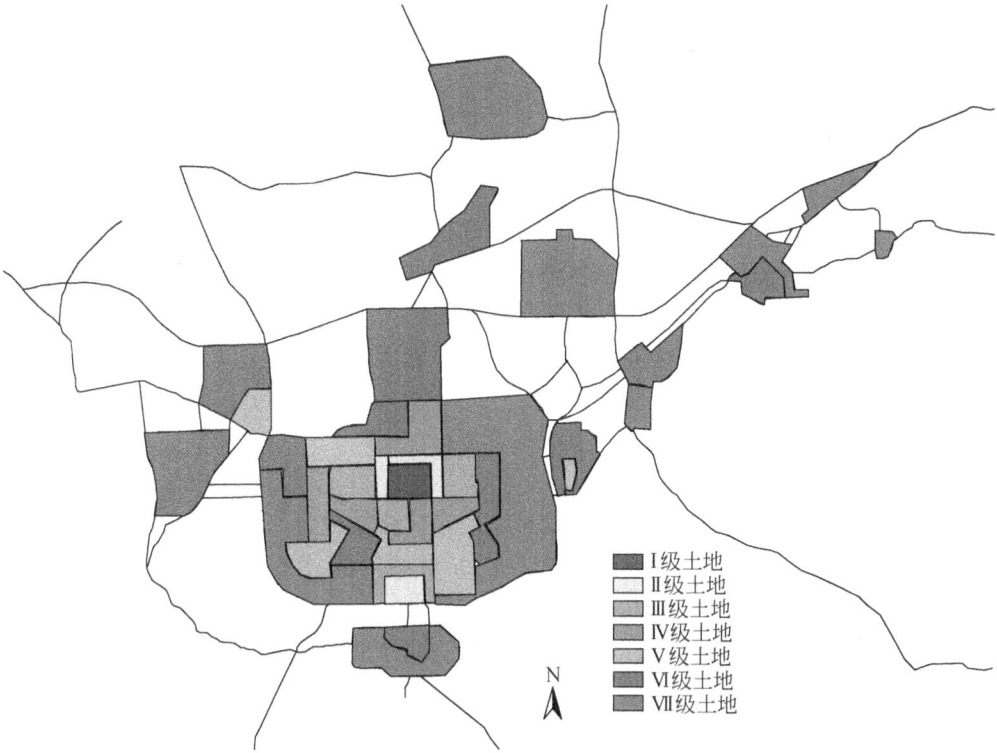

图 7-17　土地级别图

图 7-18　资源点分布和需求点分布及类型图

（建设费用=规划占地×基准地价）来进行。

　　配送中心的资源点即提供配送货品的源点。考虑到邮政货品主要来源于邮政铁路枢纽局和航空枢纽局，在本章中西安邮政配送中心的资源点按照图 7-18 中点选取。西安邮政配送中心的配送需求点，分为四种类型，分别是邮政局、市区中心邮电局、县邮电局、邮电支局、邮电所。由于数据资料的限制，无法获取每个配送点的需求量数据，考虑将其用相应的需求点类型替代，即配送需求点的货品需求量与相应的需求点类型成正比。请西北工业大学资源与环境信息化研究所、西安理工大学管理学院的五名专家、教授、博士等，对不同类型需求点的需求比例进行评价，专家们的意见进行一致性分析后，得出需求量比例系数为邮政局：市区中心邮电局、县邮电局：邮电支局：邮电所=60：20：10：1；资源点的资源量的相应比重为所有需求点比重的加和，在此处为91。

7.2.7.2　计算与结果分析

　　采用 2 选 1 竞技算法进行复制、采用 3 选 2 竞技算法进行交叉、采用 2 点变异方法，种群规模 100，交叉 20，变异 40，进化 1000 代，取最优值。配送中心最优选址方案分以下两种情况求解：

　　（1）不考虑土地地价和需求点类型差异

　　即假设城市土地地价均等、需求点类型一致。在此情况下得到的配送中心选址方案如图 7-19 所示。

图 7-19　不考虑土地地价和需求点类型差异的配送中心选址方案

（2）考虑土地地价和需求点类型差异

按照数据准备阶段的数据分析方法，对土地地价和需求点类型差异带入适应度计算。在此情况下得到的配送中心选址方案如图 7-20 所示。

图 7-20　考虑土地地价和需求点类型差异的配送中心选址方案

在图中大圆点代表配送中心的选址位置，小圆点为该配送中心所负责的需求点。

在不考虑地价和需求点类型差异时，配送中心选址最主要的准则就是节约运输成本。从图 7-19 可看出，最终方案中出现了两个配送中心都选取在市中心位置的情况。从现实角度分析，虽然配送中心选取在市中心会在一定程度上节约运输成本，但是中心城市开辟一块工业用地建立配送中心，是不合乎实际的。第一，土地成本昂贵，而配送中心又需占用大量的土地。第二，大量的货品集散会对市区交通造成极大的阻碍。第三，不符合保护古迹和城市风格的构建。

在考虑地价和需求点类型差异之后，配送中心的选址不仅需考虑运输成本，还综合了城市土地功能协调及满足不同配送需求的目标，并在一定程度上体现了保护文明古迹和可持续发展的思想。对图 7-20 中各配送中心的选址进行分析：

圆点 1：紧邻西安咸阳国际机场，可涵盖国内外空运速递服务等领域。

圆点 2：位于西安最大的综合物流园区——新筑物流园区内部，北邻规划的西安市铁路北货运站，东接西安—阎良高速公路，靠近西安市北三环，绕城高速路和西安—铜川高速路，交通和地理位置优越。业务范围可涵盖西安地区的国内货运代理等领域。

圆点 3：位于西安市南二环附近，南接西安市铁路南站枢纽局，交通优势明显，可满足市区中心的邮政物流配送。

整体而言，图 7-20 所示的配送中心选址方案综合了航空、铁路、公路三方面的优势，布局合理、功能完备。

7.3　人工免疫算法

7.3.1　人工免疫算法概述

免疫系统（郭淑红和杨晓慧，2009）是以一种完全分布的方式实现复杂计算的，具有进化学习、联想记忆和模式识别等能力的复杂系统。免疫系统的机制非常复杂，目前发展的人工免疫系统是免疫系统复杂的抗体抗原识别的化学、物理过程的简化。最初的免疫系统模型都是从用数学方法研究生物学这个角度出发而提出来的。免疫系统模型已经在生物数学中作过研究，1974 年，詹米（Jeme）提出免疫网络模型，描述了淋巴细胞、自然抗体产生、预免疫指令系统选择、耐受与自体非自体识别、记忆和免疫系统进化等新观点。结合亲和力基于分子层次的互补，佩瑞尔森（Perelson）和奥斯特（Oster）引入了一种抽象的结合模型，其中分子被认为是一个形态空间中的点，分子亲和力按照点与点之间的距离的函数来测量。法内尔（Fanner）在 1986 年建立了免疫网络非线性模型，以数学微分方程的形式描述了免疫系统的复杂的相互作用机制。福瑞斯特（Forrest）和霍夫迈尔（Hofmeyr）等基于免疫系统阴性选择理论提出了一种用于计算机安全系统的人工免疫系统模型。DeCastro 等在克隆选择原理的基础上提出了一种基于克隆选择原理的人工免疫系统模型和人工免疫网络模型。蒂米斯（Timmis）等提出了一种有限资源人工免疫系统模型，将其用于数据挖掘和数据分析，取得了满意的效果。意斯达（Ishida）等根据并行分布处理（PDP）理论，提出一种 PDP 网络用于建立联想记忆分布诊断系统。

7.3.2　人工免疫系统

7.3.2.1　形态空间模型

为了定量地描述免疫细胞分子和抗原之间的相互作用，佩瑞尔森和奥斯特于 1979 年提出了形态空间模型。

形态空间是指受体和与之结合的分子之间的结合强度。在形态空间 S 内有一个体积为 V 的区域，其中含有抗体决定基（用 · 表示）和抗原决定基（用 x 表示）形成互补区域。形态空间模型理论假设一个抗体识别能够所有在其周围体积 V_g 范围内的互补的抗原决定基。由于通过互补区域来衡量抗体抗原的相互作用，抗原决定基或独特型也通过泛化空间来表现其特点。该空间的互补应该发生在同一个体积为 V 的空间内。如果抗体决定基和抗原决定基形状不能恰好互补，虽然这两个分子仍然可以结合，但是亲和力较低。假设每一个抗体决定基特异地与所有抗原决定基在其周围较小的区域内相互作用（用 ε 表示），该区域称为识别区（recognition region），用 V_g 表示。因为每一个抗体能够识别在识别区内的所有抗原决定基, 以及一个抗原可表现不同种类的抗原决定基, 故有限数量的抗体几乎可以识别无数进入 V_s 的点。

抗体抗原 (Ag-Ab) 表示法用于计算它们相互作用 (互补) 程度的距离测量。利用数学概念定义一个分子 m 的泛化形态, 用一个实数坐标集合 $M = (m_1, m_2, m_3, \cdots, m_i)$ 表示抗体或抗原, 看作 L 维实数空间中的一个点 $M \in S^L \in R^L$, 其中 S 表示形态空间, L 表示其维数。那么一个抗体和一个抗原之间的亲和力与它们之间距离有关, 通过两个字符串 (或向量) 之间的任意距离测量估测抗体与抗原之间的亲和力。比如欧几里得距离 (简称欧氏距离) 或者曼哈坦距离。在欧氏距离情况下, 假设一个抗体的坐标由 $(ab_1, ab_2, \cdots, ab_i)$ 给定, 一个抗原的坐标由 $(ag_1, ag_2, \cdots, ag_i)$ 给定, 那么它们之间的距离用式 (7-22) 表示, 式 (7-23) 表示曼哈坦距离的情况。

$$D = \sqrt{\sum_{i=1}^{L} (ab_i - ag_i)^2} \qquad (7\text{-}22)$$

$$D = \sqrt{\sum_{i=1}^{L} |ab_i - ag_i|} \qquad (7\text{-}23)$$

实数坐标下根据式 (7-22) 测量距离的形态空间为欧几里得形态空间, 采用式 (7-23) 测量距离的形态空间称为曼哈坦形态空间。

另一个可取代欧几里得形态空间的是海明形态空间, 其中抗原和抗体表示使用符号序列来表示。式 (7-24) 描述了海明距离测量。

$$D = \sum_{i=1}^{L} \delta, \quad \begin{cases} \delta = 1, & ab_i = ag_i \\ \delta = 0, & \text{其他} \end{cases} \qquad (7\text{-}24)$$

免疫系统形态空间模型中, 许多思想比如亲和力测量等在以后的人工免疫系统的研究中发挥着重要作用, 在人工免疫系统研究领域中具有基础性地位。

7.3.2.2 人工免疫网络二进制模型

法默 (Farmer) 于 1986 年首先提出了基于交叉反应和亲和力成熟的方法, 该算法主要是以免疫网络理论为基础, 体现了免疫系统中抗体识别抗原、抗体之间相互抑制的机制。它用字母组成的字符串表示抗原和检测器, 用这些字符构成一个空间, 建立免疫系统自然模型。这是免疫系统的一种简化表示法。实际上只表示淋巴细胞表面上的受体区域, 现已成为一种基本方法, 广泛用于理论免疫学和更广泛的人工免疫系统机制研究。

在这些人工免疫系统中, 当字符串有类似模式时发生结合。用匹配函数定义结合, 该约束条件与免疫系统区别自体与非自体的能力有关, 为了避免识别自体, 非自体识别必须是相当特异的。该模型把抗原决定基和抗体决定基简化为二进制字符串。模型中的抗体由两种氨基酸分子构成, 用 0 和 1 表示。每个抗原只用一个单独的抗原决定基表示。抗体决定基和抗原决定基的反应由字符之间互补匹配来完成, 不需做到完全准确的匹配, 允许两个字符之间的部分匹配, 返回一个抗原决定基和抗体决定基之间的匹配值。匹配得越好, 二者的亲和力越大。

一个抗体用一对字符串 (P, e) 表示, 其中 P 表示抗体决定基字符串, e 表示抗原决定基字符串, 抗体和抗原之间以及不同抗体之间都可以反应。由于免疫系统两个分子之间的互相反应不需要精确互补，故不要求抗原决定基之间的精确匹配。为了模拟两个分子可能以一种以上的方式发生反应的情况，允许字符串在任何可能的排列中匹配。因此，设抗体中抗原决定基字符串的长度为 I_e，抗体决定基字符串的长度为 I_p，则抗体字符串的长度为 $I=I_e+I_p$，定义匹配阈值为 s（其中 $s\leq\min(I_e,I_p)$），其具体的含义是表示如果两个抗体之间的匹配值低于 s，则两个抗体之间不发生反应。设 $e_i(n)$ 表示第 i 个抗体上的抗原决定基的第 n 位的值，$p_j(n)$ 表示第 j 个抗体上的抗体决定基的第 n 位值，用 $\wedge$ 表示"或"运算（对应互补匹配），k 表示移位的次数，例如当 $k=-1$ 时，则将 e_1 的第 $n-1$ 位的二进制数与 p_j 的第 n 位的二进制数比较。$G(x)$ 为一个函数，其定义为

$$G(x)=\begin{cases}x,x>0\\0,其他\end{cases} \tag{7-25}$$

$$m_{ij}=\sum_k G(\sum_e e_i(n+k)\wedge p_j(n)-s+1) \tag{7-26}$$

那么可定义匹配特异性矩阵函数为在免疫系统模型中，不同抗体之间的连接强度不仅取决于字符串的匹配程度，还由抗体的浓度来决定，这个动态关系可由以下微分方程来表述：

$$x_i=c[\sum_{j=1}^N m_{ji}x_ix_j-k_1\sum_{j=1}^N m_{ji}x_ix_j+\sum_{j=1}^N m_{ji}x_iy_j]-k_2x_i \tag{7-27}$$

式中，X_i（其中 $i=1,2,\cdots,N$）表示第 N 种抗体的浓度；Y_i（其中 $i=1,2,\cdots,n$）表示第 n 个抗原的浓度；第一个和式表示第 i 类抗体的抗体决定基受到第 j 类抗体的抗原决定基的刺激；第二个和式表示第 i 类抗体的抗原决定基受到第 j 类抗体的抗体决定基的抑制；第三个和式表示第 i 类抗体的抗体决定基受到第 j 类抗原的抗原决定基的刺激；参数 c 是一个速率常数，它与单位时间内遭遇的次数和单次遭遇后产生抗体的速率有关；常数 k_1 表示刺激和抑制之间的可能的不等关系；最后一项模拟细胞中于没有受到刺激而死亡的趋势，该趋势是由 k_2 决定的。

式（7-27）考虑了 B 细胞受刺激水平的三个因素：①抗体抗原结合作用。②邻近 B 细胞结合作用。③邻近 B 细胞抑制作用。此外模型还包括 B 细胞克隆和变异的刺激，任何一个克隆的 B 细胞的数量都与该 B 细胞受刺激水平相关。一个 B 细胞受的刺激越大，克隆的数目就越多。

在亲和力成熟过程中，该模型定义了三种变异机制：交叉、逆位、点变异。文叉操作是指一个抗体的抗原决定基和抗体决定基相互交叉换位。逆位是指将字符串中的一个随机选择的片段首尾倒转。点变异是指将字符串中的某一位进行突变，由 1 变 0 或者由 0 变 1。

该模型的本质是当新类型增加或消除时，抗原和抗体类型是动态变化的。它为利用免疫系统作为学习手段提供了启示：

1）利用网络完成学习内容的记忆。
2）使用 B 细胞和抗原之间的简单匹配模型和结果定义亲和力。
3）在模型中只表示 B 细胞，忽略 T 细胞的作用。
4）使用简单的方程模拟 B 细胞的受刺激。
5）利用变异机制创建多样性的 B 细胞集合。

7.3.3 案例：克隆选择算法求解模糊聚类问题

7.3.3.1 算法基础

利用克隆选择算法求解数据集的模糊聚类问题，首先需要解决三个问题：如何将聚类问题的解编码到抗体中；如何构造抗体——抗原亲和度函数来度量每个抗体对聚类问题的响应程度；如何选择克隆算子，确定操作参数的取值，以确保快速收敛到最优解。

(1) 聚类问题的编码方案

由聚类目标函数可知，聚类的目标就是要获得数据集 X 的一个模糊划分矩阵 W 和聚类的原型 P。在基于克隆选择算法的聚类算法中，令一组聚类原型 P 就是一个抗体，这样把原型中的 c 组特征连接起来，根据各自的取值范围，就可将其量化（用二进制串表示）编码成一个抗体。

$$A_i(0) = \{\underbrace{\zeta_1, \zeta_2, \cdots, \zeta_m}_{\text{编码}(p_1)}, \cdots, \zeta_j, \cdots \underbrace{\zeta_{(k-1)m+1}, \zeta_{(k-1)m+2}, \cdots, \zeta_{km}}_{\text{编码}(p_k)}\} \quad (i = 1, 2, \cdots, N)$$

$$(7\text{-}28)$$

式中，参数集依据每个原型 p_i（$1 \leq i \leq k$）取值。由于我们处理的是混合特征，因此在抗体中，除了具有数值参数以外，还应具有类属参数。由于类属特征是无序的，因此可以直接编码到抗体中，而不需要量化。

(2) 抗体亲和力计算

抗体的适应值函数（即抗原与抗体之间的亲和力函数）可由目标函数变换得到。

$$f = \frac{1}{J+1} \qquad (7\text{-}29)$$

式中，J 为均方误差函数。这样 J 值越小的个体（即类内离散度之和小），相应的适应值就越大，聚类效果越好。

抗体与抗体之间的亲和力反映了抗体之间的相似程度，当抗体相似程度越高时，目标函数越小，聚类效果就越好，其亲和力较大，反之，则较小，采用如下公式：

$$f(A) = \frac{1}{1 + C(W, P)} = \frac{1}{1 + \sum_{i=1}^{k} \sum_{l=1}^{n} w_{il}^2 (d(x_l, p_i))^2} \qquad (7\text{-}30)$$

(3) 记忆细胞和搜索算子

抗体浓度的计算可采用下式：

$$c_v = \frac{\sum_{w=1}^{N} s_{v, w}}{N} \qquad (7\text{-}31)$$

其中，

$$S_{v,w} = \begin{cases} 1 & B_{v,w} \geq T \\ 0 & 否则 \end{cases}$$

式中，T 为设定的阈值；N 为种群规模，即抗体集合中所含的抗体数。这样，在考虑某种抗体浓度时，满足一定程度近似的抗体可看作同一种抗体。当某种抗体的浓度超过阈值 T 时，这表明某种抗体在抗体种群中占了绝对优势（即达到了一个相对的最优点），产生记忆细胞 m，以记录代表此局部最优解的抗体。

本文还利用模糊聚类分析的局部寻优定义了一个新的算子，即 C 搜索算子。对于每个记忆细胞，求出其对应模糊划分矩阵 U；然后再更新中心，用更新后的中心构成新的个体。

（4）克隆变异操作

1）克隆操作。克隆 m 个最佳抗体 c_1，c_2，…，c_m，产生一个临时的克隆群体 C，每个记忆细胞的克隆规模与其亲和度的测度成正比。

2）变异操作。变异运算按照基因位进行，每一个基因位上的浮点数，以变异概率发生随机变异，发生变异的基因位被另一在变异范围内均匀分布的随机数取代。其中变异范围与个体的适应值成反比。

7.3.3.2 算法描述

本算法主要包括抗体选择、克隆、超变异和再选择等操作，其求解聚类问题的具体步骤描述如下：

1）抗原识别及抗体编码。将待分类的数据对象作为抗原，并对聚类中心矩阵 V 进行编码，即将 k 组表示聚类中心的特征连接起来，根据各自的取值范围，将其量化值编码成二进制基因串，作为对应的抗体。

2）初始化。设定算法各参数，随机产生一组聚类中心作为初始抗体群体 $P(t=0)$，种群规模为 N。

3）亲和力计算。用公式（7-30）来构造抗原-抗体亲和力。聚类问题的最优结果对应于目标函数的最小值，此时的亲和力最大。

4）克隆和变异操作。抽取亲和度高的 m 个抗体进入记忆细胞，对每个记忆细胞进行克隆操作，产生临时抗体集合 C，再对临时抗体集合 C 进行变异操作，产生新抗体集 D。

5）抗体亲和度计算。计算 D 中每个抗体的亲和度，选取 D 中亲和度高的抗体加入记忆细胞集，并对每个记忆细胞按 c 搜索算子进行更新。

6）迭代终止条件判断。终止条件设定为亲和力所能达到的阈值或迭代次数，若满足则终止迭代，确定当前种群中的最佳个体作为算法的最优解，否则继续。

7）将记忆细胞中亲和度最高的抗体所对应的分类结果作数据集 X 的一种可能聚类结果。在全部聚类数 $c(1<c<n)$ 中，取得最小 J 值所对应的分类结果就是数据集的最佳聚类结果。

7.3.3.3 实验和结果分析

仿真数据集包括两组，一组为实际数据集，一组为合成数据集。实际数据集为菲舍尔

（Fisher）的鸢尾属（Iris）植物样本数据，由分别属于三种植物的 150 个样本组成，其中每个样本为 4 维向量，代表植物的四种特征数据，聚类数目为 3。合成数据集为 400 个随机分布的 4 维随机向量，聚类数目为 8。本文算法的参数设置如下：亲和力阈值 $T=0.95$；记忆细胞数量 $M=90$，种群规模 $N=25$。算法迭代 80 次结束。

对三种不同算法进行的 20 次实验中，每种算法均可找到最优解，但找到最优解的次数却不同。通过表 7-2，我们可看出由于随机选取初始值，FCM 算法在 20 次实验中只有四次找到了最优解，证明 FCM 算法对初始值敏感，且容易陷入局部最优解，但算法计算简单，所花费的时间很少，而基于群体的 GA 算法和克隆算法由于从全局的角度搜索种群的最优解，克服了 FCM 算法对初始值敏感且容易陷入局部最优的缺点，所以在 20 次实验中均可找到最优解，但由于算法是基于群体的计算，因此花费了大量的时间。

表 7-2 三种不同算法结果对比表

算法	最优聚类次数	平均目标函数值	算法平均所需时间
FCM	4	83.8	0.45s
遗传算法	20	74.6	8.5s
克隆算法	20	61.7	8.6s

对比遗传算法和克隆算法，我们发现克隆算法所花费的时间要多于遗传算法，这是因为克隆算法的选择算子、克隆算子、变异算子要比遗传算法的交叉算子、变异算子复杂，所需的计算量大，所以算法所花费的时间略多于遗传 c-均值。

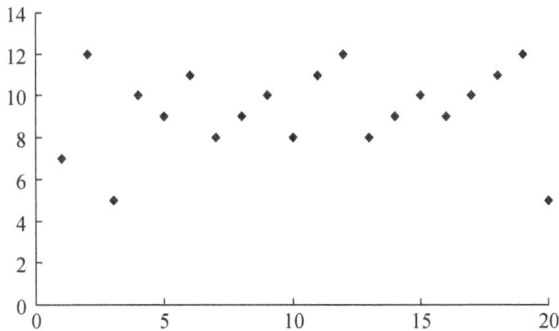

图 7-21 数据集 1 聚类时收敛的迭代次数
注：横坐标表示第 n 次实验，纵坐标表示收敛时的迭代次数

通过图 7-21，可看出对于有明显类别界限的数据集，克隆算法在 20 次实验中，均能在 13 次迭代之内收敛到最优解，证明了算法的收敛性。

图 7-22 是克隆 FCM 算法和遗传 FCM 算法在一次实验中的收敛曲线对比图，图中横坐标代表迭代次数，纵坐标为每次迭代运算所获得的目标函数值 J 的最优值（即最小值）。我们可观察出两种改进的算法大约在迭代 10 次时即可找到最优解。克隆 FCM 算法由于采用克隆算子不断地增加种群中优良个体的数目，从而加快了找到最优解的速度，体现在图中即克隆 FCM 算法的目标函数的值的下降曲线明显快于遗传 FCM 算法。

由图 7-22 可知，本节算法的收敛速度明显高于遗传算法，而且在每一次迭代过程中，本文的算法比模糊 c-均值算法及遗传算法的目标函数要小的多，说明其聚类效果明显优于模糊 c-均值算法和遗传算法。因此，实验结果表明，本算法在收敛速度和分类性能两个方面都是十分有效的。

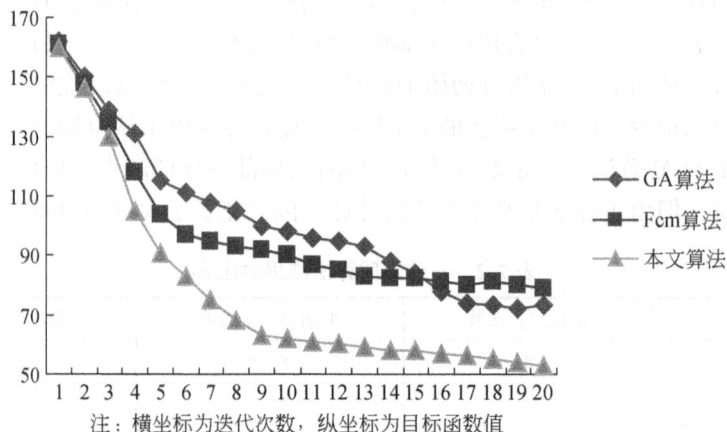

注：横坐标为迭代次数，纵坐标为目标函数值

图 7-22　基于人工免疫的聚类算法与 FCM 及基于 GA 的聚类算法收敛曲线

本节提出的基于人工免疫原理的混合聚类算法，其将模糊 c-均值算法作为一个搜索算子，在模拟进化算法的基础上，快速、有效地搜索到全局最优点。实验结果表明，所提算法在性能上优于模糊 c-均值算法，亦能扩展到其他聚类性能指标可表示为聚类中心函数的聚类问题上。

7.4　蚁群算法

7.4.1　研究概况

7.4.1.1　早期发展

蚁群算法最早是由意大利学者马克·多里戈（Marco Dorigo）及其导师科洛尔尼（Colorni）于 1991 年在其博士论文中提出，后期工作则是马克·多里戈与其合作同事们在比利时布鲁塞尔自由大学研究期间陆续展开。由于国内很少有兼通意大利语的专业学者，因此一般见到的文献引用基本为英语语种，也有少量德语和法语语种。

早期的研究成果大都是该研究团队在欧洲的一些小型专业研讨会及其会议录上发表的，世界各地对此了解并不多，最早在正规专业期刊上发表这方面成果的是：科洛尔尼等发表于《比利时运筹学学报》1994 年第 1 期上的 *Ant System for Job-shop Scheduling*，Colorni 等发表于《国际运筹学汇刊》1996 年第 1 期上的 *Heuristics From Nature for Hard Combinatorial Optimization Problems*，以及马克·多里戈等发表于《IEEE 系统、人、控制论汇刊》1996 年第 1 期上的 *Ant System：Optimization by a Colony of Cooperating Agents*。此后，蚁群算法的思想开始被人们广泛了解，并被大量引述和进一步研究。大众媒体对此也进行了一系列报道，如 *J New Scientist*（1998 年 1 月）、*BBC News*（2000 年 5 月）、*Scientific American*（2000 年 5 月）、*Le Monde*（法）（2000 年 5 月）、*ABC News*（2000 年 7 月）、*Der Tagesspiegel*（德）（2000 年 8 月）、*Morgenwelt Wissenschaft*（德）（2000 年 10 月）、*Der Spiegel*（德）（2000 年 11 月）、*Science News*（2000 年 11 月），以及一些用意大利语、西班牙语等语种报道的媒体。中国的《文汇报》（2002）和《中国审计报（学习周刊）》（2005）都曾报道和介绍过蚁群算法的有关思想和进展情况。

1998 年 10 月，首届蚂蚁优化国际研讨会于比利时布鲁塞尔自由大学召开。此后，几乎每年都召开一次这样的国际会议并出版会议录，吸引了来自世界各个国家的同行，还为蚁群算法开设了专题小组讨论和研习班。

蚁群算法自提出以来，以旅行商问题（travelling salesman problem，TSP）为测试基准，与其他一些常用启发式方法作了一系列的比较。对若干典型的对称型和非对称型旅行商问题（如 TSPLIB 中的许多实例），先后采用了模拟退火法、遗传算法、神经网络（如弹性网法、自组织映射法等）、进化规划、遗传退火法、插入法、禁忌搜索法、边交换法（2-opt，3-opt 等）等多种算法求解，除了组合算法（Lin-Kernighan）的局部改进法之外，蚁群算法优于其他的所有方法。

在旅行商问题之后，蚁群算法求解了经典的二次分配问题，测试数据来自著名的二次分配问题算例库 QAPLIB，所得结果也相当令人满意。随后，工件排序问题、图着色问题、调度问题、大规模集成电路、通讯网负载平衡等一系列问题相继得到测试、求解和应用。

由于蚁群算法的特殊性质，它不仅适用于目前的串行计算机，更宜于未来的并行实现，其运行效率将会有大幅度提升，这一点从蚁群算法提出之初就以分布式优化方法来命名就可看出。

7.4.1.2 国内早期研究

国内对蚁群算法的引入、介绍和开展研究起始于 1998 年末至 1999 年，2000 年开始逐渐引起关注，并很快于数年间发展成为热点领域。最早在国内介绍蚁群算法的是张纪会等；最早在国内发表蚁群算法研究成果的是彭斯俊等；最早在博士学位论文中（直接或间接）研究蚁群算法的是李生红和马良；早期（1999 年）发表于正规学术媒体的蚁群算法文献有马良等。这些国内的早期研究大都集中在组合优化问题上，对连续优化问题的研究则起步于 2000 年。

7.4.1.3 理论进展

迄今为止，国内外关于蚁群算法的已有文献中，数量最多的是各个具体领域的各种应用及其技巧，对蚁群算法收敛性方面的理论成果则非常稀少。

国际上最早研究蚁群算法收敛性问题的成果是古特雅尔（Gutjahr）获得的，采用的数学工具主要为马罗克夫（Markov）链，后来国内探讨蚁群算法收敛性问题的工作大都沿袭了这个思路。尽管这些理论证明一般都需要一系列的先决假定和条件，有时甚至有些苛刻，但无论如何，这些尝试对于奠定蚁群算法的理论基础仍是大有裨益的。在本书中，将选择另一条途径，借助随机泛函分析的数学工具来探讨蚁群算法和元胞蚁群算法的全局渐近收敛性问题。

目前，通过不断的研究，人们多少已了解到，在实际应用中，蚁群算法所收敛到的解与问题自身的结构密切相关，通常不是全局最优解。其次，基本蚁群算法的全局搜索能力强，但局部搜索能力较弱，因而往往需要嵌入一些专门的辅助技巧。许多人认为：进化就像是个修补匠，它只能从当时所能得到的材料中，有选择地进行调整。也就是说，进化的产物都是分阶段局部优化的结果，我们还难以从单纯的模仿过程中发现解决全局优化问题的诀窍。成败的关键在于如何通过协同作用，确保状态空间各点的概率可达性。

一般而言，一个算法要想具备实现全局优化的功能，只需满足两个条件：①具有实现局部最优化的能力。②具有从一个局部最优状态向下一个更好的局部最优状态转移的能力。而蚁群算法确实具备了这样两个条件，从而使人们可看到通往全局最优的希望之路。

7.4.2 蚁群智能

昆虫学家在研究类似蚂蚁这样的视盲动物如何沿最佳路线从其巢穴放到达食物源的过程中发现，蚂蚁与蚂蚁之间最重要的通信媒介就是它们在移动过程中所释的特有的分泌物——信息素。当一个孤立的蚂蚁随机移动时，它能检测到其他同伴所释放的信息素，并沿着该路线移动，同时又释放自身的信息素，从而增强了该线路上的信息素数量。随着越来越多的蚂蚁通过该路线，一条最佳的路径就会逐渐形成。

然而，在实际生物系统中，如果蚂蚁已接触了较长的路径之后，再向它出示较短的分支，蚂蚁仍不会走这条捷径，因为较长的那条路径已经用信息素作了标记。但是在人工系统中，人们可发明"信息素衰减"，从而克服这个问题：如果信息素迅速蒸发，那么较长的路径就难于维持稳定的信息素径迹。这样，即使较短的路径是后来才发现的，人工蚂蚁仍能够选择这条路径。这种性质具有一个很大的优点，就是它可防止系统收敛到一些并不高明的解上（观察表明，在阿根廷蚂蚁中，信息素的浓度的确会减少，但下降的速率极为缓慢）。

早在1991年，马克·多里戈（Marco Dorigo）和他的同事们利用蚂蚁的特性，用软件实施了一个以蚂蚁为基础的系统——蚁群算法来解决著名的 TSP 问题。这一方法的一个前提是把蚂蚁偏爱的路段组合在一起，得出一条较短的完整路线。马克·多里戈发现，把这一过程（即完成整个旅程后再继之以信息素增强与蒸发）重复多次后，人工蚂蚁的确能找到越来越短的路径。尽管这一大家都喜欢走的路段可能会在几次选代过程中使搜索出现偏差，但最终会有一个更好的路段来取代它。这一优化效果是增强与蒸发之间微妙的相互作用造成的，它确保只有更好的阶段能够存在下来。具体说就是，到某个时候，一条属于较短路径的路段会被偶然地选中，而一旦被选上，此后它被增强的程度将超过目前在走红的路段，后者将随着其信息素的蒸发而逐渐被人工蚂蚁所冷落。

蚂蚁这些非常简单的个体，组成的群体却表现出令人叹为观止的群体智能。这种群体行为虽然没有一个统一的指挥中心，但其整体行为却像是一个预先设计并在总指挥监督下协同进行的过程，整个群体就像一个具有智慧的"个人"。

蚁群智能由于环境的动态变化等原因也会存在群体迷失现象，其可能是环境的动态变化、初始信息素浓度、蚂蚁移动速度的差异、外部信息素干扰等多方面的原因造成的。

群体迷失是指在一个团体中，由于从众心理和信息不对称造成绝大多数个体持有错误的观点或作出错误决定的现象。群体迷失告诉人们判断是非不是依据支持人数的多与少，多数人坚持的未必正确，只有一个人坚持的未必不对，判断是非应从实际情况出发，依据以往的经验、知识与思考作出判定。

7.4.3　蚁群算法基本过程

人工蚁群系统具有的主要性质有：

1）蚂蚁群体总是寻找最小费用可行解；

2）每个蚂蚁具有记忆，用来储存其当前路径的信息，这种记忆可用来构造可行解、评价解的质量、路径反向追踪；

3）当前状态的蚂蚁可移动至可行邻域中的任一点；

4）每个蚂蚁可赋予一个初始状态和一个或多个终止条件；

5）蚂蚁从初始状态出发移至可行邻域状态，以递推方式构造解，当至少有一个蚂蚁满足至少一个终止条件时，构造过程结束；

6）蚂蚁按某种概率决策规则移至邻域结点；

7）当蚂蚁移至邻域点时，信息素轨迹被更新，该过程称为"在线单步信息素更新"；

8）一旦构造出一个解，蚂蚁沿原路反向追踪，更新其信息素轨迹，该过程称为"在线延迟信息素更新"。

蚁群算法主要步骤可叙述如下：

步骤 1：$n_c \leftarrow 0$（n_c 为迭代步数或搜索次数），τ_{ij}（蚂蚁信息素浓度）初始化，将 m 个蚂蚁置于 n 个顶点上。

步骤 2：将各蚂蚁的初始出发点置于当前解集中；对每个蚂蚁 k，按概率 p_{ij}^k 移至下一顶点 j；将顶点 j 置于当前解集。

步骤 3：计算各蚂蚁的目标函数值 Z_k；记录当前的最好解。

步骤 4：按更新方程修改轨迹强度。

步骤 5：对各边弧 (i, j)，置 $\tau_{ij} \leftarrow 0$；$n_c \leftarrow n_c + 1$。

步骤 6：若 $n_c <$ 预定的迭代次数且无退化行为（即找到的都是相同解），则转步骤 2。

步骤 7：输出目前的最好解。

整个算法的时间复杂度为 $O(n_c \cdot n_2 \cdot m)$，如果选取 $m \approx n$，则蚁群算法的时间复杂度为 $O(n_c \cdot n_3)$。算法理论认为，这个复杂度在计算时间上是可以接受的。

由于算法对图的对称性和目标函数无特殊要求，因此可用于各种非对称性问题和非线性问题。

7.4.4　蚁群算法的系统学特征

7.4.4.1　系统性

系统科学的基本特点是强调整体性，不同学科由于研究范围和重点不同，往往给出不同的系统定义。常用的贝塔朗菲定义为：系统是相互联系、相互作用的诸元素的综合体。该定义强调的不是功能而是系统元素之间的相互作用和系统对元素的整合作用。显然，自然界的蚂蚁群体构成一个系统，具备系统的三个基本特征，即多元性、相关性和整体性。在该系统中，蚂蚁个体行为是系统元素，其相互影响体现了系统的相关性，而蚂蚁群体完成个体所完成不了的任务则体现了系统的整体性，表现出系统整体大于部分之和的整体突现原理。

7.4.4.2　分布式计算

生命系统是一个分布式系统，它使生命体具有强适应能力。例如，人体有很多细胞相互独立地完成同一项工作，当一个细胞停止工作或者新陈代谢之后，整体的功能不会因此受到影响。这就是分布式带来的强适应能力，它依赖于个体的行为但不单独依赖于个体的行为。

要实现分布式，需要很多的个体完成同样的过程，从另一个意义上说，需要很多个体行为的冗余，冗余产生容错，这是普遍规律。可以发现，蚂蚁群体行为体现出了分布式现象。当群体需要完成一项工作时，其中的许多蚂蚁都为同样一个目的进行着同样的工作，而群体行为的完成不会因为某个或者某些个体的缺陷受到影响。在具体的优化问题中，蚁群算法所体现出的分布式特征就具有了更为现实的意义，不仅增加了算法的可靠性，也使算法具有较强的全局搜索能力。

7.4.4.3　自组织性

蚁群算法的另一重要特征是自组织性，这也是包括遗传算法、人工神经网络在内的仿生型算法的共有特征。正是这种特征的存在，才使算法具有足够的鲁棒（健壮）性。

通常认为，在系统论中，自组织和他组织是组织的两个基本分类，其区别在于组织力或者组织指令是来自系统的内部还是来自系统的外部，来自系统内部的是自组织，来自系统外部的是他组织。如果系统在获得空间的、时间的或者功能的结构过程中，没有外界的特定干预，便可以说系统是自组织的。不难看出，最典型的自组织系统就是生物机体。事实上，生物学里有个观点，就是类似蚂蚁、蜜蜂这样的昆虫，由于个体作用简单，而且个体之间的协同作用特别明显，因而将它们看作一个整体来研究，甚至可以认为它们就是一个独立的生物体。在这样的生物群落中，各个个体在相互作用下逐渐完成一项群体工作，体现了系统从无序到有序的过程，因而是自组织的。

蚂蚁群体是一个自组织系统，而对其自组织行为的抽象模拟所建立的蚁群算法则可视作是一种自组织的算法。

7.4.4.4 正反馈性

反馈是信息学中的重要概念，代表信息输出对输入的反作用。系统学认为，反馈就是将系统现有行为及现有行为结果作为影响未来行为的原因。反馈分为两种，一种是正反馈，一种是负反馈。以现有的行为结果去加强未来的行为，是正反馈，以现有的行为去削弱未来的行为是负反馈。

从真实蚂蚁的觅食过程不难看出，蚂蚁能最终找到最短路径，直接依赖于最短路径上信息素的累积，而这种累积却正是一个正反馈的过程。对蚁群算法而言，初始时在环境中存在完全相同的信息素量，若给予系统一个微小的扰动，使各边上的轨迹浓度不相同，蚂蚁构造的解就存在了优劣。算法采用的反馈方式是在较优路径上留下更多的轨迹，并由此吸引更多的蚂蚁，这个正反馈的过程引导整个系统向最优解的方向进化。因此，正反馈是蚁群算法的重要特征，它使算法演化的过程得以进行。

然而，蚁群算法中并不仅仅存在正反馈。单一的正反馈或者负反馈存在于线性系统之中，是无法实现系统的自组织的。自组织系统是通过正反馈和负反馈的结合，实现系统的自我创造与更新。蚁群算法中同样隐藏着负反馈机制，它通过算法中构造问题解的过程中所用的概率搜索技术来体现，这种技术增加了生成解的随机性。而随机性的影响一方面在于接受了解在一定程度上的退化，另一方面又使搜索的范围得以在一段时间内保持足够大。这样，正反馈缩小搜索范围，保证算法朝着优化方向演化，负反馈保持搜索范围，避免算法过早收敛于不好的结果。正是在这种共同作用和影响下，使算法得以获取一定程度的满意解。

7.4.5 案例：基于蚁群算法的动态路径搜索

动态交通信息的发布存在周期性，车辆导航系统所采用的动态路段行程时间数据同样具有周期性。为了保证路段行程时间的预测精度，通常情况下采用5分钟为一个信息发布周期。从另一个角度看，车辆接收的动态路段行程时间的有效性为5分钟，超过5分钟其接收到的路段行程时间数据会被新数据覆盖。也就是说，车辆导航终端为用户规划的时间最佳路径的时效性为5分钟，5分钟后最佳路径会根据新的交通信息进行更新。基于上述考虑本节提出一种基于时间窗的时间最佳路径搜索算法。

7.4.5.1 时间窗原理

在智能交通系统中，时间窗的概念最早在车辆路径配送问题（vehicle routing problem，VRP）中提出的，用户对其服务时间有一定的要求，他们常常会要求配送公司在其空闲时间进行服务，因此会事先指定服务的时间区间即时间窗。本节借用这种对时间区间的描述方式，引入时间窗这一概念描述道路车辆行驶过程中的路况5分钟更新原则。

根据的路网交通状况，确定5分钟时间内车辆能够行驶的范围，在这个范围内计算最佳行驶路线，随着时间的延续和车辆行驶，不断更新路径规划范围和最佳行驶路径，直到车辆到达目的地为止。算法原理如图7-23所示。

在算法实施中有两个关键因素需要确定。第一个关键因素是如何根据预测的路段行程时间信息确定时间窗范围，第二个关键因素是如何选择相邻两个时间窗内中间节点，如图7-23 三角形点所示，这些中间节点既可作为前一个时间窗的终点，也可以作为后一个时间窗的起点。

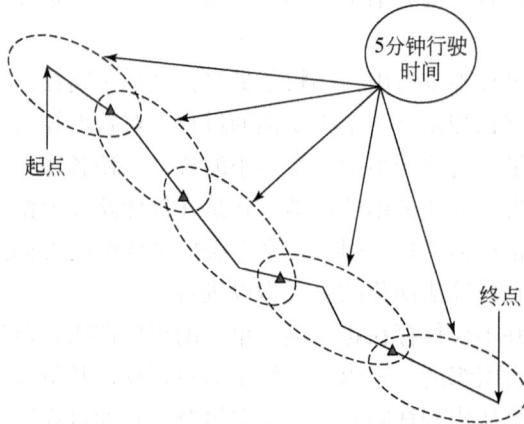

图 7-23　时间窗动态路径搜索原理示意图

时间窗的边界确定方法：

路径计算所用时间窗的范围与预测的路网状况有关，畅通情况下 5 分钟时间内车辆的行驶距离会比拥堵情况下的行驶距离长，因此畅通情况下时间窗的范围相对拥挤情况下要大。时间窗的范围可用路段行程时间的累加形式确定，即求解从给定交叉口到与其存在连通关系所有交叉口的最短距离，当该值超过 5 分钟时，就将该交叉口的下游交叉口设为时间窗边界。如图 7-24 所示模拟路网，为了方便说明，又不失普遍性，假设模拟路网双向

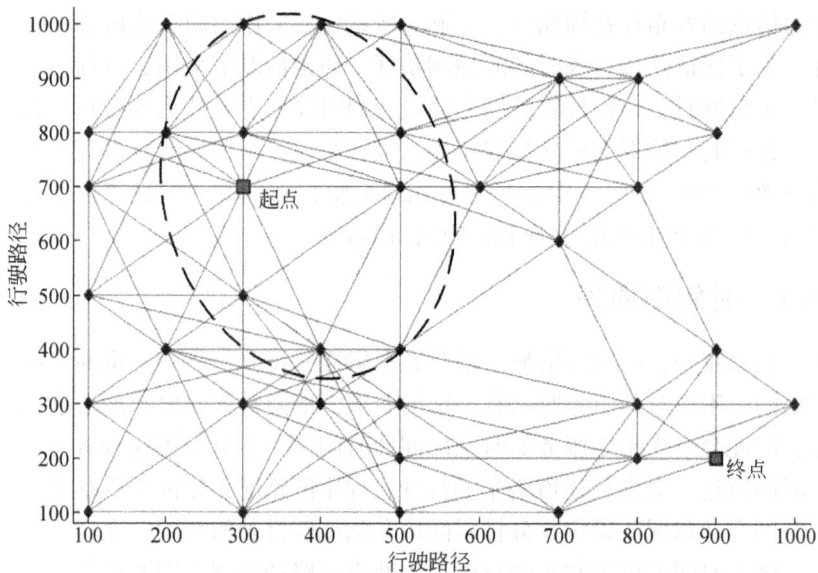

图 7-24　时间窗范围确定示意图

路段行程时间相等,通过设定判断条件,即某节点到起点的时间最短距离超过 5 分钟时,则将该点列入时间窗边界集合中,同时从待搜索节点集合将该节点删除,经过迭代,可从路网中挑选出一些节点而形成时间窗集合,该集合中所有节点构成的一条封闭曲线称为时间窗,时间窗以内的所有节点均可在 5 分钟之内到达,而时间窗以外的所有节点在 5 分钟之内不具有可达性,因此在路径规划过程中可不作考虑。

通过上述时间窗的确定方法在获得时间窗边界节点的同时也获得了从起点到时间窗边界各节点的路径。然而我们仍然不知道在时间窗内选择哪条路径才是去往终点方向最合适的。

7.4.5.2 最优路径搜索的蚁群算法实现

最优路径的选取就是中间点的选择问题,即从时间窗边界节点中选择一个最合适的点作为时间窗区域内路径引导的终点。

求解最优路径问题的思路:将 m 只蚂蚁放到起点 S 处,每只蚂蚁将根据一定的概率选择下一个与此节点相邻的节点。蚂蚁 k 从 S 点出发,按照选择策略,从与 S 相关联的边的集合中,选择一条边,然后,按照更新公式更新这条边上的信息素浓度,接着再从这条边的另一节点 T 开始,再从与 T 相关联的边的集合中,选择另一条边。以此类推,直到搜索到终点 D。于是,蚂蚁 k 得到一个从 S 到 D 的解。直到 m 只蚂蚁都搜索完毕后,得到 m 个解(包括重复的)。继续迭代直到满足停止条件,停止条件为最大迭代次数。在求得的所有解中,值最小的解为所求的全局最优解,即最优路径。

在研究中间节点选择问题上,本节对蚁群算法中的启发信息进行了改进。在没有当前时刻 5 分钟以后动态交通信息的情况下,从时间窗边界节点到车辆行驶目的地的后续时间最短路径是不可能通过精确计算获得的,也就是说在路网交通状态未知的情况下,只能通过估计的方法确定最佳行驶路径。本文用两点的欧几里得距离除以车辆行驶速度的估计值来描述时间窗以外后续路径的状态。其计算公式为

$$h'(n) = \frac{d(n)}{V'} \tag{7-32}$$

式中,$h'(n)$ 表示点 n 到终点的行驶时间估计;$d(n)$ 为点 n 与终点之间的欧几里得距离;V' 表示行驶速度的估计值,可取自由速度,也可通过统计起点与终点间连线所经过道路的速度平均值获得。则蚁群算法中的启发信息为

$$\eta_{ij}(t) = \frac{1}{|g(n) + h'(n)|} \tag{7-33}$$

式中,$g(n)+h'(n)$ 表示从起点 s 到终点 t 的最小时间估计;$g(n)$ 表示从起点 s 到边界点 n 的最小行驶时间,该值在时间框边界确定步骤中已计算得到。当 $g(n)+h'(n)$ 最小时,可认为 n 点为所求中间点。

蚁群算法是一种模拟进化算法,在求得最优路径的同时,能够得到多条最优路径,在车辆导航中,当一定数量的车辆被引导到相同的路段时,会出现"堵塞转移"现象。为了解决这个问题,路径规划往往需要找出多条路线。蚁群算法可以很方便地找出多条路径。

7.4.5.3 算法流程

基于时间窗与蚁群算法的动态路径搜索算法的计算过程包括以下步骤：

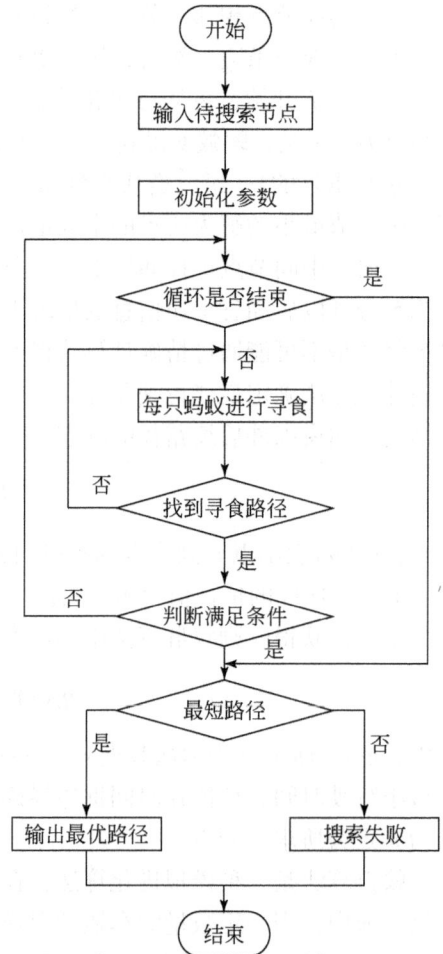

1）起终点输入。

2）路阻矩阵赋值。

3）确定时间窗边界节点。

4）选择中间节点。

5）查找时间最佳路径并显示。

详细流程如图7-25（a）所示，其中蚁群算法流程如图7-25（b）所示。需要注意的是，在蚁群算法程序开始时，首先输入待搜索节点，然后输入、初始化各个参数并开始进行循环。在每次循环中，每只蚂蚁依次进行寻食过程，如果有蚂蚁找到了食物即找到了一条寻食路径，将此路径与本次循环中其他蚂蚁找到的寻食路径进行比较，将最小的寻食路径更

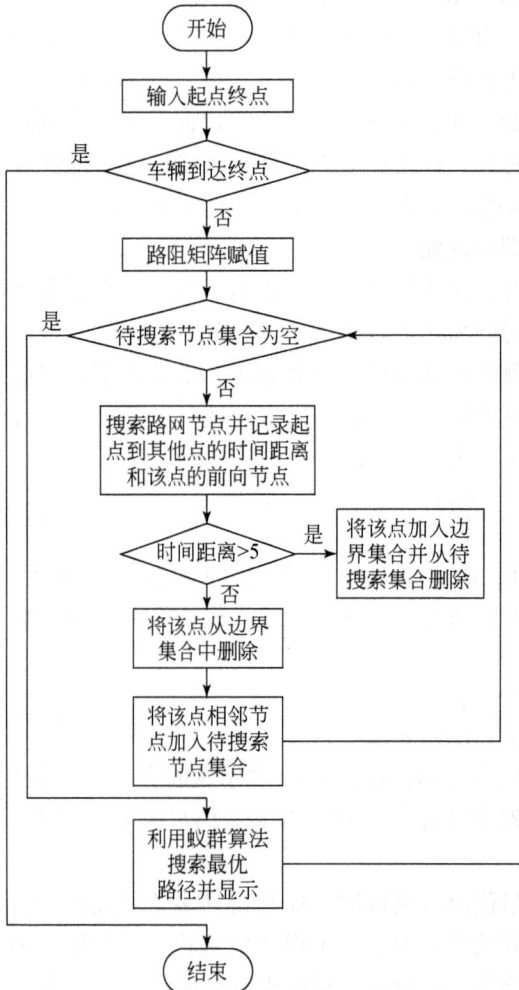

(a)基于时间窗与蚁群算法的动态路径搜索算法流程   (b)蚁群算法求解程序流程

图 7-25　算法流程图

新为最优路径，并判断是否满足所给定的精度，如果满足则退出循环，否则进行下一次循环。当循环次数达到最大次数时，结束循环并判断是否找到了最优路径，如果找到了最优路径，则输出最优路径的路线及其时间距离权值，否则显示没有找到最优路径。

7.4.5.4 仿真试验与分析

本节利用 Matlab 语言编制验证前文提出的动态路径搜索算法，实验对象为程序随机生成的交通仿真网络和起终点，整个网络共包括 400 个节点，并以道路时间长度为权值进行实验。每条道路的动态通行时间采用美国公路局推出的业务流程重组（business process reengineening，BPR）函数模型计算，公式如（7-34）所示。

$$t_a = t_a^0 [1 + a(V_a/C_a)^\beta] \tag{7-34}$$

式中，t_a 为路段 a 的动态行驶时间；t_a^0 为交通流量为零时的路段 a 的行驶时间；V_a 为路段 a 的机动车交通流量，在本仿真实验中为随机产生；C_a 为路段 a 的通行能力，本文取值为 720；a，β 为阻滞参数，本文取值为 $a = 0.15$，$\beta = 4$。

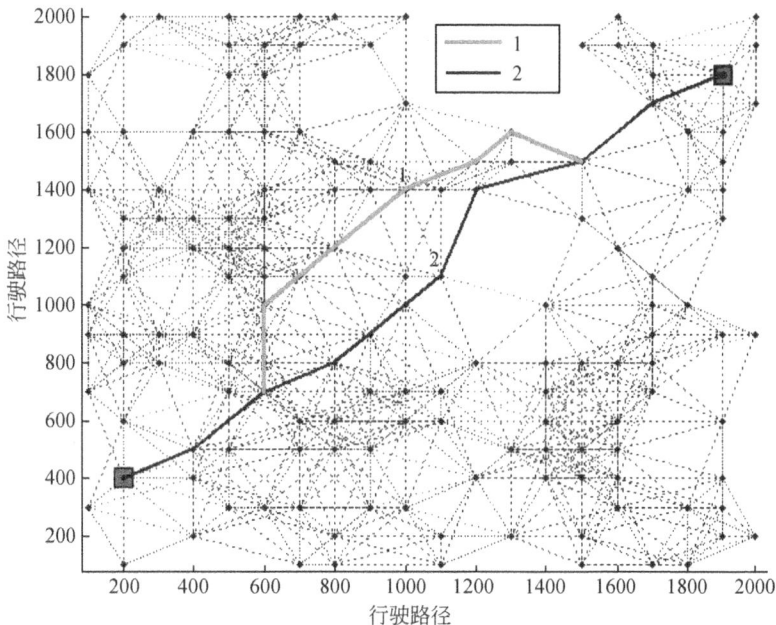

图 7-26 固定路段行驶时间与变化路段行驶时间路线对比

在图 7-26 中，本次搜索路线的起点为左下角方框，终点为右上角方框。其中线 2 表示固定每条路段行驶时间从起点到终点的行驶路线，即为车辆行驶的初始方案。当每条路段的交通流量发生变化时，系统重新计算行驶路线，结果如图 7-26 中线 1 所示。

在动态车辆导航中，为了避免当一定数量的车辆被引导到相同的路段时出现"堵塞转移"现象，路径规划必须要找出多条路线，本实验证明通过蚁群算法可以很方便地找出多条路径。图 7-27 中所示为起点到终点的两条行驶路线，其中路线 1 为最优路径，路线 2 为次优路径。

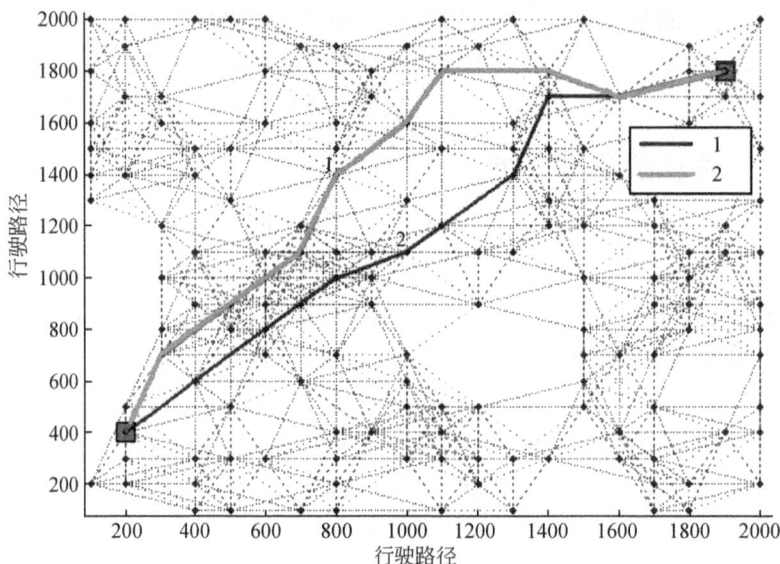

图 7-27　从起点到终点的多条动态最优路径

7.5　鱼群算法

7.5.1　鱼群模式概论

动物在进化过程中，经过漫长的优胜劣汰，形成了形形色色的觅食和生存方式，这些方式为人类解决生产生活中的问题带来了不少启发和灵感。动物不具备复杂逻辑推理能力和综合判断能力等高级智能，但它们通过个体的简单行为和相互影响，实现了群体的生存和进化。动物行为具有以下几个特点（吴香庭，2010）：

1）适应性：动物通过感觉器官来感知外界环境，并应激性地做出各种反应，从而影响环境，表现出与环境交互的能力。

2）自治性：在不同的时刻和不同的环境中能够自主地选取某种行为，而无需外界的控制或指导。

3）盲目性：单个个体的行为是独立的，与总目标之间没有直接的关系。

4）突现性：总目标的完成是在个体行为的运动过程中突现出来的。

5）并行性：各个个体的行为是并行进行的。

人工鱼群算法是根据鱼类的活动特点提出的一种基于动物行为的自治体寻优模式。20世纪90年代以来，群智能（swarm intelligence，SI）的研究引起了众多学者的极大关注，出现了蚁群优化、粒子群优化等一些著名的群智能方法。

集群是生物界中常见的一种现象，如昆虫、鸟类、鱼类、微生物乃至人类等。生物的这种特性是在漫长的进化过程中逐渐形成的，对其生存和进化有着重要的影响，同时这些方式也为人类解决问题的思路带来不少启发和鼓舞。因此，近年来有不少科学家对生物的行为进行了广泛研究，并逐渐形成了一种基于生物行为的人工智能模式。这种基于生物行为的人工智能模式与经典人工智能模式是不同的，它不是采取自上而下的设计方法，而是采取自下而上的设计方法：首先设计单个实体的感知、行为机制，然后将一个或一群实体放置于环境中，让它们在与环境的交互作用中解决问题。它是内嵌的（embedded）、物化的（embodiment）、自治的（autonomous）、突现的（emergence）。

一个集群通常定义为一群自治体的集合，它们利用相互间直接或者间接通信，通过全体的活动来解决一些分布式的难题。在这里，自治体是指在一个环境中具备自身活动能力的一个实体，其自身力求简单，通常不必具有高级智能。但是，它们的集群活动所表现出来的则是一种高级智能才能达到的活动，这种活动可称为集群智能。

动物自治体通常指自主机器人或动物模拟实体，它主要是用来展示动物在复杂多变的环境里能够自主产生自适应的智能行为的一种方式。自治体的行为受到环境的影响，同时每一个自治体又是环境的构成要素。环境的下一个状态是当前状态和自治体活动的函数，自治体的下一个刺激是环境的当前状态和其自身活动的函数，自治体的合理架构就是能在环境的刺激下做出最好的应激活动。

将动物自治体的概念引入鱼群优化算法中，采用自下而上的设计思路，应用基于行为的人工智能方法，形成了一种新的解决问题的模式，因为是从分析鱼类活动出发的，所以称为鱼群模式。该模式用于寻优中，形成了人工鱼群算法。在一片水域中，鱼生存数目最多的地方一般就是该水域中富含营养物质最多的地方，依据这一特点来模仿鱼群的觅食、聚群、追尾等行为，从而实现全局寻优，这就是人工鱼群算法的基本思想。

7.5.2　鱼群基本行为算法描述

鱼类不具备人类所具有的复杂逻辑推理能力和综合判断能力等高级智能，它们的目的是通过个体的简单行为或通过群体的简单行为而达到或突现出来的。这里，对人工鱼定义了四种基本行为：

7.5.2.1　觅食行为

这是人工鱼的一种基本行为，也就是趋向食物的一种活动，一般可以认为它是通过视觉或味觉来感知水中的食物量或浓度进而来选择趋向的，因此前面讲到的视觉概念可应用于该行为。

行为描述：设人工鱼 i 当前状态为 X_i，在其感知范围内随机选择一个状态 X_j

$$X_j = X_i + \text{Visual} \cdot \text{Rand}() \tag{7-35}$$

式中，Rand（）是一个介于 0 和 1 之间的随机数，如果在求极大值问题中，$Y_i < Y_j$（或求极小值为 $Y_i > Y_j$，因为极大值与极小值问题可以互相转换，以下均以求极大值问题进行讨论），则向该方向前进一步

$$X_i^{t+1} = X_i^t + \frac{X_j - X_i^t}{\| X_j - X_i^t \|} \cdot \text{Step} \cdot \text{Rand}() \tag{7-36}$$

反之，再重新随机选择状态 X_j，判断是否满足前进条件，反复尝试 Try_number 次后，若

仍不满足前进条件，则随机移动一步

$$X_i^{t+1} = X_i^t + \text{Visual} \cdot \text{Rand}()$$

7.5.2.2　聚群行为

鱼在游动过程中会自然地聚集成群，这也是为了保证群体的生存和躲避危害而形成的一种生活习惯。鱼群的形成也是一种突现的生动示例，一般认为鸟类和鱼类集群的形成并不需要一个领头者，只需要每只鸟或每条鱼遵循一些局部的相互作用规则，然后集群现象作为整体模式从个体的局部相互作用中突现出来。

行为描述：自然界中，鱼在游动过程中为保证群体的生存和躲避危害，会自然地聚成群。在人工鱼算法中对每条人工鱼做如下规定：一是尽量向邻近伙伴的中心移动。二是避免过分拥挤。

设人工鱼当前状态为 X_i，探索当前邻域内（$d_{ij}<\text{Visual}$）的伙伴数目 nf 及中心位置 X_c。若 $Y_c/nf>\delta Y_i$，表明伙伴中心有较多食物且不太拥挤，则朝伙伴的中心位置方向前进一步

$$X_i^{t+1} = X_i^t + \frac{X_j - X_i^t}{\| X_j - X_i^t \|} \cdot \text{Step} \cdot \text{Rand}() \tag{7-37}$$

否则执行觅食行为。

7.5.2.3　追尾行为

鱼群在游动过程中，当其中一条鱼或几条鱼发现食物时，其邻近的伙伴会尾随其快速到达食物点。

行为描述：追尾行为是一种邻近的有着高度适应度的人工鱼追逐的行为，在寻优算法中可以理解为是向附近的最优伙伴前进的过程。设人工鱼 i 当前状态为 X_i，探索当前的邻域内（$d<\text{Visual}$）的伙伴中 Y_j，为最大的伙伴 X_j。若 $Y_j/nf>\delta Y$，表明伙伴 X_j 的状态具有较高的食物浓度并且其周围不太拥挤，则朝 X_j 的方向前进一步

$$X_i^{t+1} = X_i^t + \frac{X_j - X_i^t}{\| X_j - X_i^t \|} \cdot \text{Step} \cdot \text{Rand}()$$

否则执行觅食行为。

7.5.2.4　随机行为

平时会看到鱼在水中自由地游来游去，表面看是随机。它们也是为了在更大范围内寻觅食物或同伴。

行为描述：随机行为的描述比较简单，就是在视野中随机选择一个状态，然后向该方向移动，其实它是觅食行为的一个缺省行为。

这四种行为在不同的条件下会相互转换，鱼类通过对行为的评价选择一种当前最优的行为来执行，以到达食物浓度更高的位置，这是鱼类的生存习惯。

对行为的评价是用来反映鱼自主行为的一种方式。在解决优化问题中，可以用两种简单的评价方式：一种是选择最优行为执行，也就是在当前状态下，哪一种行为向最优的方向前进，就选择哪一行为；另一种是选择较优方向前进，也就是任选一种行为，只要能向

优的方向前进即可。

7.5.3 人工鱼群算法的寻优原理

通过以上人工鱼的行为描述可知,在人工鱼群算法中,觅食行为奠定了算法收敛的基础,聚群行为增强了算法收敛的稳定性,追尾行为增强了算法收敛的快速性和全局性,行为分析为算法收敛的速度和稳定性提供了保障。

人工鱼群算法寻优过程中,人工鱼可能会集结在几个局部极值域的周围。使人工鱼逃出局部极值域,实现全局寻优的因素主要有以下几点:①觅食行为中重试次数较少时,为人工鱼提供了随机游动的机会,从而能跳出局部极值的邻域。②随机步长使人工鱼在前往局部极值的途中,有可能转而游向全局极值。③算法中拥挤度因子限制了聚群的规模,只有较优的地方才能聚集更多的人工鱼,使人工鱼能更广泛地寻优。④聚群行为能促使少数陷于局部极值的人工鱼向多数趋向全局极值的人工鱼方向聚集,从而逃离局部极值。⑤追尾行为加快了人工鱼向更优状态游动,同时也能促使陷于局部极值的人工鱼向处于更优的全局极值的人工鱼方向追随并逃离局部极值。

每条人工鱼根据它当前所处的环境情况(包括目标函数的变化情况和伙伴的变化情况)进行行为选择进而执行一种行为,最终人工鱼集结在几个局部极值的周围,一般情况下适应度值高的人工鱼一般处在较优的局部极值的周围,这有助于获取全局极值。

人工鱼群算法是集群智能思想的一个具体应用,它不需要了解问题的特殊信息,只需要对问题进行优劣比较,并且有着较快的收敛速度。每条人工鱼探索它当前所处的环境状况(包括目标函数的变化情况和伙伴的变化情况),从而选择一种行为,最终人工鱼集结在几个局部极值的周围。一般情况下,在讨论求极大值问题时,拥有较大的食物浓度值的人工鱼一般处于值较大的极值域周围,这有助于判断并获取全局极值。

根据所要解决问题的性质,对人工鱼所处的环境进行评价,从而选择一种行为。对于求解极大值的问题,可以使用试探比较法,就是人工鱼模拟执行聚群、追尾、觅食等行为,然后对行动后的值进行评价,选择其中的最优行为来执行。

通常,由 AF_init()来初始化人工鱼使其随机分布在变量域内,鱼群算法对初始条件要求不高,算法的终止条件可以根据实际情况设定,如通常的方法是判断连续多次所得值的均方差小于允许的误差或判断聚集于某个区域的人工鱼的数目达到某个比率,或限制迭代次数等。为了记录最优人工鱼的状态,算法中引入一个公告牌。人工鱼在寻优过程中,每次迭代完成后就对自身的状态与公告牌的状态进行比较,如果自身状态优于公告牌状态,就将自身状态写入并更新公告牌,这样公告牌就记录下了历史最优的状态。最终公告牌记录的值就是系统的最优值,其状态就是系统的最优解。

7.5.3.1 公告牌

公告牌用来记录最优人工鱼个体状态及该人工鱼位置的食物浓度值。各人工鱼在寻优过程中,每次行动完毕就检验自身状态与公告牌的状态,若自身状态优于公告牌状态,则将公告牌状态改写为自身状态,这样就使公告牌记录下历史最优状态。

7.5.3.2　行为评价

对行为的评价是用来反映鱼自主行为的一种方式，在解决优化问题时，可选用简单的评价方式，也就是在当前状态下，哪一种行为向最优方向前进，就选择这一行为。根据所要解决问题的性质，对人工鱼当前所处的环境进行评价，从而选择一种行为。对于求解极大值的问题，最简单的评估方法可使用试探法，即模拟执行聚群、追尾等行为，然后评价行动后的值，选择最优行为来实际执行，缺省的行为方式为觅食行为。

7.5.3.3　迭代终止条件

算法的终止条件可根据问题的性质或要求而定，如通常的方法是判断连续多次所得值的均方差小于允许的误差，或判断聚集于某个区域的人工鱼的数目达到某个比率，或连续多次所获取的值均不超过已寻找的极值，或限制最大迭代次数等。若满足终止条件，则输出公告牌的最优记录，否则继续迭代。

人工鱼群算法的步骤如下（图7-28）：

1）首先进行初始化设置，包括人工鱼群的个体数 N、每条人工鱼的初始位置、人工鱼移动的最大步长、人工鱼的视野、重试次数和拥挤度因子。

2）计算每条人工鱼的适应度值，并记录全局最优的人工鱼的状态。

3）对每条人工鱼进行评价，对其要执行的行为进行选择，包括觅食行为、聚群行为、追尾行为和随机行为。

4）执行人工鱼选择的行为，更新每条人工鱼的位置信息。

5）更新全局最优人工鱼的状态。

6）若满足循环结束的条件，则输出结果，否则跳转到步骤2）。

7.5.4　案例：基于人工鱼群算法的陕西地市城市污染状况聚类

7.5.4.1　算法

1）初始化。设定鱼群算法的参数，包括鱼群规模的大小、最大迭代次数 Gemax、人工鱼的感知范围 Visual、人工鱼拥挤度因子、移动步长、最大试探次数、循环次数 nc、计算解对应的目标函数 $\min\left\{\sum_{k=1}^{n}\sum_{i=1}^{c}\mu_{ik}^{m}\left(d_{ik}\right)^{2}\right\}$。令当前迭代次数 Gen$=0$，在可行域内随机产生 N 条鱼，形成初始鱼群，进入下一步，全局搜索得最优解。

2）计算初始人工鱼个体当前位置的食物 X_c，并比较它们的大小，找到当前全局最大值进入公告板，即确定初始聚类中心，并保存其状态。公告板具有一定的记忆特点，当其遇到或搭建起一个聚群时，会将该群的特征信息和位置信息记录下来。

3）各人工鱼分别模拟执行追尾行为和聚群行为，选择行动后食物浓度值较大者的行为实际执行，缺省行为方式为觅食行为。各人工鱼每行动一次后，检验自身状态与公告板状态，如果优于公告板状态，则以自身状态取代之。

4）计算新的聚类中心，计算每个模式样本到新的聚类中心的距离 $d_{ik}^2 = \| x_k - p_i \|_A$，计算聚类质量是否达到满意，更新公告板信息。主体在聚类过程中会遇到聚类或物体，主体会自行区分这两种不同情形，从而采取不同的行动来区别对待。

5）中止条件判定。Gen←Gen+1，若 Gen<Gemax 且聚类达到满意的效果，根据食物浓度从当前人工鱼群中选择出达到满意的聚群写入公告板，输出的公告板的值即是最好解，否则转2），继续执行，直到满足中止条件为止，从而产生满意的全局最优解或较优解域。

6）对满意的全局最优解进行局部优化，应用基于目标函数的聚类算法，对解进一步局部优化，产生高精度的最终解，即得本文的聚类结果（图7-28）。

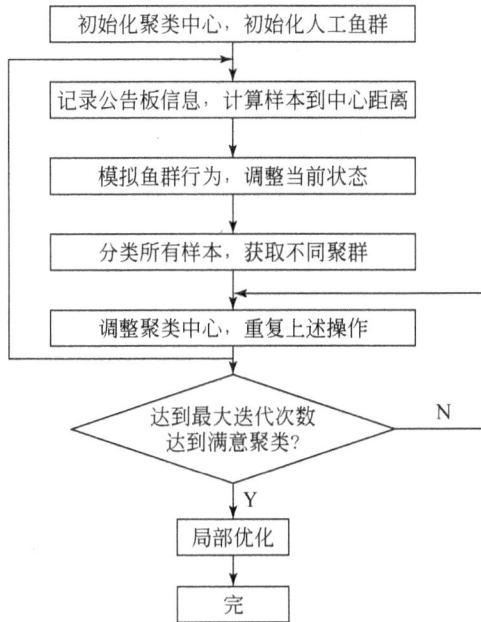

图7-28　人工鱼群算法流程图

该算法在产生下一代解时有较大的随机性，因此不易陷入局部最优；对每条人工鱼个体状态用了基于目标函数（划分）的优化方法，人工鱼的聚群行为的中心恰恰就是人工鱼可视域内数据聚类分析的中心，这有利于混合算法快速有效收敛。

7.5.4.2　实例分析

为了从实际结果阐述基于人工鱼群改进的模糊聚类算法的合理性，本节采用陕西10个地市2007年环境污染数据，取 CO_2 年排放量、氨氮年排放量、SO_2 年排放量、烟尘年排放量、粉尘年排放量和工业固废年排放量，六个指标综合衡量陕西十地市污染状况进行聚类。为了确定最佳类个数，可依次把分类个数设置为1，2，3，…，9，10比较最优分类方案的平均目标函数值，从而确定最佳分类个数。平均目标函数值的定义为：$J_b = \frac{1}{c} \sum_{i=1}^{c} \sum_{k=1}^{n} u_{ik}^b \| x_k - v_i \|^2$。根据目标函数最小的依据，最佳聚类数为3。因此，这里将污染

状况分为三个等级，即严重污染、一般污染、污染较轻。

表7-3说明，不论是10次运行结果的目标函数收敛值的平均值还是单次的运行收敛值，基于人工鱼群算法改进的模糊C-均值聚类算法（AFS-FCM）的目标函数收敛值，均比相应的模糊C-均值聚类算法（FCM）得出的平均目标函数收敛值小。再次体现了基于人工鱼群改进的模糊C-均值聚类算法的优越性。

表7-3 目标函数收敛值

实验次数	收敛值	
	本文算法	传统算法
1	1541.9850	1993.5675
2	1541.4250	1985.2578
3	1541.2145	1768.2556
4	1539.3695	1879.3254
5	1537.1586	1789.3654
6	1541.8523	1689.4583
7	1541.2356	1856.3547
8	1539.7896	1859.3214
9	1537.5645	1921.3259
10	1537.1867	1689.3898
	1537.1237	1689.8965

本文分别采用模糊c-均值聚类算法和基于人工鱼群算法的模糊c-均值聚类算法，将2007年陕西污染状况分成三类。其分类结果为：10个地市可分为三类，西安、宝鸡、咸阳为一类；榆林、延安、铜川、商洛、安康、汉中为一类；渭南为一类。用MapInfor Professional 7.0处理后如图7-29所示。

这与10个地市的环境污染状况是吻合的，事实上，渭南市由于造纸行业、化工冶金等污染严重，2007年各项污染物排放指标中二氧化硫年排放量最高，二氧化碳年排放量、氨氮年排放量、烟尘年排放量位居第二，工业固废和粉尘排放量也比较多，所以其污染程度排在第一位且单独为一类。西安、宝鸡、咸阳三个城市位于关中且地理位置分布集中，经济发展相对平衡，相互影响，环境状况较为类似，各种污染物排放量较多，污染较严重，因此被划分为一类。其余地市根据其污染状况指标计算结果划分为一类，但是实际状况略有差别，可以按照较轻度污染来治理。总体上，划分的结果与实际较为类似，但由于数据获取的原因和指标选取的主观性等原因，没有涉及生态破坏的指标，仅仅涉及了三废排放情况，因此，榆林、延安两城市的划分结果与实际状况有所差距，在进一步的研究中如细化指标变量，增加数据完整性和客观性，可获得更为满意的结果。

在模糊划分聚类中加入人工鱼群算法使两者有机结合，充分利用模糊划分算法的局部快速收敛性、人工鱼群算法的并行性、全局性和可视域内聚群行为等特点，使其优势互

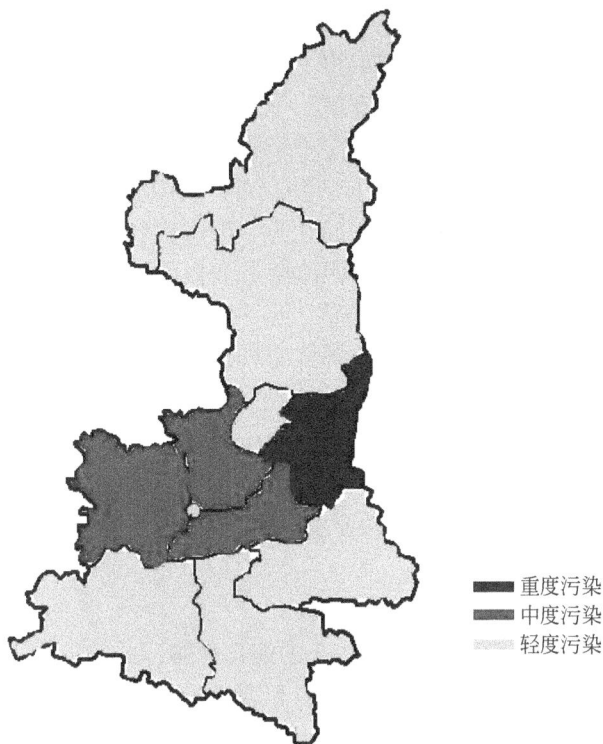

图 7-29　陕西省 11 个地市（区）环境污染状况聚类结果

补。实验结果表明，该聚类算法的全局寻优能力优于基于划分算法，正确率明显提高，聚类效果更好。

7.6　粒子群优化算法

7.6.1　粒子群优化算法概述

粒子群优化算法（Partide Swarm Optimization，PSO）（袁东辉等，2001）最初是由肯尼迪（Kennedy）和埃伯哈特（Eberhart）博士于 1995 年受人工生命研究的结果启发，在模拟鸟群觅食过程中的迁徙和群集行为时提出的一种基于群体智能的演化计算技术。该算法具有并行处理、鲁棒性好等特点，能以较大概率找到问题的全局最优解，且计算效率比传统随机方法高。其最大的优势在于编程简单，易实现，收敛速度快，而且有深刻的智能背景，既适合科学研究，又适合工程应用。因此，粒子群优化算法一经提出，立刻引起了演化计算领域研究者的广泛关注，并在短短几年时间里涌现出大量的研究成果，该算法目前已被"国际演化计算会议"列为讨论专题之一。

粒子群优化算法是受到鸟群或者鱼群社会行为的启发而形成的一种基于种群的随机优化技术。它是一类随机全局优化技术，通过粒子间的相互作用发现复杂搜索空间中的最优区域。该算法是一种基于群体智能的新型演化计算技术，具有简单易实现、设置参数少、全局优化能力强等优点。粒子群优化算法已在函数优化、神经网络设计、分类、模式识别、信号处理、机器人技术等许多领域取得了成功的应用。

粒子群优化算法的基本思想可这样理解，每个优化问题的潜在解都是搜索空间中的一只鸟，称之为"粒子"。所有的粒子都有一个由被优化的函数决定的适应值（fitness value），每个粒子还有一个速度决定他们飞翔的方向和距离。然后粒子就追随当前的最优粒子在解空间中搜索。粒子群优化算法初始化为一群随机粒子（随机解）。然后通过迭代找到最优解。在每一次迭代中，粒子通过跟踪两个"极值"来更新自己。第一个就是粒子本身所找到的最优解。这个解称为个体极值。另一个极值是整个种群目前找到的最优解。这个极值是全局极值。另外也可不用整个种群而只是用其中一部分作为粒子的邻居，那么在所有邻居中的极值就是局部极值。

粒子群优化算法是一种启发式的优化计算方法，其有以下几个优点：

1）易于描述，易于理解；

2）对优化问题定义的连续性无特殊要求；

3）只有非常少的参数需要调整；

4）算法实现简单，速度快；

5）相对其他演化算法而言，只需要较小的演化群体；

6）算法易于收敛，相比其他演化算法，只需要较少的评价函数计算次数就可达到收敛；

7）无集中控制约束，不会因个体的故障影响整个问题的求解，确保系统具备很强的鲁棒性。

当然，粒子群优化算法也有缺点，例如对于有多个局部极值点的函数，容易陷入到局部极值点中，得不到正确的结果。此外，由于缺乏精密搜索方法的配合，粒子群优化算法方法往往不能得到精确的结果。再则，粒子群优化算法方法提供了全局搜索的可能，但并不能严格证明它在全局最优点上的收敛性。

7.6.2 基本粒子群优化算法

7.6.2.1 基本模型

设群体规模为 N，在一个 D 维的目标搜索空间中，群体中的第 i（$i=1, 2, \cdots, N$）个粒子位置可以表示为一个 D 维矢量 $X_i = (x_{i1}, x_{i2}, \cdots, x_{iD})^T$，同时 $V_i = (v_{i1}, v_{i2}, \cdots, v_{iD})^T$，$i = 1, 2, \cdots, N$ 表示第 i 个粒子的飞翔速度。用 $P_i = (p_{i1}, p_{i2}, \cdots, p_{iD})^T$ 表示第 i 个粒子自身搜索到的最好点。而在这个种群中，至少有一个粒子是最好的，将其编号记为 g，则 $P_g = (p_{g1}, p_{g2}, \cdots, p_{gD})^T$ 就是当前种群所搜索到的最好点，即种群的全局历史最优位置。

粒子根据以下公式来更新其速度和

$$v_{ij}^{k+1} = v_{ij}^k + c_1 r_{1j}(p_{ij}^k - x_{ij}^k) + c_2 r_{2j}(p_{gj}^k - x_{ij}^k) \tag{7-38}$$

$$x_{ij}^{k+1} = x_{ij}^k + k_{ij}^{k+1} \tag{7-39}$$

式中，$i=1$，2，$\cdots$，N，j 表示粒子的第 j 维，k 表示迭代次数，c_1，c_2 为加速常数，一般在 0~2 之间取值。c_1 主要是为了调节粒子自身的最好位置飞行的步长，是为了调节粒子向全局最好位置飞行的步长。$r_1-u(0，1)$，$r_2-u(0，1)$ 为两个相互独立的随机函数。为了减少在进化过程中，粒子离开搜索空间的可能性，v_{ij} 通常限定于一定范围内，即 $v_{ij} \in [V_{\min}，V_{\max}]$。

式（7-38）中，其第一部分 v_{ij}^k 为粒子先前的速度，第二部分 $c_1 r_1(p_{ij}^k - x_{ij}^k)$ 为"认知"部分，它仅考虑了粒子自身的经验，表示粒子本身的思考，其第三部分 $c_2 r_2(p_{gj}^k - x_{ij}^k)$ 为"社会"部分，表示粒子间的社会信息共享。

7.6.2.2 基本粒子群算法的流程

基本粒子群算法的流程如下：

1）依照初始化过程，对粒子群的随机位置和速度进行初始设定。

2）计算每个粒子的适应值。

3）对于每个粒子，将其适应值与所经历过的最好位置的适应值进行比较，若较好，则将其作为当前最好位置。

4）对于每个粒子，将其适应值与全局所经历过的最好位置的适应值进行比较，若较好，则将其作为当前的全局最好位置。

5）根据两个迭代公式对粒子的速度和位置进行进化。

6）如未达到结束条件通常为足够好的适应值或达到一个预设最大代数（Gmax），返回步骤 2），否则执行步骤 7）。

7）输出 gbest。

7.6.3 带惯性权重的粒子群算法

为了改变基本粒子群算法的收敛性能，Y. 石（Y. Shi）与 R. C. 埃伯哈特（R. C. Eberhart）在 1998 年的 IEEE 国际进化计算学术会议上发表了题为 *A Modified Particle Swarm Optimization* 的论文。首先在速度进化方程中引入惯性权重（inertia weight）w，即

$$v_{ij}^{k+1} = w v_{ij}^k + c_1 r_{1j}(p_{ij}^k - x_{ij}^k) + c_2 r_{2j}(p_{gj}^k - x_{ij}^k) \tag{7-40}$$

基本粒子群算法是 $w=1$ 的特殊情况。把带惯性权重的微粒群算法称之为标准粒子群算法。由基本粒子群算法模型中粒子位置的进化方程可看出，粒子在不同时刻的位置主要是由飞行速度决定的，也就是说粒子的飞行速度相当于搜索步长。

飞行速度的大小直接影响算法的全局收敛性。当粒子的飞行速度过大时，各粒子初始将会以较快的速度飞向全局最优解邻近的区域，但是当逼近最优解时，由于粒子的飞行速度缺乏有效的控制与约束，将很容易飞越最优解，转而去搜索其他区域，从而使算法很难收敛于最优解，陷入局部最优解。当粒子的飞行速度过小时，粒子在初期向全局最优解邻近区域靠近的搜索时间就需要很长。收敛速度慢，很难达到最优解。基于此现实情况，他们二人提出了标准的微粒群算法。

式（7-40）中的 w 为惯性权重，它具有维护全局和局部搜索能力的平衡作用，可以使

粒子保持惯性运动，使其有扩展搜索空间的趋势，有能力探索新的区域。对全局搜索，通常的好方法是在前期有较高的搜索能力以得到合适的粒子，而在后期有较高的开发能力以加快收敛速度。为此，可将 w 设定为随着进化而线性减少，例如由 0.9 ~1.2 等。有些学者在研究中曾论证出 w 的最佳值在 0.8 附近，这为设计标准粒子群算法参数时提供有利的参考。一般人们认为较大的 w 提高了寻优时粒子的全局搜索能力，有利于提高寻优的成功率；较小的 w 则有利于粒子群在迭代运算时的快速聚集，有利于提高寻优的速度。

引入惯性权重 w 可消除基本粒子群算法对 V_{max} 的需要。当 V_{max} 增加时，可通过减少 w 来达到平衡搜索，而 w 的减少可使所需的迭代次数变小。因此，可将各维变量的 $V_{max,D}$ 固定，而只对 w 进行调节。w 越大，粒子的飞行速度就越大，它将以较大的步长进行全局搜索；w 越小，粒子的速度步长越小，粒子趋向于进行精细的局部搜索。w 的变化趋势正好相当于粒子速度的变化趋势，因此带惯性权重的粒子群算法的改进之处就是将二者结合起来使粒子可尽快地向最优解区域靠拢，而又不至于在到达最优解区域附近时飞越最优解。

目前关于粒子群算法的研究，一般都是将带惯性权重的粒子群算法作为最基本的 PSO 算法模型。

7.6.4　案例：粒子群规划算法

粒子群优化算法具有收敛速度快，局部搜索能力强的优点，但对解提出了更为严格的要求，要求粒子必须能表示为 D 维空间的一个向量，而采用树形结构的层次型问题，不能直接表示为 D 维空间的一个向量。

本节使用了一个改进的双线性表的结构来描述解。在此基础上，使用离散粒子群算法和连续的粒子群算法分别对离散线性表和连续线性表进行优化。

7.6.4.1　Programming 问题

有一类问题，其解的自然描述往往是一种层次化的结构。例如 $f(x) = A_0 + A_1 x + A_2 x^2 + A_3 x^3$，可将其表示为一种具有分层次的结构，如图 7-30 的结构。但是某个规划问题的层次性的结构和大小在问题解决之前无法事先了解。例如对图 7-31 所示的数据进行拟合时，究竟选下列那个函数进行拟合实现还是无法了解的。

$$f(x) = A_0 + A_1 x + A_2 x^2 + A_3 x^3$$
$$f(x) = A_0 \log(A_1 x + A_2 x^2 + A_3 x^3)$$
$$f(x) = A_0 + \exp(A_1 x) + \log(A_2 x^2) + \sin(A_3 x^3)$$
$$\cdots$$

因此，这种结构在随机确定其初值之后，应该具有根据所在环境的状况动态地修改其结构和大小的能力。

对于特定的输入，利用各种不同层次结构的函数表达式，通过其产生特定的输出。Programming 问题就是利用一组数据，找出一个特定的函数关系能最好地拟合给定的数据，拟合好坏的尺度为拟合方差，拟合方差越小，函数表达式越精确。

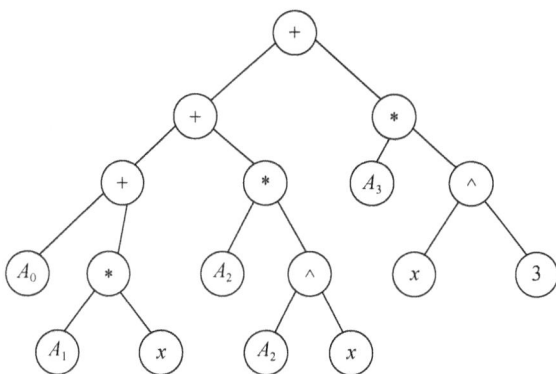

图 7-30　分层次结构

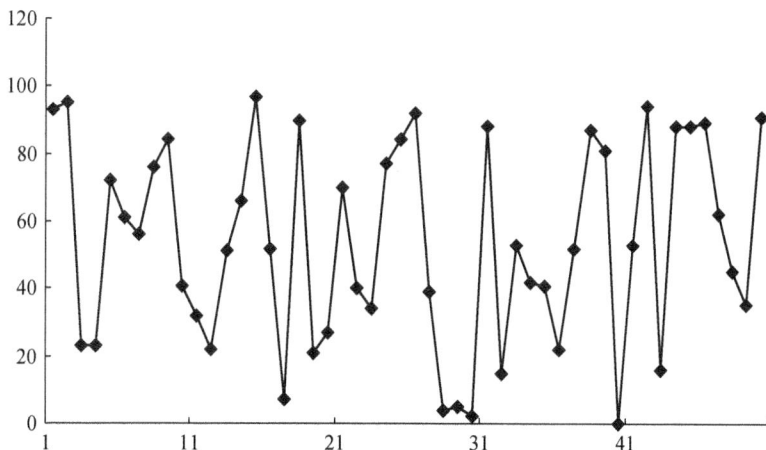

图 7-31　待拟合数据

　　遗传规划就是一种典型的解决 Programming 问题的方法。是从遗传算法的基础上发展起来的，它把不同领域的问题都归结为寻找满足给定约束的计算机程序发现问题，也就是在可能的程序空间中寻找最优或满意的计算机程序，本节将这类问题称为 Programming 问题，简称规划问题。遗传规划从一组随机产生的初始群体开始，通过一系列的遗传操作，逐步逼近问题的最优解。它在没有完全的系统结构信息的情况下，可将系统结构估计和参数估计融合在一起进行优化求解。遗传规划算法一经提出，在预测分析、模式判别和分类、数据挖掘等工程实践领域中得到非常广泛的应用。

　　粒子群规划算法是一种简单高效的优化算法，但由于粒子群规划算法在优化的过程中通过位置更新公式对解进行更新，解被描述成 D 维空间的一个点，而 Programming 问题采用树形结构来描述层次问题，所以粒子群规划算法不能直接应用于遗传规划所描述的规划问题。本节在线性表的基础上提出一种双线性表的结构，将连续量和离散量分开，在此基础上分别使用连续的粒子群算法和离散的粒子群算法对连续量和离散量进行优化，从而形成粒子群规划（particle swarm optimization programming，PSOP）算法，最后通过对 Sphere、Griewank、Rastrigin 三个典型优化函数的建模验证了粒子群规划算法的有效性和稳定性。

7.6.4.2 算法的基本步骤

算法的基本流程为：

1）初始化：设定一个迭代周期，初始化一个种群，初始化种群的每个粒子的当前位置和速度并计算每个粒子的适应度，更新每个粒子的本地最优解为当前位置和适应度，更新全局最优解；

2）使用离散粒子群算法对种群中的所有粒子的离散量进行更新，然后更新种群粒子的适应度；

3）使用固定学习因子的粒子群算法对种群中所有粒子的连续量进行更新，然后更新种群粒子的适应度；

4）判断：判断算法的迭代次数是否达到设定的迭代周期或者精度达到了设定的最小误差。如果满足上述的任意条件，则程序退出，输出全局最优解的位置和适应度，否则跳到2）。

7.6.4.3 算法流程

粒子群规划算法的流程如图 7-32。

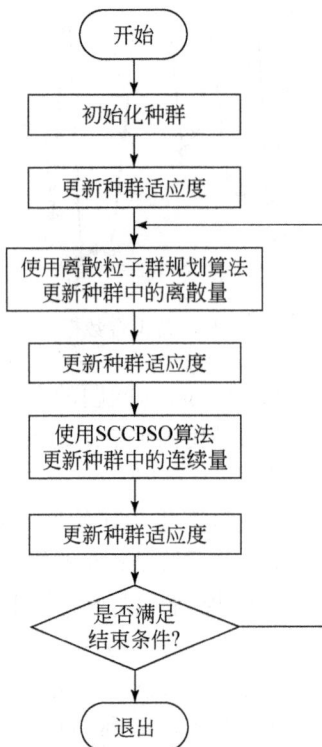

图 7-32　粒子群规划算法流程图

7.6.4.4 实验与结果分析

为了检验算法的有效性，书中选取了三个典型的测试函数对算法进行了测试：

1）Sphere 函数，单峰值函数：

$$f(x) = \sum_{i=1}^{4} x_i^2$$

2）Rastrigin 函数，多峰值函数：

$$f(x) = \sum_{i=1}^{4} \left(x_i^2 - 10\cos(2\pi x_i) + 10 \right)$$

3）Griewank 函数，多峰值函数：

$$f(x) = \frac{1}{4000} \sum_{i=1}^{4} x_i^2 - \prod_{i=1}^{4} \cos\left(\frac{x_i}{\sqrt{i}}\right) + 1$$

利用三个测试函数分别生成 100 组测试样本，分别利用粒子群规划算法和遗传规划算法各运行 10 次进行对比试验。

在实验中树的深度为 6，种群规模为 100，遗传规划算法在一个优化周期中变异数为 20，交叉数为 10；离散粒子群规划算法中 $W = C1 = C2 = 0.9$，连续部分算法中 $\omega = 1$，精度为 0.0001，常数取值范围 $[-50, 50]$，迭代每 100 次输出一次适应度。

将 10 组数据的适应度在对应时间位置取平均值，考虑初始值的影响，取 5~500 平均适应度进行比较，如图 7-33~图 7-35 所示。

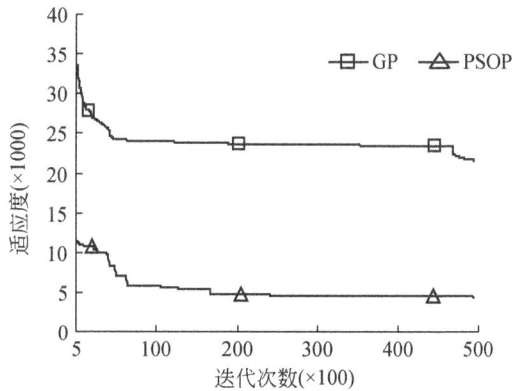

图 7-33　Sphere 函数对比试验结果

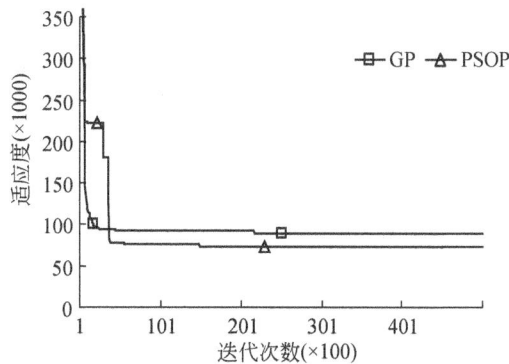

图 7-34　Griewank 函数对比试验结果

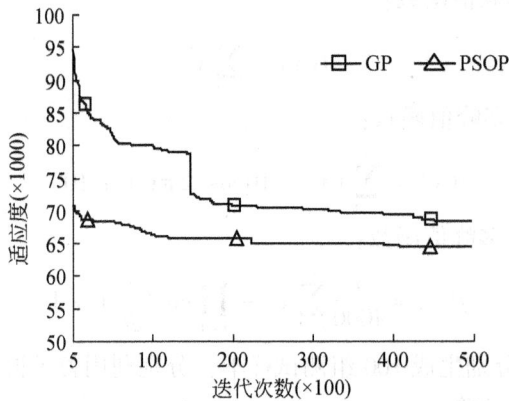

图 7-35　Rastrigin 函数对比试验结果

从图 7-35 中的收敛曲线可看出，无论是在单峰函数的优化上还是在多峰函数的优化上，粒子群规划算法的性能都比遗传规划算法的收敛精度有显著的提高。

遗传规划算法主要是靠遗传算子，如交叉变异发现新的结构和模式来进行优化，过于依赖解的创新；而在粒子群规划算法中，虽然仍使用了遗传算法的变异和交叉操作，但它仍然使用的是粒子群规划算法的优化机制，具有记忆最佳粒子位置的能力和信息共享机制，使其具有更好的全局收敛能力和稳定性。

第8章　基于集合论的数据挖掘方法

8.1　模　糊　集　合

美国加州大学扎德教授于 1965 年提出的模糊集合与模糊逻辑理论是模糊计算的数学基础（苗夺谦和王珏，2008）。它主要用来处理现实世界中因模糊引起的不确定性。目前，模糊理论已在推理、控制、决策等方面得到了非常广泛的应用。

8.1.1　模糊集及其运算

通常，人们把那种因没有严格边界划分而无法精确刻画的现象称为模糊现象，并把反映模糊现象的各种概念称为模糊概念。例如，人们常说的"大"、"小"、"多"、"少"等都属于模糊概念。在模糊计算中，模糊概念通常是用模糊集合来表示的。

8.1.1.1　模糊集的定义

模糊集是一种用来描述模糊现象和模糊概念的数学工具，它是对普通集合的扩充，通常用隶属函数来刻画。对于模糊集和隶属函数的形式化描述，扎德给出了如下定义。

定义 8.1　设 U 是给定论域，μ_F 是把任意 $u \in U$ 映射为 [0, 1] 上某个实值的函数

$$\mu_F: \ U \to [0, 1]$$
$$u \to \mu_F(u)$$

式中，$\mu_F(u) \in [0, 1]$ 称为定义在 U 上的一个隶属函数，对所有 $u \in U$，由 $\mu_F(u)$ 所构成的集合 $F = \{\mu_F(u) \mid u \in U\}$ 为 U 上的一个模糊集，$\mu_F(u)$ 的值称为 u 对 F 的隶属度。

从这个定义可看出，模糊集 F 完全是由隶属函数 μ_F 来刻画的，μ_F 把 U 中的每一个元素 u 都映射为 [0, 1] 上的一个值 $\mu_F(u)$。$\mu_F(u)$ 的值表示 u 隶属于 F 的程度，其值越大，表示 u 隶属于 F 的程度就越高。当 $\mu_F(u)$ 仅取 0 和 1 两个值时，模糊集 F 便退化为一个普通集合。

一般来说，一个非空的论域，可对应多个不同的模糊集，一个空的论域，只能对应一个空的模糊集。但一个模糊集与其隶属函数之间却是一一对应的关系，即一个模糊集只能由一个隶属函数来刻画，一个隶属函数也只能刻画一个模糊集。可见，模糊集是由其隶属函数完全刻画的，因此，正确地确定隶属函数在模糊集的理论研究与实际应用中起着关键的作用。隶属函数的确定过程本质上是客观的，但又允许有一定的人为技巧。

8.1.1.2　模糊集的表示

模糊集的表示方法与论域性质有关，对离散且为有限论域 $U = \{u_1, u_2, \cdots u_n\}$，其模

糊集可表示为 F = $\{\mu_F(u_1), \mu_F(u_2), \cdots \mu_F(u_n)\}$。

为了能表示出论域中的元素与其隶属度之间的对应关系，扎德引入了一种模糊集的表示方式：它为论域中的每个元素都标上其隶属度，然后再用"+"号把它们连接起来，即

$$F = \mu_F(u_1)/u_1 + \mu_F(u_2)/u_2 + \cdots + \mu_F(u_n)/u_n$$

也可写成

$$F = \sum_{i=1}^{N} \mu_F(u_i)/u_i$$

式中，$\mu_F(u_i)$ 为 u_i 对 F 的隶属度；"$\mu_F(u_i)/u_i$"不是相除关系，只是一个记号；"+"也不是算术意义上的加，只是一个连接符号。

在这种表示方法中，当某个 μ_i 对 F 的隶属度 $\mu_F(u_i)=0$ 时，可省略不写。

如果论域是连续的，则其模糊集可用一个实函数来表示。实际上还有几种不同的表示方法，如可通过给出隶属函数的解析式来表示一个模糊集；当论域为有限集时，可用二元有序组的形式或向量的形式表示模糊集。在应用中可选择适当的形式表示模糊集。

不管论域 U 是有限的还是无限的，是连续的还是离散的，扎德又给出了一种类似于积分的一般表示形式

$$F = \int_{u \in U} \mu_F(u)/u$$

这里的记号 $\int$ 不是数学中的积分符号，也不是求和，只是表示论域中各元素与其隶属度对应关系的总括。

8.1.1.3 模糊集的运算

模糊集与普通集合类似，也有相等、包含、交、并、补等运算。

定义 8.2 设 F，G 分别是 U 上的两个模糊集，若对任意 $u \in U$，都有
$$\mu_F(u) = \mu_G(u)$$
成立，则称 F 等于 G，记为 $F = G$。

定义 8.3 设 F，G 分别是 U 上的两个模糊集，若对任意 $u \in U$，都有
$$\mu_F(u) \leqslant \mu_G(u)$$
成立，则称 F 包含于 G，记为 $F \subseteq G$。

定义 8.4 设 F，G 分别是 U 上的两个模糊集，则 $F \cup G$，$F \cap G$ 分别称为 F 与 G 的并集、交集，它们的隶属函数分别为
$$F \cup G: \mu_{F \cup G}(u) = \max_{u \in U}\{\mu_F(u), \mu_G(u)\}$$
$$F \cap G: \mu_{F \cap G}(u) = \min_{u \in U}\{\mu_F(u), \mu_G(u)\}$$
为简便起见，模糊集合论中通常用"$\vee$"代表 max，"$\wedge$"代表 min，即对任意 $u \in U$，有
$$F \cup G: \mu_{F \cup G}(u) = \mu_F(u) \vee \mu_G(u)$$
$$F \cap G: \mu_{F \cap G}(u) = \mu_F(u) \wedge \mu_G(u)$$
定义 8.5 设 F 为 U 上的模糊集，称 $\neg F$ 为 F 的补集，其隶属函数为

$$\neg F: \mu_{\neg F}(u) = 1 - \mu_F(u)$$

例如：设 $U=\{1, 2, 3\}$，F 和 G 分别是 U 上的两个模糊集，F 代表概念 "小"，G 代表概念 "大"，且

$F = 1/1 + 0.6/2 + 0.1/3$

$G = 0.1/1 + 0.6/2 + 1/3$

则

$F \cup G = (1 \vee 0.1)/1 + (0.6 \vee 0.6)/2 + (0.1 \vee 1)/3 = 1/1 + 0.6/2 + 1/3$

$F \cap G = (1 \wedge 0.1)/1 + (0.6 \wedge 0.6)/2 + (0.1 \wedge 1)/3 = 0.1/1 + 0.6/2 + 0.1/3$

$\neg F = (1-1)/1 + (1-0.6)/2 + (1-0.1)/3 = 0.4/2 + 0.9/3$

从这个例子可以看出，两个模糊集之间的运算实际上就是逐点对隶属函数进行相应的运算。

8.1.2 模糊关系及其运算

8.1.2.1 模糊关系的定义

模糊关系也是一种模糊集合，模糊集上的模糊关系是对普通集合上的确定关系的扩充。在普通集合中，其论域由多个集合的笛卡儿积构成。

设 V 与 W 是两个普通集合，V 与 W 的笛卡儿乘积为

$$V \times W = \{(v, w) \mid 任意 v \in V, 任意 w \in W\}$$

可见，V 与 W 的笛卡儿乘积是由 V 与 W 上所有可能的序偶 (v, w) 构成的一个集合。

所谓从 V 到 W 的关系 R，是指 $V \times W$ 上的一个子集，即 $R \subseteq V \times W$，记为

$$V \xrightarrow{R} W$$

对于 $V \times W$ 中的元素 (v, w)，若 $(v, w) \in R$，则称 v 与 w 有关系 R；若 $(v, w) \notin R$，则称 v 与 w 没有关系 R。

在普通集合上定义的关系都是确定性关系，v 与 w 之间有没有某种关系是十分明确的。但在模糊集合上一般不存在这种明确关系，而是一种模糊关系。下面我们来定义模糊集合上的笛卡儿乘积和模糊关系。

定义 8.6 设 F_i 是 U_i $(i=1, 2, \cdots, n)$ 上的模糊集，则称

$$F_1 \times F_2 \times \cdots \times F_n = \int_{U_1 \times U_2 \times \cdots \times U_n} (\mu_{F_1}(u_1) \wedge \mu_{F_2}(u_2) \wedge \cdots \wedge \mu_{F_n}(u_n))/(u_1, u_2, \cdots, u_n)$$

为 F_1，F_2，$\cdots$，F_n 的笛卡儿乘积，它是 $U_1 \times U_2 \times \cdots \times U_n$ 上的一个模糊集。

定义 8.7 在 $U_1 \times U_2 \times \cdots \times U_n$ 上的一个 n 元模糊关系 R 是指以 $U_1 \times U_2 \times \cdots \times U_n$ 为论域的一个模糊集，记为

$$R = \int_{U_1 \times U_2 \times \cdots \times U_n} \mu_R(u_1, u_2, \cdots, u_n)/(u_1, u_2, \cdots, u_n)$$

在上面的两个定义中，$\mu_{F_i}(u_i)$ $(i=1, 2, \cdots, n)$ 是模糊集 F_i 的隶属函数；$\mu_R(u_1, u_2, \cdots, u_n)$ 是模糊关系 R 的隶属函数，它把 $U_1 \times U_2 \times \cdots \times U_n$ 上的每一个元素 $(u_1,$

$u_2, \cdots, u_n$）都映射为 $[0, 1]$ 上的一个实数，该实数反映出 u_1，u_2，$\cdots$，u_n 具有关系 R 的程度。当 $n=2$ 时

$$R = \int_{U \times V} \mu_R(u, v)/(u, v)$$

式中，$\mu_R(u, v)$ 反映了 u 与 v 具有关系 R 的程度。

此外，U 与 V 可以有相同的论域，即 $U = V$。当 $U = V$ 时，R 应该是 $U \times U$ 上的模糊关系。

8.1.2.2　模糊关系的合成

定义8.8　设 R_1 与 R_2 分别是 $U \times V$ 与 $V \times W$ 上的两个模糊关系，则 R_1 与 R_2 的合成是从 U 到 W 的一个模糊关系，记为

$$R_1 \circ R_2$$

其隶属函数为

$$\mu_{R_1 \cdot R_2}(u, w) = \vee \left\{ \mu_{R_1}(u, v) \wedge \mu_{R_2}(v, w) \right\}$$

式中，$\vee$ 和 $\wedge$ 分别表示取最小和取最大。以下题为例：

设有以下两个模糊关系

$$R_1 = \begin{pmatrix} 0.4 & 0.5 & 0.6 \\ 0.8 & 0.3 & 0.7 \end{pmatrix} \quad R_2 = \begin{Bmatrix} 0.7 & 0.9 \\ 0.2 & 0.8 \\ 0.5 & 0.3 \end{Bmatrix}$$

求 R_1 与 R_2 的合成 R。

解

$$R = R_1 \circ R_2 = \begin{pmatrix} 0.5 & 0.5 \\ 0.7 & 0.8 \end{pmatrix}$$

其方法是把 R_1 的第 i 行元素分别与 R_2 的第 j 列的对应元素相比较，两个数中取最小者，然后再在所得的一组最小数中取最大的一个，并以此作为 $R_1 \circ R_2$ 的元素 $R(i, j)$。例如

$$R(1, 1) = (0.4 \wedge 0.7) \vee (0.5 \wedge 0.2) \vee (0.6 \wedge 0.5) = 0.4 \vee 0.2 \vee 0.5 = 0.5$$

8.1.2.3　模糊变换

定义8.9　设 $F = \left\{ \mu_F(u_1), \mu_F(u_2), \cdots, \mu_F(u_n) \right\}$ 是论域 U 上的模糊集，R 是 $U \times V$ 上的模糊关系，则

$$F \circ R = G$$

称为模糊变换。

G 是 V 上的模糊集，其一般形式为

$$G = \int_{v \in V} \mathop{\vee}\limits_{u} \left(\mu_F(u) \wedge R \right)/v$$

8.2 粗 糙 集 合

粗糙集（rough set，RS）是由波兰数学家帕夫拉克于 1982 年提出的一种处理含糊概念的数学工具（苗夺谦和王珏，1999）。它不需要任何附加或额外条件，就可直接由数据构成的决策表进行推理，具有很多独特的优越性。目前，粗糙集已被成功应用在数据挖掘、机器学习、决策支持系统、模式识别、故障检测等众多领域。

8.2.1 粗糙集概述

早在 1904 年，谓词逻辑的创始人弗雷格就提出了"含糊（vague）"一词并把它归类到边界上，即在全域上存在一些个体，它们既不在某个子集上，也不在该子集的补集上。前面我们讨论了模糊计算，但模糊集并没有给出对"含糊"这一概念的数学描述，即无法计算出具体的含糊元素数目。因此，模糊逻辑并未能真正解决"含糊"问题。

直到 1982 年，帕夫拉克才根据边界思想提出了粗糙集概念。在粗糙集中，弗雷格提出的边界区域被定义为上近似集与下近似集之间的差集。由于它具有确定的数学公式描述，因此含糊元素的数目是可计算的。与其他处理不确定性问题的方法相比，粗糙集的最大优势是不需要任何预备的或额外的信息，如统计学中的概率分布、证据理论中的基本概率赋值、模糊集中的隶属度等。

1991 年，帕夫拉克教授的第一本关于粗糙集理论及应用的专著出版，极大地推动了国际上对粗糙集理论与应用的深入研究。次年，第一届国际粗糙集会议在波兰召开，从此，国际粗糙集会议每年召开一次。目前，国际国内对粗糙集的研究十分活跃。

8.2.2 粗糙集的基本理论

粗糙集理论的基础是先定义一种简单的等价关系，并利用等价关系将样本集合划分为等价类，然后再通过"下近似"和"上近似"引入关于概念（对象类）的不确定边界区域，最后定义相应的粗糙集。

8.2.2.1 信息系统

在粗糙集理论中，研究的主体和出发点是以数据表形式表示的信息，这种数据表通常被称为信息系统或知识表达系统。它是一种知识表达方式，利用信息系统和决策表来解释粗糙集的相关概念更易于理解，其定义如下。

定义 8.10 信息系统是一个四元组 $IS = (U, A, V, f)$，式中，U 是对象的有限非空集合，也称为域；A 为属性的有限非空集合；V 是属性的值域集合；f 是映射函数，即 f：$U \times A \rightarrow V$。有时，信息系统也可以简化为 $IS = (U, A)$。

对 c 集合 A 又可分为条件属性集合 C 和决策属性集合 D 两部分，且满足 $A = C \cup D$，$C \cap D = \varnothing$。这种具有条件属性和决策属性的信息系统也称为决策表，记作 $T = (U, A, C$，

D），或简称属性 D 决策表。

在决策表中，列表示属性，包括条件属性和决策属性；行表示对象，如状态、过程等。并且，每一行表示一条信息。决策表中的数据往往是通过观察或测量等方式得到的。

8.2.2.2 不分明关系

在粗糙集理论中，帕夫拉克将等价关系称为不分明（indiscernibility）关系，或称不可区分关系。不分明关系是粗糙集理论的重要基础，其定义如下：

定义 8.11 信息系统 $IS = \{U, A, V, f\}$，任意属性集 $B \subseteq A$，关于 B 的不分明关系为

$$IND(B) = \{(x, y) \in U \times U \mid f_b(x) = f_b(y), \text{ for } b \in B\}$$

可见，若 $(x, y) \in IND(B)$，则对象 x，y 在属性集 B 上是不分明的，即等价的或不可区分的。

8.2.2.3 等价类和等价划分

依据上述不分明关系的定义，$IND(B)$ 会将 U 划分为若干个不同的类。依次可建立任意对象 x 关于 B 的等价类 $[x]_B$。其定义如下。

定义 8.12 设 $B \subseteq A$，对任意对象 $x \in U$，关于 B 的等价类 $[x]_B$ 为

$$[x]_B = \{y \in U \mid (x, y) \in IND(B)\}$$

依据等价类 $IND(B)$ 的定义，可将对象集合 U 划分为若干个等价类。这些等价类的集合又被称为等价划分，记为 $U/IND(B)$，或简记为 U/B。

8.2.2.4 上近似和下近似

在现实世界中，有很多不能精确表示的概念往往是因为其边界不能精确确定所引起的。例如，我们在模糊逻辑中提到的"高"和"低"、"冷"和"热"等概念，它们都没有清晰的边界。如何解决？粗糙集是通过上近似和下近似所确定的边界区域进行定义的。

在粗糙集中，上近似和下近似可定义如下：

定义 8.13 设 $x \in U$，$B \subseteq A$，X 对 B 的下近似 $B_-(X)$ 可定义为 X 所包含的关于 B 的所有等价类的并集，即 $B_-(X) = \cup\{[x]_B \mid [x]_B \subseteq X\}$，也即 $B_-(X) = \{x \in U \mid [x]_B \subseteq X\}$

X 对 B 的上近似 $B^-(X)$ 可定义为与 X 交集非空的关于 B 的所有等价类的并集。

$$B^-(X) = \cup\{[x]_B \mid [x]_B \cap X \neq \varnothing\}, \text{ 即 } B^-(X) = x \in U \mid [x]_B \cap X \neq \varnothing\}$$

8.2.2.5 边界区域和粗糙集

有了上近似和下近似，就可定义边界区域和粗糙集。

定义 8.14 设 $x \in U$，$B \subseteq A$，对象集 X 关于属性集 B 的边界区域定义为

$$BN_B(x) = B^-(X) - B_-(X)$$

定义 8.15 设 $x \in U$，$B \subseteq A$，由对象集 X 关于属性集 B 的边界区域的定义，若 $BN_B(x) \neq \varnothing$，则称 $BN_B(x)$ 是对象集 X 关于属性集 B 的粗糙集。

8.2.3 属性约简

8.2.3.1 属性约简概念

在信息表中根据等价关系，可用等价类中的一个对象（元组）来代表整个等价类，这实际上是按纵方向约简了信息表中的数据。对信息表中的数据按横方向进行约简就是看信息表中有无冗余的属性，即去除这些属性后能保持等价性，从而有相同的集合近似，使对象分类能力不会下降。约简后的属性集称作属性约简集，约简集通常不唯一，找到一个信息表的所有约简集不是一个在多项式时间里所解决的问题，求最小约简集（含属性个数最少的约简集）同样是一个困难问题，实际上它是一个 NP-hard 问题。因此研究者提出了很多启发式算法，如基于遗传算法的方法等。

（1）约简定义

给定一个信息表 $IT(U, A)$，若有属性集 $B \subseteq A$，且满足 $IND(B) = IND(A)$，称 B 为 A 的一个约简，记 $red(A)$，即

$$B = red(A) \tag{8-1}$$

（2）核定义

属性集 A 的所有约简的交集称为 A 的核。记作

$$Core(A) = \cap red(A) \tag{8-2}$$

core (A) 是 A 中为保证信息表中对象可精确定义的必要属性组成的集合，为 A 中不能约简的重要属性，是进行属性约简的基础。

上面的约简定义没有考虑决策属性，现研究条件属性相对决策属性 D 的约简。

（3）正域定义

设决策属性 D 的划分 $A = \{y_1, y_2, \cdots y_n\}$，条件属性 C 相对于决策属性 D 的正域定义身

$$Pos_c(D) = \cup C_-(y_j) \tag{8-3}$$

（4）条件属性 C 相对于决策属性 D 的约简定义

若 $c \in C$，如果 $Pos_{(C-\{c\})}(D) = Pos_C(D)$，则称 c 是 C 中相对于 D 不必要的，即可约简的，否则称 c 是 C 中相对于 D 必要的。

（5）条件属性 C 相对于决策属性 D 的核定义

若 $R \subseteq C$，如果 R 中每一个 $c \in R$ 都是相对于 D 必要的，则称 R 是相对于 D 独立的。如果 R 相对于 D 独立的，且 $PosR(D) = PosC(D)$，则称 R 是属性中相对于 D 的约简，记为 $redD(C)$，所有这样约简的交集称为 C 的 D 核，记为

$$coreD(C) = \cap\ redD(C) \qquad (8\text{-}4)$$

一般情况下，信息系统的属性约简集有多个，但约简集中属性个数最少的最有意义。

8.2.3.2　信息表的一致性

由于信息表中的数据往往来自于观察或测量等，因此很可能会出现一些不一致的表项。所谓不一致表项，是指这些表项的所有条件属性值都相同，但它们的决策属性值却不同。事实上，如果不同表项的所有条件属性值都相同，说明它们描述的实际上是同一对象；但如果它们的决策属性值不同，则意味着它们制订了不同的类属。也就是说，同样的条件得出了不同结果，因此这样的表项是不一致的。可见，只有删除这些不一致的表项，才能保证决策表所包含的分类知识是一致的。

信息表中的对象（元组）x 按条件属性与决策属性关系看成一条决策规则，写成

$$\wedge\ fc_i(x) \rightarrow f_d(x) \qquad (8\text{-}5)$$

式（8-5）中，c_i 表示多个条件属性；d 表示决策属性；$fc_i(x)$ 表示对象 x 在属性 C_i 的取值；$\wedge$ 表示逻辑"与"关系。

（1）一致性决策规则定义

如果对任一个对象 $y \neq x$，若条件属性有 $fc_i(x) = fc_i(y)$，则决策属性必须有

$$fc_i(x) = fc_i(y)$$

即一致性决策规则说明条件属性取值相同时，决策属性取值必须相同。

该定义允许：若条件属性有，$fc_i(x) \neq fc_i(y)$，则决策属性可以是 $fc_i(x) = fc_i(y)$ 或 $fc_i(x) \neq fc_i(y)$。

（2）信息表一致的定义

在信息表中如果所有对象的决策规则都是一致的，则该信息表是一致的，否则信息表是不一致的。

8.2.3.3　保持信息表一致性的属性约简和属性值约简

信息表的简化一般有属性约简（约去不必要的属性）和属性值约简（消去一些无关紧要的属性值）。

（1）属性约简定义

属性约简实际上就是要消去决策表中某些不必要的列，即对不必要的属性进行过滤。在信息表中，将属性集中的属性逐个移去，每移去一个属性即检查其信息表，如保持一致性，则该属性是可约去的。如出现不一致则该属性不能被约去。不能约去的属性集合称为条件属性的核。

（2）属性值约简命题

一条决策规则的条件属性值可消去，当且仅当消去后仍保持此规则的一致性。

例如，有信息表（表8-1），其中 $U=\{1, 2, 3, 4, 5\}$，$c=\{a, b, c\}$，$D=\{d, e\}$。

表8-1　信息表

U	a	b	c	d	e
1	1	0	2	1	0
2	2	1	0	2	0
3	2	1	2	0	2
4	1	2	2	1	1
5	1	2	0	0	2

对表8-1信息表的决策规则有：

1）$a_1b_0c_2 \rightarrow d_1e_1$；

2）$a_2b_1c_0 \rightarrow d_2e_0$；

3）$a_2b_1c_2 \rightarrow d_0e_2$；

4）$a_1b_2c_2 \rightarrow d_1e_1$；

5）$a_1b_2c_0 \rightarrow d_0e_2$。

注：a_i 即 $a=i$（$i=1, 2$）；b_j 即 $b=j$（$j=0, 1, 2$）；其他类同。

逐条检查规则，与其他条规则不存在条件属性值相同，故信息表是一致的。

对第一条规则 $a_1b_0c_2 \rightarrow d_1e_1$ 中消去 b_0 值（即取为 *），与其他条规则中 cb 的取值不匹配，即 $a_1 * c_2 \rightarrow d_1e_1$ 或 $a_1c_2 \rightarrow d_1e_1$，与其对应的规则为：

1）$a_1c_2 \rightarrow d_1e_1$；

2）$a_1c_0 \rightarrow d_2e_0$；

3）$a_2c_2 \rightarrow d_0e_2$；

4）$a_1c_2 \rightarrow d_1e_1$；

5）$a_1c_0 \rightarrow d_0e_2$。

1）规则和4）规则的条件属性取值相同，决策属性取值也相同，保持一致，故该属性值可消去。

同样，对第一条规则 $a_1b_0c_2 \rightarrow d_1e_1$，消去 c_2，即 $a_1b_0 \rightarrow d_1e_1$ 或 $a_1b_0 \rightarrow d_1e_1$；以及消去 a_1 值，即 $* b_0c_2 \rightarrow d_1e_1$ 或 $b_0c_2 \rightarrow d_1e_1$，均保持规则的一致性。可见这条规则1）的核是空集，即三个 c 值 a_1、b_0、c_2 均可被消去。

继续检查规则2）$a_2b_1c_0 \rightarrow d_2e_0$，它与 $a_2c_0 \rightarrow d_2e_0$（消去 b_1）和 $b_1c_0 \rightarrow d_2e_0$（消去 a_2）保持一致，而 $a_2b_1 \rightarrow d_2e_0$（消去 c_0）与3）矛盾，所以 cb_1 和 a_2 可消去。

同理，3）、4）和5）中的 c_2 和 c_0 分别在其相应的规则中不能被消去，而其余在其相应的规则中均可被消去。经过如此属性值约简后，得到下面适合每条规则的核表，如表8-2所示。

表8-2　仅包含决策规则核值

U	a	b	c	d	e
1	*	*	*	1	0
2	*	*	0	2	0
3	*	*	2	0	2
4	*	*	2	1	1
5	*	*	0	0	2

对表8-2中每一条的 * 并不是全部消去而是可选消去，具体消去哪个 * ，按如下命题处理。

(3) 决策规则约简命题

属性集 c 中任意最小属性 a 的等价类 $[x]a$ 的交集属于相应决策属性 D 的等价类 $[x]_D$ ，即

$$\cap [x]_a \subseteq [x]_D$$

则由此得到的最小条件属性 a 组成的相应决策属性的新决策规则是该条决策规则的约简。例如，对表8-1参照表8-2，求每一条决策规则的约简。

第一条规则的约简。其决策类 $[x]\{d, e\} = \{1, 4\}$ ； $[1]\{a\} = \{1, 4, 5\}$ ； $[1]\{c\} = \{1, 3, 4\}$ 。显然， $[1]\{a\} \not\subseteq [1]\{d, e\}$ 和 $[1]\{c\} \not\subseteq [1]\{d, e\}$ ，但 $[1]\{b\} \subseteq [1]\{d, e\}$ 和 $[1]\{a\} \cap N[1]c = \{1, 4\} \subseteq [1]\{d, e\}$ ，所以得到两条约简的决策规则：

1) $b_0 \rightarrow d_1 e_1$ ，1)$'a_1 c_2 \rightarrow d_1 e_1$

第二条规则的约简。其决策类是 $[2]\{d, e\} = \{2\}$ ； $[2]\{a\} = \{2, 3\}$ ； $[2]\{b\} = \{2, 3\}$ ； $[2]\{c\} = \{2, 5\}$ ，显然有：

$[2]a \cap [2]c = \{2\} \subseteq [2]\{d, e\}$ ， $[2]b \cap [2]c = \{2\} \subseteq [2]\{d, e\}$

得到两条约简规则：

2) $a_2 c_0 \rightarrow d_2 e_0$ ；2)$'b_1 c_0 \rightarrow d_2 e_0$ ；

同样可得，3)、4)、5) 条规则的约简，它们分别为：

3) $a_2 c_0 \rightarrow d_0 e_2$ ；3)$'b_1 c_2 \rightarrow d_0 e_2$ ；

4) $a_1 c_2 \rightarrow d_1 e_1$ ；4)$'b_2 c_2 \rightarrow d_1 e_1$ ；

5) $a_1 c_0 \rightarrow d_0 e_2$ ；5)$'b_2 c_0 \rightarrow d_0 e_2$ 。

所有约简的决策规则如表8-3所示。

表 8-3　包含所有约简决策规则

U	a	b	c	d	e
1	*	0	*	1	1
1′	1	*	2	1	1
2	2	*	0	2	0
2′	*	1	0	2	0
3	2	*	2	0	2
3′	*	1	2	0	2
4	1	*	2	1	1
4′	*	2	2	1	1
5	1	*	0	0	2
5′	*	2	0	0	2

（4）属性依赖度

1）属性依赖度定义。

信息表中决策属性 D 依赖条件属性 C 的依赖度定义为

$$\gamma(C, D) =| \text{pos}_c(D) | / | U | \tag{8-6}$$

式（8-6）中，$|\text{pos}_c(D)|$ 表示正域 $\text{pos}_c(D)$ 的元素个数；$|U|$ 表示整个对象集合的个数。$\gamma(C, D)$ 的性质如下：

① 若 $\gamma=1$，意味着 $\text{IND}(C) \subseteq \text{IND}(D)$，即已知条件属性下，可将 U 上全部个体准确分类到决策属性 D 的类别中去，即 D 完全依赖于 C。

② 若 $0<\gamma<1$，则称 D 部分依赖于 C（D rough 依赖于 C），即在已知条件属性下，只能将 U 上那些属于正域的个体分类到决策属性 D 的类别中去。

③若 $\gamma=0$，则称 D 完全不依赖 C，即利用条件属性不能分类到 D 中的类别中去。

2）相关命题。

根据属性依赖度定义，可以得到如下命题。

命题 1　如果依赖度 $\gamma=1$，则信息表是一致的，否则是不一致的。

命题 2　每个信息表都能唯一地分解成一个一致信息表（$\gamma=1$）和一个完全不一致信息表（$\gamma=0$）。

（5）属性重要度

1）属性重要度定义。

属性 $D \subset A$，C 为条件属性集，D 为决策属性集，$a \in C$，属性 a 关于 D 的重要度定义为

$$\text{SGF}(a, C, D) = \gamma(C, D) - \gamma(C - \{a\}, D) \tag{8-7}$$

式中，$\gamma(C-\{a\}, D)$ 表示在 C 中缺少属性 a 后，条件属性与决策属性的依赖程度。$\text{SGF}(a, C, D)$ 表示 C 中缺少属性 a 后，导致不能被准确分类的对象在系统中所占的

比例。

2) SGF(a, C, D) 的性质。

① SGF(a, C, D) ∈ [0, 1]。

② 若 SGF(a, C, D) = 0，表示属性 a 关于 D 是可省的。因为从属性集中去除属性 a 后，C−{a} 中的信息仍能准确划分到各决策类中去。

③ SGF(a, C, D) ≠ 0，表示 C 关于 D 是不可省的。因为从属性集 C 中去除属性 a 后，某些原来可被准确分类的对象不再被准确划分。

（6）最小属性集概念

对信息系统的最广泛应用是数据库。在数据库中根据决策属性将一组对象划分为各不相交的等价集（决策类），希望能通过条件属性来决定每一个决策类，并产生每一个类的判定规则。大多数情况下，对每个给定的学习任务，数据库中存在一些不重要属性，希望找到一个最小的相关属性集，具有与全部条件属性同样的区分决策属性所划分的决策类的能力，从最小属性集中产生的规则会更简练和更有意义。

最小属性集定义：设 C、D 分别是信息系统 S 的条件属性集和决策属性集，属性集 P ($P \subseteq C$) 是 C 的一个最小属性集，当且仅当 $\gamma(P, D) = \gamma(C, D)$ 并且 $\forall P' \subset P$, $\gamma(P', D) \neq \gamma(P, D)$，说明若 P 是 C 的最小属性集，则 P 具有与 C 同样的区分决策类的能力。

需要注意的是，C 的最小属性集一般是不唯一的，而要找到所有的最小属性集是一个 NP 问题。在大多数应用中，没有必要找到所有的最小属性集。用户可根据不同的原则来选择一个认为最好的最小属性集。比如，选择具有最少 C 个数的最小属性集。

8.2.4 模糊集与粗糙集

粗糙集理论为处理了模糊和不确定性问题，也推广了经典集合论。粗糙集是通过基于不可分辨关系形成的集合的上下近似来描述知识的不精确性和不确定性。粗糙集对应粗糙逻辑。模糊集主要着眼于知识的模糊性，而粗糙集着眼于知识的粗糙性，两者从不同的侧面反映知识的粒度性。粗糙集与模糊集分别刻画不完备信息的两个方面（陈水利等，2005）。

从集合的对象间的关系来看，模糊集强调集合边界的状态，强调集合本身的含混性；粗糙集强调集合对象间的不可分辨性。从研究的对象来看，模糊集研究的是属于同一类的不同对象对集合的隶属关系，重在隶属程度，因此模糊集是数据挖掘中常用的聚类方法之一；粗糙集以不可分辨关系为基础，研究的是不同类中的对象组成的集合之间的关系，重在分类，分类的能力在于论域上的不可分辨关系提供的知识多少，不可分辨关系是粗糙集中最基本和重要的概念。粗糙集是数据挖掘中常用的分类方法之一。与模糊集合论不同，粗糙集中不精确性的数值不是事先假定的，而是通过表达知识不精确性的概念——集合的上下近似计算出来的。在粗糙集理论中，集合的不精确性是由边界域引起的。相对于正域来说，边界域的大小与集合的精确性成反比，近似精度刻画了我们所能了解的关于集合 A 的知识的完全程度。而在模糊集理论中，集合的模糊性是由元素对集合的隶属度大小引起的。粗糙集不能精确定义的原因是缺乏足够的论域知识,但可用一对精确集合,即上下近似表示一个粗糙集。当关于论域的知识越多时,越能精确地表示所考虑的集合。

粗糙隶属函数并非扎德意义下的隶属函数,它是根据论域数据隐含的分类知识计算出来的,具有较强的客观性;而模糊集的隶属函数值一般是由专家给定的,具有较强的主观性(徐晓等,2001)。模糊集通过对象关于集合的隶属程度来近似描述集合的模糊性,而粗糙集是通过一个集合上、下近似来描述集合的粗糙性。粗糙隶属函数可看成特殊的模糊隶属函数,此时,论域中任意一个集合 A 对应一个模糊集合 μ_A,而集合 A 的上下近似分别是 μ_A 的核和支集,A 的上近似是 μ_A 的 1 截集,A 的下近似是 μ_A 的强 0 截集。

粗糙集理论的优势在于它不需要任何预备的额外的数据信息,而模糊集和概率统计等处理不确定信息的常用方法需要一些数据的附加信息或先验知识,如模糊隶属函数和概率分布等。但粗糙集也有其局限性,单纯地使用粗糙集理论不一定能完全有效地描述不精确或不确定问题,可考虑将粗糙集理论与模糊集理论、概率统计理论、证据理论等相互结合。在粗糙集与模糊集融合方面,D. 杜比斯(D. Dubios)和 H. 布雷德(H. Prade)提出了粗糙模糊集和模糊粗糙集的概念(孙晓玲和王宁,2013)。主要思想是当模糊集合的论域在等价关系下变得粗糙时,定义该模糊集合的上近似和下近似,把等价关系弱化为模糊相似关系,从而得到一个更具表达力的粗糙模型。

8.3 粗糙集合的扩展模型

8.3.1 粗糙集合扩展模型概述

基本粗糙集合理论和其他处理不精确与不确定性的方法相比具有独特之处,然而仍存在着某些片面性与不足之处。目前,大多数成功的应用,都从不同的侧面对基本粗糙集合理论进行了拓广。基本粗糙集合理论是假设对于已知的对象全域拥有必要知识的前提之下,来处理模糊性和不确定性的一种数学工具,本质上可认为是一种三值逻辑(正区域、负区域和边界区域)。基本粗糙集合存在的主要问题是:

1)对原始数据本身的模糊性缺乏相应的处理能力。

2)对于模糊概念的边界区域的刻画过于简单。

3)粗糙集合理论方法在可用信息不完全的情况下将对象归类于某一具体的类,通常分类是确定的,但并未提供数理统计中常用的在一个给定错误率的条件下将尽可能多的对象进行分类的方法,而实际中常常遇到这类问题。

在粗糙集合应用研究中已提出许多扩展模型,例如可变精度粗糙集合(variable precision rough set, VPRS)模型、一些基于粗糙集合的非单调逻辑模型,以及与模糊集合理论或证据理论相结合的模型等。下面对几种典型的拓广模型进行简单评述(钱菲菲等,2001)。

8.3.1.1 可变精度粗糙集合模型

由于粗糙集合模型假设全域 U 是已知的,所推出的结论仅适用于 U 中的对象。实际应用中，满足此条件是非常困难的。为了解决这个矛盾，就必须寻求一种方法，能够从少量样本中得出结论，并应用到更大的范围中，而且此结论仅在样本范围内是正确的，在扩展到的论域上，则应被看作是不确定的或模糊的。为此，扎克提出了一种可变精度粗糙集合模型，该模型给出了错误率低于预先给定值的分类策略，定义了该精度下的正区域、负区域和边界区域，讨论了此定义下的有关性质。下面扼要介绍 VPRS 的思想考夫曼（A. Kaufman）（1975）。

一般地，集合 X 包含于 Y 并未反映出集合 X 的元素属于集合 Y 的多少。为此，可变精度粗糙集合定义了它的量度：

$$C(X, Y) = 1 - \text{card}(X \cap Y)/\text{card}(X) \quad \text{当 card}(X) > 0$$
$$C(X, Y) = 0 \quad\quad\quad\quad\quad\quad\quad\quad\quad\quad \text{当 card}(X) = 0$$

$C(X, Y)$ 表示把集合 X 归类于集合 Y 的误分类度，即有 $C(X, Y) \times 100\%$ 的元素归类错误。显然，$C(X, Y) = 0$ 时有 $X \subseteq Y$。如此，可事先给定一错误分类率 $\beta(0 < \beta < 0.5)$，基于上述定义，我们有 $X \subseteq_\beta Y$，当且仅当 $C(X, Y) < \beta$。

在此基础上，设 U 是论域且 R 为 U 上的等价关系，$U/R = \{X_1, X_2, \cdots, X_k\}$，这样可定义：

集合 X 的 β-偏小近似为：$\underline{R}_\beta X = \cup X_i(C(X_i, X) \leq \beta, i = 1, 2, \cdots, k)$

集合 X 的 β-偏大近似为：$\overline{R}_\beta X = \cup X_i(C(X_i, X) < 1-\beta, i = 1, 2, \cdots, k)$

集合 X 的 β-边界区域就定义为：$\text{BNR}_\beta = \cup X_i(\beta < C(X_i, X) < 1-\beta)$

可以看出，当 $\beta = 0$ 时，可变精度粗糙集合模型就蜕变为传统的粗糙集合模型，即粗糙集合为可变精度粗糙集合的一个特例。另外值得一提的是，可变精度粗糙集合是粗糙集合的直接扩展，它完全继承了粗糙集合的性质，拥有粗糙集合的所有优点并拓广了粗糙集合理论的应用范围。

8.3.1.2 基于粗糙集合的非单调逻辑

不少逻辑学家和理论计算机科学家试图通过粗糙集合建立粗糙逻辑。如帕夫拉克在题名为"Rough Logic"的论文中给出了其逻辑公式的语义解释：真、假、粗糙真、粗糙假和粗糙非一致性。这五种值可视为不同的近似程度，但缺乏确切的数学描述（朱国龙，李龙澍，2013）。基于拓扑学观念定义了粗糙偏小近似算子 L 和粗糙偏大近似算子 H，这两个算子的语法性质分别与模态逻辑中的必然算子和可能算子十分相似，因而带 L 和 H 的算子的逻辑公式被称为粗糙逻辑公式，并且建立了与模态逻辑相似的公理化粗糙集合的逻辑演绎系统和相平行的演绎规则，但由于其定义的一阶粗糙逻辑在语义上，就 L 和 H 而言是含糊的，无法从数学上给出解释。进而，刘清等基于粗糙集合理论定义了近似度 λ_* 和 λ^*，它和基于领域的不精确数和经验数一起组成粗糙数，并讨论了粗糙逻辑的性质和 $\lambda \in [\lambda_*, \lambda^*]$ 在逻辑公式解释上的价值。

中村（Nakamura A）等提出了两种基于不完全信息系统的粗糙模态逻辑 R1 和 R2。R1 的主要思想是基于不完全信息系统的某种等价关系，他们给出了 R1 的一些特性和决策过程以及一个公理化演绎系统，并证明了其完备性和正确性。R2 主要是基于间隔集代数结构，对于 R2 提出了与 R1 不同的不完全信息系统模态运算的定义，并给出了其逻辑的决策过程，进而研究了 $R2$ 公理系统的简化。

8.3.1.3 与其他数学工具的结合

粗糙集合与模糊集合并非是对立的理论，两者既互相区别，又互相补充。从根本上讲，粗糙集合体现了集合中对象间的不可区分性，即由于知识的粒度导致的粗糙性，而模糊集合则对集合中子类的边界的不清楚定义进行模型化，它体现的是成员边界的模糊性。它们处理的是两种不同的模糊性和不确定性，两者的有机结合可能更好地处理不完全知识（喻俊等，2013）。杜比特和布雷德由此提出了粗糙模糊集合和模糊粗糙集合的概念。他们还通过相似关系对模糊集合的偏大近似和偏小近似的性质进行了详细研究，指明在不可区分性和模糊谓词同时存在的情况下，模糊粗糙集合概念在逻辑推理方面的潜在用途。

杜比特和布雷德同时指出，谢弗（Shafer）的证据理论和帕夫拉克的粗糙集合理论只是不同术语下的同一个模型。他们认为，粗糙集合理论可看作证据理论的基础，并在粗糙集合理论的框架上重新解释了证据理论的基本概念，特别是用上近似和下近似的术语解释了信念（blief）函数和似然（plausibility）函数，进而讨论两者之间的互补问题。

下面着重研究粗糙集合理论和概率统计理论与模糊集合理论相结合的扩展模型。

8.3.2 基于概率统计的扩展模型

粗糙集合理论主要研究信息和智能系统中知识不精确、不完善的问题，它的基本方法是确定性的，因而忽略了数据可利用的统计信息。本节把概率统计的概念与粗糙集合相结合，为不确定性系统提供一种统计粗集模型。

8.3.2.1 概述

在开发专家系统中最重要的问题之一是从专家库中获取知识，尽管现在已经发展了许多的知识获取工具来简化这一过程，但这一过程仍然存在自动化操作规程的困难。为了解决这一问题，许多归纳学习方法，如决策树推理、覆盖正例排斥反例（AQ）方法和粗糙集方法被广泛应用于大型数据库中获取知识，并在一些领域被成功应用。然而。这些方法大部分是在确定性状态下，但知识获取在大多数情况下并不能统计预计，因此，知识获取工具以目前的形式不能应用于概率领域。为了将粗糙集理论应用于概率领域，有必要研究粗糙集理论与概率统计结合的相融点，提取具有一定概率可信度的规则。

粗糙集理论通过属性的组合模式反映集合的分类特征，然而在现实领域中进行归纳学习存在着如下问题：①当属性数目很大时，计算费用非常高。②这种方法对推导出的规则不能提供统计特征，即不能提供推导规则的匹配程度，而且不能预计决策分类的先验概率。③在以往工作中，对规则进行推导时只在不可分辨集合是正域的一个子集时，然而这在现实世界中，特别是在概率领域中约束太强。

因此，当我们将粗糙集理论应用于知识获取领域时，需要进行如下扩展：①进行规则推导，仅考虑覆盖正域规则是不充分的，必须关注于可能域，一个正域被认为是可能域的一个特定子集。②需要引入一些测度来估计统计特征。

本节对分类规则进行了详细的描述，并给出了一种挖掘概率规则的新方法，此方法由下列四步构成：首先，根据决策属性值的不同，将对象划分成不同的组代表不同的决策类；其次，形成两种子规则，一种子规则用于区分每一类，另一种子规则用于区分每一组中的不同类。然后，将两部分子规则集成为一条规则对每一决策属性。最后，计算每条规则的分类精度、覆盖率及 χ^2 值用来选择适当的概率规则。

8.3.2.2 基于粗糙集理论的概率规则

定义 8.16 令 R 是论域 U 上的等价关系，D 是决策分类类概念的集合，$[x]_R$ 是满足等价关系 R 的 x 的等价类。则定义条件概率为

$$P(D \mid [x_i]_R) = \frac{P(D \cap [x_i]_R)}{P([x_i]_R)} = \frac{\mathrm{card}(D \cap [x_i]_R)}{\mathrm{card}([x_i]_R)}$$

式中，$P(D \mid [x_i]_R)$ 表示事件 $[x_i]_R$ 发生的条件下事件 D 发生的概率。即

$P(D \mid [x_i]_R) = 1$，当且仅当 $[x_i]_R \subseteq D$；

$P(D \mid [x_i]_R) > 0$，当且仅当 $[x_i]_R \cap D \neq \Phi$；

$P(D \mid [x_i]_R) = 0$，当且仅当 $[x_i]_R \cap D = \Phi$。

定义 8.17 令 R 是论域 U 上的等价关系，D 是决策分类类概念的集合，$[x]_R$ 是满足等价关系 R 的 x 的等价类。决策系统的概率规则可定义为一个元组 $<R \xrightarrow{\alpha,\,k,\,p} d, \alpha, k, p>$，$<R \xrightarrow{\alpha,\,k,\,p} d>$ 满足以下条件：

1）$[x]_R \cap D \neq \Phi$；

2）$\alpha_R(D) = \dfrac{\mid [x]_R \cap D \mid}{\mid [x]_R \mid} = P(D \mid R)$；

3）$K_R(D) = \dfrac{\mid [x]_R \cap D \mid}{\mid D \mid} = P(R \mid D)$；

4）p：χ^2 统计值 p。

式中，$\alpha_R(D)$ 表示 R 对于分类 D 的分类精度；$K_R(D)$ 表示 R 针对于 D 的覆盖的统计测度，即正域率，值得注意的是这两种测量描述分别等于两种条件概率；p 为概率规则的统计可靠度。同时，$\alpha_R(D)$ 表示规则 $R \rightarrow D$ 的充分性；$K_R(D)$ 表示规则 $R \rightarrow D$ 的必要性。即如果 $\alpha_R(D)=1$，则 $R \rightarrow D$ 为真，如果 $K_R(D)=1$，则 $D \rightarrow R$ 为真，若 $\alpha_R(D)=1=K_R(D)$，则 $R \Leftrightarrow D$。

为了计算 p 值，我们在论域 U、决策集合 D 和等价关系 $[x]_R$ 之间建立一个临时表 8-4。

表 8-4 临时表

元素	d	$\neg d$	总计
R	s	t	$s+t$
$\neg R$	u	v	$u+v$
总计	$s+u$	$t+v$	$s+t+u+v$

在表 8-4 中，$\neg R$ 与 $\neg d$ 分别表示 R 与 d 的逻辑否定。s，t，u，v 分别计算如下：

$$| [x]_R \cap D | = s, \quad | [x]_R \cap (U - D) | = t$$
$$| D - [x]_R \cap D | = u, \quad | (U - D) - [x]_R \cap (U, D) | = v$$

同时有以下式子成立：

$$s + t = | [x]_R |, \quad s + u = | D |, \quad s + u + t + v = | U |$$

由表 8-4 可计算 χ^2 统计值：

$$\chi^2 = \frac{n (sv - tu)^2}{(s + u)(t + v)(s + t)(u + v)}$$

χ^2 统计值是用来检验 R 与 d 之间是否统计独立，换句话说，是用来检验 R 对于分类 d 而言是否是必要的。根据以上各数值的计算，可把概率规则分成四类：

1）确定性规则：$\alpha = 1$，$k = 1$；

2）显著性规则：$0.5 < \alpha < 1$，$0.9 \leqslant p < 1$；

3）强规则：$0.5 < \alpha < 1$，$0.5 < p < 0.9$；

4）弱规则：$0 < \alpha < 0.5$，$0 < p \leqslant 0.5$。

8.3.2.3 粗糙集理论概率规则测度

我们将一致性规则的定义扩展到概率领域中，为此，津本秀策（Shusaku Tsumoto）等学者定义分类规则的两个测度表示如下（Dubois D. and Prade H.，1988）：

$$\begin{cases} SI(R_i, D) = \dfrac{\text{card}\{([x]_{R_i} \cap D) \cup ([x]_{R_i}^c \cap D^c)\}}{\text{card}\{[x]_{R_i} \cup [x]_{R_i}^c\}} \\ \\ CI(R_i, D) = \dfrac{\text{card}\{([x]_{R_i} \cap D) \cup ([x]_{R_i}^c \cap D^c)\}}{\text{card}\{D \cup D^c\}} \end{cases}$$

式中，D^c 表示一个分类 X 未被观测到的缺损对象；$[x]_{R_i}^c$ 表示未被观测到的满足等价关系 R_i 的缺损对象。对于缺损对象的分类确定，可用补全样本集的概率统计方法给出。

对于一个不完整的决策表，缺损样本中的条件属性对应某种决策分类的概率，在不考虑已知条件的情况下，只能认为是等概率的，显然用这个概率作为推测的依据是不合理的。用 $P1$ 表示根据已知数据求出的概率，$P2$ 表示等概率，则合理地用于推测缺损样本的概率可表示为

$$P = a * P1 + (1 - a) * P2$$

式中，$a = \dfrac{\text{该条件属性在给出的决策表中出现的次数}}{\text{该条件属性在完整的决策表中应该出现的次数}}$。

则可推断缺损对象的决策分类值，步骤如下：①列出缺损的样本。②计算每种条件属性对应每种决策分类的概率。③计算每个补充的样本取得每种决策的概率。

由于缺损对象在属性和属性值较多的情况下计算其出现及分类的概率的工作量是相当大的，因而这里提出 γ-概率近似分类的概念作为概率规则的测度。

令 $U/C = \{X_1, X_2, \cdots, X_n\} = \{[x_1]_R, [x_2]_R, \cdots, [x_n]_R\}$ 为关系 R（C）关于论域的等价类集合，则在标准粗糙集模型中集合 Y 的上下近似用条件概率的形式可表示为：

$$\underline{R(C)}(Y) = \bigcup_{P(Y \cap X_i) = 1} \{X_i \in U/C\}$$

$$\overline{R(C)}(Y) = \bigcup_{P(Y|X_i)>0} \{X_i \in U/C\}$$

在 γ 近似空间中，令 $SA_P = <U, R(C), P>$ 为一概率元组，P 是一个条件概率测度，γ 是 (0.5, 1) 范围内的一个实数。γ 近似空间可分成以下区域：

集合 Y 的 γ-正域：$\text{POS}_C(Y) = \bigcup_{P(Y|X_i)\geqslant\gamma} \{X_i \in U/C\}$

集合 Y 的 γ-负域：$\text{NEG}_C(Y) = \bigcup_{P(Y|X_i)<\gamma} \{X_i \in U/C\}$

显然，集合 Y 的 γ-正域对应于论域 U 中能以条件概率 $P(Y|X_i) \geqslant \gamma$ 情况下准确划入集合 Y 的元素个数，集合 Y 的 γ-负域对应于论域 U 划入集合 Y 的元素个数。

8.3.2.4 概率规则的知识约减

在本节中，我们将把约减概念推广到概率领域，首先，定义一个原始串和基于原始串的知识约减方法。

定义 8.18 原始串

令整个属性集合为 $A = \{a_k\}$，其基数为 P，令 $|R_i|$ 表示包含在关系 R_i 中的属性数目。一个原始串定义为

$$\text{Prim}R_i(X) = \bigcap_k^p [x]_{[a_k=v_k]} = [x]_{R_i}$$

使 $|R_i| = P$ 及 $[x]_{R_i} \cap X \neq \Phi$，式中 v_i 为属性 a_i 的数值。

下面我们再定义关系 R_i 的偏序，令 $A(R_i)$ 表示一个集合，它的元素是包含在 R_i 中的属性，如果 $A(R_i) \subseteq A(R_j)$ 则可以表示关系 $R_i < R_j$。

由以上基础，我们可以定义基于串的约减：

定义 8.19 基于串的知识约减

如果一个属性满足下列方程：

$$\text{Pos}_{R_i-[a]}(X) = \text{Pos}_{R_i}(X) = \text{Prim}_R(X) \quad (R_i < R, |R| = P)$$

则可说 a 在 R_i 中是依赖的，则 a 可从 R_i 中被删除。

这个知识约减技术删除了可能域中的依赖性变量，即每个关系的可能域在操作过程中是不变量，这就意味着我们可固定不可分辨集中的概率状态。应注意，这个定义包含了确定性情况，若 SI 恒等于 1，即一个规则的不可分辨集合对应于一个决策分类的正域。本节从条件概率的角度对属性约减提出约减思路。

令决策系统为 $S = <U, C \cup \{d\}, V, f>$，给定近似空间测度 γ 的值，若 $\text{POS}_{C-\{a\}}(Y) = P_C(Y)$ 成立，则属性集合 C 中的属性 a 针对决策集 $\{d\}$ 而言是依赖的，否则属性集合 C 中的属性 a 针对决策集 $\{d\}$ 而言是独立的。对于条件属性集合 $K \subset B \subseteq C$，若存在 $\text{POS}_B(Y) = \text{POS}_K(Y)$，则决策系统 S 中条件属性集合 B 针对决策属性 $\{d\}$ 而言是依赖集，否则称为独立集。属性 C 的一个约减 C' 是条件属性中针对决策属性 $\{d\}$ 而言的一个最大独立子集。寻找条件属性的概率约减过程同传统粗糙集的属性约减过程相类似，即集合 Y 的 γ-正域 $\text{POS}_{C-\{a\}}(Y) = P_C(Y)$，则属性 a 可以标记为条件属性可从条件属性中删除，其余的条件属性同样处理，条件属性集合中剩余属性为属性的一个约减。一个决策系统同时存在多个概率约减，即也是一个 NP-hard 问题，寻找"最优"约减可采用不同的启发式方法。

8.3.2.5　概率规则的知识约减算法

（1）属性约减

步骤 1：给定近似空间测度 γ，计算每一个决策类的 γ-正域；

步骤 2：计算条件属性 C 中的概率独立子集，得到针对决策类而言的相对约减，即从分类的观点看，就是用一种分类概率关系表达另一种分类概率关系的必不可少的关系集合。

（2）规则提取

步骤 1：根据约减集 R 和每一决策类 D 计算 $\alpha_R(D)$ 及 $K_R(D)$；

步骤 2：列出每一决策类的覆盖率等于 1 的列表序列 $R(L(D))$；

$L(D) = \{R \mid k_R(D) = 1.0\}$

步骤 3：对每一决策类 D，构造序列 $L_2(D)$，它的每一元素 $L(D_j)$ 是 $L(D)$ 的一个子集；

步骤 4：对每一 $L_2(D)$ 构造新的决策属性 D' 并且寻找所有决策类 D 的一个划分 P，使得 $L_2(D_i) \cap L_2(D_j) \neq \Phi$；

步骤 5：对于 P 构造一个新表 $T(p)$，同时对每一个决策属性 D' 构造一新表 $T(D')$；

步骤 6：对在 $T(p)$ 中的每一个 P 推导分类规则 R_p；

步骤 7：对在 $T(D')$ 中的每一个 D 推导分类规则 R_d；

步骤 8：将 $R_p R_p$ 与 $R_d R_d$ 集成为一条规则 $R(D)$。

（3）规则检验及分类

```
Procedure fenlei（ ）
Var I：integer；
m，Li：list
Begin
L₀：= {[aᵢ = vⱼ]  |[x]_[aᵢ=vⱼ] ∩D} ≠ Φ；
I：=0；M：= {}；
While（I = 0 or M<> {}）do
Begin
    While（Li<> {}）do
        Begin
从 Li 中选择一个属性值对 R（ = ∧[aᵢ = vⱼ]）；
            Li：= Li-{R}；
    If（αᴿ = 1 and kᴿ = 1）then 此规则为确定性规则；
    If（αᴿ = 0.5）then
    Begin
        Call check（p）；
```

If（p>0.9）then 此规则为显著性规则；

If（p>0.5）then 此规则为强规则；

    Else

    Begin

    此规则为弱规则；

    M：=M+｛R｝

    End

  Else

    Begin

    此规则为弱规则；

M：=M+｛R｝

    End

I：=I+1

  End

8.3.3　基于模糊集合的扩展模型

虽然粗糙集合理论和模糊集合理论都是研究信息系统中知识不完善、不准确的问题，但两者的着眼点不一样：粗糙集合理论着眼于集合的粗糙程度，模糊集合理论着眼于集合的模糊性；粗糙集合理论基于对象间的不可分辨性思想，模糊理论建立这个集合的子集边缘的病态定义模型；粗糙集合理论的计算方法是知识的表达和简化，模糊理论的计算方法是连续特征函数的产生。但是，既然两者都可利用观察、测试数据表达知识进行推理，因而，自然要寻求这两者的结合，即利用粗糙集合的概念考虑模糊集合的粗近似，利用模糊划分的相似性关系研究集合的近似问题。

8.3.3.1　粗糙模糊集合与模糊粗糙集合基本定义与特性

令 R 是论域 U 上的等价关系，$C_D \subseteq U$ 是决策类概念，我们可定义 C_D 关于 R 的上下近似空间及粗糙隶属度分别为

$$\underline{R}(C_D) = \cup \{ [x]_R \mid [x]_R \subseteq C_D, \, x \in X \}$$

$$\overline{R}(C_D) = \cup \{ [x]_R \mid [x]_R \cap C_D \neq \varnothing, \, x \in X \}$$

$$r_{C_D}(x) = \frac{| [x]_R \cap C_D |}{| [x]_R |}$$

即在粗糙集合理论中通过一对 $U \mid R$ 的下近似 $\underline{R}(C_D)$ 和上近似 $\overline{R}(C_D)$ 尽可能地从集合内部和外部去接近 C_D。$\overline{R}(C_D) - \underline{R}(C_D)$ 表达 C_D 的 R 边界。当 $\overline{R}(C_D)$ 不等于 $\underline{R}(C_D)$ 时，表明由于 U 中元素的不可分辨性，C_D 不能被准确地表达。

如果我们把模糊集合中的隶属度看作是粗糙集合理论中的属性值，则信息系统中知识表达的模糊性依赖于由对象的可用属性值来描述，数据库中描述的对象可用属性值的集合

的可能性分布来表达，这些可能性分布构成模糊集合模型。

由此可见，在知识的表达与获取方面，粗糙集与模糊集合有类似之处，但它们各自的着眼点不同，粗集理论强调的是信息系统中知识的不可分辨性，模糊理论强调的是信息系统中知识的模糊性，两种方法论不能简单取代。而且，对于一个粗集描述的系统，它是由有序对 (X, V_a) 构成，且属性值是确定的。这就存在一些缺点：首先是论域中的对象必须统一表达，属性值要离散化。其次是我们必须准确知道该对象的属性值，并且不考察这些属性值的可信度问题。因此，有必要寻求这两者的有机结合。下面我们先考虑模糊集合的近似概念：

定义 8.20 当决策类 C_D 是一个模糊集，则粗糙集的形式可以推广为粗糙-模糊集合。粗糙-模糊集是一个二元组 $<\overline{R}(C_D), \underline{R}(C_D)>$，$C_D$ 的上近似 $\overline{R}(C_D)$ 和下近似 $\underline{R}(C_D)$ 是 $U|R$ 的模糊集合，其隶属函数定义如下：

$$\mu_{\underline{R}(C_D)}([x]_R) = \inf\{\mu_{C_D}(x) \mid x \in [x]_R\}$$
$$\mu_{\overline{R}(C_D)}([x]_R) = \sup\{\mu_{C_D}(x) \mid x \in [x]_R\}$$

式中，$\mu_{\underline{R}(C_D)}([x]_R)$ 与 $\mu_{\overline{R}(C_D)}([x]_R)$ 分别是 $[x]_R$ 在集合 $\underline{R}(C_D)$ 与 $\overline{R}(C_D)$ 中的隶属度值。类似于粗糙隶属函数，我们可以用粗糙模糊隶属函数的形式对一个对象的粗糙模糊不确定性进行量化。对于模糊决策类 $C_D \subseteq U$ 中的任意一个对象 x 的粗糙模糊隶属度值定义为

$$e_{C_D}(x) = \frac{|F \cap C_D|}{|F|}$$

式中，$F=[x]_R$。当决策类为经典集合时，上式可简化为粗糙隶属函数。

当等价类集合不是经典集合时，即它们以模糊串的形式存在，则粗糙-模糊集合的概念可以更深入地推广为模糊-粗糙集合。令模糊串 $\{F_1, F_2, \cdots, F_H\}$ 是对论域 U 进行模糊弱划分的结果。模糊弱划分意味着每一个元素 F_j 是一个标准的模糊集，即

$$\max_x \mu F_j(x) = 1$$
$$\inf_x \max_j \mu F_j(x) > 0$$
$$\sup_x \min\{\mu F_i(x), \mu F_j(x)\} < 1 \quad \forall i, j \in \{1, 2, \cdots, H\}$$

式中，$\mu F_j(x)$ 是模糊串 F_j 中对象 x 的模糊隶属函数。除此之外，决策类 C_D 也可能是模糊的。则模糊集 C_D 通过在上近似 $\overline{C}_D$ 和下近似 $\underline{C}_D$ 的形式下进行模糊划分来描述。

定义 8.21 给定论域 U 上的一个模糊划分 C_D，利用上近似 $\overline{C}_D$ 和下近似 $\underline{C}_D$ 的形式，可通过集合 C_D 表达任意模糊集合 F，$\overline{C}_D(F)$ 和 $\underline{C}_D(F)$ 称为模糊-粗糙集。其隶属度函数定义为

$$\mu_{\underline{C}_D}(F_j) = \inf_x \max(1 - \mu F_j(x), \mu_{C_D}(x)) \forall j$$
$$\mu_{\overline{C}_D}(F_j) = \sup_x \min\{\mu F_j(x), \mu_{C_D}(x)\} \forall j$$

式中，$\mu_{C_D}(x) = \{0, 1\}$ 是对象 x 属于决策类 C_D 的模糊隶属度，当一个模糊串包含一个属于不同决策类的对象时会表现出模糊粗糙性。则决策类 C_D 中对象 x 模糊粗糙隶属函数定义为

$$\tau_{C_D}(x) = \begin{cases} \dfrac{1}{\hat{H}} \sum_{j=1}^{\hat{H}} \mu F_j(x) e^j C_D(x) & \text{如果 } \exists j \text{ 且 } \mu F_j(x) > 0 \\ 0 & \text{否则} \end{cases}$$

式中，$\hat{H}$（$\leq H$）表示 x 具有非零隶属度的串的个数，$e^j C_D(x) = \dfrac{|F_j \cap C_D|}{|F_j|}$。

对于模糊粗糙隶属函数具有一些重要的属性：

1）$0 \leq \tau_{C_D}(x) \leq 1$

证明 由于 $\varnothing \subseteq F_j \cap C_D \subseteq F_j$，则 $0 \leq e^j C_D \leq 1$。并且有 $0 \leq \mu F_j(x) \leq 1$，因此 $0 \leq \tau_{C_D}(x) \leq 1$ 得证。

2）$\tau_{C_D}(x) = 1$ 或 $\tau_{C_D}(x) = 0$ 当且仅当对象 x 中不存在模糊–粗糙不确定性。

证明 如果对象 x 不包含模糊–粗糙不确定性，则对象 x 必须完全属于所有的模糊串，即有 $\mu F_j(x) = 1$ 存在。而且，x 所属的每一个串要么满足条件 a：所有的串必须是决策类 C_D 的子集；要么满足条件 b：所有的串不能与决策类 C_D 共享任一对象。换句话说，条件 a 意味着 $\forall j$，$\mu F_j(x) > 0$，$F_j \subseteq C_D$，因此，$\tau_{C_D}(x) = \dfrac{1}{\hat{H}} \sum_{j=1}^{\hat{H}} 1.1 = 1$；同样条件 b 表达了 $\forall j$，$\mu F_j(x) > 0$，$F_j \cap C_D = \varnothing$，则 $\tau_{C_D}(x) = \dfrac{1}{\hat{H}} \sum_{j=1} \mu_{C_D}(x).0 = 0$。

如果 $\tau_{C_D}(x) = 0$，则对象 x 不属于任意模糊串，在这种情况下，对象 x 不存在模糊–粗糙不确定性。否则，在累加符号下的每一个项，即 $\mu F_j(x) e^j C_D(x)$ 分别为零。这就意味着要么 $\mu F_j(x) = 0$ 或者 $e^j C_D(x) = 0$，要么二者都为零。如果 $\mu F_j(x) = 0$，则对象 x 不属于模糊串 F_j，因此对象 x 不具有模糊–粗糙不确定性。如果 $e^j C_D(x) = 0$，则表示 F_j 与决策类 C_D 之间无共同对象，因此对象 x 也不存在模糊–粗糙不确定性。因而 $\tau_{C_D}(x) = 0$ 意味着对象 x 不存在模糊–粗糙不确定性。如果 $\tau_{C_D}(x) = 1$，则对于任一 $j = 1.2, \cdots \hat{H}$，存在 $\mu F_j(x) = 1$ 及 $e^j C_D(x) = 1$，表示不存在模糊–粗糙性。

3）如果对象 x 不具有模糊不确定性，则对于某些 $j \in \{1, 2, \cdots H\}$，有 $\tau_{C_D}(x) = e^j C_D(x)$ 存在。

证明：如果对象 x 不具有模糊不确定性，则对于某些 $j \in \{1, 2, \cdots H\}$，$\mu F_j(x) = 1$，及对于 $k \in \{1, 2, \cdots, H\}$，$j \neq k$，$\mu F_k(x) = 0$。因此，对于某些 $j \in \{1, 2, \cdots H\}$，有 $\tau_{C_D}(x) = e^j C_D(x)$ 存在。

4）如果对于对象 x 不存在模糊不确定性和粗糙分类不确定性，则 $\tau_{C_D}(x) = r_{C_D}(x)$ 存在。

证明：如果不存在模糊不确定性，则每一个模糊串是经典集合。因此，每一个对象 x 仅属于一个串。令它为第 j 个串，则 $\mu F_j(x) = 1$，$\mu F_k(x) = 0$，$\forall k \neq j$。因此决策分类 C_D 是经典精确集合，则 $\tau_{C_D}(x) = \dfrac{|F_j \cap C_D|}{|F_j|} r_{C_D}(x)$。

5）当每一个串是精确的，即每一个串仅包含一个对象，并且与此串相关的隶属度也是精确的，则 $\tau_{C_D}(x)$ 等价于决策类 C_D 中的 x 的模糊隶属度。

证明：因为每一个串是经典集合，则 $\tau_{C_D}(x)=1\cdot\dfrac{\mu_{C_D}(x)}{1}=\mu_{C_D}(x)$ 得证。

以上属性表明模糊粗糙隶属函数刻画了与对象 x 相关的模糊粗糙不确定性，这些属性仅在粗糙性、模糊性、粗糙–模糊性存在的情况下成立。

8.3.3.2 模糊–粗糙关系数据库模型及其信息测度

（1）粗糙关系数据库模型

粗糙关系数据库模型是标准关系数据库模型的扩展，它包含粗糙集理论中所有重要的特性如：由等价类定义的元素的不可分辨关系和由不可分辨关系所导出的集合的上下近似区域。在粗糙关系数据库模型中每一个属性值域可由一些等价关系来划分。在每一个属性值域中被认为是不可分辨的值属于同一等价类，这有利于利用数据查询机制在数据库中进行快速查询。联想查询在粗糙关系数据库中得到提高，因为粗糙关系数据库除了提供标准数据库中确定性查询匹配外还提供可能性查询匹配。粗糙关系数据库模型与标准关系数据库模型相比较具有一些显著特征，两种模型都是用关系一元组的形式来表示数据。关系元组是一系列集合元素，各个元素具有无序性和不重复性。一个元组 t_i 具有 $(d_{i1}, d_{i2}, \cdots, d_{im})$ 形式，d_{ij} 是特定领域 D_j 的一个领域值。在标准关系数据库中，$d_{ij}\in D_j$，在粗糙关系数据库中，d_{ij} 并不需要是一个单独的元素，即 $d_{ij}\subseteq D_j$。令 $P(D_i)$ 为 D_i 的幂集，则有如下定义：

定义 8.22 粗糙关系 R 是集合 $P(D_i)$ 的笛卡儿乘积 $P(D_1)\times P(D_2)\times\cdots\times P(D_m)$ 的子集。

粗糙元组 t 是关系 R 的任意成员，这意味着它也是 $P(D_1)\times P(D_2)\times\cdots\times P(D_m)$ 的一个成员。如果 t_i 是一些任意元组，则它满足下式：$t_i=(d_{i1}, d_{i2}, \cdots, d_{im})$，$d_{ij}\subseteq D_j$。这一模型的元组与标准模型元组的区别是元组可能是一集合而不仅仅是一个单一的元素。

令 $[d_{xy}]$ 代表元素 d_{xy} 的等价类。当 d_{xy} 是一个集合时，则其等价类由 d_{xy} 中的每一个元素所形成的等价类的并集构成，即如果 $d_{xy}=\{c_1, c_2, \cdots, c_n\}$，则 $[d_{xy}]=[c_1]\cup[c_2]\cup\cdots\cup[c_n]$。

定义 8.23 元组 $t_i=(d_{i1}, d_{i2}, \cdots, d_{im})$ 与元组 $t_k=(d_{k1}, d_{k2}, \cdots, d_{km})$ 是冗余的，当且仅当对于任意的 $j=1, \cdots, m$，有 $[d_{ij}]=[d_{kj}]$ 成立。

在粗糙关系数据库中，由于数据库中不允许有重复对象存在，冗余元组要通过数据库的合并操作而被删除。在关系操作符中有一种基本类型，这由集合的关系操作符而引申得到，即集合的相减、并集和交集，分别对应于关系数据库的选择、合并和投影操作。

（2）模糊粗糙关系数据库模型

将模糊性引入到粗糙集模型中是为了使用模糊隶属度值来量化边界域，元素的粗糙程度在粗糙集中可用模糊隶属函数 $\mu\to\{0, 0.5, 1\}$ 来表示负域、边界域及正域。边界域元素的隶属度可由 0 过渡到 1，而不仅仅是 0.5。

令 U 是一论域，X 是 U 上的粗糙集合，存在如下定义：

定义 8.24 论域 U 上的模糊粗糙集合 Y 是一个隶属函数 $\mu_Y(X)$，它对论域 U 中的每一个元素赋予一个区间为 [0，1] 的隶属度：

$$\mu_Y(\underline{R}X) = 1, \ \mu_Y(U - \overline{R}X) = 0, \ 0 < \mu_Y(\overline{R}X - \underline{R}X) < 1$$

模糊粗糙关系数据库是粗糙关系数据库的扩展。一个元组 t_i 具有如下形式：$(d_{i1}, d_{i2}, \cdots, d_{im}, d_{i\mu})$，$d_{ij}$ 是特定领域 D_j 的一个领域值，$d_{i\mu} \in D_\mu$，D_μ 是模糊隶属值区间 [0，1]。在标准关系数据库中，$d_{ij} \in D_j$，同样在模糊粗糙关系数据库中，d_{ij} 并不需要是一个单独的元素，即 $d_{ij} \subseteq D_j$。令 $P(D_i)$ 为 D_i 的非空幂集，则有如下定义：

定义 8.25 模糊粗糙关系 R 是集合 $P(D_i)$ 的笛卡儿乘积 $P(D_1) \times P(D_2) \times \cdots \times P(D_m) \times D_\mu$ 的子集。

对于一个特定的关系 R 可在语意上对其定义隶属度。一个模糊粗糙元组 t 是关系 R 中的任意一个成员，如果 t_i 是任意的一个元组，则它满足形式 $t_i = (d_{i1}, d_{i2}, \cdots d_{im}, d_{i\mu})$，$d_{ij} \subseteq D_j$ 及 $d_{i\mu} \in D_\mu$。

定义 8.26 模糊粗糙元组 $t_i = (d_{i1}, d_{i2}, \cdots d_{im}, d_{i\mu})$ 的一个表示 $\alpha = (a_1, a_2, \cdots, a_m, a_\mu)$ 可定义为元组 t_i 中的各个元素的值分配，即对于任意 j，$a_j \in d_{ij}$。

表示空间是笛卡儿乘积 $D_1 \times D_2 \times \cdots \times D_m \times D_\mu$，但对于一个给定的关系 R 它受到了 R 潜在语意所定义的元组集合的限制。在传统数据库中，因为领域值是单一元素，对于每一个元组 t_i 仅有一个可能的表示，而且 t_i 的表示等价于元组 t_i。但在模糊粗糙关系数据库中往往情况比较复杂。

令 $[d_{xy}]$ 代表元素 d_{xy} 的等价类。当 d_{xy} 是一个集合时，则其等价类由 d_{xy} 中的每一个元素的所形成的等价类的并集构成，即如果 $d_{xy} = \{c_1, c_2, \cdots, c_n\}$，则 $[d_{xy}] = [c_1] \cup [c_2] \cup \cdots \cup [c_n]$。

定义 8.27 元组 $t_i = (d_{i1}, d_{i2}, \cdots, d_{im}, d_{i\mu})$ 与元组 $t_k = (d_{k1}, d_{k2}, \cdots, d_{km}, d_{k\mu})$ 是冗余的，当且仅当对于任意的 $j = 1 \cdots m$，有 $[d_{ij}] = [d_{kj}]$ 成立。

如果一个关系仅包含下近似的元组，即这些元组具有隶属度 μ 为 1，则元组的表示 α 是唯一的。在模糊粗糙关系中，没有冗余元组，因为关系数据库的合并操作删除了重复的元组。在模糊关系数据库中，元组之间除了隶属度 μ 值以外其他元素可以是冗余的。在模糊粗糙集合的合并中保留了具有最大隶属度的元组。同样，对于两种数据源，即确定的和不确定的，则为了保留信息的完备性我们选择确定的数据。

（3）粗糙关系数据库和模糊粗糙关系数据库信息测度

粗糙集合理论定义了两种类型的不确定性，即集合的等级类及上下近似。帕夫拉克教授讨论了对于一个粗糙集合 X 的两个不确定性量化描述，即精确度 $\alpha_R(X)$ 和粗糙度 $\rho_R(X)$。这两个测度反映近似空间中的元素个数，但未提供与不可分辨关系的粒度相关的不确定性。因此需要定义另外一种测度来定义粗糙集合粒度的不确定性。

定义 8.28 粗糙集合 X 的粗糙熵 $E_r(X)$ 定义为

$$E_r(X) = -(\rho_R(X)) \left[\sum_{i=1}^{n} Q_i \log(P_i) \right]$$

式中, n 为等价类的个数; $\rho_R(X)$ 表示集合 X 的粗糙度; 符号 $\sum$ 表示部分或全部属于粗糙集合 X 的每一个等价类的概率之和。由于在某一等价类中任意元素出现的概率是相等的, 因此 $P_i = \dfrac{1}{c_i}$ 表示等价类 i 中某一元素出现在粗糙集合 X 中的概率; c_i 为等价类 i 中元素的个数。Q_i 为论域对象中等价类 i 出现的概率, 它由等价类 i 的元素基数除以论域元素基数而得到。

粗糙集合基本概念和信息理论测度可应用于粗糙关系数据库模型中, 在粗糙关系数据库中所有的领域可被划分成不同的等价类, 在描述数据库中的不确定性时可通过存在于数据库中的粗糙关系的熵来定义。定义粗糙关系结构的熵为:

定义 8.29　粗糙关系结构 S 的粗糙结构熵定义为

$$E_s(S) = -\sum_j \Big[\sum_{i=1}^{n_j} Q_i \log(P_i) \Big]$$

式中, n_j 表示领域 j 的等价类个数; m 为粗糙关系结构 $R(A_1, A_2, \cdots, A_m)$ 中的属性个数。粗糙结构熵提供了粗糙关系结构中不确定性的度量。同理, 可定义模糊粗糙关系数据库的信息测度如下:

定义 8.30　模糊粗糙关系结构 F 结构熵定义为

$$E_s(F) = -\sum_j d_{i\mu} \Big[\sum_{i=1}^{n_j} d_{i\mu} Q_i \log(d_{i\mu} P_i) \Big]$$

式中, n_j 表示领域 j 的等价类个数; m 为粗糙关系结构 $R(A_1, A_2, \cdots, A_m)$ 中的属性个数, 对于 $d_{i\mu} \in D_\mu$, D_μ 是模糊隶属值区间 $[0, 1]$。模糊粗糙结构熵提供了模糊粗糙关系数据库结构中不确定性的信息度量。

8.3.3.3　粗糙集合近似中的模糊表示

命题可通过集合的形式来表示, 命题的逻辑概念: 合取、析取、蕴涵和取负对应于集合的交、并、包含和补集操作。因此知识的表示可通过命题形式转换为集合的形式, 则模糊命题和模糊集合之间也存在着一一对应的关系, 模糊知识处理可通过模糊集合的理论来表示。令 U 是一个经典集合的论域, 模糊集合可定义为一个有序对 $FS = (U, FX)$, FX: $U \to M$ 定义一个由论域 U 到隶属函数空间 M 上的一个映射, 即 X 的隶属函数。M 是具有有限上确界的非负实数子集。当 M 仅包含 0 和 1 二个值时, X 便为经典集合。上确界为 1 时, 模糊集合为正规的, 也可通过模糊集合的上确界对其正规化。有时也可使用 FX 表示模糊集合。从本质上讲, 通过唯一的隶属函数来识别模糊集, 这种唯一性是隐含的, 因为用隶属函数所定义的模糊操作符并没有显示出与隶属函数之间的一一对应关系, 并且在实际模糊集合领域中, 通常可用多个隶属函数表示模糊集。但为了理论分析, 通常只采用一个隶属函数表示模糊集合。

通常, 在信息系统中描述一个对象的属性信息是不精确和未知的。我们的目标是允许在知识表达系统中表示这种不精确性, 从而使归纳学习可利用不完备数据。传统的知识表示模型是用固定的属性集来描述对象, 即每一个对象描述都是由固定的属性值对组成。这种表示可概括为属性集模型, 即属性集对概括为属性, 每一个对象可由一些属性集合来表示，因而，对所有的对象不必用相同的属性集合来表示。在本节中，我们通过对描述每一个对象的每一个属性赋予不同的隶属度而将属性集模型推广为模糊属性集模型。这一隶属度可从不同的角度对其进行解释。本书的解释是对于某一对象所具有某一属性的可能程度。

处理不确定或模糊信息的大部分工作主要是将关系数据库的定义调整为能够适应处理不确定信息或模糊查询。这种工作的重点是关系数据库的应用：即如何表示不确定性或不完备信息、如何满足模糊查询等。目前大部分工作已着手研究关系数据库结构和查询语言的扩展。与此同时，从数据库的角度看，归纳学习主要关注于模糊查询的产生，即能快速匹配数据库中的正例或能按照查询的相似性对正例进行排序的查询功能。目前也有利用归纳学习的方法处理模糊规则的研究。

传统的基于决策表的知识表示系统是由一系列对象集合 U、属性集合 A、属性值对 $VAL = \bigcup_{a \in A} VAL_a$ 以及信息函数 $f: U \times A \rightarrow VAL$ 构成。这样的表示有两种缺陷：第一，论域中的所有对象必须具备统一的表示模式。特别的是，f 在每一个属性上至少具备一个属性值，并且 f 在所有的对象属性对上都有定义。这种需求的限制使得在这种数据库中的所有元素都必须具备统一的属性集合。例如，所有的描述对象必须属于同一范畴，如：车辆、动物、疾病等。同时，对于每一个对象所有的属性描述必须是已知的，且一个时刻只能具备一个属性值。这种限制可通过属性集模型得到解决。第二，表示能力受到精确对象表示的限制，即在每一个对象的知识表示上没有一个隶属度量的概念。即一个对象要么具备要么不具备一个属性。本节的目的是提出一种模糊知识表示模型作为属性集模型的扩展，在这个扩展模型上描述一个对象的属性集是一模糊集合。这种扩展允许用区间 $\{0, 1\}$ 上的一个任意随机数来表示一个对象具备某一属性的程度。结果，对象描述可以表示为定义在原子概念集上的模糊隶属函数。

通过模糊对象描述，可定义任意子集 $X \subseteq U$ 粗糙上下近似的模糊模式。子集 X 的传统上下近似集合分别表示可能或者必然属于 X 的元素。下近似可看作集合 X 的悲观近似，而上近似可作为集合 X 的乐观近似。

（1）属性集模型

首先给出一些基本概念：令 $U = \{\theta_1, \theta_2, \cdots, \theta_m\}$ 为论域中的对象集，$A = \{\pi_1, \pi_2, \cdots, \pi_n\}$ 为与所有对象相关的属性值对集合：$\pi = (a, v)$，$(for\ a \in A, v \in VAL)$。定义 P 是对象 $\theta \in U$ 具有属性 $\pi \in A$ 的一个二元关系，记为 $(\theta, \pi) \in P$ 或者 $_\theta P_\pi$。

对任意对象 $\theta \in U$，可定义与 P 相关的对象的属性集为：

$$[\theta] = \{\pi \in A \mid (\theta, \pi) \in P\}$$

对于给定的属性集 A，对于任意 $\pi \in A$ 可定义满足属性 π 的对象集为：

$$[\pi] = \{\theta \in U \mid (\theta, \pi) \in P\}\}$$

不具备属性 π 的对象集合为

$$[\dot{\pi}] = \{\theta \in U \mid (\theta, \pi) \notin P\} = U - [\pi]$$

因此可使用 $[\pi]([\dot{\pi}])$ 作为对象子集的标识。从以上特性集的分析，可以构造原子集合 $\{[c_i]\}$ 构成集合 U 的划分，c_i 表示如下：

$$[c_0] = [\dot{\pi}_1] \cap [\dot{\pi}_2] \cap \cdots \cap [\dot{\pi}_n] c_0 = \dot{\pi}_1 \wedge \dot{\pi}_2 \wedge \cdots \wedge \dot{\pi}_n$$

$$[c_1] = [\pi_1] \cap [\dot{\pi}_2] \cap \cdots \cap [\dot{\pi}_n] c_1 = \pi_1 \wedge \dot{\pi}_2 \wedge \cdots \wedge \dot{\pi}_n$$

$$\vdots$$

$$[c_{2^n-1}] = [\pi_1] \cap [\pi_2] \cap \cdots \cap [\pi_n] c_{2^n-1} = \pi_1 \wedge \pi_2 \wedge \cdots \wedge \pi_n$$

将这些标识作为原子概念，定义 $N = 2^n - 1$。实际上这些原子概念是标准布尔代数中的基本组成单元，我们通常省略合取范式操作符 $\wedge$，例如，$c_3 = \pi_1\pi_2\dot{\pi}_3\cdots\dot{\pi}_n$。所有原子概念的集合称为概念空间，记作 $C = (c_0, c_1, \cdots c_{2^n-1})$。每一个原子概念是标识等价类的一个布尔表示，在 $[c_i]$ 中所有对象是不可分辨的。即每一个对象 $\theta \in U$ 可由一个原子概念精确地标识，因此，最多可有 $|U|$ 个非空原子集。我们定义 c_i 为任一 $\theta \in [c_i]$ 的描述。

具有属性 $[\theta]$ 的任意对象 $\theta \in U$，可由原子概念 c_θ 来表示：

$$c_\theta = (\bigwedge_{\pi_i \in [\theta]} \pi_i) \wedge (\bigwedge_{\pi_j \notin [\theta]} \dot{\pi}_j)$$

由属性集模型隐含定义了一个从中可提取决策规则的决策表。

（2）模糊属性集模型

至此，知识表示方法是假定一个对象的描述是清晰的，即可精确确定一个属性是否是一个对象描述的一部分。这可通过从隐式决策表的元素 $\{0, 1\}$ 表示出来。以下讨论对象描述是模糊的情况，即需要确定某一对象 θ_i 以隶属度 α_{ij} 具有属性 π_j 的描述。特别是，"0"度表示对象不具备此属性，"1"度表示对象完全具备此属性，"0.5"度表示不完全具备此属性。因此，知识表示模型必须明确知识的不确定性。

隐式决策表定义了隶属度系数集合 $\{\alpha_{ij}\}$，α_{ij} 定义了对象 θ_i 具备属性 π_j 的隶属度。

1) 模糊集合对象描述。

这里将通过原子概念集对论域中的对象以模糊集的形式进行讨论。用模糊语言的概念定义知识系统，对象的模糊集合由基本元素 (β, c) 子集构成的论域组成，它定义了一个模糊集合和两个二元操作符和一个一元操作符：$\cup, \cap, \neg$。基本元素 (β, c) 是一个有序对，c 是 C 中的原子概念，β 是模糊集合中原子概念的隶属度，定义在模糊集 B 上的隶属度函数为：$\mu_B(c) = \beta$。并定义 $(1, c) = c$ 为原子概念的正事件，而 $(0, c) = \hat{c}$ 为原子概念的负事件。

对于两个模糊集合 B 和 C，其并集定义为 $\mu_{B \cup C}(x) = \max(\mu_B(x), \mu_C(x))$，其交集定义为 $\mu_{B \cap C}(x) = \min(\mu_B(x), \mu_C(x))$，集合 B 的模糊负（补集）定义为 $\mu_{-B}(x) = 1 - \mu_B(x)$。当条件 $\mu_B(x) = \mu_C(x)$ 满足时，称为模糊集合 B 与 C 相等。

将集合 $\{(\beta_0, c_0) \cup (\beta_1, c_1) \cup \cdots \cup (\beta_N, c_N)\}$ 简记为 $\bigcup_{k=0}^{N}\{(\beta_k, c_k)\}$，同理可定义 $\bigcap_{k=0}^{N}\{(\beta_k, c_k)\}$，从以上定义可看出：

$$\bigcap_{j=1}^{n}\{\bigcup_{k=0}^{N}\{(\beta_{kj}, c_k)\}\} = \bigcup_{k=0}^{N}\{\bigcap_{j=1}^{n}\{(\beta_{kj}, c_k)\}\} \tag{8-8}$$

我们可通过 π_j 定义 $\underset{\sim}{\pi}_j$ 的模糊集表示（式中 $\Rightarrow$ 表示逻辑蕴涵）：

$$\underset{\sim}{\pi}_j = (\bigcup_{c_k \Rightarrow \pi_j}\{(1, c_k)\}) \cup (\bigcup_{c_k \Rightarrow \dot{\pi}_j}\{(0, c_k)\}) = \bigcup_{k=0}^{N}\{(p_{kj}, c_k)\} \tag{8-9}$$

式中，当 $c_k \Rightarrow \pi_j$ 时，$p_{kj}=1$；当 $c_k \Rightarrow \hat{\pi}_j$ 时，$p_{kj}=0$。

定义 $\{(\alpha, \{(\beta, c)\})\} = \{(\delta, c)\}$，$\delta = 1-\alpha+\beta(2\alpha-1)$。引用这个定义是为了使 α 能够反映原子概念取负的度，即 $\alpha=0$ 意味着完全负，而 $\alpha=1$ 意味着无负。例如：

$\{(1, \{(\beta, c)\})\} = \{(\beta, c)\}$ $\{(0.5, \{(\beta, c)\})\} = \{(0.5, c)\}$，$\{(0, \{\beta, c\})\} = \{(1-\beta, c)\}$

当 $\alpha=0.5$ 时表示我们不知道原子概念的隶属度是否为负，则 $(0.5, c)$ 表示对于原子概念 c 的出现是不确定的。当 $\alpha=0$ 时表示基本元素 $(1-\beta, c)$ 对应模糊负。则有下式成立：

$$\{(\alpha, \bigcup_{k=0}^{N}\{(\beta_k, c_k)\})\} = \bigcup_{k=0}^{N}\{(\alpha, \{(\beta_k, c_k)\})\} = \bigcup_{k=0}^{N}\{(\delta_k, c_k)\} \quad (8\text{-}10)$$

式中，$\delta_k = 1-\alpha+\beta_k(2\alpha-1)$。

在隐式知识表示系统中，每一个对象 $\theta \in U$ 是以属性函数来表达的，即每一个系数反映一个对象属于一个属性集合的特定属性的度，且每一个 θ_i 定义在属性集合的交集中。从以上分析我们可以用 $\underset{\sim}{\theta}_i$ 的形式表示 θ_i 的模糊形式：

$$\underset{\sim}{\theta}_i = \{(\alpha_{i1}, \underset{\sim}{\pi}_1)\} \cap \{(\alpha_{i2}, \underset{\sim}{\pi}_2)\} \cap \cdots \cap \{(\alpha_{n1}, \underset{\sim}{\pi}_n)\}$$

$$= \bigcap_{j=1}^{n}\{(\alpha_{ij}, \bigcup_{k=0}^{N}\{(p_{jk}, c_k)\})\}$$

$$= \bigcap_{j=1}^{n}(\bigcup_{k=0}^{N}\{(\delta_{ijk}, c_k)\}) = \bigcup_{k=0}^{N}(\bigcap_{j=1}^{n}\{(\delta_{ijk}, c_k)\})$$

$$\underset{\sim}{\theta}_i = \bigcup_{k=0}^{N}\{(\min_j\{\delta_{ijk}\}, c_k)\} \quad (8\text{-}11)$$

式中，$\delta_{ijk} = 1-\alpha_{ij}+p_{jk}(2\alpha_{ij}-1)$。

用原子概念表示每一个对象的形式，这种表示可被看作是标识原子概念的模糊集。因此每一个对象 $\theta_i \in U$ 可用隶属函数来描述：$\mu_{\theta_i}(c_k) = \min_j\{\delta_{ijk}\}$。

对象的这种模糊表示可简化为对象的精确形式，在精确论域中，每一个对象 θ 可由单一原子概念 c_θ 表示。这种对应关系可在模糊集的隶属函数中得到体现：

$$\mu_\theta(c_i) = \begin{cases} 1.0 & \text{当 } c_i = c_\theta \\ 0.0 & \text{当 } c_i \neq c_\theta \end{cases} \quad (8\text{-}12)$$

2）模糊集合上下近似及其分类规则的提取。

根据每一个条件属性的隶属函数和语言变量值，确定属性的隶属函数图，从而得到模糊等价类：

$$B(k) = U/\text{IND}^*(B)$$

我们使用模糊操作符来定义一个集合 X 的上近似：

$$\overline{X} = \bigcup_{\theta \in X}\underset{\sim}{\theta} \quad (8\text{-}13)$$

下近似可依据精确粗糙集的类似定义：

$$\underline{X} = \overline{X} - (\overline{U-X}) = \overline{X} \cap -(\overline{U-X})$$
$$\underline{X} = (\bigcup_{\theta \in X}\underset{\sim}{\theta}) \cap -(\bigcup_{\theta \in (U-X)}\underset{\sim}{\theta}) \quad (8\text{-}14)$$

由公式（8-11）和（8-12）可根据原子概念写出集合 X 的模糊上近似：

$$\overline{X} = \bigcup_{\theta_i \in X} (\bigcup_{k=0}^{N} \{(\min_j \{\delta_{ijk}\}, c_k)\})$$

$$= \bigcup_{\theta_i \in X} \{(\min_j \{\delta_{ij0}\}, c_0) \cup (\min_j \{\delta_{ij1}\}, c_1) \cup \cdots \cup (\min_j \{\delta_{ijN}\}, c_N)\}$$

$$令 \xi_{ik} = \min_j \{\delta_{ijk}\}$$

$$\overline{X} = \bigcup_{\theta_i \in X} \{(\xi_{i0}, c_0) \cup (\xi_{i1}, c_1) \cup \cdots \cup (\xi_{iN}, c_N)\}$$

$$= \bigcup_{k=0}^{N} \{(\max_{\theta_i \in X} \{\xi_{ik}\}, c_k)\} \tag{8-15}$$

由公式（8-14）和（8-15）以及模糊集合负集的概念 $\mu_{-B}(x) = 1 - \mu_B(x)$，可得到模糊集合 X 的模糊下近似集合：

$$\underline{X} = (\bigcup_{k=0}^{N} \{(\max_{\theta_i \in X} \{\xi_{ik}\}, c_k)\}) \cap (-\bigcup_{k=0}^{N} \{(\max_{\theta_i \in (U-X)} \{\xi_{ik}\}, c_k)\})$$

$$= \bigcup_{k=0}^{N} \{(\min(\max_{\theta_i \in X} \{\xi_{ik}\}, 1 - \max_{\theta_i \in (U-X)} \{\xi_{ik}\}), c_k)\} \tag{8-16}$$

在基本粗集环境下，每一个对象 θ 是由隶属函数形式表示。则基本粗糙集合的上下近似可简化地描述为 $\bigvee_{\theta \in X} c_\theta$。

模糊集合 X 的模糊分类精度为

$$\gamma_X = \frac{\operatorname{card}(\underline{X})}{\operatorname{card}(\overline{X})} = \frac{\operatorname{card}(\bigcup_{k=0}^{N} \{(\min(\max_{\theta_i \in X} \{\xi_{ik}\}, 1 - \max_{\theta_i \in (U-X)} \{\xi_{ik}\}), c_k)\})}{\operatorname{card}(\bigcup_{k=0}^{N} \{(\max_{\theta_i \in X} \{\xi_{ik}\}, c_k)\})} \tag{8-17}$$

在决策系统的模糊属性表示下，由于决策系统的每一行表示一个对象，每一列表示所有与对象相关的属性值对。在此情况下，可利用本节所描述的目标概念的上下近似集合得到分类规则。即上近似可推导出可能性规则，而下近似可推导出必然规则。在模糊属性的决策表构造中，用到集合 $\{\pi_1, \pi_2, \cdots, \pi_n\}$ 表示与对象相关的属性值对，增加了存储空间和处理数据的复杂度，但在求目标概念的上下近似而得到分类规则时，与对象不相关的属性值对其隶属函数为 0，则大大约减了求上下近似的复杂度。在此情况下，本节在隐式决策表中提出利用分辨矩阵的思想判断对象之间是否具有相同的属性值对，通过属性值对之间的不可分辨性利用逻辑数学运算对属性值对进行约减，保留具有对决策属性起决定作用的对象的隶属度，从而达到数据约减的目的。为了算法需要，先定义如下概念：

定义 8.31 令 $DS = (U, A)$ 是一个决策系统，令 $U = \{\theta_1, \theta_2, \cdots, \theta_m\}$ 为论域中的对象集，$A = \{\pi_1, \pi_2, \cdots, \pi_n\}$ 为与所有对象相关的属性值对集合：$\pi = (a, v)$，$(for\ a \in A, v \in VAL)$。$\mu(\pi_i | \theta)$ 为对象 θ 在属性值对 π_i 上所具有的隶属度，隐式决策表分辨矩阵可表示为

$$C_{ij}^d = \begin{cases} C_{ij}^d = \Phi & 如果\ d(\theta_i) = d(\theta_j) \\ C_{ij}^d = C_{ij} - \{d\} & 如果\ d(\theta_i) \neq d(\theta_j) \end{cases}$$

式中分辨矩阵元素 C_{ij} 可表示为

$$C_{ij} = \begin{cases} \{\pi | \mu(\pi | \theta_i) \neq \mu(\pi | \theta_j)) \theta_i \neq \theta_j\} \\ \Phi \quad \theta_i = \theta_j \end{cases}$$

定义 8.32 隐式决策系统整体分辨函数表示为

$$f_D(\pi_1, \cdots, \pi_n) = \wedge \{ \vee \, C_{ij}^d \mid 1 \leqslant j < i \leqslant n \; C_{ij}^d \neq \Phi \}$$

分类规则算法描述：

步骤 1：给定对象集 U，条件属性集 A，决策属性集 C；

步骤 2：根据模糊属性集模型构造隐式决策表，并给出模糊等价类；

步骤 3：根据模糊近似集合在隐式决策表中计算模糊上下近似集合；

步骤 4：根据隐式决策系统的分辨矩阵和分辨函数定义对隐式决策系统进行数据约减；

步骤 4.1：置 $S_{RED} = \Phi$，$S_{core} = \Phi$，生成一个 $n \times n$ 的空属性值对集合矩阵；

步骤 4.2：生成隐式决策分辨矩阵

For（I=0；I<j，I++）

For（j=I+1；j<n，j++）

根据隐式决策系统分辨矩阵的定义生成 C_{ij}；

步骤 4.3：求隐式决策系统的核

for（I=0，i<n，i++）

      for（j=i+1，j<n，j++）

若 $|C_{ij}| = 1$，将 C_{ij} 加入 S_{core}

步骤 4.4：将含有 S_{core} 中元素的矩阵元素置空；

步骤 4.5：求得矩阵中出现频率最高的属性 q，将 q 加入 S_{RED}，且将含 q 属性的矩阵元素置空；

步骤 4.6：若 $(C_{ij}^d)_{n \times n} = \Phi$ 则转到步骤 4.5；否则转步骤 5；

步骤 5：根据约减集和上下近似集合可求得规则及规则的隶属度。

3）算例。

根据以上介绍属性集合模型的概念，可隐含定义一个从中可以提取决策规则的决策表。例如，以下每一对象具有与之相关的一套属性值对：

［object1］= {（大小，大），（感觉，柔软），（接触面，平滑）}

［object2］= {（感觉，柔软），（接触面，粗糙），（材料，塑料）}

［object3］= {（大小，大），（材料，木材）}

［object4］= {（大小，大）}

每一个属性值对可定义一个隐式决策表的一列，此决策表定义了由原子概念到决策类的映射。在上例中如果专家确定目标对象的决策类包括 {object1，object2}，则可得到如隐式决策表 8-5 所示。

表 8-5　隐式决策表（1）

object	π_1	π_2	π_3	π_4	π_5	π_6	decision class
object1	1	1	1	0	0	0	贵重
object2	0	1	0	1	1	0	贵重
object3	1	0	0	0	0	1	便宜
object4	1	0	0	0	0	0	便宜

$\pi_1 =$（大小，大），$\pi_2 =$（感觉，柔软），$\pi_3 =$（接触面，平滑），$\pi_4 =$（接触面，粗糙），$\pi_5 =$（材料，塑料），$\pi_6 =$（材料，木材）

由下近似概念可得确定性规则为：

如果（感觉＝柔软）则 class＝贵重 对象具有属性"感觉"隶属度为 1；

如果（大小＝大）则 class＝便宜 对象具有属性"感觉"隶属度为 0。

以上的决策表是假定一个对象的描述是清晰的，即可精确确定一个属性是否是一个对象描述的一部分。这可通过从隐式决策表的元素 ［0，1］ 表示出来。以下讨论对象描述是模糊的情况，即需要确定某一对象 θ_i 以隶属度 α_{ij} 具有属性值对 π_j 的描述。特别地，"0"度表示对象不具备此属性，"1"度表示对象完全具备此属性，"0.5"度表示不完全具备此属性。因此，知识表示模型必须明确知识的不确定性。

隐式决策表定义了隶属度系数集合 $\{\alpha_{ij}\}$，α_{ij} 定义了对象 θ_i 具备属性 π_j 的隶属度。则上述决策表可表示为表 8-6 形式：

表 8-6　隐式决策表（2）

object	π_1	π_2	π_3	π_4	π_5	π_6	decision class
object1	0.11	0.8	0.2	0	0	0	True
object2	0	0.5	0	1	0.89	0	True
object3	0.5	0	0	0	0	0.25	False
object4	1	0	0	0	0	0	False

每一个对象的模糊表示为：$\underset{\sim}{\theta}_i = \bigcup\limits_{k=0}^{2^6-1=63} \{(\min\limits_j \{\delta_{ijk}\}, c_k)\}$，$c_k$ 为原子概念，$\delta_{ijk} = 1 - \alpha_{ij} + p_{jk}(2\alpha_{ij}-1)$，当 $c_k \Rightarrow \pi_j$ 时，$p_{kj} = 1$；当 $c_k \Rightarrow \hat{\pi}_j$ 时，$p_{kj} = 0$；α_{ij} 为上述决策表中的矩阵元素。

由下近似概念可得确定性规则为：

如果（感觉＝柔软）则 class＝贵重 对象具有属性"感觉"隶属度至少为 0.5；

如果（大小＝大）则 class＝便宜 对象具有属性"大小"的隶属度至少为 0.5，且具有属性"感觉"的隶属度为 0。

第9章 基于统计方法的数据挖掘方法

9.1 相关分析和回归分析

9.1.1 相关分析

9.1.1.1 变量之间的关系

在社会经济现象中，普遍存在着变量之间的关系，统计分析的目的就在于如何根据统计数据确定变量之间的关系形态及其关联程度，并探索出其内在数量规律性。变量之间的关系大致可分为两种：函数关系和统计关系。

(1) 函数关系

变量之间依一定的函数形式形成的一一对应关系称为函数关系。若两个变量分别记作 y 和 x，则当 y 与 x 之间存在函数关系时，x 值一旦被指定，y 值就是唯一确定的。

(2) 统计关系

两个变量之间存在某种依存关系，但变量 y 并不是由变量 x 唯一确定的，它们之间没有严格的一一对应关系。两个变量间的这种关系就是统计关系，亦称相关关系。两个变量之间若存在线性关系称为线性相关，存在非线性关系称为曲线相关。很多非线性关系通过适当的变量变换，常可转换为线性关系形式。因此，线性统计模型的应用十分广泛。

9.1.1.2 简单相关系数

(1) 简单相关系数的定义

简单相关分析是对两个变量之间的相关程度进行分析。单相关分析所用的指标称为单相关系数，又称为单相关系数、皮尔森（Pearson）相关系数或相关系数（王双成，2000）。通常以 ρ 表示总体的相关系数，以 r 表示样本的相关系数。

$$\rho = \frac{\text{Cov}(X, Y)}{\sqrt{\text{Var}(X)}\ \sqrt{\text{Var}(Y)}}$$

式中，$\text{Cov}(X, Y)$ 是随机变量 X 和 Y 的协方差；$\text{Var}(X)$ 和 $\text{Var}(Y)$ 分别为变量 X 和 Y 的方差。总体相关系数是反映两变量之间线性相关程度的一种特征值，表现为一个常数。

样本相关系数的定义公式是

$$r = \frac{\sum\limits_{i=1}^{n}(x_i - \bar{x})(y_i - \bar{y})}{\sqrt{\sum\limits_{i=1}^{n}(x_i - \bar{x})^2} \sqrt{\sum\limits_{i=1}^{n}(y_i - \bar{y})^2}}$$

样本相关系数是根据样本观测值计算的，抽取的样本不同，其具体的数值也会有所差异。可以证明，样本相关系数是总体相关系数的一致估计量。

（2）简单相关系数的检验

在实际的客观现象分析研究中，相关系数一般都是利用样本数据计算的，因而带有一定的随机性，样本容量越小其可信程度就越差。因此也需要进行检验，即对总体相关系数 ρ 是否等于 0 进行检验。

数学上可证明，在 x 与 y 都服从于正态分布，并且又有 $\rho = 0$ 的条件下，可采用 t 检验来确定 r 的显著性。其步骤如下。

首先，计算相关系数 r 的 t 值：

$$t = \frac{r}{\sqrt{\dfrac{1-r^2}{n-2}}}$$

其次，根据给定的显著性水平和自由度 $(n-2)$，查找 t 分布表中相应的临界值 $t_{\alpha/2}$（或 p 值）。若 $|t| > t_{\alpha/2}$（或 $p < \alpha$）表明 r 在统计上是显著的。若 $|t| \leq t_{\alpha/2}$（或 $p \geq \alpha$），表明 r 在统计上是不显著的。

（3）相关系数的显著性检验

一般说来，简单相关系数 r 是对变量 y 与 x 之间线性关系密切程度的一个测量。r 的值越接近于 ± 1，反映 y 与 x 之间的线性关系越紧密。但是线性相关系数通常是根据样本数据计算得到，因而带有一定的随机性。样本容量越小其随机性就越大，如当变量 y 与 x 各只有两个样本数据时，其相关系数总是 1，但这并不等于两个变量完全相关。因此，简单相关系数也有一个显著性检验问题，即通过样本相关系数 r 对总体相关系数 ρ 作出推断。由于相关系数 r 的分布密度函数比较复杂，实际应用中就需要对 r 作变换。对总体相关系数 $\rho = 0$ 的假设检验，就是对总体是否相关作出推断，令

$$t = \frac{r\sqrt{n-2}}{\sqrt{1-r^2}} \tag{9-1}$$

则统计量 t 服从 $t(n-2)$ 分布。将 r 更换成 t 后，可以用 t 检验方法检验 $\rho = 0$ 是否成立。根据给定的显著性水平 α（通常 $\alpha = 0.05$）和自由度 $n-2$，查 t 分布表，找到相应的临界值 $t_{\alpha/2}$，若

$$|t| > t_{\alpha/2}$$

表明 r 在统计上是显著的，它的值可作为两个变量之间是否存在线性关系，相关系数的显著性检验是双尾检验的证据。若

$$|t| < t_{\alpha/2}$$

表示 r 在统计上是不显著的，它的值不能作两个变量之间是否存在线性关系的证据。

9.1.2 回归分析

9.1.2.1 概述

回归分析预测法，是在分析市场现象自变量和因变量之间相关关系的基础上，建立变量之间的回归方程，并将回归方程作为预测模型。根据自变量在预测期的数量变化来预测因变量关系大多表现为相关关系，因此，回归分析预测法是一种重要的市场预测方法，当我们在对市场现象未来发展状况和水平进行预测时，如能将影响市场预测对象的主要因素找到，并且能够取得其数量资料，就可采用回归分析预测法进行预测。它是一种具体的、行之有效的、实用价值很高的常用市场预测方法（王吉利和张尧庭，2001）。

回归分析预测法有多种类型。依据相关关系中自变量的个数不同分类，可分为一元回归分析预测法和多元回归分析预测法。在一元回归分析预测法中，自变量只有一个，而在多元回归分析预测法中，自变量有两个以上。依据自变量和因变量之间的相关关系不同，可分为线性回归预测和非线性回归预测。

如果两个变量之间存在线性关系，一个是自变量，另一个是因变量，利用它们的样本数建立起表述它们之间关系的数学模型，对模型进行各种统计检验，并利用这一模型进行预测和控制，就是一元线性回归。一元线性回归将影响因变量的自变量限制为一个，这在现实的大量社会经济现象中并不易做到。因而，实际应用回归分析法时，常需要有更一般的模型，把两个或更多个解释变量的影响分别估计在内。这就是多元回归亦称多重回归。当影响因素与因变量之间是线性关系时，所进行的回归分析就是多元线性回归。

9.1.2.2 回归分析的具体步骤

（1）根据预测目标，确定自变量和因变量

明确预测的具体目标，也就确定了因变量。如预测具体目标是下一年度的销售量，那么销售量 Y 就是因变量。通过市场调查和查阅资料，寻找与预测目标的相关影响因素，即自变量，并从中选出主要的影响因素。

（2）建立回归预测模型

依据自变量和因变量的历史统计资料进行计算，在此基础上建立回归分析方程，即回归分析预测模型。

（3）进行相关分析

回归分析是对具有因果关系的影响因素（自变量）和预测对象（因变量）所进行的数理统计分析处理。只有当变量与因变量确实存在某种关系时，建立的回归方程才有意义。因此，作为自变量的因素与作为因变量的预测对象是否有关，相关程度如何，以及判断这种相关程度的把握性多大，就成为进行回归分析必须要解决的问题。进行相关分析，一般要求求出相关关系，以相关系数的大小来判断自变量和因变量的相关的程度。

（4）检验回归预测模型，计算预测误差

回归预测模型是否可用于实际预测，取决于对回归预测模型的检验和对预测误差的计算。回归方程只有通过各种检验，且预测误差较小，才能将回归方程作为预测模型进行预测。

（5）计算并确定预测值

利用回归预测模型计算预测值，并对预测值进行综合分析，确定最后的预测值。

（6）应注意的问题

应用回归预测法时应首先确定变量之间是否存在相关关系。如果变量之间不存在相关关系，对这些变量应用回归预测法就会得出错误的结果。正确应用回归分析预测时应注意：
1）用定性分析判断现象之间的依存关系。
2）避免回归预测的任意外推。
3）应用合适的数据资料。

9.1.3 案例——西咸新区空港新城货流量预测

随着全球化进程的加快，产业结构不断升级，经济对运输方式的依赖也逐渐由公路、铁路分散到航空运输上。航空运输业起着越来越重要的作用，机场已经不再是传统意义上单一的输送旅客和货物的场所，它所具有的特殊的聚集作用，促使其周围生产、技术、资本、贸易、人才的不断集聚，形成多功能区域，进而对周边地区经济产生直接或间接的影响。这种现代经济中的新兴经济形态——临空经济，成为了推动区域经济发展的一种新模式。

近年来，空港物流已经成为我国新的经济增长点，2006～2010 年平均涨幅达 14.3%。据统计，我国航空运输总周转量排名居世界第二，已经成为名副其实的航空大国。根据官方航线指南（Offical Airline Guide，OAG）分析服务公司预测，2011～2020 年，我国民航业仍将以较快的速度持续增长，仅次于非洲和中东，增长率位居全球第三位。发展空港物流不仅有利于满足日益增长的航空货运需求，还可促进机场基础设施建设，增强机场竞争能力。据 20 世纪 90 年代国际机场协会的研究调查数据显示，每 100 万航空旅客运输量将产生 13 亿美元的经济收益和增加 2500 个就业岗位，机场规模越大，对地区经济的贡献就越大。因此，国际机场协会将机场喻为"国家和地区经济增长的引擎"，其产生的经济效益和带动的就业岗位的增加是巨大的（林亚平，2001）。

临空经济是依托大型机场的航空运输能力而发展起来的新型经济形式，具有快速、安全准确和全球易达等特点。与其他区域经济发展模式的显著区别为：以机场作为稀缺资源，不受其他地区经济结构的影响。临空经济主要产业模式如下：首先，机场本身的配套产业，如航空食品，飞机维修，航油航材，行政管理，航空培训等。其次，与机场相关的现代服务业，包括大型购物超市、医疗保健服务、餐饮娱乐、文化旅游、会展经济等。再次，临空经济指向的产业，包括现代农业和高科技产业。这些产业的兴起推动经济的快速发展，同时也提高对空港物流的需求，加快了空港物流的发展。

近几年来我国临空经济总体水平随着空港物流业的迅猛发展不断提升，临空经济作为当前国内外竞相发展的一种新经济，正在深远影响着全球经济发展的模式和趋势，越来越成为未来全球经济发展的主流形态和重要模式。临空经济的兴起推动了经济时代的大发展，同时也加快了空港物流的发展。

9.1.3.1 基于回归预测模型

区域货流量的变化，除了自身的变动之外，还与区域经济发展水平等因素相关。回归分析法是在掌握了大量历史数据的基础上，通过对与被解释变量具有因果关系的解释变量的相关性分析，利用数理统计方法，建立模型。进而推测被解释变量的变化规律。回归分析法在解释变量与被解释变量之间具有因果关系且具有较高的相关度时，能做出较为准确的估计。我们预先假设模型为线性：

$$Y = a \times x + b$$

式中，Y 为机场货邮吞吐量；x 为西安市 GDP。如表 9-1 所示。

表 9-1　西安市 GDP、机场货邮吞吐量数据

年份	西安市 GDP（亿元）	机场货邮吞吐量（万吨）	机场货邮吞吐量预测值
2005	1313.93	8.32	8.2
2006	1538.94	9.94	8.88
2007	1856.63	11.2	9.83
2008	2318.14	11.82	11.22
2009	2724.08	12.85	12.43
2010	3241.69	15.81	13.99

通过 spss 软件，进行预测，得到预测模型为

$$Y = 0.003x + 4.262$$

经检验 R 为 0.975；R^2 为 0.951，说明模型具有较好的精确度。

9.1.3.2 基于灰色预测模型

(1) 西安市 GDP 预测

以西安市 2005～2010 年的 GDP 为基准量见表 9-2，使用灰色系统软件，预测 2030 年西安市 GDP。其中数据来源主要通过统计信息网、陕西省统计年鉴和西安市统计年鉴等，具体的预测结果及误差见表 9-2。

$$X^0 = \{x^{(0)}(1), x^{(0)}(2), x^{(0)}(3), x^{(0)}(4), x^{(0)}(5), x^{(0)}(6)\}$$
$$= \{1313.93, 1538.94, 1856.63, 2318.14, 2724.08, 3241.69\}$$

得出灰色预测函数为

$$\hat{x}^0(k+1) = 1180.3 \times (1 - e^{-0.1835}) \times e^{-0.1835k}$$

表9-2　西安市GDP灰色预测　　　　（单位：亿元）

年份	2005	2006	2007	2008	2009	2010
实际值	1313.93	1538.94	1856.63	2318.14	2724.08	3241.69
预测值	1313.93	1575.27	1877.95	2238.78	2668.96	3181.78
误差（%）	—	2.36	1.15	-3.42	-2.02	-1.85

通过灰色预测计算，预测值与实际值的关联度0.957，属于1级精度的预测模型。进行预测后得到2030年西安GDP预测值为127428.97亿元。

（2）临空经济固定资产总值预测

以西安市2005~2010年的通信设备、计算机及其他电子设备、电器机械及器材制造业、医疗仪器设备及器械制造、交通运输、仓储和邮政业、住宿和餐饮业的固定资产投资总值作为临空经济固定资产总值为基准量，预测2030年空港临空经济固定资产总值。其中数据来源主要通过统计信息网、陕西省统计年鉴和西安市统计年鉴等，具体的预测结果及误差见表9-3。

$$X^0 = \{x^{(0)}(1), x^{(0)}(2), x^{(0)}(3), x^{(0)}(4), x^{(0)}(5), x^{(0)}(6)\}$$
$$= \{87.72, 108.5, 150.77, 200.25, 263.42, 341.45\}$$

得出灰色预测函数为

$$X^0(R+1) = 73.897 \times (1 - e^{-0.2756}) \times e^{-0.2756R}$$

表9-3　临空经济固定资产总值灰色预测　　　　（单位：亿元）

年份	2005	2006	2007	2008	2009	2010
实际值	87.72	108.5	150.77	200.25	263.42	341.45
预测值	87.72	112.41	147.81	194.36	255.56	336.03
误差（%）	—	3.60	-1.96	-2.94	-2.98	-1.59

通过灰色预测计算，预测值与实际值的关联度0.95，属于1级精度的预测模型。

（3）空港航空货运量预测

以咸阳国际机场2005~2010年的机场货邮吞吐量为基准量，预测2030年咸阳国际机场货邮吞吐量总值。其中数据来源主要通过统计信息网、陕西省统计年鉴和西安市统计年鉴等，具体的预测结果及误差见表9-4。

$$X^0 = \{x^{(0)}(1), x^{(0)}(2), x^{(0)}(3), x^{(0)}(4), x^{(0)}(5), x^{(0)}(6)\}$$
$$= \{8.32, 9.94, 11.2, 11.8, 12.84, 15.81\}$$

得出灰色预测函数为

$$X^0(R+1) = 8.247 \times (1 - e^{-0.1117}) \times e^{-0.1117R}$$

表9-4　空港航空货运量预测　　　　　　　　（单位：万吨）

年份	2005	2006	2007	2008	2009	2010
实际值	8.32	9.94	11.2	11.8	12.84	15.81
预测值	8.32	9.54	10.72	12.04	13.53	15.2
误差（%）	—	-4.02	-4.29	2.03	5.37	-3.86

通过灰色预测计算，预测值与实际值的关联度 0.938，属于 1 级精度的预测模型。

9.1.3.3　组合预测

由于灰色系统和回归模型各有特点，需要把两种预测结果进行优化组合，优化组合有多种方式，这里采取对误差的倒数代表预测方式优劣的方法进行优化组合，组合方法如下：

$$a = \frac{1}{\text{灰色系统预测误差}}; \quad b = \frac{1}{\text{回归模型预测误差}}; \quad c = \frac{a}{a+b}; \quad d = \frac{b}{a+b}$$

令 a，b 分别代表灰色系统模型和回归模型预测的误差。根据公式，计算结果如下：

$$a = 105.03; \quad b = 13.76$$
$$c = 0.88; \quad d = 0.116$$

根据相关预测数据，综合预测后 2030 年空港的货运量为 182.82 万吨。

9.2　方　差　分　析

9.2.1　方差分析的概述

方差分析是检验几个总体均值之间是否存在差别时最常用的统计方法，其基本原理是英国统计学家罗纳德 A. 费希尔（Ronald A. Fisher）在进行实验设计时为了解释试验数据而首先引入的。方差分析的原假设是多个总体均值彼此相等，抽样方法是独立地从每个分类范畴（即处理水平）中取样（谢汉龙和尚涛，2012）。方差分析方法在不同领域的各个分析研究中都得到了广泛的应用。从方差入手的研究方法有助于找到事物的内在规律性。方差分析的基本思想就是根据资料的设计类型，即变异的不同来源将全部观察值总的离均差平方和（sum of squares of deviations from mean，SS）和自由度分解为两个或多个部分，除随机误差外，其余每个部分的变异可由某个因素的作用（或某几个因素的交互作用）加以解释，如各组均数的变异离均差平方和组间可由处理因素的作用加以解释。通过各变异来源的均方与误差均方比值的大小，借助 F 分布作出统计推断，判断各因素对各组均数有无影响。

方差分析与回归分析之间是有一定关系的。对于方差分析，所有的自变量都被视为定类变量；而回归分析中，自变量可以是各种测度的变量（包括定类变量、定序变量、定距变量和定比变量）。事实上，经常把方差分析看作回归分析的一种特例，几乎所有方差分析模型都可由回归模型来表示，可用回归分析的一般方法估计出相应的参数并进行推断。

为使方差分析更加有效，一般要假定所比较的总体具有相同的方差和正态分布，不过，方差分析方法在更宽的条件下也还是近似有效的，因此称之为是稳健的。其有三个基本假设：

1）每个总体都应服从正态分布。即对于因素的每一个水平，其观察值是来自服从正态分布总体的简单随机样本。

2）各个总体的方差必须相同。即各组观察数据是从具有相同方差的总体中抽取的。

3）观察值之间是相互独立的。

方差分析的目的是要通过数据分析找出对该事物有显著影响的因素，并研究各因素之间的交互作用是否对该事物造成影响。

在方差分析中，我们将那些影响实验指标的条件称为因素，而将因素所处的条件称为水平。如果所研究的问题只涉及一个影响因素，则称这样的方差分析为单因素分析。如果所研究的问题涉及多个影响因素，则称为多因素分析。其中单因素方差分析只检验一个变量的影响，是最简单的形式的方差分析。它可以检验两个或两个以上的样本均值之间的差异。

对于上面所提出的多个正态总体均值是否相等的问题，也就是要求检验假设

$$H_0: \mu_1 = \mu_2 = \cdots = \mu_r$$

如果说 $n = \sum_{i=1}^{r} n_i$，那么有

$$\bar{x}_i = \frac{1}{n_i} \sum_{j=1}^{n_i} x_{ij}$$

$$\bar{x} = \frac{1}{n} \sum_{i=1}^{r} \sum_{j=1}^{n_i} x_{ij} = \frac{1}{n} \sum_{i=1}^{r} n_i \bar{x}_i$$

9.2.2 单因素方差分析

单因素方差分析是指只单独考虑一个因素 A 对指标 X 的影响。此时其他因素都不变或者控制在一定的范围之内。

单因素方差分析研究对因素的水平个数没有限制，可任意选择，但是对重复性有一定的要求。

（1）方差分析表

当所要分析研究的问题满足应用方差分析的条件时，可建立原假设

$$H_0: \mu_1 = \mu_2 = \cdots = \mu_r$$

根据提供的数据，利用公式分别计算得到 Q_1 和 Q_2，然后计算 F 值，再与临界值 F_a 比较，对是否接受 H_0 作出判断。实际应用中，为方便起见，常用方差分析表代替计算过程，其表式如表 9-5。

表9-5 单因子方差分析表

方差来源	平方和	自由度	方差	F值
因子影响	$Q_2 = \sum_{i=1}^{r} n_i (\bar{x}_i - \bar{x})^2$	$r-1$		S_2^2 / S_1^2
误差	$Q_1 = \sum_{i=1}^{r} \sum_{j=1}^{n_i} (\bar{x}_{ij} - \bar{x}_i)^2$	$n-r$	$S_1^2 = Q_1/n-r$	
总和	$Q_1 = \sum_{i=1}^{r} \sum_{j=1}^{n_i} (\bar{x}_{ij} - \bar{x}_i)^2$	$n-1$	$S^2 = Q/n-1$	

（2）数学模型

上面的单因子方差分析方法是建立在一定的数学模型基础上的。若将考察的因素用字母 A 表示，则 A_1，A_2，…，A_i（$i=1$，2，…，r）表示试验所选择的水平，x_{ij} 表示在第 i 个水平下的第 j 个试验数据。

一般地第 i 列即相应于 A_i 水平下的数据 x_{ij} 可表示为

$$x_{ij} = \mu_i + \varepsilon_{1j} \tag{9-2}$$

式中，$\varepsilon_{1j} \sim N(0, \sigma^2)$，它表示在因子的第 i 个水平下第 j 次试验结果数据 x_{ij} 相应的试验误差，μ_i 表示第 i 个水平下试验结果数据的理论均值。

式（9-2）数据的结构式即数学模型。为便于分析，还可将其进一步分解为

$$\mu = \frac{1}{n} \sum_{i=1}^{r} n_i \mu_i$$

$$a_i = \mu_i - \mu \quad (i = 1, 2, \cdots, r)$$

称 a_i 为第 i 个水平对试验结果（试验指标）的效应值，它反映因子第 i 个水平对试验指标的"纯"作用大小。于是，（9-2）式可写成效应分解式

$$x_{ij} = \mu + a_i + \varepsilon_{ij} + \cdots i = 1, 2, \cdots, r; \quad j = 1, 2, \cdots, n_i \tag{9-3}$$

对比式（9-2）与式（9-3）可知，μ_r 之间的差异性同 a_i 之间的差异性是等价的，并且

$$\sum_{i=1}^{r} n_i a_i = 0$$

因此，检验：$\mu_1 = \mu_2 = \cdots = \mu_r = \mu$ 也可以归结为检验：$\alpha_1 = \alpha_2 = \cdots = \alpha_r = 0$，即依据样本数据检验 $\alpha_i = 0 (i = 1, 2, \cdots, r)$ 是否成立。

（3）统计分析

因子的第 i 种效应 α_i，是指除去因子对试验指标的平均影响后，因子的第 i 种水平对试验指标的特殊影响。从效应的角度看，方差分析要解决的问题是：检验因子各水平对试验指标的影响是否显著，若存在显著的差异，表明因子各水平的效应不完全相同，可从中选出效应最大的水平即最优水平作为实施方案；若无显著差异，表明因子各水平对试验指标的影响一样，差异是随机引起的，这时，可从中选择支出最少或费用最低的水平作为实施方案。

对于数学模型式（9-3）来说，统计分析的任务除了判断 $H_0: \alpha_1 = \alpha_2 = \cdots = \alpha_r$ 外，还可求出 $\alpha_i (i = 1, 2, \cdots, r)$ 的点估计和 μ_i 的区间估计。

因为 $\bar{x}$ 是 μ_i 的无偏估计，而 $E(\bar{x}) = E\left(\dfrac{1}{n} \sum_{i=1}^{r} n_i \bar{x}_i\right) = \dfrac{1}{n} \sum_{i=1}^{r} n_i \mu_i = \mu$

所以 $\bar{x}$ 是 μ 的无偏估计。作为 α_i 的点估计有 $\bar{a}_i = \bar{x}_i - \bar{x}$ $(i = 1, 2, \cdots, r)$

由于 $E(\bar{a}_i) = E(\bar{x}_i - \bar{x}) = \mu_i - \mu = a_i (i = 1, 2, \cdots, r)$

因此，$\bar{a}_i$ 是 a_i 的无偏估计。

若原假设 H_0 被否定，则因子各水平的效应 a_i 之间有显著性差异，从而可挑选出最优水平，并对最优水平下试验指标的观察值进行预测，同时作出区间估计。根据给定的显著性水平 a，第一自由度 $f_1 = 1$，第二自由度 $f_2 = n - r$，可查表得到临界值 $F_a (1, n-r)$，则 μ_i 的 $1-a$ 置信区间为

$$\left[\bar{x}_i - \frac{S_e}{\sqrt{n_i}} \sqrt{F_a(1, n-r)}, \ \bar{x}_i + \frac{S_e}{\sqrt{n_i}} \sqrt{F_a(1, n-r)} \right]$$

式中，S_e 表示误差的标准差，即 $S_e^2 = S_1^2 = Q_1/n - r$。

9.2.3　双因素方差分析

在许多实际问题中，往往不能只考虑单一因子的各个水平的影响，而必须同时考察几种因子的影响作用。这种同时研究两种因子对试验指标的影响，就是双因素方差分析问题，也称两因子方差分析（瓦普尼克，2000）。

由于存在两个因子的影响，就产生一个新问题：不同内容的广告和不同的销售价格对销售量的影响是否正好是它们每个因子分别对销售量影响的迭加？也就是说，是否会产生这样的情况，分别使销量达到最高的广告和销售价格（在不低于成本的情况下）结合起来，会使销售量增加的幅度超过二者分别增加幅度之和或低于二者分别影响之和。这种各个因子的不同水平的搭配所产生的新的影响在统计学上称为交互作用。各因子间是否存在交互作用是多因子方差分析新产生的问题。两个因子间交互作用的概念，反映了单因子方差分析与多因子方差分析的本质区别。多因子问题的分析比较复杂，但其解题的思想和基本方法类同，因而本节仅介绍双因素方差分析。

9.2.3.1　无交互作用的双因素方差分析

无交互作用的双因素方差分析相对简单，由于假定因素间的交互作用不存在，分析的目的仅是考察每个因素对试验指标的影响是否显著，或者说，两个因素各自的不同水平是否引起试验指标的显著差异。同时由于无交互作用，实际抽样时可采用无重复试验，即每种因素水平组合只进行一次取样，无交互作用的抽样结果如表9-6所示。

表9-6　无交互作用的双因素方差分析的抽样结果

A 的水平	B 的水平			
	B_1	B_2	$\cdots$	B_s
A_1	x_{11}	x_{12}	$\cdots$	x_{1s}
A_2	x_{21}	x_{22}	$\cdots$	x_{2s}
$\vdots$	$\vdots$	$\vdots$	$\cdots$	$\vdots$
A_r	x_{r1}	x_{r2}	$\cdots$	x_{rs}

方差分析同样采用离差平方和的分解，总离差平方和 SST 分解式为

$$SST = SSA + SSB + SSE$$

式中，SSA，SSB 与 SSE 分别称为因素 A 的平方和、因素 B 的平方和与误差平方和，它们分别反映因素 A、因素 B 与随机因素对试验指标的影响程度，SSA、SSB 分别与 SSE 的相对大小反映各自对指标影响的显著程度。

无交互作用双因素方差分析也进行 F 检验，同样利用方差分析表进行，如表 9-7 所示。

表9-7　无交互作用双因素方差分析表

方差来源	平方和	自由度	均方和	F 值
因素 A	SSA	$r-1$	$\overline{SSA} = \dfrac{SSA}{r-1}$	$F_A = \dfrac{\overline{SSA}}{\overline{SSE}}$
因素 B	SSB	$s-1$	$\overline{SSB} = \dfrac{SSB}{s-1}$	$F_B = \dfrac{\overline{SSB}}{\overline{SSE}}$
误差	SSE	$(r-1)(s-1)$	$\overline{SSE} = \dfrac{SSE}{(s-1)(r-1)}$	—
总和	SST	$rs-1$	—	—

9.2.3.2　有交互作用的双因素方差分析

所谓交互作用，简单来说就是不同因子对试验所考察的指标的复合作用。在实际问题中常常遇到这种情况，因子 A 的作用随因子 B 的水平而变化。

当需要考虑两个因子的交互作用时，需要对两个因素的 $r \times s$ 个不同水平搭配进行重复试观察，与无交互作用情形相比，其试验的成本费用会大大增加。有交互作用的双因素方差分析的抽样结果一般形式如表9-8 所示。

表9-8　无交互作用的双因素方差分析的抽样结果

A 的水平	B 的水平		
	B_1	$\cdots$	B_s
A_1	$x_{111}, \cdots, x_{11t}$	$\cdots$	$x_{1s1}, \cdots, x_{1st}$
$\vdots$	$\vdots$	$\vdots$	$\vdots$
A_r	$x_{r11}, \cdots, x_{r1t}$	$\cdots$	$x_{rs1}, \cdots, x_{rst}$

表9-8中每个水平搭配 $A_i \times B_j$ 均进行了 t 次重复试验。

有交互作用的双因素方差分析仍采用离差平方和分解，总离差平方和 SST 分解式为

$$SST = SSA + SSB + SSA \times B + SSE$$

这里的分解式中加入了交互因素的平方和 $SSA \times B$，它反映了交互因素 $A \times B$ 对试验指标的影响的显著程度。

表9-9为有交互作用的双因素方差分析表。

表9-9　有交互作用的双因素方差分析表

方差来源	平方和	自由度	均方和	F 值
因素 A	SSA	$r-1$	$\overline{SSA} = \dfrac{SSA}{r-1}$	$F_A = \dfrac{\overline{SSA}}{\overline{SSE}}$
因素 B	SSB	$s-1$	$\overline{SSB} = \dfrac{SSB}{s-1}$	$F_B = \dfrac{\overline{SSB}}{\overline{SSE}}$
因素 $A \times B$	$SSA \times B$	$(r-1)(s-1)$	$\overline{SSA \times B} = \dfrac{SSA \times B}{(s-1)(r-1)}$	$F_{A \times B} = \dfrac{\overline{SSA \times B}}{\overline{SSE}}$
误差	SSE	$rs(t-1)$	$\overline{SSE} = \dfrac{SSE}{rs(t-1)}$	—
总和	SST	$rs(t-1)$	—	—

对有交互作用的双因素方差分析，需要注意的是，当分析结果表明交互作用显著时，如何挑选最佳或较佳水平搭配就显得非常重要。一般情况下，可参照单因素方差分析，进行水平搭配下的多重比较，来选取比较合理的水平搭配。

9.2.4　案例

让四名员工前后做三份考核测试，得到如表9-10的分数，运用方差分析法可以推断分析的问题是：三份考核测试的效果是否有显著性差异？

表9-10　四名员工三次考核的平方和计算表

序号	XA	XB	XC	$\sum R$	$(\sum R)^2$
1	71.7	73.4	72.3	217.4	4762.76
2	71.5	72.6	72.1	216.2	46742.44
3	70.1	72.3	70.8	213.2	45454.24
4	70.6	72.2	71.6	214.4	45967.36
$\sum X$	283.9	290.5	286.8	$861.20 = \sum \sum R = \sum \sum x$	$185426.80 = \sum (\sum R)^2$
$\sum X^2$	20151.1	21098.45	20564.9	$61814.86 = \sum \sum x^2$	—
$\sum X (2/n)$	20149.8	21097.56	20563.56	$61810.92 = \sum (\sum x)^3/n$	—
N	4	4	4	$12 = N$	—
$\overline{X}$	70.98	72.63	71.7	—	—

9.2.4.1 确定类型

由于四名员工前后做三份考核测试，是同一组被试前后参加三次考核，四名员工的考核成绩可看成是从同一总体中抽出的四个区组，它们在三个考核测验上的得分是相关样本。

9.2.4.2 用方差分析方法对三个总体平均数差异进行综合性地 F 检验

检验步骤如下：

步骤 1，提出假设：

H_0：$\mu_1 = \mu_2 = \mu_3$，

H_1：至少有两个总体平均数不相等。

步骤 2，计算 F 检验统计量的值：

因为是同一组被试前后参加三次考试，四位学生的考试成绩可看成是从同一总体中抽出的四个区组，它们在三个测验上的得分是相关样本，所以可将区组间的个别差异从组内差异中分离出来，剩下的是实验误差，这样就可选择组间方差与误差方差的 F 比值来检验三个测验卷的总体平均数差异的显著性。

1）根据表 9-10 的数据计算各种平方和为

总平方和：$SS_t = \sum \sum x^2 - \dfrac{(\sum \sum x)^2}{N} = 61814.86 - \dfrac{861.2^2}{12} = 9.41$

组间平方和：$SS_b = \sum \left[\dfrac{(\sum x)^2}{n} \right] - \dfrac{(\sum \sum x)^2}{N} = 61810.92 - \dfrac{861.2^2}{12} = 5.47$

区组平方和：$SS_\gamma = \sum \left[\dfrac{(\sum R)^2}{K} \right] - \dfrac{(\sum \sum x)^2}{N} = \dfrac{185426.8}{3} - \dfrac{861.2^2}{12} = 3.48$

误差平方和：$SS_e = SS_t - SS_b - SS_\gamma = 9.41 - 5.47 - 3.48 = 0.46$

2）计算自由度

总自由度：$df_t = N - 1 = 12 - 1 = 11$

组间自由度：$df_b = K - 1 = 3 - 1 = 2$

区组自由度：$df_\gamma = n - 1 = 4 - 1 = 3$

误差自由度：$df_e = df_t - df_b - df_\gamma = 11 - 2 - 3 = 6$

3）计算方差

组间方差：$MS_b = \dfrac{SS_b}{df_b} = \dfrac{5.47}{2} = 2.74$

区组方差：$MS_\gamma = \dfrac{SS_\gamma}{df_r} = \dfrac{3.48}{3} = 1.16$

误差方差：$MS_e = \dfrac{SS_e}{df_e} = \dfrac{0.46}{6} = 0.08$

4）计算 F 值

$$F = \dfrac{MS_b}{MS_e} = \dfrac{2.74}{0.08} = 34.25$$

步骤 3，统计决断：

根据 $df_b = 2$，$df_e = 6$，$\alpha = 0.01$，查 F 值表，得到 $F_{(2,6)0.01} = 10.9$，而实际计算的 F 检验统计量的值为 $F = 34.25 > F_{(2,6)0.01} = 10.9$，即 $P(F > 10.9) < 0.01$，样本统计量的值落在了拒绝域内，所以拒绝零假设 H_0，接受备择假设，即三个测验中至少有两个总体平均数不相等。

9.2.4.3　用 q 检验法对逐对总体平均数差异进行检验

检验步骤如下：

步骤 1，提出假设

$H_0 : \mu_A = \mu_B$

$H_1 : \mu_A \neq \mu_B$

步骤 2，因为是多个相关样本，所以选择如下公式计算 q 检验统计量的值

$$q = \frac{\overline{x_A} - \overline{x_B} - (\mu_A - \mu_B)}{\sqrt{\dfrac{MS_e}{n}}}$$

在 H_0 为真的条件下，将一次样本的有关数据及 $MS_e = 0.08$ 代入上式中，得到 A 和 B 两组的平均数之差的 q 值，即

$$q = \frac{72.63 - 70.98 - 0}{\sqrt{\dfrac{0.08}{4}}} = 11.70$$

以此类推，就可得到每对样本平均数之间差异比较的 q 值，如表 9-11 所示。

表 9-11　三次考核各对样本平均数之差的 q 值

样本平均值	$\overline{X_a} = 70.98$	$\overline{X_b} = 72.63$
$\overline{X_b} = 72.63$	11.7	—
$\overline{X_e} = 71.70$	5.11	6.6

步骤 3，统计决断

为了进行统计决断，在本例中，将 A，B，C 共三组员工考核成绩的等级排列如表 9-12 所示。

表 9-12　三组员工考核成绩的等级排列

等级	1	2	3
平均数	70.98	71.7	72.63
组名	A	C	B

A 与 C 之间和 B 与 C 之间包含有 1，2 两个组，$a = 2$；A 与 B 之间包含有 1，2，3 三个组，$a = 3$。

根据 $df_e = 6$，$\alpha = 0.05$，$\alpha = 0.01$，得当 $a = 2$ 时，q 检验的临界值 $q_{(6)(2)0.05} = 3.46$，

$q_{(6)(2)0.01} = 5.24$ ；

当 $a=3$ 时，q 检验的临界值为 $q_{(6)(3)0.05} = 4.34$ ，$q_{(6)(3)0.01} = 6.33$ ；将 q 检验统计量的值与 q 临界值进行比较，得到三次考核成绩各对平均数之间的比较结果如表9-13 所示。

表 9-13 三次考核各对样本平均数之差 q 值的比较结果

	$\overline{X_A} = 70.98$	$\overline{X_B} = 72.63$
$\overline{X_B} = 72.3$	11.7 (4.34, 6.33) **	—
$\overline{X_C} = 71.70$	5.11 (3.46, 5.24) *	6.60 (3.46, 5.24) **

* 表示在 $\alpha=0.05$ 显著性水平上有差异，** 表示在 $\alpha=0.01$ 显著性水平上有差异。

从表9-13 中可以看出，三次考核中每两个之间的总体平均数都不相等。因为是同一组被试前后参加三次考核，所得到的样本是相关样本，这些样本所属总体的方差基本相等，所以不需要对两个相关样本所属总体的方差进行齐性检验。

通过以上推断分析可知：三次考核测试的效果有显著性差异，并且每两份考核测试的效果之间都有显著性差异。

9.3 因 子 分 析

9.3.1 因子分析模型

9.3.1.1 因子分析的基本思想

因子分析可看成是主成分分析的一种推广。它的基本目的是，用少数几个因子 F_1，F_2，$\cdots$，F_m 去描述许多变量之间的关系。被描述的变量 X_1，X_2，$\cdots$，X_p 是可以观测的随机变量，即显在变量。而这些因子是不可观测的潜在变量。在社会科学、经济科学、管理科学、心理学、行为科学、教育学等领域中，许多基本特征例如"态度"、"认识"、"爱好"、"能力"、"智力"等实际上是不可能直接观测的，我们把它们看成是潜在变量。而对人的测量例如"教育水平"、"收看电视频度"、"是否喜欢某种节目"、"考试成绩"、"平均收入"等是显的，可以观测的。对人的测量可看成是一些潜在变量（不可观测的基本特征）的表现。因子分析正是利用这些潜在变量或本质因子（基本特征）去解释可观测的变量的一种工具（王文博和赵昌昌，2005）。

因子分析的思想是，将观测变量分类，将相关性较高即联系比较紧密的变量分在同一类，而不同类的变量之间的相关性则较低。那么每一类的变量实际上就代表了一个本质因子，或一个基本结构。因子分析就是寻找这种类型的结构，或者叫做模型。"因子分析"的名称于1931 年由瑟斯通（Thurstone）首次提出，但它的概念起源于20 世纪初卡尔·皮尔森（Karl Pearson）和查尔斯（Charles Spearmen）等关于智力测验的统计分析（王淑芬，2007）。近年来，随着电子计算机的高速发展，人们将因子分析方法成功地应用于各个领域，使因子分析的理论和方法更加丰富。

9.3.1.2　正交因子模型的定义

设 $X' = (X_1, X_2, \cdots, X_p)$ 是 $p \times 1$ 的随机向量。X 的协方差矩阵

$$\mathrm{Cov}(X) = \sum \tag{9-4}$$

$F' = (F_1, F_2, \cdots, F_m)$ 是 $m \times 1$ 的标准化的正交公共因子向量（$m<p$），即假定

$$E(F) = 0, \quad \mathrm{Cov}(F) = I \tag{9-5}$$

$\varepsilon' = (\varepsilon_1, \varepsilon_2, \cdots, \varepsilon_p)$ 是 $p \times 1$ 的特殊因子向量（或误差向量），并假定其均值为 0，协方差矩阵为对角矩阵（说明各个 ε 之间互不相关），即

$$E(\varepsilon) = 0$$

$$\mathrm{Cov}(\varepsilon) = \Phi = \mathrm{diag}(\Phi 1, \cdots, \Phi p) = \begin{bmatrix} \Phi 1 & & \\ & \ddots & \\ & & \Phi p \end{bmatrix} \tag{9-6}$$

并假设公共因子 $F_1, F_2, \cdots, F_p$ 与各个特殊因子 $\varepsilon_1, \varepsilon_2, \cdots, \varepsilon_p$ 都互不相关（或 F 与 ε 相互独立），即

$$\mathrm{Cov}(F, \varepsilon) = 0 \tag{9-7}$$

在以上假定下，正交因子模型可以写成以下的矩阵形式

$$X = AF + \varepsilon \tag{9-8}$$

式中，矩阵 $A = (a_{ij})(p \times m$ 阶) 称为因子负荷矩阵；a_{ij} 表示第 i 个变量 X_i 在第 j 个因子 F_j 上的负荷。因子分析模型可以具体地写成：

$$\begin{aligned} X_1 &= \alpha_{11}F_1 + \alpha_{12}F_2 + \cdots + \alpha_{1m}F_m + \varepsilon_1 \\ X_2 &= \alpha_{21}F_1 + \alpha_{22}F_2 + \cdots \alpha_{2m}F_m + \varepsilon_2 \\ &\vdots \\ X_p &= \alpha_{p1}F_1 + \alpha_{p2}F_2 + \cdots \alpha_{pm}F_m + \varepsilon_p \end{aligned} \tag{9-9}$$

该模型中，第 i 个特殊因子 ε_1 仅与第 i 个变量 X_i 有关系。而第 i 个公共因 F_i 则与所有 p 个变量都有关系。

9.3.2　因子分析的步骤

1）确定分析变量，收集数据资料。

2）对原始数据进行标准化。

3）计算所选变量的相关系数矩阵。

因子分析的前提条件是观测变量间有较强的相关性，而相关系数矩阵描述原始变量之间的相关关系。通过这种方法可判断所选变量是否适宜做因子分析。

4）提取公共因子。

采用某种方法计算初始载荷矩阵，对主成分方法而言，就是通过资料矩阵的相关系数矩阵计算特征值和特征向量。要确定提取公共因子的个数，可根据研究者的设计方案或有关的经验事先确定；或按照因子的累计方差贡献率来确定，一般认为要达到80%才能符合

要求；或只取方差大于 1（或特征值大于 1）的那些因子，因为方差小于 1 的因子其贡献可能很小。

5）因子旋转。

如果公共因子的实际含义不清，则很难进一步分析。因此需要通过学习坐标变换使每个原始变量在尽可能性少的公共因子之间有密切的关系，这样公共因子的实际意义更容易解释，并使公共因子具有命名解释性。

最常用的因子旋转方法是所谓"方差最大正交旋转"，它的思想是选择适当的正交变换矩阵 T，使各个因子负荷（除以共同度之后）平方的方差的总和达到最大。其效果是使各个因子对应的负荷量向 0 和 1 的两极分化，以达到负荷平方的方差最大。将负荷平方是为了消除符号的影响，除以共同度是为了消除各变量对公共因子依赖程度不同的影响（Fayyad et al. ，1996）。

6）计算公共因子得分。

求出各样本的公共因子得分，有了公共因子得分值，即可在许多分析中使用这些公共因子，进一步做综合评估、聚类分析以及回归分析。此处的因子得分是将潜在变量（因子）表示为观测变量的线性组合，也就是对公共因子的取值进行估计，计算各个样品的公共因子得分。由此可以在公共因子的空间中，按照各个样品的因子得分值标出其对应的位置。因子得分实际上给出的是各个样品在公共因子上的投影值或坐标值。因此，以公共因子为坐标轴，在公共因子空间中，就可按各样品的得分值标出其空间的相对位置。这样就可进一步得到关于原始数据的结构方面的信息。

9.3.3 案例

对某产业的生产情况进行因子分析，选取六项指标分别为：X_1，X_2，X_3，X_4，X_5，X_6，数据样本 30 个，原始资料数据如表 9-14 所示。

表 9-14 原始资料数据

序号	X_1	X_2	X_3	X_4	X_5	X_6
1	66.9	0.93	2972.41	3290.73	2.525	49.7
2	80.2	1.64	4803.54	2871.62	1.774	49.6
3	1621.8	2.03	4803.54	2871.81	0.8004	54
4	635.4	2.76	2257.66	1499.14	0.555	56.2
5	514.1	10.17	5834.94	1550.15	0.9051	66.4
6	605.1	2.96	3108.86	2059.35	1.4752	53.1
7	534.2	4.73	4767.51	1940.46	1.1154	63.1
8	494.8	8.24	5573.02	2075.42	1.6283	57.8
9	66	1.02	1660.03	4571.81	3.0448	35.6

序号	X_1	X_2	X_3	X_4	X_5	X_6
10	1530.2	1.26	2826.86	2868.33	1.1921	50.6
11	1123.1	0.94	5494.23	3289.07	0.8565	63.3
12	1953.6	1.44	3573.62	1508.24	0.5756	59.2
13	775.8	0.82	2410.05	2295.19	1.1496	62.8
14	1103.2	1.3	2310.98	1804.93	0.6649	59.9
15	2475.1	1.44	3109.11	1989.53	0.8809	55
16	2815.8	1.5	3782.26	1508.36	0.5823	58.5
17	1296.5	1.6	2291.6	1754.13	0.8799	62.8
18	2089.3	1.42	2348.72	1719.18	0.587	64.7
19	1439.8	0.88	3249.61	2928.24	1.096	59.7
20	1579.9	1.43	3090.17	1590.9	0.5694	64.5
21	165.9	1.35	4454.77	1575.49	0.3535	65.2
22	3903.7	1.08	2870.45	1340.61	0.4443	64.1
23	1376.6	1.18	2282.27	1206.25	0.2892	65.4
24	1642.2	2.42	4025.06	1096.73	0.3456	64.2
25	88.6	2.51	11559.83	1257.71	0.4349	70.4
26	1046.1	2.6	2228.55	1091.96	0.4383	59.7
27	672	5.86	2879.36	1037.12	0.4883	57.2
28	137.1	2.62	6725.11	1133.06	0.4096	70.3
29	139.1	4.01	5607.97	1346.89	0.4973	62.5
30	288.5	3.96	7438.13	1161.71	1.4939	57.8

步骤1：将原始数据标准化。

步骤2：建立指标间的相关系数阵 R：

$$R = \begin{bmatrix} 1 & -0.3325 & -0.3710 & -0.2026 & -0.3955 & 0.1413 \\ -0.3325 & 1 & 0.3492 & -0.2980 & -0.0014 & 0.1654 \\ -0.3710 & 0.3492 & 1 & -0.2481 & -0.1308 & 0.4044 \\ -2.2026 & 0.2980 & -0.2481 & 1 & 0.8145 & -0.7112 \\ -0.3955 & -0.0014 & -0.1308 & 0.8145 & 1 & -0.7967 \\ 0.1413 & 0.1654 & 0.4044 & -0.7112 & -0.7967 & 1 \end{bmatrix}$$

步骤3：计算所选变量的相关系数矩阵，如表9-15所示。

表9-15 相关系数矩阵

序号	特征值	贡献率	累积贡献率（%）
1	2.7765	46.2756	46.2756
2	1.7409	29.0160	75.2917

序号	特征值	贡献率	累积贡献率（%）
3	0.7116	11.8612	87.1529
4	0.4334	7.2248	94.3778
5	0.2369	3.9484	98.3263
6	0.1004	1.6736	100

因前三个特征值累积贡献率已达 87.15%，故取前三个特征值所对应的特征向量，如表 9-16 所示。

表 9-16　特征向量

u_1	u_2	u_3
0.1460	−0.6242	−0.1854
0.1631	0.5270	0.7547
0.2421	0.5272	0.5369
−0.5463	0.0153	0.2325
−0.5455	0.2317	−0.0422
0.5453	0.0225	0.2276

步骤 4：提取公共因子，如表 9-17 所示。

表 9-17　公共因子

因子指标	a_1	a_2	a_3	h_{i2}
X_1	0.2433	−0.8236	−0.1564	0.7621
X_2	0.2718	0.6954	0.6366	0.9629
X_3	0.4035	0.6957	0.4529	0.8520
X_4	−0.9103	0.0202	0.1961	0.8675
X_5	−0.9089	0.3057	−0.0356	0.9210
X_6	0.9086	0.0296	0.192	0.8634

步骤 5：因子旋转，如表 9-18 所示。

表 9-18　因子旋转

因子指标	F_1	F_2	F_3
X_1	−0.3793	−0.7252	−0.3036
X_2	−0.1046	0.2178	0.9510
X_3	−0.2957	0.8698	0.0890
X_4	0.8862	0.0265	−0.2852
X_5	0.9499	0.1206	0.0645
X_6	−0.8976	0.2402	−0.0009

步骤6：各因子命名

由表9-18可见，每个因子只对应少数几个指标的因子载荷较大，因此可根据表9-18对指标进行分类，如表9-19所示。

表9-19 指标分类

因子	高载荷指标	命名
因子一	X_4 X_5 X_6	A因子
因子二	X_1 X_3	B因子
因子三	X_2	C因子

9.4 判 别 分 析

9.4.1 判别分析的基本原理

判别分析是一种判别个体所隶属的群体的统计分析手段，是根据已知对象的某些观测指标和所属类别来判断未知对象所属类别的一种统计学方法。其作用表现在：当描述研究对象的性质特征不全或不能从直接测量数据确定研究对象所属类别时，可通过判别分析对其进行归类。判别分析是判别样品所属类型的一种统计方法，其应用之广泛与回归分析相媲美。（Glymour，1997）

在生产、科研和日常生活中经常需要根据观测到的数据资料，对所研究的对象进行分类。在经济学中，根据人均国民收入、人均工农业产值、人均消费水平等多种指标来判定一个国家的经济发展程度所属类型；在市场预测中，根据以往调查所得的种种指标，判别下季度产品是畅销、平常、或滞销。这样的判别虽然不能保证百分之百准确，但至少大部分判别都是正确的。在天气预报中，可根据某些气象资料来判断近期的天气变化，需要将这些气象资料同某些典型的天气变化规律进行对照，判断最可能的情况。总之，在实际问题中需要判别的问题几乎到处可见（Han and Kamber，2001）。

判别分析与聚类分析不同。判别分析是已知研究对象分成若干类型（或组别）并已取得各类型的一批已知样品的观测数据，在此基础上根据某些准则建立判别样式，然后对未知类型的样品进行判别分类。

判别分析内容很丰富，方法很多。判别分析按照判别的组数来区分，有两组判别分析和多组判别分析；按区分不同总体的所用的数学模型来分，有线性判别和非线性判别；按判别时所处理的变量方法不同，有逐渐判别和序贯判别等。判别分析可从不同角度提出问题，因此，有不同的判别准则，如马氏距离最小准则、Fisher准则、平均损失最小准则、最小平方准则、最大似然准则、最大概率准则等，按判别准则的不同又提出多种判别方法（John et al.，1997）。

9.4.2　距离判别

距离判别法简单直观，它的判别原则是：样品和哪个总体的距离最近，就判定它属于哪个总体，距离判别法通常也称为直观判别法。

样品 x 和总体 G 的距离用马氏距离 $d(x,G)$ 来定义

$$d(x,G) = \left[(x - \mu)'V^{-1}(x - \mu) \right]^{\frac{1}{2}}$$

式中，u，V 分别为总体 G 的均值向量与协差阵。

实际应用时，可利用训练样品的样均值 $\overline{x_i}$ 与样本协差阵 S_i 来估计每个总体 S_i 的均值 G_i 与协差阵 V_i（通常称为组内协差阵）

$$\overline{x_i} = \frac{1}{n} \sum_{k=1}^{n_i} x_k^{(i)}, \quad S_i = \frac{1}{n_i - 1} \sum_{k=1}^{n_i} (x_k^{(i)} - \overline{x_i})(x_k^{(i)} - \overline{x_i})'$$

则 x 和总体 G_i 的距离估计为

$$d(x, G_i) = \left[(x - \overline{x_i})'S_i^{-1}(x - \overline{x_i}) \right]^{\frac{1}{2}}, \quad i = 1, \cdots, k$$

为了说明得更为清晰，先来看两个简单的总体的情况，然后再讨论多个总体的情形。

9.4.3　Bayes 判别法

Bayes 判别法的思想总是根据先验概率分布求出后验概率分布，并根据后验概率分布作出统计判别（Hand，2000）。设有 k 个总体 G_1，G_2，$\cdots$，G_k，它们的先验概率分别为 q_1，q_2，$\cdots$，q_k（它们可由经验给出，也可估出）。各总体的密度函数分别为 $f_1(x)$，$f_2(x)$，$\cdots$，$f_k(x)$，在观测到一个样品 x 的情况下，可用著名的 Bayes 公式计算它来自第 g 总体的后验概率，即

$$P\left(\frac{g}{x}\right) = \frac{q_g f_g(x)}{\sum_{i=1}^{k} q_i f_i(x)}$$

式中，$g=1$，$\cdots$，k，并且当 $P(\frac{h}{x}) = \max\limits_{1 \leqslant g \leqslant k} P(\frac{g}{x})$ 时，则判别 x 来自第 h 总体。

9.4.4　Fisher 判别

通过分析与应用，人们发现距离判别还存在一个重大缺陷：没有考虑指标间的相关性。指标间严重相关时，可能导致协差阵趋于退化（即 $|V_1| \approx 0$ 或 $|V| \approx 0$），引起计算上的困难，从而影响判别效果。基于此，产生了 Fisher 判别法（Hand，1998）。

Fisher 判别法的基本思想是降维，它将总体原来的 p 个相关指标投影压缩为新的少数 r 个 $(r < p)$ 不相关指标，利用这些新指标来建立判别准则，进行判别分析。

设 $a = (a_{11}, a_{12}, \cdots, a_{1m})$ 为 p 维空间中的向量，将所有训练样品进行投影，投影后每个总体的样本均变为一维样本

$$G: \quad ax_1^{(1)} \quad ax_{n_1}^{(1)}$$
$$\vdots \qquad \vdots \qquad \vdots$$
$$G_K: \quad ax_1^{(k)} \quad ax_{n_k}^{(k)}$$

利用单因素方差分析,我们希望投影后,各总体尽可能分开(即各组投影数据尽可能分开),即要选取 a,使得

$$\Delta(a) \triangleq \frac{\mathrm{SS}G}{\mathrm{SS}E} = \frac{a'Ba}{a'Ea}$$

达到最大,$\mathrm{SS}G$ 为组间平方和,$\mathrm{SS}E$ 为组内平方和,式中

$$\boldsymbol{\beta} = \sum_{i=1}^{k} n_i (\overline{x_i} - \overline{x})(\overline{x_i} - \overline{x})',$$

$$\boldsymbol{E} = \sum_{i=1}^{k} \sum_{j=1}^{n_i} (x_j^{(i)} - \overline{x_i})(x_j^{(i)} - \overline{x_i})'$$

利用矩阵分析可知,$\Delta(a)$ 的最大值既为矩阵 $\boldsymbol{E}^{-1}\boldsymbol{\beta}$ 的最大特征值 λ,而 $\boldsymbol{a}$ 是在条件 $a'Ea=1$ 下对应的特征向量 a_1。由此可得到第一个压缩指标:$u_1(x) = a'_1 x$,在 Fisher 判别中,通常称其为判别函数。判别分析是对样品判别归类的一种实用的多元统计方法。判别分析虽然也处理分类问题,但是分析的角度及方法却与其他分析有明显的不同。

9.4.5 案例

9.4.5.1 距离判别

例 9.1 在工厂的考核中,根据工厂的生产经营情况把工厂分为优秀工厂和一般工厂。考核工厂经营状况的指标有:

资金利润率=利润总额/资金占用总额

劳动生产率=总产值/职工平均人数

产品净值率=净产值/总产值

三个指标的均值向量和协方差矩阵如表 9-20 所示。

表 9-20 指标的均值向量和协方差矩阵

变量	均值向量		协方差矩阵		
	优秀	一般			
资金利润率（%）	13.5	5.4	68.39	40.24	21.41
劳动生产率（%）	40.7	29.8	40.24	54.58	11.67
产品净值率（%）	10.7	6.2	21.41	11.67	7.9

现有两个工厂,观测值分别为（7.8,39.1,9.6）和（8.1,34.2,6.9）,问这两个工厂应该属于哪一类?

解 线性判别函数：

$$W(x) = \left[x - \frac{(\mu_1 + \mu_2)}{2} \right]' \Sigma^{-1} (\mu_1 - \mu_2)$$

$$= x_1 - 9.45 \quad x_2 - 35.25 \quad x_3 - 8.45)' \begin{pmatrix} 68.39 & 40.24 & 21.41 \\ 40.24 & 54.58 & 11.67 \\ 21.41 & 11.67 & 7.90 \end{pmatrix}^{-1} \begin{pmatrix} 8.1 \\ 10.9 \\ 4.5 \end{pmatrix}$$

$$= -0.60581x_1 + 0.25362x_2 + 1.83679x_3 - 18.7359$$

判别准则：

$$\begin{cases} x \in G_1, & \text{如 } W(x) > 0, \\ x \in G_2, & \text{如 } W(x) < 0, \\ \text{待判}, & \text{如 } W(x) = 0 \end{cases}$$

线性判别函数：

$$y = -0.60581x_1 + 0.25362x_2 + 1.83679x_3 - 18.7359$$

$$y_1 = -0.60581 \times 7.8 + 0.25362 \times 39.1 + 1.83679 \times 9.6 - 18.7359$$

$$= 4.0892 > 0, \text{ 故属于优秀工厂；}$$

$$y_2 = -0.60581 \times 8.1 + 0.25362 \times 34.2 + 1.83679 \times 6.9 - 18.7359$$

$$= -2.2956 < 0, \text{ 故属于一般工厂。}$$

9.4.5.2　Bayes 判别

例 9.2　某一地区发展指标 A 由三个要素组成：x_1，x_2，x_3。现从已知样本的排序中，选取高发展水平、中等发展水平的地区样本各五个作为两组样品数据，如表 9-21 所示，另选四个地区数据作为待判样品作 bayes 判别分析。

解　1）这里组数 $k=2$，指标数 $p=3$，$n_1 = n_2 = 5$。

$$q_1 = q_2 = \frac{5}{10} = 0.5$$

$$\ln q_1 = \ln q_2 = -0.693147$$

$$\overline{x^{(1)}} = (75.88, \ 94.08, \ 5343.4)'$$

$$\overline{x^{(2)}} = (70.44, \ 91.74, \ 3430.2)'$$

$$\hat{\Sigma} = \begin{bmatrix} 0.120896 & -0.03845 & 0.0000442 \\ -0.03845 & 0.029278 & 0.0000799 \\ 0.0000442 & 0.0000799 & 0.00000434 \end{bmatrix}$$

2）代入判别函数：

$$y(g|x) = \ln q_g - \frac{1}{2}\mu^{(g)'} \sum{}^{-1} \mu^{(g)} + x' \sum{}^{-1} \mu^{(g)}, \quad g = 1, 2$$

得到两组判别函数：

$$f_1 = -323.17194 + 5.79239x_1 + 0.26383x_2 + 0.03406x_3$$

$$f_2 = -236.02067 + 5.14013x_1 + 0.25162x_2 + 0.02533x_3$$

表 9-21 样本数据

类别	样品序号	x_1	x_2	x_3
高发展水平	1	76	99	5374
	2	29.5	99	5359
	3	78	99	5372
	4	72.1	95.9	5242
	5	73.8	77.7	5370
中等发展水平	6	71.2	93	4250
	7	75.3	94.9	3412
	8	70	91.2	3390
	9	72.8	99	2300
	10	62.9	80.6	3799
待判断样品	11	68.5	79.3	1950
	12	69.9	96.9	2840
	13	77.6	93.8	5233
	14	69.3	90.3	5158

3）将原各组样品进行回判结果如表 9-22 所示。

表 9-22 回判结果

样品序号	原类号	判别函数 f_1 值	判别函数 f_2 值	回判类别	后验概率
1	1	326.2073	315.663	1	1.0000
2	1	345.9698	333.2735	1	1.0000
3	1	337.724	325.8926	1	1.0000
4	1	298.3032	291.4929	1	0.9989
5	1	307.7082	298.8939	1	0.9999
6	2	258.5374	261.0097	2	0.9222
7	2	254.2452	261.3358	2	0.9992
8	2	221.8201	232.6049	2	1.0000
9	2	202.9712	221.3502	2	1.0000
10	2	191.828	203.8027	2	1.0000

4）待判样品判别结果，如表 9-23 所示。

表 9-23　判别结果

样品序号	判别函数 f_1 值	判别函数 f_2 值	后验概率	判别类号
11	160.9455	185.4252	1.0000	2
12	202.2739	219.5939	1.0000	2
13	329.3008	319.0073	1.0000	1
14	277.7460	273.5638	0.9850	1

从待判样品结果表明：即样品数据 11，12 号属于第二类中等发展水品；样品数据 13，14 号属于第一类高发展水平。

9.4.5.3　Fisher 判别

例 9.3　某工厂为销售某一新产品，在新产品正式上市前将该产品的样品寄往 12 个省的代理商，并附意见调查表，要求对该产品给予评估，评估的因素有款式、包装及实用性三项。评分表用 10 分制，运用 Fisher 判别法分析最后要求说明是否愿意购买，调查结果如表 9-24 所示：

表 9-24　调查结果

是否购买		x_1	x_2	x_3
选择购买	1	9	8	7
	2	7	6	6
	3	10	7	8
	4	8	4	5
	5	9	9	3
	6	8	6	7
	7	7	5	6
不选择购买	1	4	4	4
	2	3	6	6
	3	6	3	3
	4	2	4	5
	5	1	2	2

第 13 个省的代理商评分（9，5，8），问该代理商是否愿意购买此产品。

解　1）求两总体的样本均值：

$$\bar{x}^{(1)} = \begin{pmatrix} \bar{x}_1^{(1)} \\ \bar{x}_3^{(1)} \\ \bar{x}_3^{(1)} \end{pmatrix} = \begin{pmatrix} 8.29 \\ 6.43 \\ 6.00 \end{pmatrix} \quad \bar{x}^{(2)} = \begin{pmatrix} \bar{x}_1^{(2)} \\ \bar{x}_2^{(2)} \\ \bar{x}_3^{(2)} \end{pmatrix} = \begin{pmatrix} 3.20 \\ 3.80 \\ 4.00 \end{pmatrix}$$

2）求两总体样本均值之差：

$$d = \bar{x}^{(1)} - \bar{x}^{(2)} = \begin{pmatrix} 5.09 \\ 2.63 \\ 2.00 \end{pmatrix}$$

3）求两总体的样本离差平方和矩阵 E：

先求各 s_{ki}

$$s_{11} = \sum_{i=1}^{7} (x_{i1}^{(1)} - \bar{x}_1^{(1)})^2 + \sum_{i=1}^{5} (x_{i1}^{(2)} - \bar{x}_1^{(2)})^2 = 22.22857$$

$$s_{12} = \sum_{i=1}^{7} (x_{1i}^{(1)} - \overline{x_1^{(1)}})(x_{2i}^{(1)} - \overline{x_2^{(1)}}) + \sum_{i=1}^{5} (x_{1i}^{(2)} - \bar{x}_1^{(2)})(x_{2i}^{(2)} - \bar{x}_2^{(2)}) = 8.34288$$

$$E = \begin{pmatrix} 22.22857 & 8.34288 & 2 \\ & 26.51427 & 6 \\ & & 26 \end{pmatrix}$$

$$E^{-1} = \begin{pmatrix} 0.05101 & & \\ -0.016 & 0.04481 & \\ -0.00023 & -0.00911 & 0.04058 \end{pmatrix}$$

4）求判别系数：

$$a = (c_1, c_2, c_3)' = E^{-1}d$$

$$a = \begin{pmatrix} c_1 \\ c_2 \\ c_3 \end{pmatrix} = \begin{pmatrix} 0.05101 & -0.016 & -0.00023 \\ -0.016 & 0.04481 & -0.00911 \\ -0.00023 & -0.00911 & 0.04058 \end{pmatrix} \cdot \begin{pmatrix} d_1 \\ d_2 \\ d_3 \end{pmatrix} = \begin{pmatrix} 0.21692 \\ 0.0182 \\ 0.05604 \end{pmatrix}$$

5）得判别函数：

$$y(x) = a'x = 0.21692x_1 + 0.0182x_2 + 0.05604x_3$$

$$\bar{y}^{(1)} = a'\bar{x}^{(1)} = 0.21692 \cdot 8.29 + 0.0182 \cdot 6.43 + 0.05604 \cdot 6 = 2.251533$$

$$\bar{y}^{(2)} = a'\bar{x}^{(2)} = 0.0987464$$

判别的临界值

$$Y_c = \frac{\bar{y}^{(1)} + \bar{y}^{(2)}}{2} = 1.62$$

则判别准则为

$$\begin{cases} 若 y(x) > Y_c，则 x \in G_1 \\ 若 y(x) < Y_c，则 x \in G_2 \\ 若 y(x) = Y_c，待判 \end{cases}$$

6）对已知类别的样品判别分类：

对已知类别的样品（通常称为训练样品）用线性判别函数进行判别归类，结果如表9-25所示。

表9-25 训练样本

样品	$W(x)$	原类号	判归类别
1	2.49	1	1
2	1.96	1	1
3	2.74	1	1
4	2.09	1	1
5	2.28	1	1
6	2.24	1	1
7	1.95	1	1
1	1.16	2	2
2	1.1	2	2
3	1.52	2	2
4	0.79	2	2
5	0.37	2	2

回代率为100%，全部判对。

7) 对判别类别的样品判别归类：

$x = (9，5，8)$

$y(x) = 0.21692 \times 9 + 0.0182 \times 5 + 0.05604 \times 8 = 2.4916 > Yc$

所以 x 属于选择购买，即第13个省选择购买。

第 10 章　智能决策支持系统

10.1　智能决策支持系统概述

决策支持系统对决策过程的积极辅助作用开辟了一个新的应用科学领域，显示出强大的生命力。决策支持系统的应用已深入到企业管理、商业、金融、办公和日常生活等各个领域，为经济发展、社会进步做出了重大的贡献。随着应用的发展，决策过程中出现的信息越来越多，也越来越复杂，原先决策支持系统单纯的数值分析方法远远不能满足决策者的需求。在这种情况下，邦切克（Bonczek）等在 20 世纪 80 年代初期提出智能决策系统思想，将人工智能中专家系统（Simitsis et al.，2006）和知识处理等方法引入决策支持中，以专家的决策过程作为模型，提炼专家的决策经验作为启发式规则，在决策阶段的全过程为决策提供更加有效的支持。

智能决策支持系统是决策支持系统与人工智能技术相结合的产物，它将人工智能中的专家系统与知识处理的思想引入到决策支持系统中，以专家的决策过程作为模型，提炼专家的决策经验作为启发式规则，在决策阶段的全过程为决策者提供更加有效的支持。其独特的研究方法和广泛的发展前途使之一经出现就成为决策支持系统研究的热点和主要发展方向，引起了国内外学术界和企业界的极大重视。近年来，数据挖掘技术、分布式处理、机器学习、软计算、计算智能化和人机交互技术的发展都极大地促进了智能决策支持系统的发展。

10.1.1　决策支持系统概述

考虑到智能决策支持系统（Dinesh and Ramakrishnan，1999）是在传统决策支持系统的基础上发展起来的，所以本节首先对有关决策、决策支持系统的概念进行阐述，然后再展开对智能决策支持系统的讨论。

10.1.1.1　决策支持系统的定义

1971 年，斯科特莫顿（Scott Morton）在《管理决策系统》一书中第一次指出计算机对于决策的支持作用，当时行为科学的研究开始成为一个很活跃的技术领域。1971 年到 1976 年，从事决策支持系统研究的人数逐渐增多，大部分人认为决策支持系统就是交互式的计算机系统。与此同时，很多人都把注意力集中到如下的技术设计上：有界推理（bounded rationality）、非结构任务（unstructured tasks）、组织的信息处理（organizational information processing）和决策者的认知特征（cognitive characteristics of decision makers）

等。1975 年以后，决策支持系统作为这一领域的专有名词逐渐被大家承认，但人们又忽略了在决策支持系统中对人类思维和行为的模仿应该是研究的关键问题。

经过几年的努力和发展，决策支持系统研究基本走上了正轨，所开发的系统也得到了广泛的应用。彼得（G. W. Peter）、肯（Keen）等编辑了一系列丛书，阐述决策支持系统的主要观点，并把截至 20 世纪 70 年代末的各种实践的、理论的、行为上的和技术上的观点综合在一起，初步构造出决策支持系统的基本框架。

1978 年到 1988 年，决策支持系统得到了迅速的发展，它已成为一个非常流行的名词术语，只要是为了管理服务的软件，都被冠以决策支持系统。但什么是决策支持系统，至今学术界仍没有一个公认的定义。目前有不少文献对决策支持系统的定义表述如下：决策支持系统是以信息论、管理科学、运筹学和行为科学为基础，以计算机和仿真等技术为手段，综合利用现有的数据和模型，通过人机交互方式辅助解决半结构和非结构化决策问题的集成系统。但是，这个定义并不完善，而且对于一个迅速发展且尚未完全成熟的学科过早地追求完善的定义，可能会束缚它的发展。只要把握这个学科的基本特征和基本构成就可以了。鉴于上述情况，本书从不同角度阐述决策支持系统的基本特征和基本构成。

决策支持系统的基本特征如下：

1）目的在于解决非结构化或半结构化的问题。

2）综合应用数据、模型和分析技术。

3）友好的交互式的人机接口，即使是非计算机专业人员也容易使用。

4）具有很高的灵活性和适应性，满足不同决策者的需求。

5）是支持而不是代替决策者进行决策。

在国内学术界比较通用的决策支持系统的基本构成提法如下：

1）人机交互综合集成系统。

2）数据库及其管理系统。

3）模型库及其管理系统。

上述范围比较宽的界定，易于决策支持系统和其他新技术结合，例如与专家系统的结合形成了智能决策支持系统。

10.1.1.2 决策支持系统的基本体系结构

决策支持系统是一个由多种功能协调配合而成的，以支持决策过程为目标的集成系统。从内部结构上看，它有两种基本形式。

（1）基于 X 库的体系结构

基于 X 库的体系结构是斯普拉格（R. H. Spraguey）于 1980 年提出的一种基于两库（数据库和模型库）的决策支持系统。该体系结构的决策支持系统由三部分组成，分别是数据库子系统（数据部件），模型库子系统（模型部件）和人机交互子系统（对话部件），如图 10-1 所示。

1）数据库子系统。

数据和信息是减少决策不确定因素的根本所在，管理者的决策活动离不开数据，因此

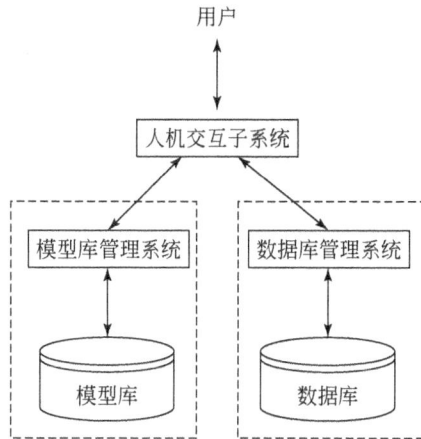

图 10-1 决策支持系统的两库结构

数据部件是决策支持系统不可或缺的部分，数据库子系统包括数据库和数据库管理系统。其功能包括对数据的存储、检索、处理和维护，并能从来自多种渠道的各类信息资源中析取数据，把它们转换成决策支持系统要求的各种内部数据。从某种意义上说，数据库子系统的主要工作就是一系列复杂的数据转换过程，与一般数据库相比，决策支持系统的数据库特别要求灵活易改，并在修改和扩充中不丢失数据。

2）模型库子系统。

数据表示的是过去已经发生了的事实，因此数据必然是面向过去的。我们可利用各种模型把面向过去的数据变换成面向现在或者将来的有意义的信息。在决策支持系统中，决策支持模型体现了管理者解决问题的途径，所以随着管理者对问题认识程度的深化，他们所使用的模型也必然会跟着发生相应的变化。模型子系统应能灵活地完成模型的存储和管理功能。

模型子系统是决策支持系统的核心，是最重要也是较难实现的部分，它包括模型库和模型库管理系统，模型库中存放多种模型，有的按照某些常用的程序设计语言编程，如数学模型和规划模型；还有由用户使用建模语言建立的模型。模型库管理系统支持决策问题的定义、概念模型化和模型的运行、修改、增删等。模型库子系统与人机交互子系统的交互作用可使用户控制对模型的操作；它与数据库子系统的交互作用可提供模型所需的数据，实现模型输入、输出和中间结果的存取。

3）对话部件。

人机交互子系统是决策支持系统的人机接口界面，它负责接收和检验用户的请求，协调数据库子系统和模型库子系统之间的通信，为决策者提供信息收集、问题识别以及模型的构造、使用、改进、分析和计算等功能。通过人机交互子系统，决策者能够依据个人经验主动地利用决策支持系统的各种支持功能反复学习、分析、再学习，以便选择一个最优的决策方案。

斯普拉格的两库结构对后来的决策支持系统结构产生了很大的影响，相继出现了基于三库、四库、五库、六库乃至七库的结构模式。三库结构模式是在二库的基础上增加了知识库，目的是提高系统的定性分析能力，如图 10-2 所示。四库结构模式是在三库的基础上增加了方法库，实现了模型与方法的分离，为模型的生成与组合奠定了基础。方法库子系统是由方法库和方法库管理系统组成的。在决策支持系统中，通常把决策过程中常用的方法作为子程序存入方法库中，方法库管理系统对标准的方法进行维护和调用，如图 10-3 所示。五库结构模式是在四库的基础上增加文本库，提供决策问题与环境的描述性信息。随着图形技术、多媒体技术和自然语言处理的发展，在五库的基础上又增加图形、语言等属性，出现了六库、七库的结构模式。

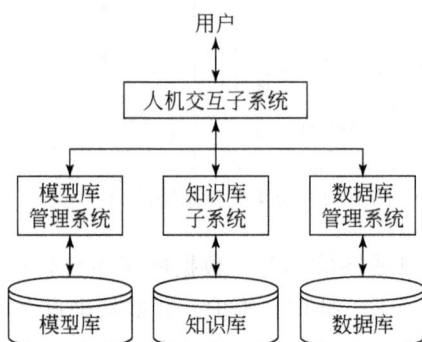

图 10-2　决策支持系统的三库结构

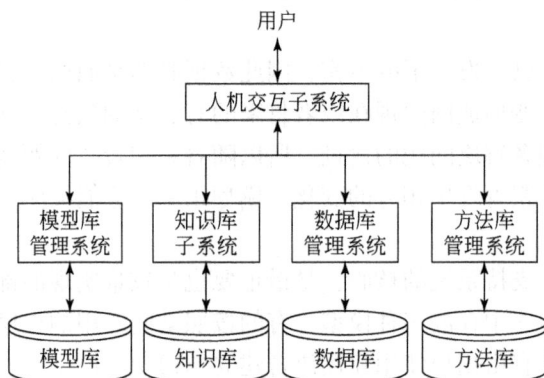

图 10-3　决策支持系统的四库结构

（2）基于知识库的体系结构

基于知识库的体系结构，即"三系统"结构形式，是邦切克于 1981 年提出的。这种决策支持系统结构由语言子系统、知识子系统和问题处理子系统三部分组成，如图 10-4 所示。

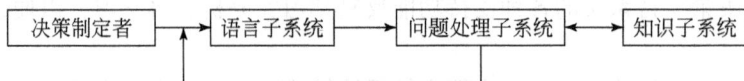

图 10-4　邦切克框架

1）语言子系统。语言子系统是提供给决策者的所有语言能力的总和，它包括供用户或模型检索数据的检索语言和由用户操纵模型的计算机语言。决策用户利用语言系统的语句、命令、表达式等来描述决策问题，交给问题处理子系统处理，得出决策信息。它是决策者与决策支持系统通信的桥梁。

2）问题处理子系统。问题处理子系统是针对实际问题提出问题的处理方法、途径。利用语言子系统对问题进行形式化描述，写出问题求解过程，利用知识子系统提供的知识进行实际问题求解，最后得出问题的解答，产生辅助决策所需要的信息以支持决策。

3）知识子系统。知识子系统是决策支持系统中有关问题领域的知识主体，它包含问题领域中的大量事实和相关的知识，如数据、模型、产生式规则、表格、框架图形等。知识子系统中存储的知识增强了决策支持系统解决问题的能力。

在邦切克的决策支持系统框架基础上，人们又陆续提出了许多类似的框架结构，如霍尔萨普尔（Holsapple）于 1989 年增加了显示子系统（presentation subsystem，PS），如图 10-5 所示，这种结构中，问题处理子系统产生的决策信息通过显示子系统处理后传递给决策者。

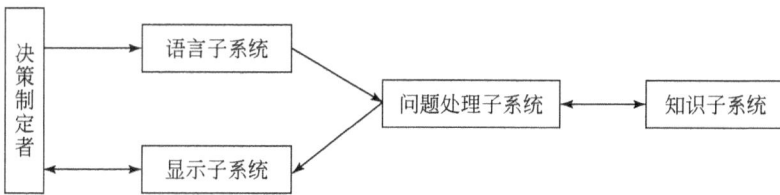

图 10-5　霍尔萨普尔框架

实际上，语言子系统和显示子系统都是决策者与决策支持系统通信的桥梁，只不过通信方向和所表达的内容不同，因此可以用统一的人机界面子系统代替语言子系统和显示子系统。基于这种思想，人们提出了如图 10-6 所示的框架结构。

图 10-6　新的基于知识的框架结构图

在实际建立决策支持系统时，可由上述两种基本结构通过分解或增加某些基本部件而演变出多种形式。

10.1.2　智能决策支持系统的发展现状和研究方向

10.1.2.1　智能决策支持系统的发展现状

随着现代科学技术的发展，人工智能、数据库等领域和推理技术都出现新的发展，如何有效地将其应用于智能决策支持系统的构建中，把数据仓库、联机分析处理、数据挖掘、模型库、数据库、专家系统、面向对象、Agent、机器学习等的优点结合起来，集成综合的决策支持系统，开发出实用而有效的智能决策支持系统是当前智能决策支持系统发展中的首要问题。开发智能决策支持系统的过程中需要解决好以下的关键性技术问题：智能部件的设计与实现、系统各部件间的交互、系统的集成化。目前，智能决策支持系统的研究主要集中在以下几个方面。

（1）智能部件的模式

通常智能决策支持系统被看作由决策支持系统与智能部件组成，这个智能部件最初是专家系统，后来发展成为广泛的问题求解系统，它就是智能决策支持系统中知识处理的机制。这种机制目前有以下几种实现方法：

1）将此机制看成是一个专家系统，可有一定的知识表示方法和一定的知识处理方式。常用的知识表示方法有产生式、谓词逻辑、框架和面向对象表示等；知识处理方式则有正向及反向推理、搜索技术、约束推理和面向对象推理技术等。它们的实现方法可用人工智能语言 Lisp 或 Prolog，也可用合适的专家系统或者语言开发工具。这种方法的实现一般较为方便，也易于为人工智能者所接受，但它和决策支持系统的接口较难，相互沟通也有一定障碍。

2）将智能部件看成为一个知识库，基于这种观点，由决策支持系统中的数据库、方法库、模型库和智能部件中的知识库构成一个四库系统的智能决策支持系统。知识库主要存放有关的管理知识并进行知识推理，在有些系统中知识库也存放决策过程中诸如问题描述、智能调度、模型构造、模型选择（Schneider，1987）与求解方面的启发式规则和事实。这种方式将知识处理融入决策支持系统中，较前者复杂，但整体性好，接口灵活方便，便于各部分之间的沟通。

3）将智能部件看成是一个广义的知识处理系统，而将决策支持系统看成一个数据处理系统，因此智能决策支持系统可看成是两个系统的集成。在这种观点下，知识处理系统可用一般的知识处理工具或人工智能语言实现，它的知识处理范围较广，应用面宽，使用面大。但是结构复杂，实现较为困难。

（2）接口技术

既然智能决策支持系统是由相对独立的决策支持系统和智能部件组成，它们之间的接口就显得尤为重要。由于传统的数值分析方法与知识处理方法在表示方式和处理方式上存在着极大的不同，因此如何在智能决策支持系统中将决策支持系统和智能部件相互衔接，构成一个整体是一个极为重要的问题。目前常见的有如下几种接口方法：

1）决策支持系统与智能部件在智能决策支持系统的结构中相互结合并不分离，将智能部件与决策支持系统中数据库子系统结合。数据库为智能部件提供事实性知识，智能部件又可用于改进数据库的结构、操作和维护。这种方式构作较为复杂，但因两者结合在一起，因此接口极为方便，适合于一般智能决策支持系统。

2）智能部件可与决策支持系统中模型库子系统结合，为模型构造、参数选择以及模型求解、计算结果分析提供帮助。这种方式适应面窄，通用性不够，但实现并不复杂。

3）决策支持系统与智能部件在智能决策支持系统中作为独立成分存在，它们将数据文件作为相互传递信息和相互接口的部件，这是一种最低层次的接口方式，其特点是它们可单独构造、独立执行，相互间仅以文件作为通道传递信息。然而，这种方式接口松散，传递信息速度慢，并不方便，在决策支持系统与智能部件接口较简单的情况下使用此种方式较为有利。

4）决策支持系统与智能部件在智能决策支持系统中作为独立成分存在，它们将数据库作为相互传递信息和相互接口的部件。这是一种较高层次的接口方式，传递信息量大，转换速度快，管理也比较方便。目前多采用这种方式。

5）还有研究者提出将模糊集技术作为决策支持系统与智能部件的接口，将决策支持系统数值分析的结果映射到 [0，1] 上的一个数作为隶属度，并作为智能部件中知识的可信度，从而将两者有机地结合起来，此种方式目前正在研究中。

6）利用面向对象技术，将决策支持系统和智能部件分别看作独立的对象，它们各自用于通信和行为控制的消息，通过消息控制机构构成二者之间的有机接口。这种方式非常灵活，结构清晰，比较容易实现，而且扩充性好，有实际效用。这也是我们在智能决策支持系统设计中采用的接口方式。

（3）统一表示模式

决策支持系统是由数据库、方法库和模型库等部分分离系统集成的，而智能决策支持系统增加了知识库，构成四个子系统的集成，目前的研究还有不断增加分离系统的趋势，如加入文本库、多媒体库等。因此，智能决策支持系统将成为多种分离系统集成的实体。这不但使整个系统复杂，而且系统接口困难，实现困难，使用也不方便，用统一的观点与方法来表示和处理智能决策支持系统中各个部分，借此达到简化各部分、方便接口，同时方便于实现和使用之目的。目前已有若干方案提出：

1）用逻辑观点统一智能决策支持系统的各个部分，可用一阶逻辑语言表示智能决策支持系统的各个部分，其具体表示方法：

①可用谓词表示数据库中的关系。

②可用谓词表示方法库中的方法。

③可用一阶逻辑公式表示模型库中的模型。

④可用一阶逻辑公式表示智能部件中的知识。

这样智能决策支持系统的四个部分均可用一阶逻辑语言中的公式表示，从而达到统一表示之目的。用此种方式所构成的智能决策支持系统具有接口简单、实现方便的明显特点。

2）知识、模型、方法和数据分别用不同的表示方式（采用模糊集技术将它们统一起来）。

可用逻辑谓词表示知识，用关系数据库管理数据，采用程序表示方法以及用数学方程或程序表示模型。将模型的输出结果映射到 [0，1] 上的一个数作为隶属度，并用它表示知识的置信度，从而将决策支持系统和智能部件的表示统一起来。

3）用面向对象方法统一智能决策支持系统的各个部分。智能决策支持系统的各个部分可分别构造成类（class），而它们的接口可用消息（message）进行传递。

4）用智能辅助模型的方法统一智能决策支持系统的各分离部分。定义统一的表示形式，把智能决策支持系统中的智能部件看作异类智能模型（如知识处理模型），与传统决策支持系统中的数学模型一起由统一的模型管理部件进行管理，共同支持决策问题的求解。

总之，统一表示模式研究的重要性在于它将从根本上改变智能决策支持系统的整体结构，使智能决策支持系统变得简单且方便。目前，这项研究正在继续之中。在智能决策支持系统的设计中将后两种方法结合起来，通过面向对象的模型表示与管理，把智能部件和决策支持系统结合成有机的整体。

（4）其他模型研究

除了上述在决策支持系统和智能部件相对独立基础上对智能决策支持系统的研究外，如何将人工智能技术和方法深入应用到决策的全过程中，与决策支持系统有机地结合成一体，如人机自然语言接口，问题规划的智能调度等，都值得进一步探讨。

（5）互联网环境下的智能决策支持系统研究

Internet 是一个丰富的信息资源宝库，企业内部信息网络（Intranet）也在全世界盛行起来。企业决策者面对 Internet/Intranet 中庞大信息，只有使用智能决策支持系统才能有效决策。同时 Internet/Intranet 可为智能决策支持系统提供丰富信息和良好的环境。因此，智能决策支持系统与 Internet/Intranet 结合，在网络平台上实现智能决策系统是大势所趋。现在智能决策支持系统研究者正在研制一种基于网络的、分布的智能决策支持系统。这种智能决策支持系统分布于桌面平台、网络载体内和 Internet 中，用户可用浏览器等软件寻找自己需求的决策支持构件，从而对问题进行决策分析。这项技术主要难点是如何实现决策支持技术并有效地向用户提供，同时要保持系统结构平衡、小巧，并能动态地适应决策环境和高效率地使用网络系统资源。目前，学者冬（Tung X）提出了一种智能型的 WWW-决策支持系统自动搜寻代理器（Intelligent WWW-DSS Search Agent），以确保智能决策支持系统的各个模块有效地向用户提供决策信息。卡拉克隆（Kalakota）和惠斯顿（Whinston）提出用"客户–经纪人"结构在 Intranet 上向决策者提供准确的、可理解的、一致的信息，而"经纪人"的服务通过创造一个内部仲裁代理体来完成。基于 Internet/Intranet 的分布的智能决策支持系统是当前研究的一大热点，但是技术还远不成熟。

10.1.2.2　智能决策支持系统的研究方向

莫顿（Morton）提出了决策支持系统研究的八个方向：原型设计、方法构造、概念设计、实验研究、领域测试、总结归纳、案例研究、推断与思考。这些方面的研究为决策支持系统的发展提供了理论和实践基础，也是智能决策支持系统研究的重要内容，但智能决策支持系统的智能性决定了智能决策支持系统不同于决策支持系统的特点。在智能决策支持系统的研究中，决策环境的不确定性、信息的不完整性、不精确性、决策信息的分布性等特点，都给智能决策支持系统带来新的挑战，更高智能的智能决策支持系统需要对这些方面进行研究，对这些问题的探索形成了新的研究方向：

(1) 智能决策方法的综合和知识融合

智能决策支持系统的核心是知识和知识处理。决策中用到的知识总是和特定应用领域相关,不同的领域对知识的表示和处理具有不同的特点,不同智能决策方法有其特点和适用范围,方法的综合成为提高系统决策能力的重要途径。如机器学习理论、神经网络、模糊逻辑、遗传算法与专家系统的结合,定性与定量方法的结合,传统的偏好模型与专家系统技术的结合,专家系统与数据库系统的结合等,形成具有更好智能行为的混合智能系统,已经成为智能决策支持系统中知识系统研究的主要领域。同时,决策信息来源的多样性对信息融合也提出了新的要求。如何综合来自不同方面的信息为一个决策目标服务是决策中的常见问题,经历了从简单叠加到优化的线性组合的过程,采用逻辑、线性优化、决策树和神经网络等可实现不同层次的信息融合,目前采用证据理论、贝叶斯网络等不确定性推理技术进行信息融合也取得了一些成果。这一领域的更高目标是要寻找更为一般的知识表示和推理算法。

(2) 决策过程的理解

决策过程的理解是建立智能决策支持系统的基础。目前,对人类决策过程的理解还仅限于具有明确过程性和可计算性的部分,对更高级的人类决策过程还缺乏明确的认识。事实上,人类决策包含的问题识别、问题分解和求解过程等多个方面,需要多种知识与方法的综合。人类的认知能力几乎是无限的,只有人类能在复杂多变的环境中,在具有不完备、不确定甚至是错误的信息的情况下,做出正确的决策,对人类决策的理解是建立更高智能的决策支持系统的关键。对决策过程的理解实际上是对人类智能的认识。到目前为止,仍没有更好的方法对人的思维过程进行准确模拟。

(3) 时空与多维决策过程

目前,决策支持系统的研究大多集中在决策问题的求解过程方面,而决策行为总是与决策过程和决策环境的各个方面相联系。在决策过程中引入时间、空间等多维准则,可突破时空限制,优化和改进决策过程,提高支持决策效果。时间是决策的内部维,决策者在决策过程中能够感知自身的存在,并与决策问题的时间要求相联系,如在决策的实时性要求较高的场合,时间可能就是最重要的决定因素。空间维则用来观察外部世界,与决策环境的空间因素相联系,一般用来描述对决策具有重大影响的因素,如不同意见及其带来的额外信息等。很多决策过程已经对时间和空间因素提出相当高的要求,这些因素反过来又对决策支持系统的理论和方法提出了新的挑战。

(4) 分布式并行化决策求解

决策环境的复杂性常常会超出人的求解能力,促使研究者抛开传统的模型求解方法,转而寻求新的技术。同时技术的不断进步,尤其是信息技术的快速发展,也为智能决策支持系统的研究提供更为有力的手段和工具。目前随着计算机网络的发展,决策环境出现了新的特点,分析、决策中使用的数据不再集中于一个物理位置,而是分散到不同的地区、部门；运行在 Internet/Intranet 环境中的分析、决策模型和知识处理方法也从集中式处理发展为在网络环境下的分布、或分布再加上并行处理方式。同时，决策的可行解本身也存在计算效率问题，有时智能决策支持系统的顺序计算结构也会成为决策的"瓶颈"。对复杂决策问题的并行求解已得到广泛关注，分布式数据仓库、分布式决策处理的研究、分布式人工智能技术的应用、并行决策计算等已成为新的研究热点。

（5）基于知识的人机交互

决策支持系统强调决策过程的交互性，对人机对话系统有较高的要求。近年来，基于知识的交互方式是目前研究的方向。长期以来，人们对数据、信息和知识的认识仅限于数据-信息-知识的单链条关系，实际上，从数据中获得信息，再从信息中获得知识，仅仅是决策过程的开始，对数据、信息和知识之间关系的研究表明，对其他关系的研究对提高决策质量也具有重要意义。在如何从数据中提取信息、信息如何呈现给决策者等问题中，知识发挥着重要作用，对这些问题的研究产生了数据-知识-信息-知识-数据的循环或网状关系等。随着信息技术的发展，人机界面的研究也已从简单的菜单驱动和多媒体界面发展到智能化、多通道界面，除了传统的输入方式外，还允许语言、手势、视觉等多种交互方式，其中，采用 Multi-agent 等技术实现多通道界面的研究成为智能决策支持系统对话系统的一个发展方向。

（6）增强智能决策支持系统的柔性

柔性或者称为灵活性是智能决策支持系统的一个非常重要的基本特点。柔性是软件区别于硬件的一个本质特征，也是软件强大生命力的根本所在。但是智能决策支持系统比起一般的软件系统来说，柔性的重要性更为突出。智能决策支持系统的柔性表现为易修改性、适应性、求解灵活性、可扩充性等几个相互联系的方面：

1）运行柔性。智能决策支持系统的运行求解过程和一般的软件系统相比，要求有更好的"弹性"。首先，系统要支持多种问题求解方式、知识处理的方法、数学建模的方法、数据挖掘的方法等。其次，系统要支持灵活地组织这些求解方法。另外，这样的运行过程允许用户进行干预。最后，系统的运行逻辑应具有某种程度的动态可修改性。

2）结构柔性。数据的多样性和运行方式的多样性是智能决策支持系统的特征，多样的数据组织和运行方式被组织在同一系统框架中，而这种结构又总是面临多变的要求，这就要求系统在结构上具有灵活的特点。多年来，"集成"一直是智能决策支持系统的研究重点，其要解决的主要问题，正是建立一种这样的组织结构。

3）界面柔性。智能决策支持系统不仅强调交互而且强调交互的灵活性。由于决策系统灵活多变的特点，用户不仅需要界面的丰富多样，而且需要界面具有某种可组织性，可以无须编程定义输入、输出的形式。

4）开放性。智能决策支持系统不仅要求人机界面灵活多样，对于智能决策支持系统和其他系统的接口也有类似的要求。

上述智能决策支持系统的柔性特征，是设计智能决策支持系统中面临的基本方面。如何使智能决策支持系统具有上述理想的特点是一个难题。实现智能决策支持系统的柔性的基本思想就是充分采用面向对象技术，全面解决智能决策支持系统的柔性要求。

10. 1. 3 智能决策支持系统的主要特点与功能

智能决策支持系统是在决策支持系统的基础上集成人工智能中的专家系统而形成的。决策支持系统主要由人机交互系统、模型库系统、数据库系统组成。专家系统主要由知识库、推理机和动态数据库组成。决策支持系统与专家系统集成为智能决策支持系统，其一般结构如图 10-7 所示。

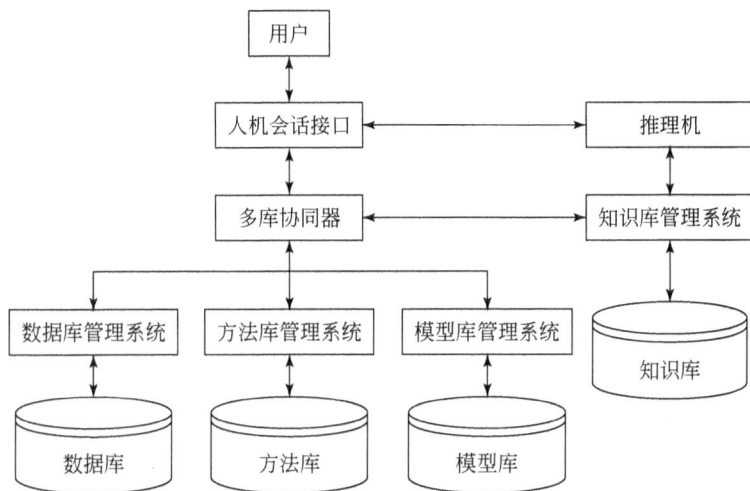

图 10-7　智能决策支持系统的一般结构

10. 1. 3. 1 智能决策支持系统主要特点

1）智能决策支持系统是充分利用专家系统定性分析辅助决策与决策支持系统定量分析辅助决策的优点，形成智能决策支持系统，进一步提高辅助决策能力，实现对数据、模型、知识、方法四个部件的系统集成。

2）智能决策支持系统将数据仓库、联机分析处理、数据开采、模型库结合起来形成的综合决策支持系统。其中数据仓库将大量用于事务处理的传统数据库数据进行清理、抽取和综合，并按决策内容的需要进行重新组织；建立在数据仓库基础之上的数据发掘、多维数据分析可为企业提供市场分析力量；联机分析处理技术中比较典型的应用是对多维数据的切片、切块、钻取、旋转等，便于使用者从不同角度提取有关数据，实现多维数据分析；数据开采用以挖掘数据库和数据仓库中的知识；模型库实现多个广义模型的组合辅助决策。

3）在日益激烈的竞争中，企业决策者总是想以更低的成本、更快的速度做出及时、准确的决策。智能决策支持系统中的客户关系管理采用专家系统、神经网络、智能代理等技术使企业用户实现通过挖掘现有的数据资源，捕获信息，分析信息，处理信息，帮助企业管理者做出更好的商业决策。

4）面临越来越海量的数据、信息，智能决策支持系统从多种异构的数据源中抽取数据，使各种数据仓库产品与解决方案兼容，实现数据库系统的无关性。

5）智能决策支持系统实现了良好的交互性用户界面。交互环境的好坏直接影响用户对系统的使用，一个好的交互环境，其输入应当简单、易学、易用，其输出应当做到内容丰富、形式活泼。

6）智能决策支持系统具有集成性、开放性、通用性、快速响应性，决策系统实现了数据库、知识库、专家系统、决策支持系统、可视化工具等技术的集成，能很好地解决商业智能和决策支持等功能的需要。

10.1.3.2　智能决策支持系统的主要功能

智能决策技术主要有以下功能：

1）具有推理结构，可模拟决策者的思维过程，并根据决策者的需求，通过会话分析问题，利用知识引导来选择合适的决策模型。

2）推理机构能跟踪问题的整个求解过程，证明模型的正确性，增加决策方案的可信度。

3）可通过询问决策者来辅助诊断半结构化或非结构化问题的边界条件和环境。

4）能跟踪和模拟决策者的思维方式和思路，使决策者不仅可以知道结论，而且知道产生此结论的原因。

5）可通过运用智能决策技术对整个系统统一协调管控。

10.1.4　智能决策支持系统的三种体系结构和比较

10.1.4.1　智能决策支持系统的三种体系结构

在智能决策支持系统发展中形成了多种人工智能技术与决策支持系统的结合方式，但是主要的系统结构可归纳为以下三种类型：

1）第Ⅰ种类型：决策支持系统+知识库+文本库。

决策支持系统的发展中，形成了主要有二库、三库和四库乃至七库、八库等多种系统结构。在传统的决策支持系统结构基础上增加了知识库和文本库，它是决策支持系统解决用户问题的"大脑"，其中知识库存储有关问题领域的各种知识、数据、模型等。该种系统结构主要由贝尔柳（R. K. Belew）和姚卿达等人提出，如图10-8所示。

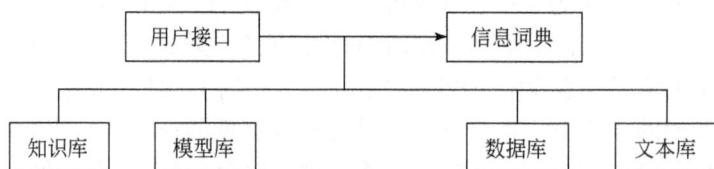

图 10-8　第Ⅰ种类型

2）第Ⅱ种类型：决策支持系统+问题求解单元+知识库

它与传统决策支持系统相比增加了一个知识库和问题求解单元，如图10-9所示。问题求解单元的作用在于：根据决策提出的问题信息，构造面向此问题的求解步骤；总控对各个库的调用。

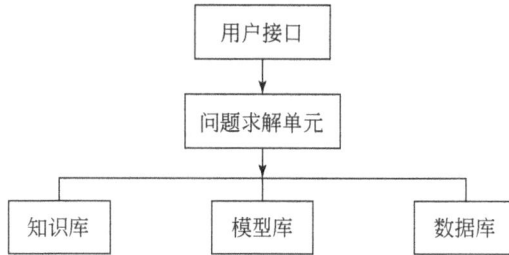

图 10-9　第Ⅱ种类型

3）第Ⅲ种类型：LPK 系统结构。

该类系统结构最初是由邦切克等提出来的，它从概念上突破了传统决策支持系统的模式。在这个系统结构中，用户通过语言系统陈述要解决的问题；知识系统中存放领域知识，这些知识应该既包括表层知识和深层知识，也包括描述性知识和表示模型的过程性知识；问题处理系统接受语言系统表达的问题，利用知识系统中的知识求解问题。该系统结构以知识系统为核心，而如何构造一个具有广义知识表示和处理能力的知识系统则是关键的技术问题，如图 10-10 所示。

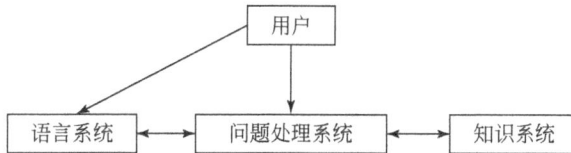

图 10-10　第Ⅲ种类型

10.1.4.2　三种智能决策支持系统结构的比较

从内部的工作方式来看，第Ⅰ种类型和第Ⅱ种类型结构带有明显的传统决策支持系统的痕迹，它们的数据库、模型库和知识库相互独立，在系统中是一种组合关系。由于它们各自内部逻辑结构不同，因此信息交换相当难，不利于以高耦合方式协同工作，而第Ⅲ种类型结构的明显特点是它将问题领域的相关事实、经验知识和表示模型的过程性知识看作是广义的知识模式，因而具有统一的逻辑结构。它的突出优点是：①便于知识库本身的维护。②便于信息交换。③当把模型看成是一种知识时，可用统一的知识推理机制进行模型的智能化选择，可以真正地实现人工智能技术与管理系统、运筹学模型技术相结合，达到优势互补的主导思想。

从与其他系统的融合情况来看，第Ⅰ种类型和第Ⅱ种类型结构中的数据库、模型库和知识库的研究已有一定基础，第Ⅰ种类型和第种Ⅱ类型系统有利于使用早期的多种数据源，甚至可直接接受初期开发的原始数据，极大地方便信息资源的使用，而第Ⅲ种类型智能决策支持系统系统虽然从概念上更接近决策支持系统的系统目标，较为符合我们的结构要求，但对原始数据的使用不是十分方便，要通过数据的抽取、转换工作甚至二次开发，同时知识系统究竟以何种方式进行知识表示，还是目前值得研究的问题，基于知识的决策支持系统中的问题处理系统和语言系统也是传统数据库系统和知识系统很少涉及的。

从对决策问题的求解层次的支持情况来看，第Ⅰ种类型和第Ⅱ种类型结构的支持程度较低，可解决问题层次较低，只能满足比较简单问题的决策支持，或者是决策咨询；第Ⅲ种类型结构由于拥有专家知识及其推理机构可以解决复杂问题，支持程度较高。

从使用情况来看，上述三种智能决策支持系统的系统结构中，系统的复杂程度依次增加，第Ⅰ种类型和第Ⅱ种类型结构比较容易实现，使用较为简便；第Ⅲ种类型结构使用面较广，能解决较多的问题，同时便于吸取领域专家的经验，目前开发应用较为广泛。如表10-1 所示。

表10-1　三种智能决策支持系统结构的比较

特点／类型	内部工作方式	融合情况	求解层次的支持情况	使用情况
第Ⅰ种类型	信息交换难，不利于以高耦合方式的协同工作	可以使用早期的多种数据源，接受初期开发的原始数据，方便信息资源使用	支持程度较低	比较容易实现、使用较为简便
第Ⅱ种类型				
第Ⅲ种类型	采用广义的知识模式，具有统一的逻辑结构	对原始数据的使用不是十分方便，要通过数据的抽取、转换工作甚至二次开发	支持程度较高	使用面较广，开发应用较为广泛

智能决策支持系统是决策支持系统发展的一个新阶段，较完整的智能决策支持系统结构是在传统的三库决策支持系统的基础上增设知识库和推理机，在人机对话子系统加入自然语言处理系统，与三库之间加入问题处理系统而构成的四库系统。智能决策支持系统利用人工智能在定性分析和不确定推理方面的优势，有效地支持决策过程中对半结构化和非结构化问题的求解。从智能决策支持系统的系统结构中可知道，智能决策支持系统主要是以数据库、知识库、方法库、模型库、推理机等子系统为基本部件构成的多库系统结构：

1）数据库系统。它是用于存储、管理、提供和维护用于决策支持数据的智能决策支持系统的基本部件，是支撑模型库系统和方法库系统的基础。智能决策支持系统数据库中存在的数据大部来源于管理信息系统等信息系统的数据库。

2）知识库系统。它的功能有两个，一是回答对知识库知识增加、删除、修改等知识维护的请求，二是回答决策过程中问题分析与判断所需知识的请求。知识库存放一些规则，包括用于非模型决策的规则和专家经验规则，是知识库系统的核心。

3）方法库系统。它综合了数据库和程序库，是存储、管理、调用和维护决策系统各部件要用到的通用算法、标准函数等方法的部件。方法库类似于程序库，包含面向多种应用的程序包或功能程序。

4）模型库系统。它是构建和管理模型的计算机软件系统，是决策系统中最复杂与最难实现的部分。企业决策者就是依靠模型库中的模型进行决策的。模型库是模型库系统的核心部件，用于存储决策模型。

5）推理机。它是一组程序，采用基于范例推理的方法，根据知识库中的静态和动态范例，通过采用方法库中的方法，在模型库中选择与当前处理的问题具有相同属性的模型进行匹配，并且根据匹配的程度进行调整。

10.2　数据库与数据库管理系统

数据库系统是数据库和数据库管理系统的总称。

10.2.1　数据库概述

10.2.1.1　数据库系统的定义

数据库系统是由数据库、数据库管理系统、用户和计算机系统组合的具有高度组织的整体。数据库具有独立性、最小冗余度、统一的数据管理、完善的数据控制功能等特点。在决策支持系统中，信息从客观事物出发，流经数据库，通过控制决策机构，最后又返回来控制客观事物。信息的这一循环经历了三个领域：客观世界、观念世界和数据世界。现实世界是信息的根本来源，是设计数据库的出发点，也是使用数据库的最终归宿。观念世界是客观事物在人们头脑中的反映。客观事物在观念世界中称为实体，模型从主要方面反映了事物的运动形态及其相互关系，其中实体模型和数据模型的关系最为密切。数据世界是观念世界中信息的数据化，客观世界中的事物及其联系，在数据世界用数据模型描述。

数据库系统通常用于办公自动化系统、管理信息系统、情报检索系统、决策支持系统等信息系统中，且是它们的重要组成部分。数据库应用系统的设计是指在现有数据库管理系统（如 FoxPro、SQL Server、Oracle、Sybase、Informix）上建立数据库的过程。它主要包括以下过程：系统需求分析、概念结构设计、逻辑结构设计、物理结构设计。其中系统需求分析要完成确定设计目标、数据收集和分析、生成需求说明书等任务。

10.2.1.2　决策支持系统数据库的设计特点

决策支持系统中数据的主要用途是支持决策制定，因此它与一般通用数据库中的数据不同。首先，决策支持系统中的数据和决策过程密切相关，一切数据都经过适当的加工处理，其次，由于决策支持系统一般面向高层决策，所以除了内部数据外，还要用到大量的外部数据，如市场需求量、产品价格等。决策支持系统中数据的这些特点要求决策支持系统中的数据库管理系统除了要具备一般数据库管理系统的功能外，系统设计时还要着重考虑以下几方面问题：

（1）面向决策支持过程组织和管理数据

决策支持系统中数据库必须满足各种层次、各种类型、不同决策者的决策过程对数据的要求。决策支持系统中的数据库管理系统应能根据决策活动的需要，把有关的数据面向决策过程组织起来。因此设计数据库系统时，数据库管理系统结构、功能等的选择，都必须围绕着决策支持过程进行。

（2）面向模型生成使用数据

决策支持系统的一个特点是数据与模型的有机结合。在制定决策过程中，总要用到各种模型，包括定量的、定性的等。模型必须和所需要的数据相匹配，才能用于决策。因此，决策支持系统中数据结构的选择必须考虑与有关模型的匹配问题，应最大限度地满足各种模型对数据结构的要求。

（3）数据描述方式要面向不同的决策者

因为决策支持系统的用户在文化背景和计算机知识方面有很大差异，所以他们使用计算机的能力往往也有所不同。因此决策支持系统中数据库的人机界面必须设计成用户所熟悉的形式。数据描述画面应对决策者是透明的，使用他们熟悉的语言和术语，一般决策支持系统中使用数据的量都比较大，按用户习惯设计人机界面，并尽可能方便用户使用，这一点非常重要。

在决策支持系统的数据库单元设计中，为适应决策支持系统的特殊需求，数据库单元的设计有如下要求：扩展数据的定义，使其既包含具体数据，也包含抽象数据；设计灵活的与其他单元交换数据的接口；将数据库管理功能分解为静态管理与动态管理。静态数据管理负责成批数据的输入、查询、修改、增删、维护，它面向数据库管理员，并且可单独启动运行；动态数据管理负责决策支持系统模型计算或知识推理的数据交换，当决策支持系统人机接口采用与数据库管理系统相容的语言时，为简化系统，动态管理部分可并入人机接口单元。

10.2.1.3 功能

数据是决策的依据，也是减少决策不确定因素的基础，因此数据库系统是决策支持系统的重要组成部分。数据库系统主要是数据库与数据库管理系统组成。与一般数据库相比，决策支持系统中的数据库不仅要求能方便地检索出所需的数据，而且要求将检索到的数据能灵活地转换成决策支持系统要求的各种内部数据。

对于管理者来说，他们关心的不是具体的业务数据，而是由这些业务数据表现出来的整体趋向，或者变化趋势。显然，这些概括性的数据不是大规模业务数据的简单组合，而应是决策支持系统所需要的、能对决策提供支持的数据。这就有必要建立决策支持系统特有的"决策支持系统数据库"（何丽丽和邢薇，2011）。决策支持系统对数据库的要求主要包括以下几个方面：

1）析取数据。决策支持系统的数据库系统应具有从外部数据库析取数据的能力。这是决策支持系统所面临的多数为非结构化决策所决定的。

2）支持记忆。决策支持系统要求数据库不仅能存储一般数据，而且要求能够存储中间结果集和数据间的关系，保存工作空间以及存储有关操作步骤等信息。

3）公有或私有的数据库。许多决策都要共享数据，或者在决策者之间，或者是在运行的应用及决策支持系统之间。不过，许多决策者也希望能拥有其私有的数据库，以保护重要数据或按某种特殊方式来组织数据。

4）支持各类关系和视图。决策过程的洞察力经常来自于新的方式（视图）、观察数据或者来自建立数据之间的关系。

10.2.2 决策支持系统的数据库设计

在决策支持系统中，数据库设计通常是由一个数据析取部件连接的二级数据库组成，如图 10-11 所示。

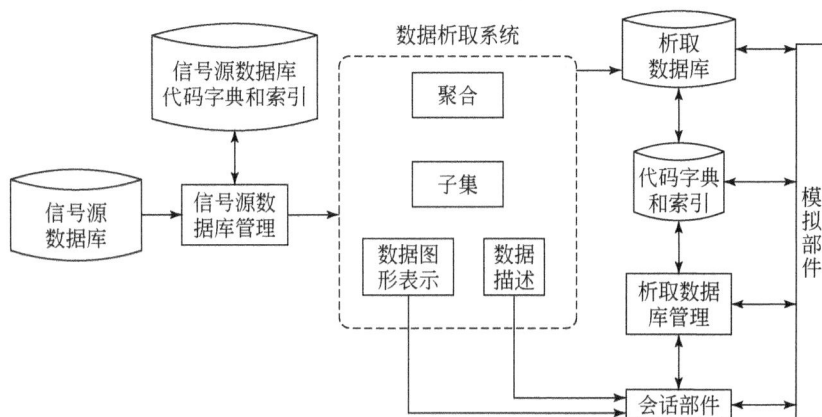

图 10-11 决策支持系统中数据库部件的构架

在图 10-11 中，源数据库是大型的，它可以有百万或亿字节的存储容量，通常包括不同格式的逻辑文件。

源数据库的数据库管理系统和关联的代码字典与索引是数据析取部件的第一部分。这些部件与源数据库相同，具有连接至用户的四个数据析取操作：数据描述、子集、聚合和显示。

数据描述用来描述在源数据库中的文件，用数据描述语言来表达。

对用户而言，数据子集和聚合操作是十分重要的。用户能收集源数据库的子集，计算使用子集的新的数据项目，以及在析取数据库中存储子集或新的数据。子集操作能从源数据库中选择字段或记录，并允许作算术和逻辑判断。聚合操作可对字段或记录求和、计算、连接或者结合成任何算术形式。

在源数据库中，由于文件有不同的格式，因而在聚合和子集操作上需要格式转换。通常，源数据库中的数据需要转换至由聚合和子集语言提供的数据类型格式。第二组转换常常要求在析取数据库中存储数据，或者在显示屏幕上显示选择的子集或聚合。

通过聚合和子集操作产生一个为了使用决策支持系统的析取数据库。数据显示操作是数据析取过程中的重要组成部分，而决策支持系统会话部件用来提供对数据析取中的数据显示部分的操作。

析取数据库和它关联的索引数据管理系统，支持决策支持系统的工作。数据析取结合了一个数据库管理系统（例如询问、保护、后援）的功能。它具有析取数据库的性能。更为重要的是，它反映了决策支持系统数据管理的要求：减少数据、细目的变化等级；简化信号源的分类；简化决策支持系统部件接口；简化对用户接口的分类。使用数据析取的决策支持系统能在各种计算机结构上实现。在一台小型计算机上，数据的定义、聚合和子集能作为对决策支持系统产生析取数据库的一个分离系统。在大型或虚拟存储结构中，数据析取部件常常是资源分时。在分布式计算机系统中，析取数据库将存储在本地系统，而源数据库中应留驻在中央机或"共享文件"的系统中。

可以看出，在建立一个决策支持系统的过程中，数据库管理系统既是作为一个必要条件又作为一个充分条件。

10.2.3 数据库系统语言

数据库系统语言主要包括数据描述语言和数据操作语言两大部分，前者描述和定义数据的各种特征，后者说明对数据进行的操作。其次还有一般应用程序语言，例如，BASIC、C、FORTRAN、COBOL 语言等。

10.2.3.1 数据描述语言

数据描述语言为应用程序员、数据库管理员提供准确描述数据以及数据之间关系的语言，它是数据库设计的重要组成部分。下面具体介绍它的功能：

（1）描述数据的逻辑结构

即设计模式数据描述语言和子模式数据描述语言
1）描述数据模型各个部分（数据逻辑单位）的特征。
① 给出数据各个逻辑单位的无二义性命名，如数据模型名、记录类型名、数据项名等。
② 说明各个最小逻辑单位的数据特征，如数据类型是字母、数据还是字符，数据长度及取值范围等。
③ 说明数据单位的自然含义，如数据项是姓名还是地名，表示年龄还是分数等。
2）描述各数据逻辑单位之间的联系，即数据表示的对象之间和对象内部的联系。
① 数据的逻辑单位按什么原则确定，可能包含哪些更小的逻辑单位，如一个记录类型依次包含哪些数据项。
② 哪个或哪些数据项组合作为主关键字使用。
③ 数据项之间的完整性约束条件。
④ 各逻辑单位按什么规则形成一个整体的数据结构，如记录类型怎样构成树或网络。

（2）数据描述的物理特征

1）用文字目录说明系统中建立了哪些物理文件，文件目录又是系统的一个特殊文件。
2）说明文件组织方法，如顺序、索引、散列表（Hash）、树状结构、链结构、倒排结构等。

3）说明每个物理文件的文件名称、文件类型、文件的存储设备、开始地址、允许占用的空间等。

（3）描述逻辑数据到物理数据的映像

1）每个逻辑单位的数据存放在哪个文件中，如哪个记录类型对应于哪个文件，存放在哪个区域。

2）逻辑数据到物理数据的转换，如十进制转换为二进制，数据的存储紧缩过程。

（4）描述访问过程的规则

1）用户与子模式的对应关系。

2）用户身份检验，如用户口令、声音等。

3）用户的授权。

4）数据的保密锁与密码。

下面介绍三级描述语言。

1）子模式描述语言（S-SMADDL）。只描述数据库中每个应用程序所需的数据部分。例如，面向商务的通用语言（Common Business Oriented Language，COBOL）的数据部分，IBM 的 PSB、CODASYL 的子模式语言等。

2）模式描述语言（SMADDL）。它是数据管理的全面性逻辑数据的说明，表示整个数据库的结构情形。例如，CODASYL 的数据库模式定义语言（DDL）、IBM 的数据库词典（DBD）。

3）物理数据描述语言。说明各项物理数据存放的相互关系。有 IBM 的物理 DBD，CODASYL 的设备/介质控制语言等。

关系数据模型的描述，是将规范化后的二维表用关系数据描述写出，包括区域描述与关系描述。区域描述需指出区域名或其中数据的字形；关系描述按关系记号写，同时指出关键字。

10.2.3.2 数据操作语言

数据操作语言主要用来说明数据的存取操作方式，以便灵活运用各项相关数据。例如，CODASYL 的数据操作语言命令（DML）、IMS 的 DL/1 等。数据操作语言要做到：描述操作准确，功能齐全，使用方便。通常数据操作语言不是一种完整、独立的语言，而是一些操作语言的组合，但也有可以单独使用的询问语言。

（1）数据操作语言

其功能有：从数据库中检索数据；向数据库添加数据；删除数据库中某些已经过时、没有保留价值的原有数据；修改某些属性发生变化的数据项的值；用于并发访问控制的操作。

（2）主语言

它是在通用程序设计语言的基础上附加功能的语言系统，即在源程序设计语言中嵌入数据操作的语言，源程序设计语言称为宿主语言。具有主语言的数据库系统有 IDS、IMS、

SC-1、COBOL 和 DBTG。主语言系统有充分的分析运算能力，可为多种应用服务。由于数据库管理系统和用户程序之间事先缺乏了解，使主语言与数据库管理系统的接口问题在设计时变得相当复杂。

（3）自含语言

自含语言也称独立语言或自立语言，是一种新建立的使用特定功能的语言。它不必嵌入宿主语言中，现有的其他语言仅仅对它起支持作用。自含语言往往有查询、更新功能，具有这种语言的数据库系统有 GIS、MARK IV、NIPS/FFS、TDMS、UL/1。自含语言的优点是效率比较高，缺点是适应性差，一般是为某种专门应用服务的。

10.2.4　决策支持系统数据库技术的发展

10.2.4.1　数据库与知识库的结合方式

目前，将知识库和数据库技术有机结合起来，是人们关注和研究的热点，许多人在这方面进行了有益的探索。这里仅讨论在决策支持系统中数据库和知识库的结合。

（1）数据库与知识库的结合策略

数据表示的是特定事物的具体信息，而知识表示的是一般概念或对象的抽象信息，如规则、定律、经验和概念等。数据库收集表示事实的数据，知识库中则含有抽象信息。决策支持系统既用到表示实例的具体数据，也要用到表示概念的抽象知识，因而数据库和知识库都是必要的，所以它们的结合是无疑的、必然的。

数据库和知识库的结合一般采用如下三种策略：

①增强型。数据库与知识库相互吸收对方的一些功能部件，扩充各自的问题求解能力。

②耦合型。在数据库与知识库之间建立一个功能较强、性能较好、使用方便的接口模块，协调数据库管理系统和知识库管理系统的工作。

③集中型。将数据库与知识库集中到一个大型应用系统中，实现统一的操纵和管理。

第①种方案实际上是研究开发演绎数据库，即在传统的数据库管理系统基础上增加一个规则集和一个演绎推理机制，或者在逻辑编程语言（PROLOG）、列表处理语言（LISP）等人工智能语言基础上开发数据库管理系统，使其不仅具有较强的演绎功能，也具备管理大型数据库的能力。第③种方案研究数据库和知识库统一的表达形式和统一的操作管理方式。但在目前条件限制下，决策支持系统中一般采用第②种耦合型方式，即决策支持系统中设计人机接口，不仅接纳用户请求与提供问题的解答，而且作为"接口模块"协调数据库管理系统与知识库管理系统（knowledgebase management system，KBMS）和模型库管理系统（model base management system，MBMS）的工作。

（2）数据库和知识库的通信方式

从知识库的实现语言来看，一般具有较强的逻辑推理能力和知识表达能力，但它们数据处理能力弱，存储量小，在实际开发过程中很难满足要求。因此，需要数据库支持，这就产生了两者交换数据的接口问题。由于数据库与知识库通过人机接口耦合在一起，一般通过人机接口传递信息。为了追求效率，知识库直接读取数据库中数据的研究一直在进行。

10.2.4.2 数据库技术支持模型库

（1）数据库为模型库提供数据

模型计算时，所需要的原始数据和计算的中间结果及最终结果，都由数据库提供或由数据库存放。数据交换方式通常采用标准格式文件作为接口，或者由构成模型库的宿主语言程序破译数据库文件的内部结构，直接读取数据。

（2）数据库设计思想启发模型的表示方法

决策支持系统中模型库里存放着众多的用于管理决策的模型，而且随着决策环境的变化，相应的模型要做适当的调整，因此，模型的表示方法是一个十分活跃的研究课题。人们借用各种方法和技术来表示模型，将数据库设计思想引入模型表示，产生了结构化建模表示法和层次化结构模型表示法。前种方法适合于大规模复杂系统，若是中小型系统则推荐采用层次化结构模型表示法。

层次化结构模型表示法包括决策模型、适应性模型、组合模型、单元模型四类。决策模型描述决策的目标和环境；适应性模型是对决策模型进行参数匹配，探索求解方法的结果；组合模型由单元模型组合而成；单元模型为不可分解模型。四种模型形成层次化结构，如图 10-12 所示。

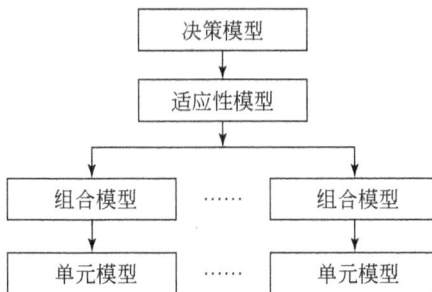

图 10-12　层次化结构模型

（3）用数据库管理系统支持模型库管理系统

关于模型库管理系统的具体实施方案的研究尚少。有的人是采用 C-dBASE Ⅲ PLUS 与 FORTRAN 语言相结合。dBASEⅢ主要实现模型库各种管理（包括模型添加、删除、修改及建立动态模型等）。用 FORTRAN 语言实现子程序模型编程，并仿造数据索引的方式将各类模型的名称、特性存放于模型字典（MB-dic）中。使用前将 FORTRAN 语言子程序编译成可执行的 EXE 文件，由 dBASE Ⅲ 直接调用。采用这种方法的主要理由是 dBASE Ⅲ

PLUS 汉化彻底、功能较强，又便于与 FORTRAN 接口，开发人员和用户都比较熟悉这两种语言。

10.3　模型库与模型库管理系统

模型库系统（安淑芝，2005）是智能决策支持系统的核心部分，它的主要任务是建立决策模型并支持其使用，通过帮助决策者解决问题、检验候选方案和增强预测能力等一系列手段来改善决策者的行为表现。模型库系统也是传统决策支持系统的三大支柱之一，是决策支持系统最有特色的部件之一。模型库系统是由模型库和模型库管理系统所组成。

10.3.1　智能决策支持系统中模型库系统的功能和表示方法

早期决策支持系统的模型库系统将模型表示为数据或子程序（陈华等，2004），并采用类似数据管理的办法管理模型。随着决策问题的日益复杂化和支持知识处理的需要，这种简单的模型库系统已不能适应新的决策需求，因而其功能也发生了很大的变化。新一代决策支持系统模型系统除了具有模型的创建、存储、检索、运行和维护这些基本的功能外，还必须支持模型集成、模型选择和知识处理，而且把模型研究的重点放在模型的知识表示和模型的操纵方法两方面。

（1）智能决策支持系统模型库系统的功能

决策支持系统涉及许多不同的参数及参数间的关系（如各种约束条件），是一种比数据更为复杂的实体，因此模型库系统与数据库系统之间存在着很大的差别。模型库系统的主要目标不仅是模型的存储、运行与维护，而且应以一种易于接受的灵活的方式向决策者提供各种各样的模型，使决策者在应用这些模型时不必考虑模型技术实现上和过程上的细节。从这个意义上讲，模型库系统起着决策问题与相应的模型间的桥梁作用。为实现这一目的，除一般的模型管理功能以外，智能决策支持系统的模型库系统还必须具有以下几个方面的功能：

1）包括一般的模型操纵方法，模型库系统应能提供一般性地、有效地适用于多种模型范畴的创建方法，支持结构化的模型构造。同时提供有效的模型选择策略，辅助决策者建立并选择恰当的模型。

2）必须具有知识表示与处理能力，能有效地提供模型建造与操纵的知识、关于领域的知识和决策者的经验，指导决策者正确地建立、使用和管理各种模型，而不仅限于简单地录入、显示与修改。

3）具有学习的能力，能够辅助决策者获取模型操纵知识，利用以往的经验修正知识、创建新模型，使系统的问题求解能力通过自身的学习过程（经验积累）不断提高，也就是具有自我演进的能力。

4）提供支持模型的抽象机制，使模型的表示与算法、数据和知识分离，将模型作为一种知识结构进行管理，简化各子系统间的接口。

5）提供模型运行结果的解释机制，能够以简明的方式向决策者解释问题求解结果。

（2）智能决策支持系统模型库管理系统的功能

智能决策支持模型库管理系统是一个软件系统（王珊，1999），它作为模型库系统的一个组成部分，支持模型的生成、存储、操纵、控制和模型的有效利用，如图 10-13 所示。模型存储包括模型表示、逻辑视图和物理存储；模型生成包括问题启发、构建风格选择、模型提出、模型有效性、模型验证；模型操纵任务包括模型选择、模型提取、模型合成、模型例化、模型求解结果分析和报告生成；模型控制功能包括模型的配置和管理、维护模型；一个有效的模型库管理系统应该为构模周期的各个阶段提供支持，提高决策者的效率。

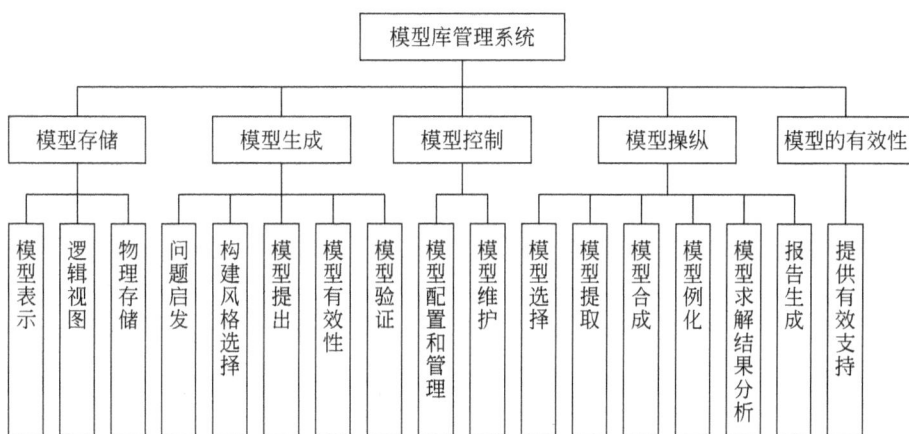

图 10-13　智能决策支持系统模型库管理系统的功能

在决策支持系统的发展过程中，许多学者致力于实现以上目标，但已有的决策支持系统大多数只强调决策过程的选择阶段，而缺少对决策过程设计阶段的支持，而且对模型的共享、重用和进化管理研究很少。为了克服以上不足，许多学者开展了对模型库管理系统的理论研究，把人工智能技术引入到模型库管理系统之中。大家普遍认为，模型管理的关键在于模型表示方法。

模型管理的第一步是模型表示，然后才能在此基础上为模型提供各种操作，如模型的生成、重构、集成、更新和模型的运行等。这里所指模型是管理科学、运筹学中出现的各种决策模型。在有关决策支持系统文献中，很多人对模型有不同的观点，主要分为四种观点：

1）把模型当做是需要管理的计算过程或可执行程序。

2）把模型当做数据，输入到一个数学规划程序中。

3）把以上两种观点结合起来，认为应从两个角度看待模型，在终端用户的角度，把模型看作是数据，从实际计算的角度则把模型当做一个过程或子程序。

4）把模型看作是由构模语言编制的语句序列。

虽然构模软件研究取得了很大成功，但是构模任务依然很繁重，难度很大，开发大规模的复合模型尤其如此。模型的使用依然需要专门领域的专家，尤其是对于需要大量输入数据或以软件包作为方法的模型。因此，开发一个高效方便的模型管理系统十分必要。比较有名的模型表示方法有以下几种：

1）模型的实体关系表示法。

2）结构化的构模表示法。

3）面向对象的模型表示法。

4）模型的数据表示法。

5）模型的框架表示法。

6）模型抽象表示法。

7）构模语言表示法。

（3）基于面向对象方法的模型管理

模型管理系统（谢榕，2000）是智能决策支持系统的核心部分，它能支持决策者构造模型、选择模型和利用模型。基于面向对象方法的模型管理，为智能决策支持系统的分析、设计和实现提供了一种统一的框架，它明显优于传统的结构化方法。用面向对象方法开发模型管理系统能对模型管理提供以下支持：

1）面向对象方法的封装机制能将模型及其对应的方法封装起来，以类的形式提供给用户，把属性及其对应的方法封装在一起，形成一个统一实体。如把整数规划模型的属性与其对应的方法（如分枝定界法、割平面法等）封装在一起，形成一个独立的模型类。目前大多的模型管理系统将本来应成为一体的模型与方法在逻辑上予以分离，形成所谓模型与方法特性的不匹配。采用面向对象方法表示模型能够克服这一缺点。由于面向对象方法的封装功能使对象之间的通讯必须通过预先定义的途径，因此某一模块的改动不会产生意想不到的后果。

2）可通过创建模型类的实例来实现模型的重用。

3）面向对象方法的继承机制能实现代码的共享。例如，若系统中已存在线性规划模型类的定义，则整数规划模型类的定义就可利用继承机制来继承线性规划模型类的属性定义，只要在此基础上定义其方法即可。这就解决了目前很多模型管理系统的模型定义出现程度不同的冗余，面向对象的继承机制克服了这一不足。

4）面向对象方法支持模型的集成，也就是说，开发一个模型不必从零开始，可充分利用现有的已证明是正确的模型。

5）面向对象方法的多态性支持模型之间的连接。这一特点对于具有向量或矩阵类型端口的连接使用对象的多态性操作尤为重要，因为这时需要处理端口维数的传递和语言的转换问题。

10.3.2　模型库概述

10.3.2.1　模型库中模型的类型和表示形式

模型库中有多种模型，如数学模型、数据处理模型、图形和图像模型、报表模型和智能模型等。模型库中模型类型的多样性是组合复杂模型解决复杂问题所需要的，也扩充了辅助决策的能力。

（1）数学模型

数学模型是辅助决策中用得最多，使用范围最广的模型。数学模型有三种表示形式：方程形式、算法形式、程序形式。

1）方程形式数学模型的方程形式建立变量之间的关系。例如，运筹学中应用最广泛的线性规划模型的方程形式是在多个约束条件方程下的目标函数的极大值或极小值。

方程形式是数学模型的一种数学结构形式。它建立了模型中变量之间的关系，反映了事物的规律性，具有高度的概括性。方程形式的直观性便于人们掌握事物的内在本质，方程形式易于理解但不方便计算，模型的简介说明一般采用方程形式。

2）算法形式模型的算法是用一系列运算步骤表示模型的数学求解过程。当人们代入实际问题的数据，经过算法步骤的运算后就可求出模型的结果。例如，线性规划模型是通过单纯形法进行求解的，整数规划是可通过戴金（Dakin）的分枝定界法或割平面法求解。模型表示的算法形式能够计算出结果，很实用，但不直观，不易于理解。

3）程序形式模型的程序表示是利用计算机语言按模型的算法步骤编制模型程序，在计算机中进行计算。利用计算机语言编制模型程序需要将人工算法转换成计算机算法。

（2）数据处理模型

数据处理模型是完成对数据库中数据的一定任务的数据处理过程。数据处理的数据量是很大的。数据处理模型完成的操作有：数据的选择、投影、旋转、排序等。数据处理模型一般采用数据库语言来编制数据处理程序。20 世纪 80 年代的 dBASE Ⅲ是数据库语言的代表，90 年代主要是结构化查询语言。

（3）图形和图像模型

图形和图像模型常用于人机交互，使决策结果更形象更直观地显示给用户，也可以认为，它属于人机交互模型。图形模型一般以向量数据形式表示或以绘图程序形式表示，图像模型是以点阵数据形式表示的。

（4）报表模型

报表是人机交互的一种输出形式，也是输出数据处理结果的主要手段。由于报表的大量使用和报表格式的种类繁多，我们把它也作为一种类型的模型。报表模型是以程序形式表示的，通过程序描述报表的格式，数据取自数据库，运行报表程序能输出各种类型的报表。报表程序一般用数据库语言编写，而一般报表工具却是用数值计算语言编写的，它存取数据库中数据时，需要解决好接口问题，因为这些语言不具有直接操作数据库的能力。

（5）智能模型

智能模型（黄梯云，2000）是以智能程序形式表示的，它处理的对象是知识库。知识不同于数据，也不同于数学模型的方程和算法。智能模型可作为一个独立系统，也可作为决策支持系统的一种特殊的模型。智能模型使用具有递归技术的人工智能语言编制程序。在人工智能语言中，LISP 语言是一种表处理语言，具有很强的递归功能；PROLOG 语言不但有很强的递归功能，还可与数值计算、数据处理相结合；C 语言是编制智能模型的趋势。

10.3.2.2　模型管理技术的发展过程

模型是对客观事物的一种抽象描述，人们通过对模型的认识来增加对复杂问题的理解和处理。人们已经认识到使用模型来辅助决策可提高决策的深度和广度。基于计算机技术使用模型辅助决策经历了如下四个阶段：

（1）模型程序

模型在计算机中实现主要是编制模型程序。模型程序是利用计算机语言来描述模型的算法过程。一般介绍模型的算法是人工算法，适合于人工进行计算。这种人工算法不能直接到计算机上运行实现，这是由于计算机的局限性造成的。必须把人工算法转换成计算机算法才能在计算机上进行计算，求出结果。

（2）模型程序包

为了减少人们重复编制模型程序，出现了专门编制的模型程序包。模型程序包是通过多级菜单选择形式将各模型程序连接起来，组成一个程序包，如运筹学软件包等。模型程序包中各模型程序相对独立，关系比较松散，不适合于多模型的组合。当模型之间关系比较紧密，各模型含有相同的功能模块时，模型程序包就不合适了，就需要建立模型库和模型库管理系统。

（3）模型库系统

模型库系统由模型库和模型库管理系统组成。模型库将大量模型按一定的结构形式组织起来，通过模型库管理系统对各个模型进行有效的管理和使用。模型库在共享资源方面与数据库相似。模型库中的模型可重复使用，即可被不同模型调用，避免了冗余。通过模型库管理系统可将多个模型组合起来构成更大的模型。这样，模型库就比模型程序包具有更强的功能。目前的主要研究方法是：采用数据库管理技术实现模型管理，应用人工智能技术实现模型管理以及这两者的结合。一般来说，模型管理采用数据库技术，直接应用数据库的管理原理，将模型抽象为数据表示，并建立模型定义语言和模型查询语言以操作模型。

（4）人工智能管理方法

人工智能中的基于产生式规则的知识表示方法，也可作为模型的表示方法，尤其对于智能模型。目前研究的主要方向是利用人工智能的知识表示技术改善模型的表示。具体的研究方法是将数据库管理技术与人工智能的知识表示方法结合起来，数据库用于存储模型而知识表示技术用于模型表示。

10.3.2.3 模型库的组织和存储

模型库的组织和存储是模型库的重要问题。模型库的组织形式与模型的表示形式有关。模型库中除智能模型外，模型都以程序或数据形式表示。程序和数据都以文件存储，而程序又分源程序和目标程序。这样，一个模型至少有两个文件。如果对模型进行文字说明，包括模型的方程形式和算法的自然语言描述，这将形成模型的说明文件。如果对模型的输入数据和输出数据进行说明，又将形成模型的数据描述文件。这样，一个模型将对应四个文件。对这些文件需要建立一个文件库。大量模型的统一组织和存储，需要建立一个字典库来索引描述对应的模型文件。这样，模型库就由字典库和模型文件库构成。

（1）模型字典库包含模型的名称、编号、模型对应的数据或程序文件、模型的功能等

1）字典库的作用。

① 字典是模型文件的索引。每个模型都有四个文件。随着模型的增多，相应的文件就更多。为了方便管理模型文件，有必要建立索引。

② 字典便于对模型的分类。随着技术的发展，模型将会越来越多，对模型分类很有必要。例如，模型按功能和用途分为：预测模型、系统结构模型、数量经济模型、优化模型、决策模型和系统综合模型等。

③ 便于查询和修改模型。由于字典是模型文件的索引，要查询模型文件，通过索引能迅速地查找到所需要的模型，同时，也方便了对模型文件的修改。对模型文件的修改主要是对模型算法、参数和有关模型说明的修改。

2）字典库的组织结构。字典库的组织结构一般有文本形式、菜单形式和数据库形式等。

① 文本形式：模型字典内容用文本形式存储。这种形式的模型字典只能起查询作用。

② 菜单形式：模型字典用多级菜单表示。菜单中的各菜单项把模型字典和模型文件联系在一起。这样，就可通过菜单形式的模型字典运行模型目标程序文件，查询模型源程序文件和模型说明文件。模型软件包就是采取这种形式。

③ 数据库形式：模型字典的内容按照关系数据模型的组织形式存放。按照模型分类就可分别建立不同的字典库，一个库存放一类模型，每个模型对应一条记录，每条记录包含模型的编号、名称、模型所对应的模型文件名等数据项，这样，字典库实质上就是数据库。模型字典的例子，如表 10-2 所示。

表 10-2 模型字典

模型名称	编号	源程序名称	目标程序名	说明文件名	数据描述文件名
LIBA 多元线性回归	A001	Linearba. pas	Linearba. exe	Linearba. hlp	Linearba. txt
SCM 生产计划平衡	A002	Multi. pas	Multi. exe	Multi. hlp	Multi. txt
AHP 层次分析模型	A003	Ahp. pas	Ahp. exe	Ahp. hlp	Ahp. txt
……	A004				

（2）模型文件的存储方式

1）作为操作系统中的一般文件存储，交由计算机操作系统管理。这种方式是最简单的。计算机操作系统以文件形式统一存储和管理数据文件和程序文件。操作系统的文件管理中，按文件的大小和存储空间的情况，安排该文件的存放位置。在文件目录中记录该文件的起始地址。在这种存储方式下，所有的模型文件的存储位置是无序的。

2）建立子目录存储模型文件。为了区分模型文件和其他文件，可利用建立子目录的方法，把模型文件都存储在子目录下。显然，还可建立下一级子目录存放所有的模型文件和建立多个下一级子目录分开存放不同的模型文件。这两种方式中，显然后者更好一些。这样，建立子目录又有两种形式：

① 按模型类型建立子目录，即每类模型建一个子目录，每类模型的所有模型文件都存放在此子目录下。在子目录下的模型文件包含源程序文件、目标程序文件、有关的说明文件和数据文件。

② 按模型文件的类别建立子目录。模型文件有四种类型：源文件、目标文件、说明文件和数据文件。这样，建立四个子目录，分别存放各种类型的模型文件，也即所有模型的源文件放在一个子目录下，所有模型的目标文件放在另一个子目录下，依次类推。

模型文件的调用也就是模型的运行。模型文件的调用与模型文件的存储方式直接有关。调用模型文件，首先要在模型字典库中按它的存储路径找到该文件，然后，再运行该文件。在操作系统下启动某程序文件，直接运行该文件名即可。在计算机各种语言中启动某文件，需要利用此语言中运行某文件的命令，如 Pascal 语言中用 Excel 命令来启动某文件运行。

10.3.3 模型库管理系统

模型库管理系统是为生成模型和管理模型提供一个用户友好环境的计算机软件系统。用户可通过模型库管理系统灵活地访问、更新、生成和运行模型。模型库管理系统是模型的适用范围拓宽的，从而使决策者能方便地使用模型。因此可以说模型库管理系统是联系决策问题、数据与模型的桥梁。

（1）模型库管理系统的结构和工作原理

模型库管理系统由模型管理系统、知识管理系统、数据交换器和解释分析系统构成，如图 10-14 所示。

1）模型管理系统是对模型进行操作维护的部件，具有生成、修改、更新、检索、调用模型的功能。

2）知识库系统部分存放有关模型的使用条件约束、模型间的关联方式、模型参数的顺序和格式说明以及模型组合构造规则等。

3）数据交换器以数据库和人机交互系统界面来处理提取模型调用操作所需数据或构建新模型，并通过人机交互作用得到的模型表达式来描述信息。

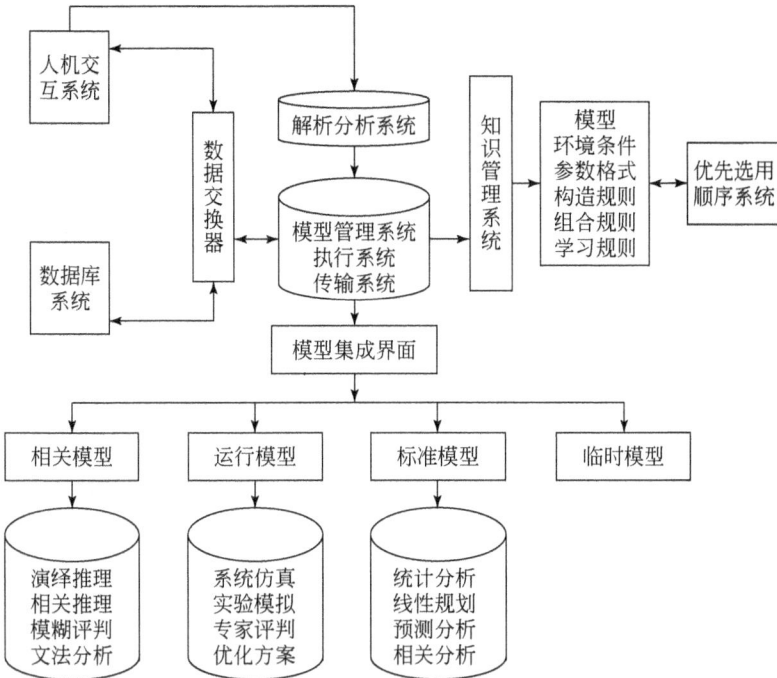

图 10-14　模型库管理系统的结构示意图

4）解释分析系统对人机交互系统所发出的对模型进行操作的命令进行语义分析，实现模型调用、修改、删除、关联组合操作等功能。

（2）模型库管理语言体系

数据库管理系统各种功能是由数据库管理系统语言体系来完成的，数据库管理系统语言包括数据库描述语言和数据库操作语言。同样，模型库管理系统的各种功能的实现也是由模型库管理系统语言体系来完成的。根据模型库的特点，模型库管理系统语言体系应包括模型管理语言（model management language，MML）、模型运行语言（model run language，MRL）和数据接口语言（data interface language，DIL）。

1）模型管理语言。模型管理语言完成模型的存储管理、查询和维护。模型库由模型字典库和模型文件库组成，因此模型的存储管理就要同时完成对字典库和文件库的管理，其中主要是字典库的管理。字典库的管理类似于数据库的管理，字典库的管理语言类似于数据库管理语言，不同点在于数据项中的内容是模型文件名。模型文件名的处理涉及文件的存取路径和文件本身的处理，例如，增加一个模型，就必须在字典库中增加一个记录，输入模型文件名，并按该字典库中文件的存取路径存入该模型文件。

2）模型运行语言。模型运行语言完成单模型的调用、运行和支持模型的组合运行。单模型的调用运行用命令来完成。模型的组合运行则要求用语言编制程序。这种语言要比一般计算机语言有更高的要求。首先，它要组合模型，就必须具有调用和运行模型的能力。其次，需要与数据库联结，进行数据库操作，就要有访问数据库的能力。组合的能力体现在程序设计的顺序、选择、循环三种结构的任意嵌套组合形式。目前，还没有一种计算机语言，既有数值计算能力，又有数据库处理能力。FORTRAN、PASCAL、C 等语言适合于数值计算，不适合数据库处理。FoxPro、SQL 等语言适合于数据库处理，不适合数值计算。根据决策支持系统的需要，必须把它们统一在一起，就需要建立模型运行语言。

3）数据接口语言。模型对数据库操作需要接口。接口功能是由数据接口语言来实现的。一般模型程序由数值计算语言来编写，不具有操作数据库的功能，只有通过模型程序和数据接口语言相连接才能达到模型操作数据库的能力。20 世纪 90 年代中期，出现了通用的数据库接口数据库访问接口标准软件，为 C 语言增加了存取不同数据库中数据的能力，也为决策支持系统的开发提供了基础。

10.4 方法库与方法库管理系统

方法库系统包括方法库和方法库管理系统。方法库存放各种模型使用的方法，它为决策支持系统的模型（黄平和张全寿，1993）求解提供算法基础和方法支持，它包含常用的数学算法和应用程序，是随着决策支持系统发展从模型库中分离出来的。方法库管理系统管理方法库中的各个方法，对方法进行查询、检索、增加、删除等，还可按不同决策者的需求选取合适的方法。建立方法库难点之一在于如何把程序和数据有机地结合起来，因此需要增强方法库系统的适应性和灵活性。

10.4.1 智能决策支持系统中方法库系统的结构

建立方法库系统结构的一个基本观点是将方法抽象为数据，利用数据库管理系统所具有的功能对方法库进行管理，如数据定义、数据存储、数据查找、并发控制、错误恢复、完全性限制等功能都是可利用的。这样做的好处是可减少开发费用，避免由于方法库管理系统与数据库管理系统之间的差异带来的接口难点。方法库系统结构是由方法库、方法库管理系统、内部数据库和用户界面等几部分组成。如图 10-15 所示。

（1）方法库

方法库由方法程序库和方法字典组成。方法程序库是存储方法模块的工具，可由各种通用性和灵活性都比较强的、可用来构成各种数学模型的方法程序组成。其中包括存储方法程序的源码库和目标码库以及存放方法本身信息的方法、字典等。方法程序库内存储的方法程序可以有：排序算法、分类算法、最小生成树算法、最短路径算法、计划评审技术、线性规划、整数规划、动态规划、各种统计算法、各种组合算法等，图 10-16 给出了方法程序库中的方法集合。方法字典用来对方法库中的程序进行登录和索引。

按方法的存储方式，方法库可分为层次结构型方法库、关系型方法库、语义网络模型结构方法库和含有人工智能技术的方法库等。

（2）方法库管理系统

方法库管理系统是方法库系统的核心部分，是方法库的控制机构，在下面章节将会详

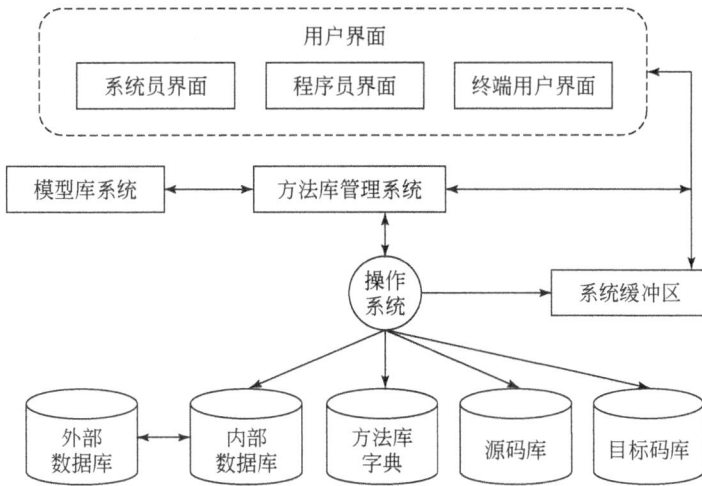

图 10-15　方法库系统的结构图

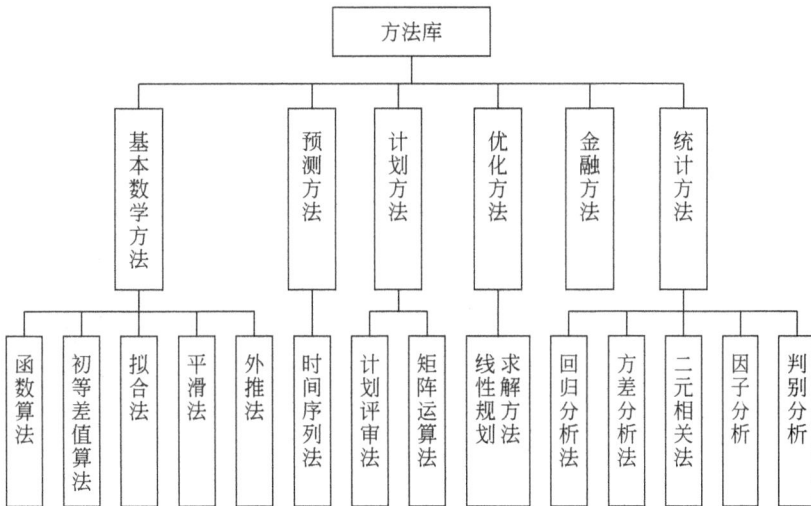

图 10-16　方法集合

细介绍。

（3）内部数据库

内部数据库是方法库系统本身的一个数据库，用于存放输入的数据和经过方法加工后的输出数据。

（4）用户界面

用户界面包括系统员界面、程序员界面和终端用户界面等。

10.4.2 方法库系统的三个层次及其对应的语言

(1) 方法库系统的三个层次

方法库系统在逻辑上可分为三个层次：

1) 基础级。基础级上提供的方法称为元方法。这一级方法构成方法库的基本集。系统管理员负责建立基础的、公用的模块，维护方法库管理系统。

2) 应用级。应用级上方法库为终端用户提供应用问题的数学模型。在早期的计算机文献中把这种形态的方法库称为模型库。

3) 匹配级。匹配级位于基础级与应用级之间，它把基本方法合成为专用方法，并使数据和加工方法衔接，它向应用程序员提供剪裁应用软件的工具，使方法库可适应不同的应用领域。

(2) 方法库系统对应语言

对应于方法库的三个用户，理想情况是配备三种方法库语言。

1) 方法库描述语言。

方法库描述语言面向方法库的系统管理员。系统管理员可使用方法库描述语言建立方法库的概念模式，决定方法的存储结构和存储方式，定义方法的完整性和有效性，建立方法和对方法的修改、删除与分类等。此外，方法库系统管理人员将方法入库之前，还要进行源代码的编辑、目标代码的生产等工作。由于各种方法可能采用不同类型的源代码（即用多种语言编写的源代码），为了允许用不同语言编写方法程序，并送入同一方法中，在设计和建立方法库时应考虑一个统一的接口，用来解决各种语言接口之间的差异，以便于方法库的扩充和方法的合成。

2) 方法库操纵语言。

方法库操纵语言是面向程序员。与数据库系统相比，由于方法库的操作对象是方法而不是数据，因而方法库的操作运算也与数据库不同。在方法库中，方法的运算主要是方法的衔接。通过衔接运算将几个方法链接起来而形成一个新的方法。在方法的链接运算中，主要问题是方法与方法之间的参数转换和参数传递。因此，必须考虑参数转换的合法性与参数传递的正确性等检查功能。链接后的方法也是一个方法，因而它应允许继续参加链接运算。方法库操纵语言可以是封闭的，也可以嵌入某一宿主语言中。利用方法库操纵语言，程序员根据需要编制程序输入到系统中，即可进行方法的查找、合成、方法的数据输入与输出、方法的执行等工作。

3) 方法库使用语言。

方法库使用语言主要是面向一般用户，如用于决策的领导干部等。这种用户界面的特点是：要求系统提供一种对话环境，用户只需输入一些非过程化的命令形式或提供一些必要的参数，方法库系统即可根据这些参数自动地调用方法和数据进行运算，向用户提供所需的数据或决策信息。

方法库使用语言应是一种自封闭语言，要求非过程化程度高，应当具有对话式和批处理两种操作方式，当用户进入方法库使用语言状态后，系统自动地提供对话环境，以菜单的形式引导用户使用方法库使用语言。方法库使用语言应当简明易懂，该语言所采用的术语应当是一般用户所容易接受的，而不应采用技术性较强的术语。

10.4.3 方法库管理系统

10.4.3.1 方法库管理系统的功能

方法库管理系统对标准方法进行维护和调用，同时可调用内部公用子程序和外部程序，其逻辑功能如图 10-17 所示。方法库管理系统的一个重要功能就是方法的执行。这要求系统提供一个实现方法库系统与操作系统之间的通信环境，以便申请资源，完成虚拟存储、动态装配、自动执行，获得系统环境的信息等。

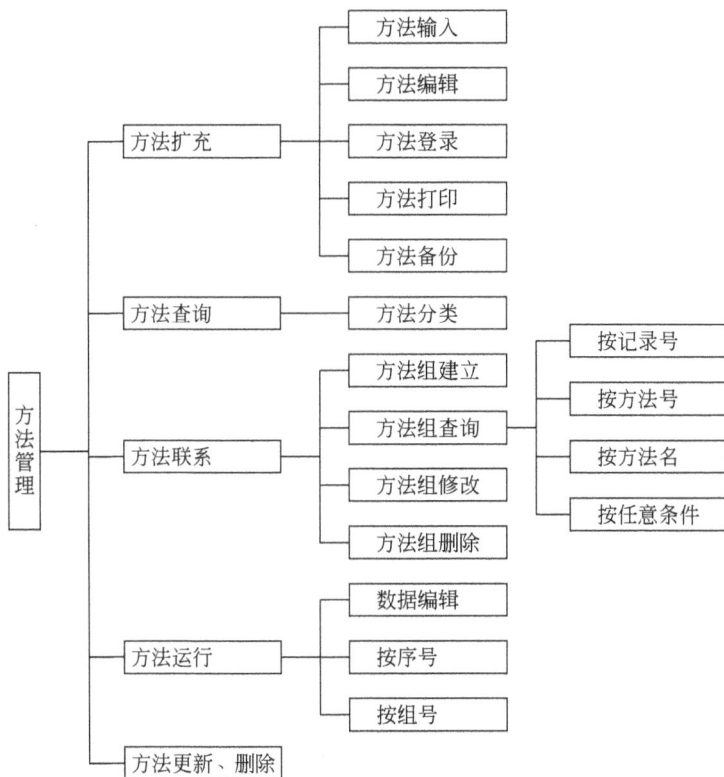

图 10-17 系统的功能

10.4.3.2 方法库管理与维护

方法库系统的管理可通过方法库管理系统来实现。为了完成方法的建立、调用更新、修改、删除、显示、检索、方法库与模型库之间的通信以及有关文件和方法库字典的管理，方法库管理系统应包括以下组成部分：

1）方法库运行控制程序包括方法库的管理程序、方法的存储程序、方法的更新程序、方法的链接程序、运行方法的程序、完整性与安全性保护程序等。

2）语言解释器用来解释各级界面语言。

3）数据处理程序主要用来控制与数据库的通信。

4）模型库接口的控制程序。

5）公用程序包括辅助学习程序、字典维护程序和方法库维护程序等。

方法管理包括：源码的编辑、目标码的生成、方法入库、修改、删除和划块分类。用系统内部语言编制的方法称为内部方法，其他语言生成的方法称为外部方法。为了使外部方法入库，需要采用统一接口加上方法体的结构。方法体与接口分离，消除各种语言子程序接口的个性，便于方法库的扩充和方法的合成。

方法库管理系统既要管理方法，也要管理数据。因此，方法库管理可通过数据管理系统的 CALL 接口，即调用接口，将数据操纵语言嵌入宿主语言（如方法库内部语言），使方法库系统与数据库系统连接。

方法库应该有良好的用户接口，不但有命令语言，还有过程型或描述型语言。用户接口语言的解释或编译，也是方法库管理系统的任务。方法库管理系统对子程序管理的核心部分是具有高性能方法生成器，它能根据用户、管理者和模型的要求，在不需要人工干预的情况下，自动生成能够解决某一问题的方法程序并执行。这一特点是方法库系统与其他程序包、软件包的本质区别。

一个方法库管理系统的核心管理与维护部分包括创建方法、调用方法、修改方法、删除方法、显示方法。

10.4.4　方法库与数据库、模型库的关系

10.4.4.1　方法库与模型库的关系

模型库和方法库都是决策支持系统的重要组成部分，一般把方法库看成由基本方法和标准算法组成。它为模型提供基本模块和程序。

一个模型对应若干个不同的方法，例如，运输问题模型有表上作业法、符号法、图上作业法三种不同的方法。尽管三者的运算效果相同，但具体求解方法是不同的，三者的程序也不相同。

多个方法组成一个模型。例如，预测模型可由相关分析方法和线性回归方法二者组成。

从以上两点来看，模型和方法是不同的。模型接近于实际决策问题，而方法接近求解算法。这样把模型库和方法库都作为决策支持系统的不同组成部分有一定的好处，可增强决策支持系统辅助决策的能力，但实际上模型和方法又是统一的。

（1）模型和方法的统一

模型和方法有不同之处，一般模型表示为数学方程，方法表示为求解算法。例如，线

性规划模型一般用方程形式的目标函数和约束条件来表示，而它的解法可看成是方法。但是，模型和方法的不同之处只是表现形式上的不同，在本质上它们代表同一个问题的两个侧面。从宏观上看，可把模型和方法统一看成是模型，特别是在计算机中，模型的方程形式不是主要的，模型的算法才是主要的，一般将模型的方程形式以文本形式作为模型的说明文件，而模型的算法编制成计算机程序，用以完成模型的计算，达到模型的求解目的。这样，就可将模型和方法统一起来，用模型的计算程序代表模型。

（2）省略方法库

方法库除有一个存放多个方法的"库"以外，还必须有一个"方法库管理系统"。该管理系统要具有对"库"进行有效管理的功能，即对库中元素进行有效的组织和存储，对库中元素进行有效的修改（增加、删除和更新），以及对库元素进行有效的查询。数据库管理系统是由数据库语言完成数据库管理系统各项的功能。像数据库管理系统一样，实现"方法库管理系统"也需建立模型库管理系统的语言体系。模型库和方法库都存在联系时，不但增加了各自库管理系统的工作而且也为两库之间的联系增加了困难，因为模型与方法间要通过两个库管理系统来联系。对于决策支持系统来说，这样做并没有什么好处，除非特殊情况需要分成两个库外，一般情况都把模型库和方法库合为一个模型库，即省略方法库，从而实现模型库和方法库的统一。

10.4.4.2　方法库与数据库的关系

方法库本身应具有一个数据库，为了区别于外部数据库可把它称为内部数据库，它用来存放输入数据和经过方法加工后的输出数据。内部数据库中的数据既可从外部数据库通过系统连接传送过来，也可由用户自己输入。通常说的数据库是指外部数据库。

方法库中存储的方法，不必包含决策中要用到的数据。使用方法时，要用到的数据可由数据库管理系统来解决，因此方法库和数据库管理系统之间就需要一个接口，由它来提供数据，这些都要依赖方法库管理系统去解决。表面上好像是直接把数据输入到方法库中，而实际上是由方法库管理系统中的数据处理程序根据方法本身的信息（在方法字典中）自动地通过转换，把数据正确地输入到要用的方法库中，方法库与数据库之间的数据传递关系如图 10-18 所示。

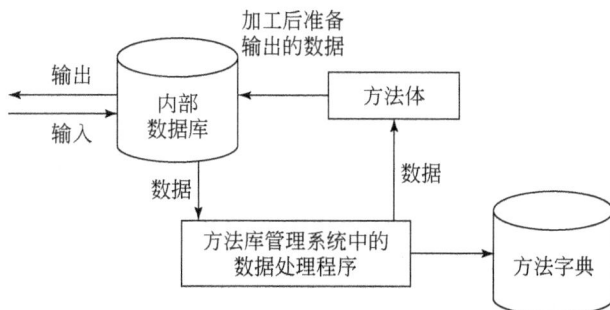

图 10-18　方法库与数据库的关系

方法库与内部数据库的联系可以具有两种形式:

1）方法库管理系统自动地调度。

2）由用户通过宿主语言进行通信。

为了正确地建立方法库与数据库之间的联系，提供方法库所必需的信息，在方法字典中存放有与方法本身有关的信息，其主要内容包括各种方法的类别、功能、使用范围、调用形式、方法的输入输出、参数形式、参数个数等。

10.5　知识库与知识库管理系统

知识库及其管理系统在决策科学中的重要作用和地位取决于知识在现代社会和信息处理中的重要作用。知识库系统是人工智能的一个重要分支，它的诞生是与高度发展的计算机技术，如大规模存储器的研制、数据库技术的日趋成熟分不开的，同时也与人工智能的其他领域，如专家系统和自然语言处理技术的发展密切相关，是一门综合性很强的学科。目前人们已在知识工程研究领域中做了大量的工作，对其理论基础进行了深入广泛的探讨，开发出许多适用于知识库系统的新方法和新技术。

10.5.1　智能决策支持系统中知识库概述

10.5.1.1　知识与知识库

在知识工程中，知识获取和理解有密切关系，必须把给出的表示变换为可利用的形式。因此，必须联系知识表示、知识利用方式，特别是联系推理功能来考察知识获取。知识获取是确定知识范围，采集和加工编辑知识的过程，它是构造知识库的基础。采集知识主要从专家那里采集与被求解问题有关的知识。专家知识包括专业知识和解答问题的方法步骤的知识。知识库是计算机科学工作者和领域专家合作的产物。计算机科学工作者必须发掘专家的经验和专业知识，从事人工智能的研究，善于用计算机可接受的符号形式来描述知识并编辑推理程序，从事这种工作的人称为知识工程师。

知识库中知识表示的形式必须具有易表示性、易推理性、可修改性和可扩充性。任何学习系统都必须使用某些知识去理解环境提供的信息，形成假设，并检验和改进这些假设。因此把学习系统看作是对原有知识库的扩充和改善更为恰当。

10.5.1.2　知识表示方法

智能决策支持系统在传统的决策支持系统体系结构基础上，增加了知识处理子系统或称为智能部件的成分，其核心正是知识库。知识表示是知识库系统中的核心问题之一。随着社会经济和科学技术的不断进步，知识领域不断丰富，知识结构复杂化，加之决策问题本身的特点，使决策支持系统的知识表示变得越来越困难。如何表示模型，如何表示关于模型建立与使用的知识以及表示问题领域的知识已成为智能决策支持系统研究中的一个十分重要的问题。知识库是决策支持系统智能化的重要体现，在智能决策支持系统中发挥着越来越重要的作用。

知识表示是知识工程的关键技术之一，主要研究用什么样的方法将解决问题所需的知识存储在计算机中，并便于计算机处理。从一般意义上讲，所谓知识表示是为描述世界所作的一组约定，是知识的符号化、形式化或模型化。从计算机科学的角度来看，知识表示是研究计算机表示知识的可行性、有效性的一般方法，是把人类知识表示成机器能处理的数据结构和系统控制结构的策略。知识表示的研究既要考虑知识的表示与存储，又要考虑知识的使用。知识表示是一个复杂的问题，目前还没有对所有问题都适用的知识表示方法。知识表示应做到以下四点：

① 充分表示：有能力表示所有与问题有关的知识。

② 充分推理：有能力导出新结构。

③ 有效推理：有能力把附加信息结合到结构中去。

④ 有效地获取知识：有能力方便地获取知识。

由此可见，知识表示是围绕着要求解的问题，以计算机为工具的一种系统的表示，表示的质量直接影响求解问题的效果和效率。

为了满足上述要求，在人工智能领域里已发展了几种知识表达方法。这些方法从表示技术的特征上大致可分成两大类：一类是说明性方法，按这种方法，大多数的知识可表示为一个稳定的事实集合。这种方法严密性强，易于模块化，具有推理的完备性，但推理的效率比较低。另一类为过程性方法，按这种表示方法，一组知识被表达成如何应用这些知识的过程，这种方法不易扩充，但推理效率比较高。两种表示方法各有利弊，对不同性质的问题应采用不同形式的表示方法。实际上大多数知识的表示方法都应用这两类方法的组合，下面介绍几种常用的知识表示方法。

（1）逻辑表示法

逻辑表示法以谓词形式来表示动作的主体、客体，是一种叙述性的知识表示方法，利用逻辑公式，人们能描述对象、性质、状况和关系。它主要用于自动定理的证明。逻辑表示法主要分为命题逻辑和谓词逻辑。逻辑表示研究的是假设与结论之间的蕴涵关系，即用逻辑方法推理的规律。由于它精确、无二义性，容易为计算机理解和操作，同时又与自然语言相似，它可看成自然语言的一种简化形式。

命题逻辑是数量逻辑的一种，数理逻辑是用形式化语言进行精确的描述，用数学的方式进行研究。最熟悉的是数学中设未知数表示。

例 10.1 用命题逻辑表示下列知识，如果 b 是偶数，那么 b^2 是偶数。

解 定义命题如下：

　　　　P：b 是偶数

　　　　Q：b^2 是偶数

则原知识表示为：P→Q

谓词逻辑相当于数学中的函数表示。

例 10.2 用谓词逻辑表示知识：自然数都是大于等于零的整数。

解 定义谓词如下：

N（x）：x 是自然数

I（x）：x 是整数

GZ（x）：x 是大于等于零的数

因此原知识表示为：$(\forall x)(N(x) \rightarrow (GZ(x) \wedge I(x)))$，$(\forall x)$ 是全称量词。

（2）产生式规则

产生式规则表示法有时候被称为 IF-THEN 表示，它表示一种条件–结果形式，是一种比较简单表示知识的方法。IF 后面部分描述规则的先决条件，而 THEN 后面描述规则的结论。产生式规则表示法主要用于描述知识和陈述各种过程知识之间的控制及其相互作用的机制。

例 10.3 IF 动物有犬齿 AND 有爪 AND 眼盯前方
THEN 该动物是食肉动物。

（3）语义网络

语义网络（semantic network）是基扬（Quillan）等在 1967 年提出的，它通过概念及其语义关系来表达知识的一种网络图。从图论的观点看，它是一个"带标识的有向图"。语义网络利用节点和带标记的边构成的有向图描述事件、概念、状况、动作和客体之间的关系。带标记的有向图能十分自然地描述客体之间的关系。目前语义网络已广泛用于基于知识的系统，在专家系统中，常与产生式规则一起共同表示知识。

例 10.4 用语义网络表"张三是一名老师"。

解 用于表示类节点与所属实例节点之间的联系，通常标识为 ISA，如图 10-19 所示。

图 10-19 语义网络表示法

（4）框架

框架是把某一特殊事件或对象的所有知识存储在一起的一种复杂的数据结构。其主体是固定的，表示某个固定的概念、对象或事件，其下层由一些槽组成，表示主体每个方面的属性。框架是一种层次的数据结构，框架下层的槽可看成是一种子框架，子框架本身还可进一步分层次为侧面。槽和侧面所具有的属性值分别称为槽值和侧面值。槽值可以是逻辑型或数字型的，具体的值可以是程序、条件、默认值或是一个子框架。相互关联的框架连接起来组成框架系统，或称框架网络。

例 10.5 用框架表示下述地震事件：据 3 月 15 日报道，14 日在云南玉溪地区发生地震，造成财产损失约 10 万元，统计部门如需详细的损失数字可电询自然灾害系统中心 62××××××，另据专家认为震级不会超过 4 级，并认为地处无人区，不会造成人员伤亡。

解 如表 10-3 所示。

表 10-3　框架表示法

Frame（框架名）：地震		
报导时间（槽名）： Value：3 月 15 日（槽值）	地震发生时间： Value：3 月 14 日	地点： Value：云南玉溪
财产损失： Value：约十万元 If needed：（侧面名） 电询 62××××××（侧面值） If needed： 核实	震级： Value：≤4 级	人员伤亡： Value：nul If needed： 电询自然灾害系统中心 If needed： 核实

（5）剧本

剧本表示法是夏克（R. C. Schank）依据他的概念依赖理论提出的一种知识表示方法。剧本与框架类似，是按照时间顺序由一组槽组成，用来表示特定领域内一些事件的发生序列。就像戏剧剧本中的事件序列一样，它是框架的一种特殊形式。

剧本一般由以下各部分组成：

① 开场条件：给出在剧本中描述的事件发生的前提条件。

② 角色：用来表示在剧本所描述的事件中可能出现的有关人物的一些槽。

③ 道具：这是用来表示在剧本所描述的事件中可能出现的有关物体的一些槽。

④ 场景：描述事件发生的真实顺序，可由多个场景组成，每个场景又可是其他的剧本。

⑤ 结果：给出在剧本所描述的事件发生以后通常所产生的结果。

下面以餐厅剧本为例说明剧本各个部分的组成。

开场条件：a. 顾客饿了，需要进餐。b. 顾客有足够的钱。

角色：顾客、服务员、厨师、老板。

道具：食品、桌子、菜单、钱。

场景：五个场景

场景 1：进入餐厅

　　a. 顾客走入餐厅

　　b. 寻找桌子

　　c. 在桌子旁坐下

场景 2：点菜

　　a. 服务员给顾客菜单

　　b. 顾客点菜

　　c. 顾客把菜单还给服务员

　　d. 顾客等待服务员送菜

场景 3：等待

    a. 服务员把顾客所点的菜告诉厨师

    b. 厨师做菜

场景 4：吃菜

    a. 厨师把做好的菜给服务员

    b. 服务员给顾客送菜

    c. 顾客吃菜

场景 5：离开

    a. 服务员拿来账单

    b. 顾客付钱给服务员

    c. 顾客离开餐厅

结果：

    a. 顾客吃了饭，不饿了

    b. 顾客花了钱

    c. 老板挣了钱

（6）面向对象的表示法

产生式规则是一种十分自然的知识表示形式，具有准确灵活的特点，但所表示的对象较为简单，无法有效地描述复杂对象；语义网络是知识的图解表示，善于表示事物间的静态关系；框架是一种复杂结构的语义网络，能有效地描述复杂事物。而面向对象的知识表示是一种理想的知识表示形式，它以抽象数据类型为基础，能方便地描述复杂对象的静态特性、动态行为和相互作用，兼有上述一般知识表示方法的优点。

面向对象的方法是 20 世纪 70 年代发展起来的软件核心技术之一，它把系统中一切概念化的研究对象都模拟成对象。面向对象的方法是以描述对象的数据结构为中心来构筑系统的。这直接对应于人类认识和记录客观事物的方式。它通过引入对象类的概念和消息传递，实现数据抽象、信息隐蔽和对象类之间的继承性。这种“类”的概念，反映人类认识事物从特殊到一般的归纳抽象，而继承性则实现从一般到特殊的演绎过程。可见，面向对象的方法符合人们的一般思维过程，因而，把面向对象的方法用于专家系统的设计是完全可行的。

从数据模型来看，一个对象可能是一个人、一个地方、一件东西、一个组织、一个概念或是用户想收集和存储的信息。可以说一个对象就是独立的一组数据和定义在上面的方法集。存在共同结构和行为的事物可组成一个类（class），一个类可有若干个对象（object），可使用对象的集合来表示知识。因此，知识可形式化地用三元组来描述：$K = (C, I, A)$。C 是类的集合，I 是实例对象的集合（instance object），A 是类和对象的属性集合。

（7）基于可扩展标记语言的表示法

在可扩展标记语言（extensible markup language，XML）中，数据对象使用元素描述，而数据对象的属性可描述为元素的属性。可扩展标记语言文档由若干个元素构成，数据间的关系通过父元素与子元素的嵌套形式体现。在基于可扩展标记语言的知识表示过程中，采用可扩展标记语言的文档类型定义（document type definitions，DTD）来定义一个知识表示方法的语法系统。通过定制可扩展标记语言应用来解释实例化的知识表示文档。在知识利用过程中，通过维护数据字典和可扩展标记语言解析程序把特定标签所标注的内容解析出来，以"标签+内容"的格式表示具体的知识内容。知识表示是构建知识库的关键，知识表示方法选取得是否合适不仅关系到知识库中知识的有效存贮，而且也直接影响系统的知识推理效率和对新知识的获取能力。

（8）神经网络的知识表示

神经网络中的知识表示方式有两种：一种是局部表示方式，这是一种直接表示法，其每个神经元表示一个概念或符号，神经元之间的连接则与概念或符号之间的关系相对应，它可根据问题的需要解释成一个概念或符号对另一个概念或符号的关联程度，或是解释成为求解问题中的推理规则等，另一种是分布式表示方式，信息、概念或符号通过多个神经网络的某些动作或动态模式来表达，也就是说，一个概念或符号通过多个神经元来表达，而不是单个神经元来表达。

10.5.2 智能决策支持系统中的知识库

（1）知识库的特点

智能决策支持系统要吸取专家系统的特点，这就是说它有自己的知识库，关于它的知识表达和存放方式以及推理策略都可以借鉴一般专家系统的研究成果。但是，智能决策支持系统与专家系统在功能、知识库的内容和推理策略方面都存在很大的差别，因此就构成了智能决策支持系统知识库的特点。

1）智能决策支持系统不仅具有定性的知识推理能力，而且具有定量的计算功能，并能将两种功能有机地结合起来。显然，它的功能比一般专家系统强。

2）专家系统的知识结构通常比较单一，限定于用规则或因果关系等形式表示某方面的专业知识，如某种矿藏的地质勘探经验、某些设备的故障诊断方法等。而智能决策支持系统的知识则更为广泛，例如增加了与知识库相应的"特定决策知识"，与模型库和方法库相应的模型和方法知识，以及取自数据库的数据模式中所需的知识，这是由管理和决策的要求所决定的。因此，智能决策支持系统的知识抽取和表达更为困难和烦琐。

3）智能决策支持系统推理机制不仅具有对不同结构特点的知识推理，而且要与定量计算结构综合起来以加强辅助决策的有效性，这就使得它的推理比一般专家系统更加复杂。

4）在计算机的语言实现方面也有很大的不同。专家系统一般采用人工智能程序设计语言；然而这些语言在数学计算方面效率很低，不能满足复杂计算问题的求解要求。目前利用现有的面向计算的编程语言完成智能决策支持系统的软件，则系统的透明性和灵活性又不能令人满意。比较理想的方法是以智能语言作为外壳，辅以其他多种语言组成智能决策支持系统的软件，当然，这在软件实现上要做许多工作。自然语言和各种专用工具语言的研究将使智能决策支持系统的开发研究具有更广泛的发展前景。

智能决策支持系统知识库所涉及的知识广泛，既有知识库特定知识，又有建模知识和求解方法技术。这些知识是系统开发人员不熟悉且不可能在短期内学到手的，特别是那些领域专家长期积累起来的经验性知识，另一方面，知识库的实现又需要大量的计算机专业知识，特别是人工智能知识工程方面的知识。无论让设计人员在短期内成为领域专家，或是让领域专家在短期内成为设计人员都是不可能的，这就决定了知识库的建立过程必须是系统设计人员与有关领域的多方面专家密切合作，共同努力的过程，这是智能决策支持系统知识库的研制特点。

定性推理与定量计算的有机结合是智能决策支持系统开发研制的另一个重要特点，要求将人工智能技术与其他技术（如建模、优化和仿真技术）相结合，知识库的实现要充分考虑这一特点，使知识的表达、推理机的策略要便于这种结合的实现。

知识库中的知识是专门知识，它们大多是领域专家长期积累起来的经验性知识。这些知识在专家头脑中没有很好地组织起来，因此要在短期内将这些知识全部整理出来通常是比较困难的，而需要花费很大的精力和较长时间来整理知识和构造知识库。

由于建立在经验基础上的专门知识缺乏严谨的理论依据，这些知识往往是领域专家根据某些重复出现的因果联系或凭借某些直觉而获得的，因此领域专家在描述这些知识时很难做到准确无误，也因此，建造知识库的过程通常是一个反复测试、扩充及修改的过程。

建立智能决策支持系统知识库最大困难的在于目前知识工程的发展不完善，没有严格定义好的可供系统开发人员所遵循的规范。设计人员必须依靠经验来开发知识库系统，往往不能用最接近于专家知识的自然方式来表示和利用专家的知识，这对构造和调试系统来说都是极不方便的。

（2）知识库系统的设计原则

开发和改进知识库系统的三个基本要素是设计人员、领域专家以及大量的实例和问题。此外，开发知识库系统时要遵循以下基本原则：

1）保持知识库系统在智能决策支持系统内部的相对独立性，这是目前智能决策支持系统的基本结构。这样便于知识库系统内部管理，为知识库的不断扩充与修改提供保证。

2）知识库与推理机应该分开。这样解释功能和知识获取功能才能实现。

3）在一个知识库中尽量使用一种知识表示方法，从而使系统中的知识易于处理、解释和管理，这将使知识库的实现工作相对简单。一般情况下，可建立多个子知识库。因为智能决策支持系统中的知识来源较广，有的来自不同领域，有的来自不同的专家，或者执行不同的功能，不同来源的知识结构和表示往往有很大的差别，因此应该采用多个子知识库。

4）推理机应尽量简单，以便减少解释和知识获取的工作量。

5）利用知识冗余。知识的冗余是指获取和利用各具不同优点的多来源知识解决问题。知识的冗余是一种弥补知识不完整和不精确的有效方法。在智能决策支持系统中，这种不完整和不精确的知识比较多，因而利用冗余显得很有必要。

6）知识库的开发应与智能决策支持系统整个系统的开发相协调。因为知识库仅是智能决策支持系统的一部分，是实现智能决策支持系统的高级阶段，智能决策支持系统的很多功能并不是由单一的知识库所能实现的，另外，为了测试、扩充和修改知识库，必须以相应的较成熟的决策支持系统为基础。

10.5.3 知识库管理系统

知识库的管理与维护也可从数据库的情形得到启示。既然要把知识库从知识处理系统中独立出来，就必须给知识处理机构提供一套较完善的存取服务机构和一致性、完整性保证措施等。一般而言，一个较好的知识库管理系统至少应该包含下列功能：知识库的建立与撤销、知识的插入与删除、知识的修改、知识的检索、知识一致性保证措施、知识完整性检查措施、提供知识字典的功能、知识库分块交换功能、知识库的安全保密功能、知识库的重组等。知识工程师可根据具体情况与特定领域知识的特殊要求增加或删除一些功能，使产生的系统更加符合实际需要。

（1）知识库管理系统语言

作为知识处理的一个重要的支撑软件，往往把上述功能组织成一个知识库管理系统来实现。与数据库管理系统类似，除了一些独立的检查和维护功能以外，上述功能将分别由"知识库描述语言"和"知识库操作语言"两种语言来实现。其中，知识库描述语言用来描述知识的表示模式、知识库的结构、完整性约束、用户知识视图以及知识字典的结构和内容等。知识库操作语言指明可对知识库施行的各种操作，包括建立、撤销、插入、删除、修改、检察、搜索、推理、输出和重组等。它既可供用户交互地作为操作命令使用，也可供主语言的程序来调用，从而提供了可与知识处理语言结合起来使用以实现各种知识处理系统的可能。

（2）知识库的接口

知识库的接口是知识库与用户实现交互的设施，其设计得好坏对系统的可用性有很大的影响。决策支持系统的知识库接口可认为是一种命令语言。它既可被交互地使用，也能构成命令文件来成批执行。从功能上讲知识库接口中的命令可包括下列各类，如表 10-4所示。

表 10-4 知识库接口中的命令

各类命令	功能描述
提问类命令	可给专家系统提各种问题，以求得到专家系统的回答。若问题无解或问题不合理等，系统也应给出相应的应答信息
知识库维护类命令	包括对知识库内容的插入、删除和修改等命令
知识检索类命令	能对知识库中内容按各种方式进行检索和抽取。并把检索结果显示出来，以便知识工程师了解内部情况，进而做出各种决定；或者提供给其他知识处理程序作进一步加工

各类命令	功能描述
请求解释类命令	对专家系统给出的结论用户可提"为什么"、"怎么样"等问题，请求专家系统给予解释。这对判断专家系统的推理或执行是否合理和正确很有帮助。此外还可用此类命令来调试知识库内各种知识的一致性
知识获取类命令	为知识获取模块设计的用户接口。一般它是为知识工程师或领域专家提供较容易地获取知识的工具
控制类命令	如要求可形成命令文件来成批执行命令，则还需要设置适当的控制流程的命令，例如条件转移、无条件转移和循环等

10.6 人机对话管理系统

10.6.1 人机对话管理系统概述

10.6.1.1 人机对话管理的重要性

人机对话管理是构成决策支持系统的三个主要技术组成部分之一。决策支持系统的使用方式中必须包括用户与决策支持系统直接的对话，如果决策支持系统中对话管理的功能不强，即使决策支持系统的其他功能再强，用户也没法接受使用。因此，一个设计良好的人机对话部件及其管理是决策支持系统系统成功的必要保证。决策支持系统中人机对话管理子系统的重要性体现在：

1）对话部分的编码量占决策支持系统总编码量的绝大部分，而且是最经常被修改的地方。

2）已知通信是有效决策的重要部分，决策支持系统的对话部分是用户与决策支持系统系统通信的工具。决策支持系统对话部分的组成为决策支持系统用户提供接口的软件和硬件，对话部分应包括：①产生输出"表达方式"。②使调用和供给"操作"参数的用户输入操作可行。③使调用和提供"记忆辅助"参数的用户输出操作可行。④提供"控制机构"使用户能将输入和输出结合到人机对话过程中。

以分析投资公司的决策为例说明决策支持系统的系统分析方法（representation，operations，memory aids，control mechanisms，ROMC）要求，如表10-5所示。

表10-5　系统分析方法分析投资公司的决策

表示方法	操作	记忆辅助	控制辅助
文件列表	图形操作	表示方法程序库	用菜单显示操作
图表	股票清单操作	文件数据库	为系统作出决策提供训练指导帮助
研究报告	研究报告操作	股票数据库	
模拟输出	模拟操作	研究数据库	
过程构成语言的语法	构造过程操作		

10.6.1.2 人机对话管理系统的功能

对话的过程可视化是系统显示与用户动作的一个交互的综合过程。以"对话系统就是系统"的角度看,对话管理系统的功能表现在以下几方面:

1)用户能看到什么。这是指系统具有哪些输出表达方式。显然能让用户看到的输出信息方式越丰富形象、直观、易于理解,就越容易满足用户的不同需求。这是系统输出的可理解性的表征。

2)用户能使用什么。这是指系统提供给用户调用各种输出表达方式的控制机构。同样,让用户使用的控制机构越多,用户就可随时选择他觉得比较方便的方式使用系统,用户也就越乐于使用。这是系统的可操作性表征。

3)用户应知道些什么。这是指用户在使用系统解决他面临的决策问题时,应具备有关问题领域的知识以外的知识,当然,就用户讲,需要他们掌握的额外知识越少越好。这是系统易用性的表征。

10.6.1.3 人机对话系统的设计目标

人机对话部分是决策支持系统中用户和计算机的接口,起着在操作者、模型库、数据库与方法库之间传递(包括转换)命令与数据的重要作用。在实际工作中,因为系统经常是由那些从系统输出中得到益处,且又对系统内部了解甚少的人直接使用,所以以用户接口设计的好坏对系统的成败有举足轻重的意义。如果系统需要使用决策支持系统的人懂得很多的计算机技术,或者花费大量时间去编程序,那么这种系统实际上将无人使用,更谈不上发挥作用。即使对决策支持系统的维护人员来说,如果数据库模式的任何一点变动都要自己动手一点一点去做,工作也是十分繁重的。因此,对使用人员来说,需要有一个良好的对话接口,对维护人员需要有一个方便的软件工作环境。可以说,人机对话系统是决策支持系统的一个窗口。它的好坏标志着该系统的水平。

现从系统使用角度、系统维护角度、系统建立修改角度三个方面说明人机对话系统的设计目标,如表10-6所示。

表10-6 人机对话系统的设计目标

不同角度	设计目标
系统使用角度	使用户了解系统中现有的模型情况,包括数量、功能、运行要求 使用户了解系统中现有数据的情况,包括模式、完整程度、数值和某些统计情况 使用户了解系统中现有的加工方法的情况,包括类型、应用条件等 通过运行模型使用户取得某种分析结果或预测结果 通过"如果…则…"(what…if…)方式的提问,得到按系统中现有的模型得出的参考意见 在决策过程结束之后,能把反馈结果送入系统,对现有模型提出评价和修改意见 需要时,可按使用者要求的方式,很方便地输出图形和表格

续表

不同角度	设计目标
系统维护角度	报告模型的使用情况（次数、结果、使用者的评价和改进要求）；利用统计分析工具，分析偏差规律和趋势，为找出症结提供参考；临时性地、局部性地修改模型、运行模型，并将结果与实际情况对比，以助于发现问题；在模型与方法之间，安排不同的使用方式与组合方式，进行比较
系统建立修改角度	能通过对话方式接受系统修改的要求；检查有关修改的要求，提醒维护人员纠正不一致的问题；补充遗漏细节，对可能出现的问题提出警告；根据要求，自动迅速地修改系统，包括：在模型库中登记新模型、建立各种必要的联系，修改数据库

10.6.2 人机对话方式的类型

人机对话方式主要有以下几种类型：

（1）问答式对话

在采用一次一行显示终端的情况下，最普遍采用的对话方式是问答式（Q/A）对话。在采用这种对话方式时，决策支持系统向用户提出一个问题，该问题可能有多种合适的答案，用户回答该提问，直至决策支持系统给出支持决策所需要的答案。

问答式对话可采用自然语言，也可是在前面问题答案的基础上对下一个问题作出决定。如果决策支持系统不能"解释"一个答复，或需要附加的信息，则系统可能会对问题提出进一步的澄清提问，如"跳跃提问"或"由第几个问题开始"。

问题式这种对话方式对于没有经验或不常使用计算机的用户比较适合，而对于那些熟练使用的用户则不适宜。因此，要兼顾这两类用户使用这种方式，问答式对话可提供不止一种使用模式，或提供预测的答案。这种对话方式的重大缺点是如果在对话过程中，用户要对前面提问做过的回答进行更改是很难办到的。

（2）命令语言式对话

命令语言对话是用户驱动的对话，由用户发起和控制对话，用户按照命令语言语法输入命令，然后系统解释命令语言、完成命令语言规定的功能并显示运行结果。命令语言界面快速、高效、精确、简明、灵活，且不占用显示时间和屏幕空间，使屏幕显示紧凑高效。这种交互方式功能强，可完成复杂功能的操作，还易于扩展命令集。如果一个系统具有让大量用户访问的功能，而且这些功能又具有不同的组合方式，使用命令语言是最理想的。但命令语言界面适用于熟练型或专家型用户，而不适用于生疏型用户。

（3）菜单式对话

菜单交互方式是使用较早、最广泛的人机交互方式，其特点是让用户在一组多个可能对象中进行选择，各种可能的选择项以菜单项的形式显示在屏幕上。菜单的优点是易学易用，它是由系统驱动的，能大大减轻用户的记忆量，用户可借助菜单界面搜索软件的功能与操作方法，很快掌握新系统。在菜单界面中，用户选择菜单的输入量少，不易出错，而且菜单的实现也较容易。

菜单的缺点首先是交互活动受限制，即只能完成预定的交互功能。其次在大系统中使用速度慢，有时为完成一个简单的功能它必须经过几级菜单的选择。再次，因受屏幕显示空间的限制，每幅菜单显示的菜单项数受限制。最后，显示菜单需要空间和显示时间，会增加系统的开销。

菜单的使用对象是要熟悉系统的功能又缺少计算机经验的用户，对于熟练型或专家型用户如系统响应快也可使用，但不如命令语言灵活和高效。

（4）输入表格/输出表格式对话

这种对话方式提供输入表格用以送入用户的命令和数据，而提供输出表格则是用于决策支持系统作出响应。在查看了输出表格后，用户可填入另一个输入表以继续对话。如果由系统决定下一个是什么输入表格，那么，这种方式就类似于提问—回答方式，输入表格相应于一组提问，而输出表格对应于一组回答。

（5）按输出内容输入式对话

输入表格/输出表格式对话的一种扩展是将输入与输出表格结合起来。用这种方式，决策支持系统给出一个输出（例如一个表、图、或者一个单子），用户再考虑向这个输出中填入输入或者选择输入。例如，给出取样数据或标准数据的一个骨架式的报告可用作一个输入表格，用户在此报告中填入新的数据名称或选择准则，以作为随后对决策支持系统的输入。这种类型对话更为高级的形式是与命令菜单结合起来，采用命令产生和修改输出表格。这种修改输出/输入前后关系的对话方式能提供高功能的用户接口以支持复杂的决策。不过，采用这种对话方式的系统可能需要对用户进行几个小时的训练。

一个专用的决策支持系统对话部分可能由几个对话方式组合而成。例如，提问/回答对话方式是用于决策支持系统的"帮助"（Help）或"指导"（Tutorial）特征中，与命令式对话方式或者菜单式对话方式一起用作常用的对话。在这样的决策支持系统中，HELP命令将调用问答式对话以协助用户完成任务。用户从菜单中选择完成同一个任务的命令可能有多个可供选择的回答。因此，问答式对话可帮助训练使用者。另一个可能的对话方式组合是在命令语言对话中使用菜单作为命令选择，或者在输出/输入前后关系的对话中利用菜单作为输入。

（6）权衡比较

如何选择对话方式应作出权衡比较。这种比较影响向着决策支持系统成功的可用性和它的价格。减少硬件或开发费用经常是作权衡时的主要考虑因素。因此需要有较好的度量办法以便将开发或硬件费用与可用性的价值做比较。例如训练时间、错误的数目、潜在的用户数目、完成给定的任务的时间都是这类度量方法的例子。

构造一个权衡的列表可帮助评价不同方案。对每一个决策支持系统系统，可构造一个衡量包括对于用户、应用和决策支持系统使用环境等特定要素的清单。不过，此列表必然是不完全的，比较也是定性的，只能给出些启示和指导性考虑，最根本的还是要根据实际情况做出恰当的选择和确定。设计一个决策支持系统对话系统，应将以上几种方式的组合作为目标。理想的是：总控部分用菜单；某一功能用问答式；而另一功能则可用命令式。系统最好提供两种方式。当用户刚开始接触系统，对系统还不够熟悉时，采用菜单式，成为熟练用户以后，即可使用命令语言。

10.6.3 人机对话管理系统的形成

10.6.3.1 对话系统结构

对话系统的处理过程主要指用户用行动语言与计算机交互，并由对话管理系统处理。对话接口部件包括自然语言处理器，或者可通过图形用户接口使用标准的对象（如下拉菜单和按钮）。系统运行产生的结果，由显示语言显示给用户，或由打印机等外部设备输出。人机对话系统的结构如图 10-20 所示。

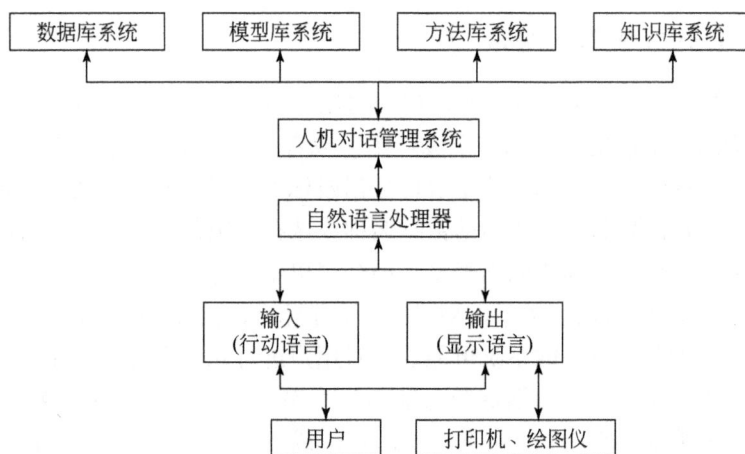

图 10-20　人机对话管理系统的结构

对话系统把用户与数据库、模型库、知识库和方法库等联系在一起。在决策过程中，决策者要对各库进行操作和控制。根据决策支持的基本概念，人机交互式是非常重要的工作。一方面人向系统提供信息和提出任务要求，另一方面系统向人提供解答方案和各种辅助决策的信息，也可能向人索取为完成任务所需要的补充信息。

早期的决策支持系统一般利用命令语言和对话管理系统构造人机界面，这是一种简单的形式。理想的人机界面最好用自然语言来沟通人机的联系，20 世纪 70 年代以后出现了决策支持系统利用语言系统和问题处理系统来实现人机交互的功能。随着计算机技术的不断发展及其应用领域的拓展，人机界面的以上特点远远不能满足决策支持系统对决策支持的要求，新的人机界面应满足下列要求：

1）通过人机交互要能够使决策者进一步理解问题的决策过程，由于决策问题的复杂性，开始时决策者往往不能全面深入地了解问题的每一个侧面。因此，决策支持系统决策支持的出发点，应该是在人机界面的支持下，通过试探性的和启发性的问题求解方法，帮助决策者逐步加深和调整对问题结构的认识，决策支持系统应该能够通过人机交互向决策者展示问题的各个侧面，使决策者对问题的认识逐渐深入化、具体化、清晰化，交互作用应该是一个启发用户思维的过程。

2）交互要给决策者一种"身临其境"的感受，要使决策者感觉到自己在操作计算机，而且借助于计算机系统提供的一些信息进行决策，而绝不是计算机代替决策者作出决策。决策所需要考虑的因素多种多样，任何一个决策者在不了解决策过程的情况下都不能随意地作出决策。决策者一方面不会盲目承担决策带来的风险，另一方面也不能失去决策参与感和主角感。否则即使是一个好的建议决策者也不会接受。

3）交互要能提供决策支持系统适应新的决策问题和环境的手段，通过人机交互，决策者应能构造新的决策问题，增加新的模型和与模型有关的概念、数据和知识，以适应新的环境变化的要求。决策支持系统应能根据用户操作过的记录，适当调整自己的界面系统。

4）交互应为决策者提供控制的权力，使决策者能根据个人的风格、偏好、随机因素等作出决策。

5）人机界面要十分友好。决策支持系统面对的用户是管理人员，而不是计算机专业人员，用户接口不友好，管理人员面对计算机不知道如何操作，将会影响做决策的效率和决策问题的质量。

人机界面应完成的任务一般包括以下六个方面：

1）提供决策支持系统的控制机构，允许决策者控制决策支持系统的运行、控制数据库和模型库的工作。

2）向决策者提供多种形式的交互形式，供决策者方便地使用。

3）产生输入输出，决策者应能正确地输入数据和有关参数，系统应能正确地输出系统运行的结果给决策者。

4）具有反馈、帮助和提示功能。

5）适应性，随着环境和需求的变化，界面应能容易扩充和完整。

6）保密，决策问题是个高层次的管理问题，某一项决策的制定将对单位、行业乃至国家产生较大的影响，决策支持系统的人机界面必须提供保密机构，只有经过核定的用户才能使用决策支持系统系统。

人机界面除了完成上述任务外，还应具备以下六个功能：

1）在规定的问题领域内理解用户的要求，提示用户输入必要的资料和数据，给用户提供方便的输入方式。

2）协调系统各组成单元的通信与运行。

3）向用户提供系统的运行状态，引导决策过程，并根据用户的要求调用系统的方法库选择合适的模型，启动模型库管理系统和数据库管理系统，组合生成所需的模型及其参数。

4）给用户提供一个交互对话的环境，使用户能充分了解系统的运行情况、运算结果和推理结论。同时，用户在决策过程中能够干预系统运行，改变系统的运行方向。

5）给用户提供某些必要的提示，启发用户顺利地利用系统为决策者服务，而当系统内部具有的功能和知识不能有效地支持用户时，它能与用户讨论新的求解途径。

6）用户需要时，可按用户要求产生直观明确的输出表达形式。

10.6.3.2　问题处理系统

把自然语言引入决策支持系统后，人机界面的形式发生了很大的变化，这主要是自然语言与计算机语言之间存在很大的差距。为了缩小这个差距，就产生了语言子系统和问题处理子系统，人们用它们来缩小这个差距，这样的决策支持系统就被称为智能决策支持系统，也成为基于知识的决策支持系统，记为 KB-DSS。

语言子系统主要是把自然语言转化为计算机能够理解的形式，并把机器对问题的解答或系统内部的其他信息转化成自然语言的形式输出给用户。由于自然语言的处理是一个非常复杂的过程，有学者曾提出，可以把语言的存储机制和知识表示框架结合在一起，因此语言子系统和知识系统在物理上的界限是很难划分的。大量研究表明这种设想是合理的，也是可行的。

一般地说，自然语言的处理包括四个步骤：查字典、语法分析、语义理解、语用分析。前两个步骤由语言子系统的完成，后两个步骤由问题处理子系统完成。如图 10-21 所示。

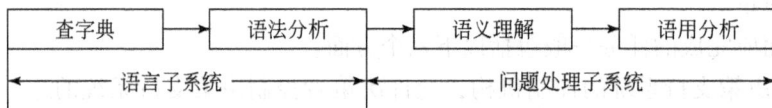

图 10-21　自然语言的处理过程

问题处理子系统的主要的任务不是语言理解，而是识别、分析和求解问题。当用户采用陈述的方法提出问题时，语言的理解和问题识别往往是联系在一起的，很难把它们划分成两个阶段。语义的分析是问题理解和识别的关键步骤，通过这些步骤，语言从表面结构转化为深层结构，问题处理子系统在此基础上再用深层结构对问题分析和求解。

一般情况下，在物理上也很难划分问题处理子系统和决策支持系统人机界面的边界。从人工智能的角度就不难理解了。例如，一个人遇到一个决策问题时，在概念上，可把这个问题的解决划分为若干环节或工作模块，但要对他的大脑进行分区，并说明哪一个区干什么工作，恐怕就不容易了。当对决策支持系统作比较深入的研究，大量采用智能技术时，这种现象会越来越多，因此，KB-DSS 的一个显著特点就是：在概念上可构造许多部件，但在物理上却无法确定它们的边界。

问题处理子系统在形式上说明决策支持系统的行为规范模式，一个问题处理子系统必须有明确的识别问题的能力，把问题的陈述转化为相应可执行的操作方案。它能够对问题做出比较透彻的分析，确定什么时候问题陈述已变成详细的过程说明，什么时候执行哪个模块或程序，什么时候得到问题的解答。对于最小二乘法这样只要求"调用过程"的问题陈述，问题处理子系统处理起来就很容易，但是对于非过程化的问题，就要求问题处理子系统有比较强的处理能力。如果能够通过语言子系统直接辨识或选择模型，那就不需要问题处理子系统作建模分析。如果要让问题处理子系统选择或者生成模型，那对它的问题识别能力的要求是非常高的。

除了语言的理解和识别问题，问题分析能力也是问题处理子系统应具有的主要功能。这是一个在模型、知识、数据和用户之间反复交互的过程，最简单的情况是只在模型和数据之间交互，目前已有大量的计算机程序和软件能完成这样的工作。比较复杂的情况是要把定性分析加入到定量计算中去。最困难的分析过程是在模型、知识、数据和用户四者之间的交互，应该引入比较多的人工智能技术才能把用户和系统紧密地结合在一起。

人机交互是决策支持系统实现计算机支持用户决策的重要工具。由于人的思维和表达问题的方式与计算机的工作方式存在巨大的不同，常常使交互难以进行。通常认为，问题处理子系统是跨越这种障碍的桥梁，而自然语言理解与问题处理系统则是这个桥梁的重要支柱，下面介绍有关方面的内容。

10.6.3.3 自然语言理解

自然语言理解系统主要包括问答系统、声音理解系统、手书文字识别系统和机器翻译系统等。它是人工智能研究的一个重要领域，因此也有人认为，决策支持系统加上自然语言理解就是智能决策支持系统。

自然语言理解的有关研究与通用计算机同时问世。最初的尝试是机器翻译，当时由于计算机的容量、运行速度的限制以及对自然语言与计算机系统相互关系的认识不够，试验效果并不理想，随后，人们将兴趣转移到了问题回答系统，目前还出现了一些声音识别系统，但是最活跃的仍是机器翻译系统。

无论是上述哪一种系统，它们最主要的特点是：对输入的自然语言语句的"理解"，即用计算机所具备的表达方式来表达所要理解的自然语言所表达的含义。因此，自然语言理解系统要解决的根本问题就是这两种表达方式的转换途径。

目前有关自然语言理解的方法有很多，有些已形成比较成熟的模型。如：以维诺格拉德和伍兹为代表的语法分析模型、以奎廉和西蒙斯为代表的语义网络模型；以欺坎坷为代表的概念从属模型等。这些模型的建立多数以英语为对象。

美国、日本、中国自然语言处理系统研究概况为：

1）美国：最为活跃。自然语言处理系统已在美国投放市场，正在进入实用阶段（范围比较小，词汇量在 10^2 量级）。

2）日本：在这方面的研究水平也较高，目前正向实用化方向转化。

3）中国：20 世纪 50 年代末由中国科学院计算所等单位合作研制俄汉翻译系统；20世纪 70 年代开始，陆续进行了几种翻译系统研究，自然语言用于其他系统人机接口的研究也在进行。清华大学计算机系研制的汉语汽车调度系统的人机接口已取得较好的试验效果。

文字形式语言的特征包括语法、语义和语用三方面，这三方面也是进行自然语言理解研究的重点。从不同的侧重点入手，则会产生不同的处理方法，当前有关自然语言处理的方法主要有以下三类：

(1) 语法分析

最初借助计算机对自然语言进行分析研究时，并没有充分明确地使用现有的句法理论。早期机器翻译的设计者所用的分析程序是组织程序、嵌套结构扫描、标记子程序等的集合，后来才演变成语法，用以处理复杂的句子，结果像所有这种方法设计的其他程序一样遇到了同样的困难，它们变得复杂而且相互作用更难于理解。最初的机器翻译尝试失败后，人们认识到：在没有一种较好的语言理论背景和没有对语法的数理特性较好了解的情况下，试图理解自然语言，失败是不可避免的。

一般地说，用于自然语言理解的计算机程序采用的是两种不同的方法：①完全忽略传统句法，只使用某种更一般的模式匹配，以便从句子中得出信息。②采用一种被简化的英语子集，通过一种已被精确了解的语法形式（如各种上下文无关语法）去处理语言。

作为代表性的句法分析方法，有直接成分分析法、从属关系分析法、线性分析法等。其中以久野暲的预示分析法最为突出，该分析法属于自顶向下（顺序）分析法，该方法理论化的结果就是 Greibaik 的标准语法形式。然而上下文无关分析程序所面临的问题是不能处理自然语言的充分复杂性。在此基础上，乔姆斯基（Chomsky）提出了一种转换-生成语法，此语法将每个句子的结构分为深层和表层两部分。深层结构表示的意义是不能直接感知的，而表层结构则是前者经过转换生成的句子，这也就是语义和语义表达形式之间的关系。该语法看起来很接近语言结构的本质，但在使用总"转换"很难进行，且常出现歧义现象，因而该方法不实用。

20 世纪 60 年代末出现了转换网络（augmented transition network，ATN）文法。在该方法中，分析程序被看作是转移网络，与自动机理论中用于正则文法的有限状态识别机类似。最初的扩展是在允许网络对其他网络（或对它们自己）进行递归的访问方面，递归网络有一种上下文无关文法的能力，并且网络和其等效文法间的对应是相当简单而直接的，可通过任何机器来处理任何类型的文法。该方法的优点是其操作似乎更接近人在理解自然语言时所采用的操作，因而给出了一种对语法自然而可理解的表达方式，这种转换网络文法的研究方法是现在最广泛使用的重要句子分析模型，其缺点是涉及语义问题时仍非常脆弱。

(2) 语义结构

语言学家卡茨（Katz）和福多尔（Fodor）于 1963 年在《一种语义理论结构》一文中详细说明了语义和句法的差别，特别是提供了一种机理，即一个句子的语义可根据其语义特征来分析。

语言学家菲尔墨（Fillmore）于 1968 年提出了格语法（case grammar），对于包含在语言的机械分析中的那些方面被证明是特别有价值的。因为在分析中句子可以标准化，并且在这种分析中语义同句法相联系。格语法是语法体系深层结构中的语义的概念。格语法认为在句子的深层结构中，每个名词组都与动词有特定的"格"关系-语法、语义关系；这种格不同于传统语法中的用名词词尾的变化表现的"主格"、"宾格"等概念，而是存在于深层结构中的一种语法、语义关系；这种格和表层结构中的"格"或主语、宾语等语法功能也没有对应关系。

菲尔墨、卡茨和福多尔的工作说明了两个重要问题：第一是不同句子结构间在语义上的相似性。第二是句子的生成可通过使用限定关系词（格结构 case frames）来约束含义较深的句子。

1969 年西蒙斯（Simmons）基于上述观点建立了一个程序，克服了在此之前系统中的某些固有缺陷，并提出了著名的语义网络理论，同时对语义网络与一阶谓词演算的关系也进行了研究。

Scank 在进行句子机器分析研究时，将注意力集中于深层平面的语义表达，创立了概念从属理论（conceptual dependency theory）。引进格的概念，用客观而简明的图示方法描述复杂的表达：表达一个句子的语义并通过该句子做推理，所做的主要工作是在概念记忆性质上的，概念记忆包括一种更广的参照结构，并试图扩展到句子或段落。

对于语义结构的研究，显然比单纯的语法分析更接近语言现象的本质，是一个很大的进步。

（3）语用学

语用学因素与知识、上下文和推理等因素有关。威诺格拉德（Winograd）把若干重要概念引进一个完善的自然语言理解系统，认为语言是一个讲话者和听者之间关于一个共同世界的一种通信手段，并将这一观点用在"积木"世界所设计的程序（SHRDLU）中，人机对话系统取得了轰动性的成功。

哈利迪（Hilliday）认为语言是一种社会交际工具，研究语言必须研究其社会功能，认为语言有表达思想观念、人与人之间关系和连贯内容的功能，交流思想的单位不是句子而是段落乃至整篇文章。在这个观点上建立了系统语法（systemic grammar），也称功能语法（functional grammar）。

语用学的提倡者认为语义理论必须在三个平面上描述关系：①确定词的意义。②确定词组在句法结构中的意义。③一个自然语言的句子决不应被孤立地解释。一种语义理论必须描述一个句子的意义如何依赖于它的上下文，必须涉及语言学背景（上下文）和现实社会背景（即语言学事实的知识的相互作用），必须同句法和语言的逻辑相联系。在进行语法、语义分析的基础上，考虑语用的因素是人类在自然语言理解研究上的又一个进步。

上述三类方法在进行自然语言处理时各有特点：语法分析方法简洁明了，易于在计算机上实现，但它获取语义的能力较弱；语义结构分析法是较单纯的语法分析，更接近语言现象的本质，但在实现上对计算机容量和运行速度要求较高；语用学因素的考虑比前两种方法都更全面，但其实现有赖于前两种方法，另外，在理论上也不够完备。

10.6.4　人机对话的设计

10.6.4.1　人机对话设计

人机对话部分的设计如图 10-22 所示。

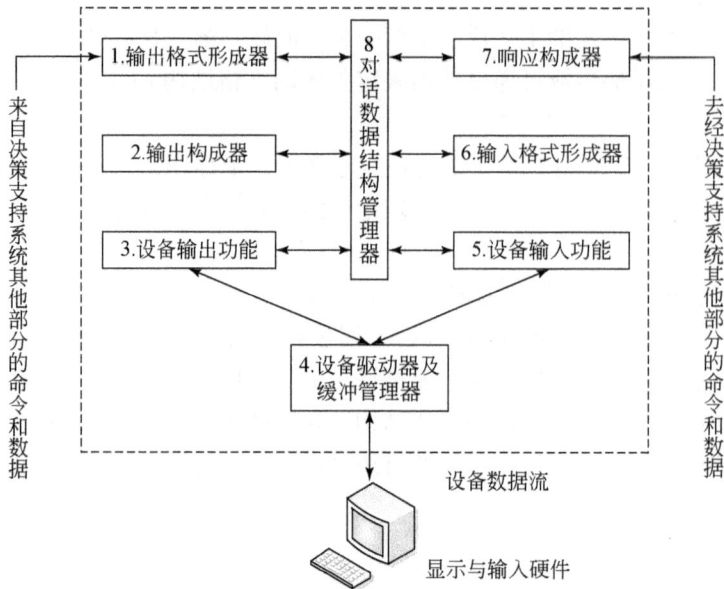

图 10-22　人机对话结构

图中有八个模块，其中：

1～3 模块：将来自决策支持系统其他部分（模型和数据库）的命令和数据做变换，并产生传递给显示和输入硬件的命令。

5～7 模块：将用户的输入变换为给决策支持系统其他部件的命令和数据。

4 模块：接收显示与输入硬件的数据，也向其发送数据。

8 模块：管理（存取）用于人机对话部分的任何局部数据。

图中的设计不表明任何用于决策支持系统的硬件组套。用户接口硬件可能是连接到运行决策支持系统的计算机上的一个终端。或者，用户接口硬件可能包含足够多的处理器和记忆能力以执行整个的决策支持系统，或者用以执行决策支持系统的对话部分。设计也与选定的决策支持系统的对话方式无关。问答式对话将包含较复杂的输出结构的数据和控制流返回到相应结构。按关联含义输入方式的对话将包含较复杂的输出和相应结构。设计方式可以不同，但它们应提供同样的功能。

输出格式形成器（模块 1）将来自其他部分的命令数据（参数）转换为含有输出表达形式说明的数据构造。数据构造包含数值（正文串和说明这些值将如何显示的属性，如彩色、位置、大小）。数值和属性应相对设备独立，也就是说它们应当不是专门服务于任何特殊的用户接口硬件的，设备独立性使对话部分能支持多种硬件。

输出构成器（模块 2）取得由输出格式形成器建立的数据结构，并且发出命令给设备输出功能（模块 3）。输出构成器也应是独立的设备，它所产生的用于设备输出功能的命令应当不是任何设备专有的。

设备输出功能（模块 3）产生设备特有的命令来对一个或更多的专用设备产生输出。设备驱动器请求用户输入，当输出信息是一个中断信号而不是产生表达方式的命令时，当用户的输入被收到后，设备驱动器将它们缓冲，并将其送给设备输入功能（模块 5），将设备专有的输入信号翻译成对设备独立的输入。

输入格式形成器（模块 6）将用户的输入译成一组动作——目标对。动作说明用户的输入动作（如接键盘，在菜单上选一个项目）。目标指明由于动作影响输出表达式中的那个目标。

响应构成器（模块 7）利用一组动作——目标来产生用于决策支持系统其他部分的命令和数据。例如，响应构成器可能调用数据库中部分数据来更新数据库中的场，它对应于输出表达式中的用户刚向其中键入一个新值的那个场。

数据结构管理器（模块 8）存取由对话部分利用的数据，例如描述输出表达式形成的数据结构。其他的数据可能包括"预先定义的"输出表达式和前面的用户输入（如用于放弃、再装入，或者恢复）。

对话部分可能要支持用户接口硬件为多窗口，多窗口被用于支持多内容的决策。为了支持多窗口，对话部分必须跟踪硬件的每一个部分与每一个内容。通常把硬件按静态方式或动态方式分配。按静态方式分配时，每一个划分的部分带有一个对话部分；按动态方式划分时，对话数据结构被分段，以指明它们代表哪个内容。在动态划分中每一个表达式的数据结构含有一个内容（窗口）识别器，它可采用输入格式形成器和响应构成器来确定决策支持系统的其他哪个部分将被调用。

图 10-22 中的多个模块之间的通信可以是子程序调用或信息传送，这些取决于操作系统、编程语言和正在被决策支持系统使用的硬件配置。该设计叫做对话生成和管理系统（DGMS），对话生成和管理系统的输出模块（1，2，3，4，8 模块）提供实现于专用的决策支持系统中表达方式的功能。输入模块（4，5，6，7，8 模块）提供在专用的决策支持系统中实现控制机制的功能。因而对话生成和管理系统显然是决策支持系统生成器的重要构件。

10.6.4.2 关于对话设计中的技术问题

国内外决策支持系统技术资料表明，一个好的用户接口应该是"用户友好和易于使用"。基于这一点，系统形成了特有的设计原则，即系统要灵活、可靠、应该能接受用户的控制。

为了设计出适合于用户需求的人机对话接口，首先要从分析用户类别着手。

（1）开发者与非开发者

在用户接口设计中，系统开发者和目标端点用户之间存在一个明显而重要的差别。对于开发者来说，往往很难既看到整体的技术系统，又能从用户的观点出发。对于用户来说，接口基本上代表了系统。复杂的接口反映的是复杂的系统，简单的接口则意味着系统的简单。两者之间存在着很大的差别。如果系统并非用户自己开发，则用户和开发者之间的思想交流就十分重要。开发者要尽量了解用户的意见，并把它反映到接口设计中去。

（2）新用户和熟练用户

直接影响接口设计的一个重要因素是用户的经验水平。用户的经验包括两个组成部分：对特定系统的使用次数和用户对计算机系统概念的一般知识。一个理想的系统应该十分灵活，能满足新用户和熟练用户的需求。新用户既不熟悉系统的专用语法，也不了解使用计算机的一般知识，所以他应该能从系统中得到一些启示和帮助。另一个方面，熟练用户已经了解系统的语法结构或者相当一部分的计算机知识，因而他能迅速地适应而不必对它做些只有新用户才需要的解释工作。

(3) 长期用户和临时用户

临时用户很可能是针对某一个特定问题使用系统，而不是做些重复性的处理工作，而长期用户经常使用的系统多半是用于处理日常的重复性业务。使用频率的高低直接决定要对用户进行培训的工作量。初次培训后，用户会对系统的使用知识有所淡忘。因此，临时用户需要有能力恢复他们对于系统功能和命令的知识。采用用户常用的词做命令的名称并使用普通的格式都会有助于记忆的恢复。而长期用户更愿意学习和使用那些非常的命令和命令结构。在实际设计中就非常需要针对上述各项不同的需求设计用户满意的对话系统。

以上从用户的角度分析了不同类别用户的不同需求，下面进一步讨论对话设计中要考虑的几个问题。

1) 一致性问题。人机对话设计的主要特点就是关于计算机系统概念的一致性。开发者可通过编制用户接口设计的组织原则和标准来确定用户接口的合理性和一致性。这样即使用户面对一组含糊不清的选择，也可借助于其他有类似接口的计算机系统的经验做出"合理猜测"，而不至于不知所措。

2) 对话协调问题。在对话设计过程中有必要建立一种对话协定，用它来引导对话的设计。在没有充分理由否定这个协定时，这些协定应成为对话应当遵守的准则。例如：规定在决策支持系统中只能使用一种对话形式、关于出错信息的格式、限制输入格式、在输出格式中把出错信息限制在某个位置等。

3) 屏幕设计问题。一个好的屏幕设计应该清楚、整洁，没有任何不相关的信息。屏幕上只提供那些进行决策和执行某一行动所必需的信息。在一次屏幕显示上要提供某项工作所需的全部有关信息。用户最好不必去记忆从这一屏幕到下一屏幕的数据，屏幕上数据和文字安排的位置应该不影响用户对问题的回答。

4) 反馈和辅助问题。对话系统应以某种方法通知已经收到的每个用户请求，最常见的通知方式是给出该请求的结果。然而，如果用户的请求需要较长的时间处理，那么，比较合适的做法是通知该请求已经收到。例如，如果用户向大型数据库提出一个复杂问题，而且预计处理的时间会比较长，那么系统可以显示："正在处理你的问题，请稍候片刻"等，这样使用户需要得到反馈信息的心理得到了满足。信息的反馈还可通过对系统状态的查询、系统提示等来实现。

另外，系统在接到请求时应能提供额外的辅助。这通常以帮助提示形式出现，帮助内容可包括提供详细的联机文件或文件参照目录。一般的帮助方法有：辅助命令、一般性辅助、出错说明、联机辅导、联机的文件资料等。

理想的情况是不需要外部文档（如用户指南、手册）初学者就能有效地工作。这就要充分地利用 HELP 信息和清晰且有意义的出错提示信息。也应看到，提示信息对于熟练用户可能是一种干扰，因此有必要提供可供选择的要求。最好备用两种用户级别的支持，一种适用于初学者，另一种适用于专家。

5）出错控制问题。一个好的对话系统应将人机对话中可能出现的人为错误减至最小并具备令人满意的出错控制功能。一般来说，对话系统应具备如下功能：①预防错误：只要有可能，系统应提供特定的指令（如提示、辅助工具），使用户清楚地知道要做什么，避免出错。②出错检验：如果出现了错误，系统应能清楚明确地找出错误。但任何错误都不应使系统出现异常中断。为此，应设计一个恰当的控制响应，以防止这种现象的出现。③出错的修正：出错的修正应直截了当，而且只需重新输入数据中出错的部分即可。关于系统是否应该具有自我修正功能，目前尚有争议。例如，如果系统只有 50 条命令，用户键入的命令拼写错了，系统能够通过模式匹配找出相应的命令，然后在修正之前由用户确认。④出错的恢复：一旦接受某个命令，系统可能处在错误控制状态，从而引起不正确的操作。在设计完好的系统中，一个重要的特点就是能够恢复已经做过的事情。

6）响应时间问题。交互式系统的响应时间是指从用户键入命令到系统开始显示响应所用的时间，响应时间受系统容量、用户的数目、用户所提问题的复杂程度等影响。对一个特定类型的事务处理工作，系统设计通常规定一个最小或平均响应时间。响应时间不必都要求特别快，通常更为重要的是：针对用户完成某一任务的熟练程度，规定一个统一的响应时间。

10.7　逻辑框架及实现方案

10.7.1　决策支持系统架构的认识

决策支持系统的本质在于通过计算机技术辅助决策者决策，而不是代替决策。要深入剖析决策支持系统，首先要清楚其结构。一般来讲，决策支持系统主要由五个基本部件——人机接口（对话系统）、数据库、模型库、方法库和知识库（简称四库系统）以及它们对应的管理系统组成。在"四库"系统中，数据库是以一定的组织方式存储在一起的数据集合；模型库是将众多的模型按一定的结构形式组织起来的模型及它们的表现形式的集合；方法库是处理数据的基本方法和标准算法的集合；知识库是经过分类组织的各种知识的集合，是数据库在知识领域的拓展和延伸；人机接口是连接计算机与决策者的终结纽带。

上述五个部件是有机统一的整体，其中的基础是"四库"，它们之间是相互关联的。具体讲，数据库是决策支持系统最基本的部件，一般情况下，任何决策支持系统都不能缺少数据库及其管理系统，而且数据库也是其他库的数据源；模型库是决策支持系统最有特色的部件之一，为决策者提供了推理、比较选择和分析问题的模型集；方法库是基本方法和算法的集合，一个模型有多个不同的方法，多个方法组成了一个模型，从这个意义上讲，方法库是为模型库服务的，所以不少决策支持系统系统中，将模型库和方法库统一在一起；知识库的主要任务是分类存储大量的知识，是从数据库、模型库、方法库中通过推理，提取出知识的集合，是决策支持系统中最智能化的部分，所以知识库是智能化决策支持系统的必要组成部分。四库是"死"的数据、信息、方法、模型、知识等的集合，而决策是活的过程，要将这些包含大量信息资源的"死"库和活的过程联系起来，需要能把这些资源进行有机整合的工具，而这些工具就是这些库对应的管理系统，它们是决策支持系统中的活的成分。若仔细分析数据库管理系统、模型库管理系统、方法库管理系统、知识库管理系统可以看出，它们之间不应是孤立的，例如，模型库管理系统所管理的模型其基本数据来源于数据库。为此，可将库管理系统对应的功能抽取出来，按功能划分成信息处理系统、决策工具管理系统、知识管理系统。其中，信息处理系统的主要功能是管理数据库，通过数据库提取决策所需要的信息资源，该系统利用数学逻辑推理，提供加工后的、综合的决策信息。决策工具管理系统是对管理模型库、方法库系统的统称。一般地，与模型库、方法库对应的分别是模型库管理系统、方法库管理系统，由于模型库、方法库之间联系非常紧密，因此可将模型库管理系统、方法库管理系统统一成为决策工具管理系统。知识库管理系统负责管理知识库，通过人工智能和知识工程技术把各种信息转化为知识，存储在知识库中，为决策者决策时提供全面的辅助支持。

经过按功能重新划分，即可绘制出决策支持系统的架构图。为易于比较，将通常意义上的一般架构图和这种区分功能的架构对比绘制成图 10-23。

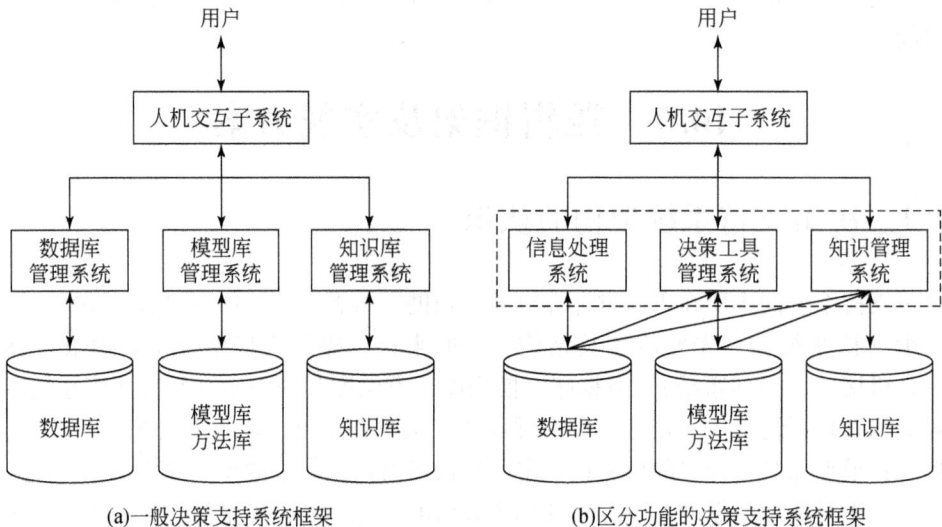

(a)一般决策支持系统框架　　(b)区分功能的决策支持系统框架

图 10-23　一般决策支持系统和区分功能的决策支持系统架构对比图

从图 10-23 可看出，一般架构图只用来说明决策支持系统的组成，并不说明各库和各系统的相互关系，而区分功能的决策支持系统架构通过箭头表明了信息、操作的具体流向，可表明决策支持系统各个组成部分间的相互关系。它们内在关系：

1）虚线框内各系统之间的相互关系是通过操作相应数据库反映出来的，相应箭头揭示了各系统的内在联系。

2）数据库是虚线框内各系统的基础数据来源，另一方面，信息处理系统产生的结果直接反馈到数据库。

3）模型库和方法库向决策工具管理系统和知识库系统提供基本模型和基本方法，另一方面，决策工具管理系统所产生的新模型、新方法又存储到模型库和方法库中。

4）知识库向知识管理系统提供预存的知识，另一方面，知识管理系统通过对信息加工、推理形成新知识存放到知识库中。

通过图 10-23 可把"四库"看作是决策支持系统的基础层，决策支持系统的所有分析和处理都基于这一层，而把各种管理工具看作是决策支持系统的处理层，该层负责处理决策支持系统底层数据并通过人机接口和决策者打交道。这种划分方法有两方面的意义：

1）使决策支持系统的层次结构更加清晰。将管理工具（动态的成分）和物理存储（静态的成分）分开，更有利于把握决策支持系统的实质。

2）有利于划分决策支持系统类型。因为不同的底层库和不同的处理系统结合会产生不同的组合方式，而不同的组合方式就是不同的决策支持系统系统。

10.7.2 决策支持系统和实际决策之间的层次关系

如前所述，研究决策支持系统的目的是更好地利用计算机为决策服务，那么，把决策过程结构和决策支持系统结构放到一起来考虑就是理所当然的了。由于决策支持系统管理工具的桥梁作用，使得实际决策过程可以和决策支持系统的基础层相联系，把决策需要的数据、信息、模型、方法、知识，通过处理层这一桥梁，传送给决策者，为实际决策服务。因此可将实际决策过程与决策支持系统关系表示成如图 10-24 所示的层次结构模型。

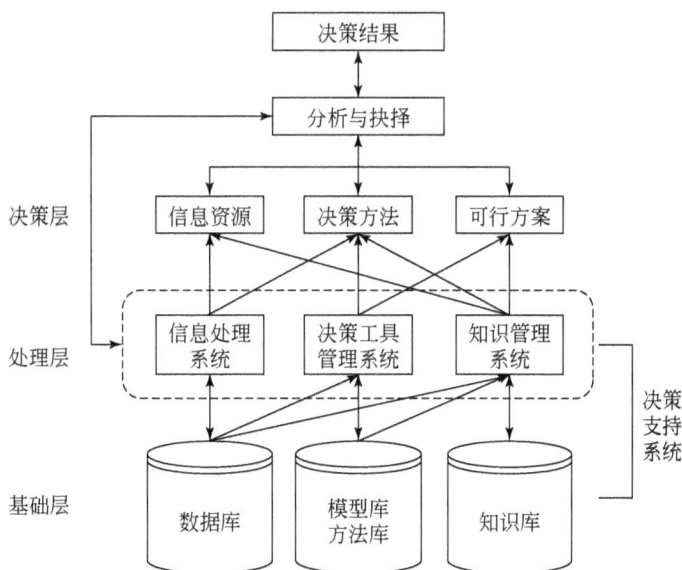

图 10-24　决策支持系统和实际决策间层次关系图

如图 10-24 所示，可看出决策支持系统各组成部分和决策过程的相互关系。首先，处理层的各系统直接向决策过程的各具体对象（Q、M、A）提供从基础层产生的结果。其中：信息资源集由信息处理系统和知识管理系统产生；可行方案集由决策工具管理系统和知识管理系统产生；决策方法集则由整个处理层产生。其次，处理层还提供对分析与抉择的支持，反过来，分析与抉择的结果可通过处理层反馈回基础层。这种反馈搭建起决策的结果和决策支持系统之间的桥梁。图 10-24 所描绘的层次结构图的最大特点是将决策本身和决策支持系统之间的层次关系梳理清楚，从而具有以下现实意义：

1）思维转化。把思维重心从抓决策事项的动态变化转向抓住决策组成的静态因素，就能抓住决策问题的脉络，从而为理解决策支持系统如何辅助决策奠定基础。

2）揭示了决策支持系统和决策过程的内在联系。关于决策支持系统是支持决策过程的前三个阶段，还是支持包括决策执行在内的所有阶段，一直存在争论，通过该层次图不难发现，决策结果通过分析与抉择反馈到处理层，进而反馈回整个决策过程，所以决策支持系统支持决策过程的所有阶段。

3）用于衡量一个决策支持系统是否适用。衡量一个决策支持系统是否适用主要看这个决策支持系统的实际应用环境如何。对于一个只需要提供统计分析报表，侧重数据分析的实际应用来讲，如数据分析系统，就不需要配备含有知识库、知识管理系统支持的决策支持系统。反之，一个需要专家支持的实际应用，如医疗专家系统，就应选择具有医疗专家知识的智能决策支持系统。

4）架起决策支持系统使用者和开发者之间的桥梁。不少决策支持系统最终都以失败告终的原因在于使用者和开发者相互之间不能进行沟通，使开发出来的决策支持系统显得非常高深，脱离实际，使使用者不知如何使用。通过此层次图，可向开发者说明自己最需要哪些方面的支持。例如，若使用者已有管理信息系统，需要在此基础上增加数据分析功能，则开发者可根据已有系统，重新开发支持决策分析的模块，就能满足使用者的需要，使使用者可保持原有的使用习惯，平滑过渡到决策支持系统，并且节省大量投资。

5）辅助设计决策支持系统的建设蓝图。很少有单位在建设计算机应用系统时能一步到位，对决策支持系统的建设也是如此。一般地，很多单位在建设决策支持系统之前已具有各种不同的数据库及其管理系统，若想完全抛弃这些系统单建一套决策支持系统，不但投入多，而且容易形成空中楼阁。所以理想的办法是在已有系统的基础上，分阶段、分层次推进决策支持系统建设。如果原来没有决策支持系统，只有数据库及其管理系统，则应在原有系统上增加决策工具管理系统使之成为基本的决策支持系统；如果原来已有基本决策支持系统并积累了使用经验，则可考虑升级改造成智能决策支持系统。

第11章 知识发现与智能决策
支持系统的应用案例

11.1 知识发现的应用

11.1.1 知识发现在电子商务中的应用

电子商务的网站日益增多，竞争的手段也多种多样，其中获得用户偏好信息是赢得客户青睐的最好方法。而客户唯一在网站留下的就是其访问日志，如何处理这些数据从中获取用户群体的偏好成为电子商务专家学者们研究的重点。Web 数据挖掘应用于在电子商务领域，利用数据挖掘手段在用户访问日志等数据文件中获取用户的偏好信息（Buchner and Mulvenna，1998）。这些数据可以有效地指导企业的营销策略，获取市场需求，方便为客户提供动态的个性服务。

Web 数据挖掘是数据挖掘技术在 Web 环境下的应用，可在大量的网络日志、用户信息、Cookie 信息中挖掘出潜在的、有价值的信息，特别是在电子商务平台的应用，涉及客户与产品供应商的利益链。客户的目的是得到自己想要的商品，商家的目的是更好地展示并出售自己的商品，达到利益最大化。Web 数据发掘技术恰恰解决了这些问题。

电子商务发展的势头越来越强劲，商用的 Web 数据挖掘工具也越来越成熟。它能够自动地预测客户的消费走向，甚至预测市场消费趋势，并以此指导企业建立智能的、个性化的电子商务平台，大大提高企业的投资回报率。

11.1.1.1 电子商务中 Web 数据挖掘的基本问题

按电子商务目标的不同，Web 数据挖掘大致可分为三类：以分析系统为目标；以设计系统为目标；以理解用户意图为目标。由于各目标针对的功能不同，采取的主要技术也不同，究竟采取何种技术，主要取决于以下三个方面：

（1）用户的确定

用户是指通过一个浏览器访问一个或几个服务器的个体。在 Web 数据挖掘中，对于实际使用要想确定唯一的一个用户很难，这时可把服务器日志、代理和参照页面日志结合起来确定一个用户（Pazzani and Billsus D，1997）。

（2）用户访问序列的确定

它是按照时间顺序找出用户请求的一系列页面。一般服务器日志是以访问用户 IP 地址为辅键、访问时间为主键排列的，因此，找出统一的 IP 按时间访问的页面序列，就构成了用户访问先后顺序序列。通过确定用户的会话（session），一次访问中用户访问的所有的页面，最简单的方法就是按时间的长度确定。

（3）完善访问路径

由于存在客户端的缓存，用户浏览页面时能使用浏览器的后退功能，要根据用户访问的前后页面进行推理，将其疏漏的页面补在路径里。另外，执行公共网关接口（Common Gateway Interface，CGI）程序时，由于其传递的参数不同，最后的输出结果不同，必要时还要结合参数确定显示的页面内容。

11.1.1.2　Web 数据挖掘在电子商务中的具体应用

伴随电子商务系统的日趋成熟和 Web 数据挖掘技术的快速发展，Web 数据挖掘技术已在电子商务中得到了相当广泛的应用。下面是 Web 数据挖掘在电子商务中的几点具体应用：

（1）发现潜在有价值的客户

在对 Web 的客户访问登录信息的挖掘中，利用聚类技术可从 Internet 上找到未来的潜在客户。通过分类技术，对新访问者的网页浏览纪录进行分析，就可判断出该访问者是属于哪一类客户，是有利可图的潜在客户还是毫无价值的过客，从而挖掘潜在客户。

（2）提供个性化建议

对每一个访问电子商务系统的客户来说，其偏好值是未知的，甚至他自己的偏好他也不会知道，但是根据他访问的站点与滞留的时间，再根据其他客户已经选择好的经验，可以推测和挖掘出客户的可能偏好，得到客户的兴趣和需求，并据此给用户合理的、个性的建议。

（3）改进设计

对电子商务网站的页面链接结构的优化可从以下几方面考虑：首先，通过对网络日志的挖掘，发现页面的相关性，从而给联系紧密的网页增加链接，方便客户选择。其次，利用路径分析法分析高频率的访问路径，可在这些路径放置重要商品或增强其广告效益。最后，通过对网络日志的挖掘，可发觉用户的期望位置，然后在这种期望位置上增加动态链接，方便客户选择，改进页面和网站结构的设计，增强对客户的吸引力，提高销售量。

（4）客户的聚类

通过相似浏览行为的划分，可对客户进行分类。并根据分类判断新客户的类别，将其进行归类。聚类客户可帮助电子商务系统（彭朝宝等，2005）更好地了解、管理自己的客户，向客户提供更合适、更具有个性的服务。

（5）广告效益评价

利用 Web 挖掘对大量消费行为模式进行分析，可精确地评价各种广告手段的效益，并组合设计出最佳的商品宣传组合方案，根据关心某产品的访问者的浏览模式来决定广告的位置，增加广告针对性，提高广告的投资回报率。

（6）搜索引擎的应用

通过对网页内容的挖掘，可实现对网页的聚类和分类，实现网络信息的分类浏览与检索；通过用户使用的提问式历史记录分析，可有效地进行提问扩展，提高用户的检索效果（查全率、查准率）；通过运用 Web 挖掘技术改进关键词加权算法，可提高网络信息的标引准确度，改善检索效果。

（7）网络安全

分析网上银行、网上商店交易用户日志，可防范黑客攻击、恶意诈骗。

11.1.1.3　面向电子商务的 Web 数据挖掘的步骤

面向电子商务的 Web 数据挖掘所面对的数据源多而复杂，并且这些数据都是些半结构化或非结构化的数据，因此，面向电子商务的 Web 数据挖掘相对传统的面向数据库或数据仓库的数据挖掘要难处理一些，挖掘过程也有所不同。面向电子商务的 Web 数据挖掘的过程大体上可分为以下几个步骤：

（1）定义问题

数据挖掘非常重要的第一步是清晰、明确地定义数据挖掘业务问题。虽然最后的挖掘结果一般是不能预测到的，但大多数问题应该在一定程度上还是具有预见性的。因此，只是为了挖掘而挖掘通常是带有非常大的盲目性，一般不会取得成功。在电子商务中的数据挖掘，把清晰、明确地定义问题作为挖掘的第一步是非常必要的。

（2）数据的搜集和抽取

问题定义完毕后，接下来就要对相关数据进行搜集工作。由于电子商务的 Web 网站每天都有可能进行上百万次的在线交易，会生成大量的日志文件和客户信息登记表，所以面向电子商务数据挖掘的数据源主要是是客户的登记信息和服务器数据。除此之外，还要对所搜集到的这些海量数据进行抽取，因为对数据进行抽取的主要目的是对需要进行分析处理的数据集合进行筛选以缩小数据的范围，从而提高数据源的质量。

（3）数据预处理

对数据预处理的主要目的是对数据进行清洗，以便解决数据中的冗余、缺值、数据不一致性等问题，供下面的数据挖掘所使用。数据预处理的一个主要任务是将每个用户访问 Web 网站时所留下的原始日志记录整理成有关的事务数据库，以便进行下面的数据挖掘。由于面向电子商务的数据挖掘所面对的数据比较复杂，所以这个阶段最为关键，它为后面的数据挖掘打下了一个必要的基础。

（4）构建挖掘模型

为让数据更适合下面的挖掘，将数据转化成一个变异进行分析的模型，也是非常有必要的。因此，能否建立起一个真正适合挖掘的数据分析模型已成为挖掘能否取得成功的关键所在。数据分析模型的建立主要与前面定义的业务有关。比如，研究分析某个客户群对某种或某类商品的关注情况，能够为客户提供个性化的服务。显而易见，这种建模的目标就是要反映这些客户群体中不同年龄段对某类或某种产品的关注程度的各种相关因素。当该种模型建立起来后，我们还需从模型的可理解性、性能和准确性等方面进行必要考察。

（5）数据挖掘

这个阶段主要是选择合适的算法对数据进行挖掘，从大量的数据中找出新颖的、有效的、有用的、潜在的以及最终可被理解的知识和信息。在电子商务中，常用的数据挖掘技术和方法主要有关联规则、聚类、分类和序列模式。

（6）结果分析

当数据挖掘结束后，还需要对数据挖掘的结果进行必要的说明解释和评估。这时可能会涉及对挖掘所获得的知识或结果的如何表达问题，其中，对数据进行可视化可能会是一种比较好的表达方式。它应该是数据挖掘中一个非常重要的组成部分，因为把挖掘到的信息或知识组织好和表达好，将会对商家或企业做出及时正确的决策提供非常有必要的帮助。应该说，不能很好地对数据挖掘结果进行可视化的挖掘系统就不能称之为一个完善的系统。

另外，因为一个系统的好坏只能在实践中才能得到检验，所以数据挖掘结果的好坏也只能在实践中才能进行验证。为此，用户对数据挖掘结果进行一个必要的评估，如果对结果满意，挖掘过程就可以结束，否则，还要重新对问题进行定义，重新收集整理数据，重新进行数据挖掘。

（7）使用结果

在经过前面几步的挖掘、验证之后，所得到的挖掘结果可能就是有用有效的数据了，用户、商家和企业就可使用该挖掘结果对下一步的活动做一个及时、正确的决策了。

11.1.1.4　面向电子商务的 Web 数据挖掘技术

传统意义上的数据挖掘基本上都是建立在数据库或数据仓库（段云峰，2003）上面的，它们所面对的数据大都是些结构化的数据，因此它们所采用的挖掘方法和技术比较多。而面向电子商务的 Web 数据挖掘，由于它们所面对的都是一些半结构化或非结构化数据，数据处理起来要复杂一些，因此它们采取的挖掘方法和技术相对地就要少一些。总的说来，在电子商务中所使用的数据挖掘技术和方法主要有以下几种：

（1）关联规则挖掘

关联规则挖掘是数据挖掘中最活跃的研究方法之一。它在电子商务中也是比较常用的一种数据挖掘方法。例如，在电子商务中，我们可通过对客户的购物篮进行分析，由此发现客户所购买的不同商品之间的联系，了解客户的购买习惯，从而为商家制定合理的销售策略和合理地确定商品的位置关系提供极大的帮助。

关联规则挖掘是寻找数据项中的有趣联系，决定哪些事情将一起发生。例如，超市中客户在购买 A 的同时，经常会购买 B，即 $A => B$（关联规则）；客户在购买 A 后，隔一段时间，会购买 B（序列分析）。它就是一个事务活动中事物之间同时出现的规律描述。换句话说，关联规则也就是把事物活动中事物之间的同时出现到底有多大的影响通过量化后的数字来进行描述。由于前面对该技术已做详细介绍，在此不再赘述。

（2）聚类分析挖掘

人类的一个最基本的认识能力就是对事物进行聚类分析，它的应用也是最广泛的。比如，从商业角度来看，对事物进行聚类分析能协助商家或企业对顾客的消费记录进行一个聚类分析，以便通过得到的顾客消费模式对顾客进行类别的划分。

聚类分析，就是把所获得的数据对象（Guha et al.，2001）划分成多个类别。所依据的划分原则是具有较高相似度的对象应该在同一个类别之中，并且在不同类别中的对象的相似度差别应该比较大。在这里需要注意的一点，就是在聚类分析操作中类都是未知的，它全部是在操作过程中依靠数据的驱动动态形成的。它应该是一种无指导的学习方法。聚类在电子商务中的作用主要是 Web 网页聚类和客户聚类两种。主要是为每类客户提供一些针对性的服务。

（3）分类分析挖掘

分类分析挖掘也是一种比较常用的数据挖掘算法。它的主要目的是分析输入数据，通过在训练集中的数据表现出来的特性，为每一类找到一种准确的描述或模型，然后利用这个模型，也就是分类规则，对其他数据进行分类。

在电子商务中，使用该技术可使商家和企业找到一些潜在的用户或客户，从而能够获得这些潜在的客户市场。例如，使用分类挖掘技术可在互联网上找到一些潜在的客户。它通常的方法就是对已访问过的每一个客户进行分类分析，然后以此为分类规则，对后来的客户进行类别的划分，以此确定该客户是否能够作为一个潜在的客户来对待，从而决定是否为他们提供服务，或者是否为他们有针对性地提供个性化的服务。

（4）序列模式挖掘

在电子商务中，序列模式挖掘（Kevin et al.，2003）也是一种常用的数据挖掘方法。它是指从序列数据中发现蕴含的序列模式。它的主要目就是想通过在交易时间属性的交易数据库中发现频繁项目集以发现某一时间段内客户的购买活动规律。在电子商务中，采用该方法可发现用户的购买或浏览规律，从而为商务网站的页面提供合理的导航设计，提高客户的浏览兴趣，进而提高客户的驻留时间。

11.1.1.5　面向电子商务的 Web 数据挖掘系统设计

本节针对面向电子商务的 Web 挖掘系统进行一个原型设计，以便能给广大用户在开发自己的 Web 数据挖掘系统时提供参考。

为了进一步提高挖掘系统的整体性能，该 Web 挖掘系统原型主要从系统能否挖掘成功和挖掘效率两个方面进行相关的探讨，以便帮助用户能够从 Web 站点上发现有效的、有用的信息知识，从而有助于电子商务 Web 站点的开发。系统原型如图 11-1 所示。

从系统功能的设计角度来看，如何对数据的进行预处理和挖掘算法的设计是非常关键的两个部分。下面对该系统原型做一简单介绍。

在图 11-1 中，黑粗线表示用户对流程的控制信息，即控制流；细线表示数据流，比如处理后的数据、原始的 Web 数据和最后的知识模式等。该挖掘系统各个模块彼此相互之间联系并协同进行工作。整个系统分为三大部分：数据流模块，主要指从商务站点获取数据到最终的完整知识数据的一个挖掘流程；控制模块，它直接控制数据流，由挖掘算法

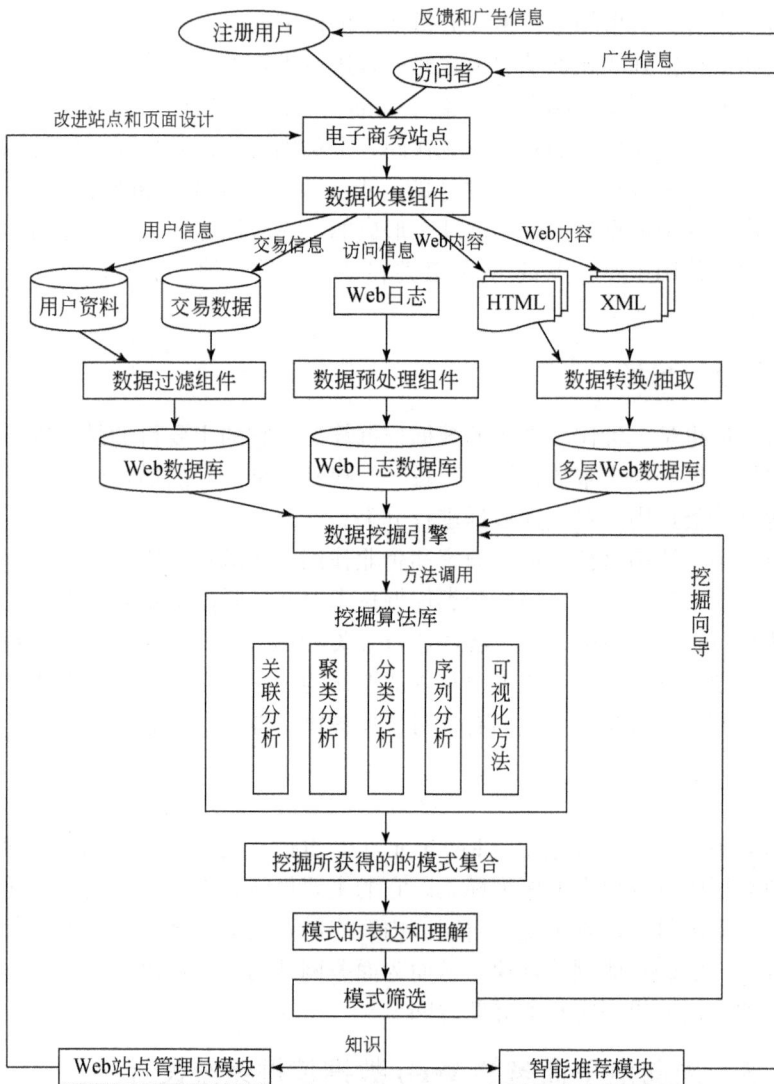

图 11-1　电子商务系统原型图

构成；用户控制模块，它控制数据挖掘过程的全部工作，不断地反复挖掘直到挖掘出用户所满意的知识和模式。

11.1.1.6 基于 Web 访问挖掘的挖掘系统原型的功能设计

本书主要在上面提出的 Web 数据挖掘系统原型的基础上，结合 Web 访问挖掘的特点，对数据挖掘系统原型的功能进行设计，具体如下。

（1）服务器日志数据的预处理

对 Web 服务器上的日志记录进行收集分析，并对所获得的日志记录信息进行必要的清洗，以便整理得到用户的事务记录信息，为后面的数据挖掘工作提供合适的数据。

（2）基于用户聚类的挖掘

该系统还提供基于用户聚类的挖掘，也就是向一个用户推荐该类组中其他成员的访问信息。因为他们的访问行为可能是相同或相似的，所以用户可能会对其他用户访问过的信息感兴趣。

（3）用户频繁访问路径推荐

由于该挖掘系统提供使用模式挖掘引擎，就可能会得出一些用户频繁的访问路径，同时，并把它以页面链接的形式显示给用户。即该系统能自动地识别、记忆被每个用户频繁地访问的页面，同时会在该用户再次访问该站点时能将该页面的链接自动地添加在主页面上。这样用户就可直接通过主页上的链接进入该页面，从而减少用户多次进行点击许多个页面链接后才能找到自己所需要的页面的麻烦。

（4）实时在线推荐功能

能够对当前在线的用户进行识别，并能提取每个用户的访问模式，形成一个由推荐信息构成的集合，并向用户进行推荐，从而实现对用户提供个性化服务的功能。

11.1.2 知识发现在电信企业客户关系管理中的应用

随着国民经济的飞速发展和各行各业市场化水平的不断提高，国内电信市场竞争程度的日渐白热化，电信行业所面对的机遇和竞争压力比以往任何时候都要严重得多，电信运营商的经营模式逐渐从"技术驱动"向"市场驱动"、"客户驱动"转化。为了准确、及时地进行经营决策，必须充分获取并利用相关的数据信息对决策过程进行辅助支持。近几年迅速发展起来的数据挖掘技术就是实现这一目标的重要手段。

随着科学技术的进步，人类社会也出现了巨大的变化，各行各业都出现了激烈的竞争，对于电信业来说尤其如此。在过去的时间里，电信业积累了大量的数据，如何利用这些数据为决策者产生有价值的信息就成了至关重要的问题。现在电信市场上运营商竞争激烈，数据挖掘技术有利于企业运筹帷幄，在竞争中立于不败之地，这也给数据挖掘在电信行业的应用带来了无限的商机。

11. 1. 2. 1 知识发现在电信行业的应用范围

在电信业中，数据挖掘主要应用于以下几个方面：

（1）客户流失分析

在电信企业面向市场、面向国内外众多的竞争者努力创造更高价值的同时，客户流失的不断增加和客户平均生命周期的不断缩短严重影响了电信企业的发展。在激烈的市场竞争和不断变化的市场需求面前，必须最大限度地降低客户的流失率。利用已经拥有的客户流失数据建立客户属性、服务属性和客户消费数据等与客户流失可能相关联的数据，找出客户属性、服务属性和客户消费数据与客户流失的最终状态的关系，只要掌握了这类新的数据，就可建立客户流失预测模型，可用分类、回归、关联、聚类等方法建模，用于挽留有很大可能流失的客户。

（2）客户获取

客户的获取包括发现那些对企业产品不了解的顾客，他们可能是产品的潜在消费者，也可能是以前接受竞争对手服务的顾客，其中有些客户可能以前是企业的客户。数据挖掘技术可帮助企业完成对潜在客户的筛选工作。然后，市场人员把由数据挖掘技术得出的潜在客户名单和这些客户感兴趣的优惠措施系统地结合起来，用来扩大市场、赢得利润。

通过数据挖掘技术来获取新客户首先必须收集一份潜在客户名单，在潜在客户名单上列出那些可能对企业的产品或服务感兴趣的消费者的信息。这些信息应不仅包括客户的基本信息，还应包括消费者消费行为的大量信息，如个体的兴趣、消费习惯、消费倾向和消费需求等。可利用分类等数据挖掘方法对获得的客户数据建立一个预测模型，然后根据模型预测获得最有价值的潜在客户信息。

（3）交叉营销

交叉销售是指向现有的客户提供新的产品和服务的营销过程，那些购买了某种产品和服务的客户很有可能同时购买你能提供的某些他感兴趣的相关产品和服务。另外一种形式就是"升级销售"，即向客户提供与他们已购买的服务相关的增值服务。例如，电信公司向已经使用标准长途电话服务的客户推销优质长途电话服务。它是建立在双赢原则上的，对客户来讲，可得到更多更好满足需求的服务，从中受益，对企业来讲，也会因销售额的增长而获益。在这一领域，同样有几种数据挖掘方法可帮助决策者（谢榕，2000）解决问题：关联规则分析能发现顾客倾向于关联购买哪些商品；聚类分析能发现对特定产品感兴趣的用户群；神经网络、回归等方法能预测顾客购买该新产品的可能性。通过数据挖掘，企业可以得出最优的合理的销售匹配。

（4）客户细分

利用数据挖掘可把大量的客户分成不同的类，每类的客户拥有近似的属性，不同类的客户属性不同。细分可让一个用户从比较高的层次上来查看整个数据库中的数据，细分也使人们可用不同的方法对待处于不同细分中的客户。有多种方式可在细分上运用数据挖掘，通常用来建立细分群的数据挖掘方法是分类中的决策树方法和聚类方法。

电信客户分类一般是按照业务类型进行分类，主要分为大客户和普通客户。通过数据挖掘找出对企业有价值的客户，然后针对其特征采取相应的营销，比如提供价格折扣等。这样就能最大限度地保持住重要的老客户，提高他们的忠诚度。

（5）市场分析

数据挖掘在市场分析中的应用包括市场推广分析、市场特点分析和业务趋势预测等。通过回归分析算法可预测发展趋势最快的业务，从而决定业务重点和发展趋势。客户市场推广分析（如优惠策略预测仿真）是利用数据挖掘技术实现优惠策略的仿真，根据数据挖掘模型进行模拟计费和模拟出账，其仿真结果可揭示优惠策略中存在的问题，并进行相应的调整优化，以达到优惠促销活动的收益最大化。

（6）欺诈行为分析

通过数据挖掘算法，分析各种骗费、欠费用户的性质和消费行为，建立一套欺诈欠费行为的规则库。当客户的话费行为与规则库中规则吻合时，系统可提示运营商相关部门采取措施，预测可能的欺诈用户，从而降低运营商的损失风险。一般流程是根据挖掘算法，如聚类算法、分类算法、关联规则和线性回归等生成挖掘模型，然后应用挖掘模型对相关数据进行挖掘，最终得到需要的挖掘结果，也就是电信欺诈侦测模型。

（7）网络告警分析

在电信网中每天都会产生大量的告警数据，在这些数据中隐藏着很多有价值的信息。这些信息可用来过滤冗余的告警，在网络中进行故障定位和预测严重的错误。但这些信息是隐藏在数据中的，通过数据挖掘才能获得。在告警数据中可挖掘出不同类型的知识，例如神经网络、危险模式和规则发现等。

11.1.2.2 客户关系管理和大客户关系管理

20世纪70年代提出的"顾客是上帝"的传统口号正逐渐被更科学的营销理念所代替，这个崭新的主题便是客户关系管理。中国电信市场的竞争格局已经形成，电信业重组更使运营商成为市场的主体。来自国内外的竞争压力，使中国电信运营商意识到，客户才是企业生存和发展的根基，而如何保有客户、吸引客户、充分挖掘客户的盈收潜力是运营商广泛关注的重要课题，在这样的背景下，客户关系管理受到国内电信运营商的瞩目。

（1）关于客户关系管理

1）客户关系管理概念。

客户关系管理不是软件技术，而是哲学概念。它是现代电信企业的营销策略和管理基础，是建立在对数据分析上的理性思考。根据客户关系管理追求客户和利润平衡的动作理念，企业不再以产品来组织企业的营销体系，代之以客户来组织企业的整个机构、销售和服务体系，力求从与客户的互利、双赢关系中获取长期利益。与传统营销不同，客户关系管理主张发展企业与客户的伙伴关系，并从中赢得利润；主张以客户、潜在客户的利益和需求，重组企业组织和工作流程；主张区别对待客户，针对客户实施目标营销，特别是高值客户的一对一营销，并从目标营销（尤其是一对一营销）中，建立区别于竞争对手的产品和服务，建立企业与客户之间的诚信。总之，客户关系管理和与其相关的客户关系营销是企业营销从公众营销转向定向营销、企业管理从粗放型经营转向细致型经营的重要理论基础。

客户关系管理的基本模式：首先，识别企业的现有客户和潜在客户。其次，从客户行为区分客户群体（即市场细分和客户细分）。再次，根据市场和客户细分的结果，细分、组合和设计企业所提供的产品或服务。调动企业的所有资源参与上述循环，周而复始，成为企业的工程流程。多年来，电信企业力图建立以客户为中心的企业结构，客户关系管理为此提供一条得以实现的最佳途径。

2）电信客户关系管理特点。

电信运营商作为经营电信业务的服务商有其独特的市场特性和客户特性。首先，电信企业的客户具有多元性，从党政机关、经济组织和社会团体，直到居民个人都是其客户。其次，电信客户需求具有多元性，从团体到个人，从城市到农村，从高收入到低收入家庭对电信服务有各种层次的需求。再次，电信服务产品之间的替代性较强，市场竞争性较强，客户使用电信服务的随机性也较强。这决定电信企业的客户关系管理有自己的特点和需求：80%的利润来自占客户总量20%的企业客户；客户加入时间越长，对电信企业的价值越高；老客户介绍新客户是最有效、最经济的销售方式；了解客户对电信业务服务的需求才能推出满足客户需求的打包服务，提高客户的忠诚度并保留住客户；目标客户的类别划分越明确，促销效果越好，转换率越高。

3）客户关系管理信息支持系统。

客户关系管理不是软件技术，而软件技术却是实现客户关系管理的关键技术。原因是电信企业接触的客户群之多和发生的交易额之大是任何其他领域企业所不能相比的。因此，倘若没有一个以软件技术为核心的信息支持系统，则电信企业难以认识、区分客户，难以实现其客户关系管理，更不可能针对客户的需求一对一营销，从而实现对利润的挖掘。

客户关系管理软件支持系统通常称为客户关系管理系统，也可称为客户关系管理信息支持系统（俞国燕等，2001），其核心内容包括五部分：①数据仓库和业务智能系统。②工作流及其控制、监控系统。③营销系统。④多媒体呼叫中心系统。⑤企业决策应用支持系统。

数据仓库和业务智能是客户关系管理的基础，营销服务系统是客户关系管理的肌体，工作流则是客户管理的动脉。数据仓库存储有关客户、营销、账务和财务等企业信息，为企业提供一个识别客户和潜在客户的基本信息平台。业务智能的核心内容是挖掘企业客户的销售数据，从中识别客户的消费行为、账务行为和市场行为，进行客户区分（即市场细分）。在数据仓库和业务智能基础上，营销系统利用工作流，调动企业的各种人力、物力、时间和频率等资源，进行定向营销和定向客户服务，与客户建立伙伴关系，并从中掌握市场变化，赚取报务利润，争取竞争优势。多媒体呼叫中心系统是客户服务系统的基本平台，用于完成企业与客户之间的沟通，搭建客户和企业之间联系的桥梁。它由排队机（PBX/ACD）、CTI 服务器、Web Center 服务器、自动语音系统（IVR/VRU）、数字录音系统、坐席终端系统等组成。企业决策应用支持系统（Tomasz, et al.，1999）用于为企业决策层提供决策依据。由此可见，信息支持系统是企业实现客户关系管理的重要工具（图 11-2）。

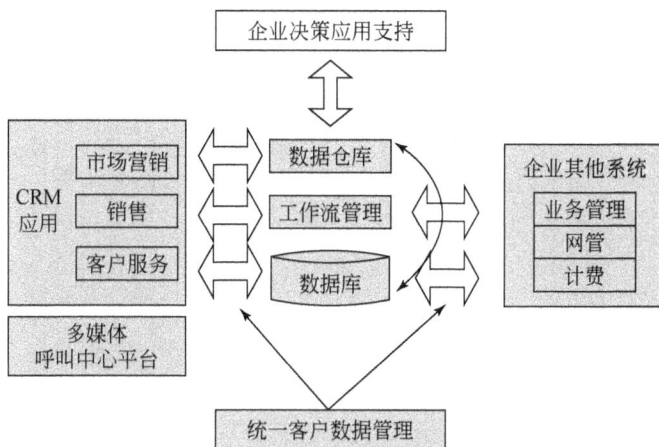

图 11-2　客户关系管理信息支持系统

4）典型的客户关系管理框架模型。

如上所述，客户关系管理调用了企业的核心数据资源以及企业内部各个营销和服务资源。企业客户关系管理需要涉及的工作角色和数据资源很多，设计企业基本客户关系框架模型是建立客户关系管理和客户关系营销的基本步骤。一个典型的电信企业客户关系管理模型如图 11-3 所示，描述了基本信息资源和基本角色定义。图中所示数据资源 D1 来自生产系统（如营业、计费和网管等），D2 来自生产外部信息（如户籍信息、企业用户信息和地理信息等），它们集成在营销数据仓库 D3 中，图中椭圆代表企业内客户关系管理工作角色。在客户关系管理模型中，企业的人力资源以工作角色定义。他们的基本工作内容在图中有一个概要描述。

客户关系管理系统的角色定义：

客户：通过呼叫、信函、电子邮件和 WWW 服务与系统交流。

销售人员：通过营销（由市场人员分析得出）、呼叫中心和销售队伍渠道与客户交流。

技术支持和服务人员：通过呼叫中心、营销渠道与客户交流，或与客户直接交流。

统计分析人员：通过系统进行数据挖掘，包括市场细分、趋势分析、建立模型和定义事件处理流程。

系统维护人员：维护系统数据。

管理人员：评估效率和结果。

企业的其他人力资源和其他资源（如时间、线路、频率和号码等）通过工作流系统统一调度（图中未标注），集中为客户服务。客户关系管理系统是一个典型的信息共享协同工作环境，协同工作的核心是工作流系统和网上数据传输系统。

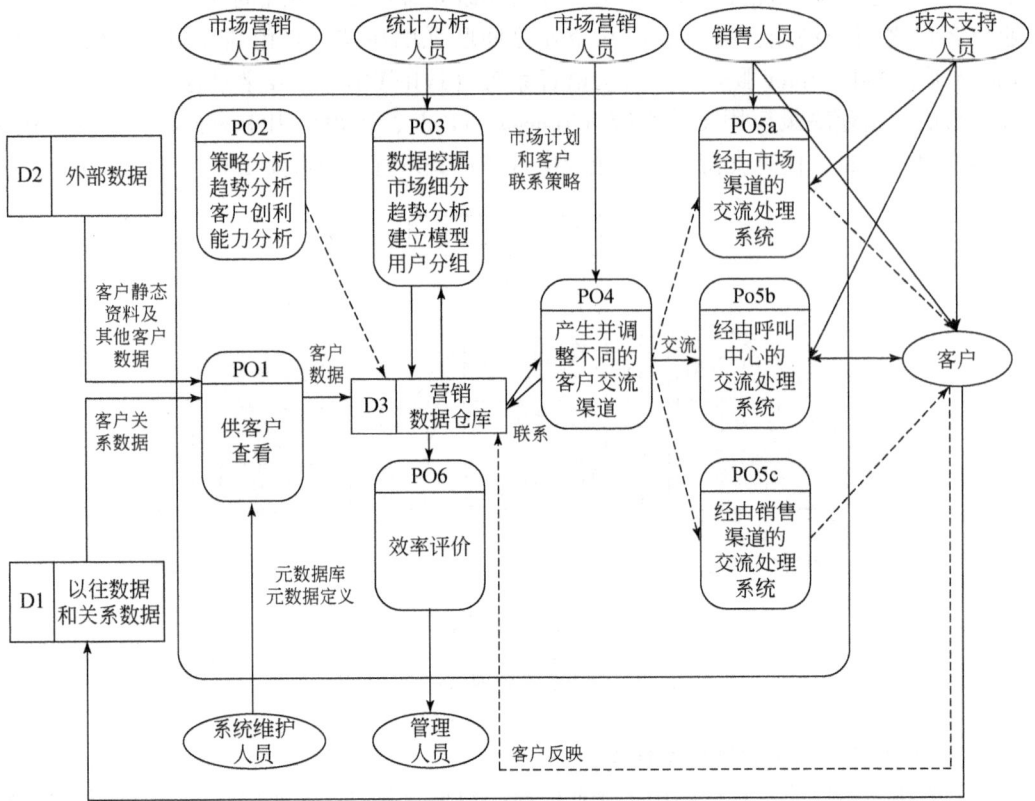

图 11-3　电信企业客户关系管理模型

(2) 关于大客户关系管理

电信企业的最大特征是为数目巨大的客户群体提供通信服务，移动通信业务的特征是其用户群体个人消费需求的差异性远大于固定通信业务。客户和服务是电信企业动作的两个基本因素，企业动作的核心是获取利润，赢得客户，长久发展，客户关系管理正是企业获得利润和客户双赢的法宝。然而，一个电信企业要转变成客户关系管理型企业谈何容易，利用现有资源尽快向大客户关系管理（iCRM）转变是全企业客户关系管理的重点。大客户目前已成为电信市场竞争的焦点，是电信企业收入的重要支柱。陕西全省前 100 名大客户电信消费水平平均每月达 1000 多万元。美国亚美达科公司大客户只占用户总数的 5.4/百万，但其拥有的电话总线数却占该公司电话总线的 7.7%。

1）公众营销与一对一营销。

传统的电信营销体系是一种公众营销系统。公众营销系统一般不仔细区分客户，通过垄断和大众传媒进行产品营销和品牌营销。然而，对电信企业的客户和客户价值分析表明，电信企业的客户价值有极大的差异性，通常大客户群（important customers）所占比例仅为整个客户群的 0.7%，但带给企业的利润却占整个客户群的 30% 以上。

电信客户对通信业务的需求具有相当大的差异性。电信企业一方面拥有不仅需要话音通信业务，而且需要数据、图像等通信业务的大客户群，另一方面拥有对通信业务需求单一的大量散户。由此可见，电信企业面对的是两种市场类型：①数目巨大，通信消费水平较低而且需求集中的散户群体。②数目不大，但通信消费水平很高、通信消费需求差异明显的大客户群。两个客户群体分别具有明显不同的特征。

根据客户价值的差异和客户消费需求的差异性，对中国电信作初级市场细分，可以得到：由通信消费水平低、消费需求单一的散户群体构成的公众营销市场，以及由通信消费水平高、消费需求差异明显的大客户群体构成的一对一营销市场。进入 WTO 后，我国电信企业将融入世界电信市场，经受优胜劣汰的历练，倘若不进行市场细分，对大客户群的存在毫无意识，并以公众营销方式对待至关重要的大客户群，等于向国内外竞争对手拱手相让企业的利润；同样，企业无力也没有必要对大量散户进行一对一营销。

2）大客户关系管理信息支持系统。

电信企业大客户关系管理信息支持系统的建设包括：①充分采集营销数据，建立企业级营销数据仓库。②建立客户分析系统。③建立市场细分和客户细分系统。④建立与大客户相关的企业数据平台。⑤建立大客户生命周期管理系统。⑥建立以大客户利益和企业利益为驱动的企业资源调度系统。⑦建立大客户工作流系统。⑧网上传输企业经营和客户工作数据，实现电信企业大客户工作流程化、网络化。

大客户关系管理信息支持系统由三层软件技术支持，核心是数据存储层（即数据仓库），存储企业经营、财务、客户的历史数据和模型；中间层由一系列应用服务器构成，是基于企业数据仓库的业务智能系统，其中包括营销分析的计算和分析模块，以及系统案例、管理等重要功能，主要包括市场细分服务器、客户消费模式识别服务器、关联规则服务器、关系拟合服务器、数据归纳演绎服务器、预测服务器；外层为用户层，采用浏览器形式，使系统的维护量降到最低（图11-4）。

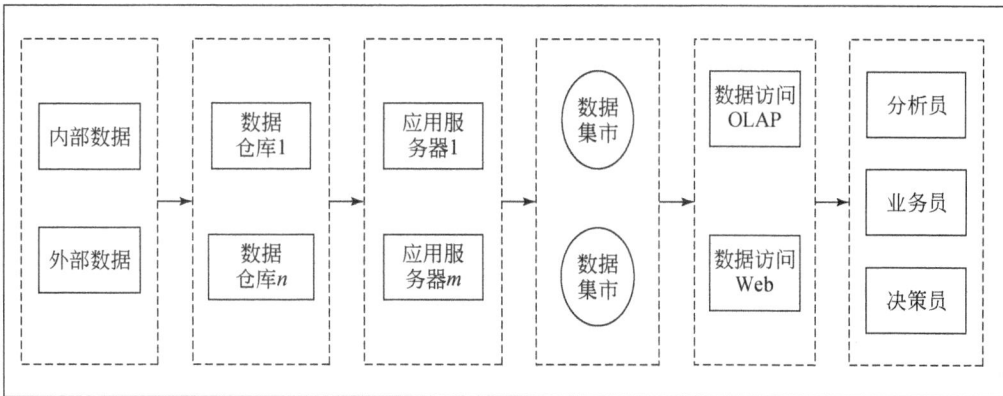

图11-4　iCRM 信息支持系统结构

11.1.2.3　电信客户关系管理实施客户与市场挖掘的框架设计

（1）电信客户关系管理实施客户

电信企业在实施数据挖掘时首先要明确商业问题，即要研究和解决的主题。在电信客户关系管理中，数据挖掘的商业问题要基于动态的客户全生命周期（customer life time，CLT）管理中的客户关系管理目标。客户关系管理的三大目标是：获取新客户、提升客户价值和保持老客户。客户生命周期可分为客户识别期、客户发展期、客户稳定期和客户衰退期四个阶段，在不同的时期有不同的客户关系管理目标，也就是说有不同的挖掘主题。

在客户识别期，如何高效地识别和获取新客户是主要任务。因此，数据挖掘的主题是建立响应率分析模型。分析客户对某种电信新服务或者新产品的感兴趣程度，预测哪些客户能够响应和响应的可能性是多少，找到最合适的响应客户，能有效地降低市场推广的费用，同时能更加有针对性地面对目标市场，达到以最小的投入获得最佳效果的目的。建立客户响应率模型的方法主要是分类分析（预测）技术，如决策树、神经网络等。

在客户发展期，客户关系管理的目标是获取客户和提升客户价值。数据挖掘的任务是依据客户的自然属性、行为属性和价值属性，建立客户细分模型。针对不同的客户群，研究客户的消费水平、消费行为、消费倾向，对不同的客户群进行特征刻画，设计出针对不同客户群的营销策略，提高服务水平，提升客户价值，扩大市场占有率，为开展精确化营销提供决策支持。建立客户细分模型的方法主要是聚用分析技术，如 K-mean 聚类方法等。

在客户稳定期，客户关系管理的目标主要是引导客户使用电信产品，在提升客户价值的同时提升企业价值。数据挖掘的主题是建立交叉销售模型。交叉销售模型是利用数据挖掘技术，找出那些曾经购买某种电信产品的客户更容易购买其他相关产品的规则，利用该规则发现不同产品之间的潜在关系，向客户提供捆绑组合产品，实现交叉销售，在为客户提供更多产品和服务的同时实现企业收益的增长。建立交叉销售模型的方法是关联分析技术，如 Apriori 算法等。

在客户衰退期，客户关系管理的目标是延长客户生命周期，保持老客户。数据挖掘的主题是建立客户流失预测模型。客户流失预测模型主要通过对客户数据库中的大量数据进行分析和处理，挖掘出客户流失的潜在规则和模式，并建立一个流失预测模型，用以识别和预测客户的流失倾向，分析客户流失原因，为制订客户挽留策略提供依据。建立流失预测模型的主要方法是分类分析技术，如决策树、人工神经网络等。

在电信客户关系管理中，除了解决上述主要商业问题外，数据挖掘技术在电信客户关系管理中挖掘的主题还包括：客户价值评价模型、客户忠诚度模型、客户信誉度模型、客户欺诈预警模型等。随着数据挖掘技术在电信客户关系管理中的广泛应用，其必将成为提升电信客户关系管理水平的助推器。

（2）电信客户关系管理挖掘过程

1）建立与电信客户关系管理相关的数据仓库。

数据仓库技术在电信企业的盛行是电信行业竞争的必然结果。竞争使企业的营销能力成为决定企业竞争力的最重要因素，而营销能力则建立在对客户的购买行为、消费行为、服务要求、营销参与等方面信息的收集、整合、存储的数据基础和分析基础上。为了收集和整合客户购买、消费、服务、营销等方面的海量数据，数据仓库必然地进入电信企业的采购单，比如某电信企业有千万级的电信客户，每个客户每月几百次的本地电话和上百分钟的长途电话，上 TB 级的数据使原来的数据存储、分析方法和处理能力力不从心，"仓库"的概念随之被引进数据存储过程中。简单地说，数据仓库就是为了保证数据查询和分析的效率，按照主题将所有的数据分门别类进行存储，需要时，再按主题提取数据并进行进一步的分析处理。

目前，电信企业数据仓库的应用一般集中在经营分析和营销决策支撑两方面。一方面数据仓库从营业、计费账务、渠道、客服中心等生产、管理系统获取市场经营的所有相关信息，经过整合、清洗等环节，按主题存储，形成企业内部有关市场经营的统一数据平台，通过查询、报表、多维分析等方式提供给数据分析用户和营销决策人员，另一方面，数据仓库根据客户交互系统的需求，经过分析或挖掘，将客户异常消费、流失客户预警、营销活动目标客户等信息反馈到各客户接触系统，供营销经理、营业员、客服人员对相应客户提供针对性营销和服务。数据仓库与电信企业其他生产管理系统之间的关系见图 11-5。

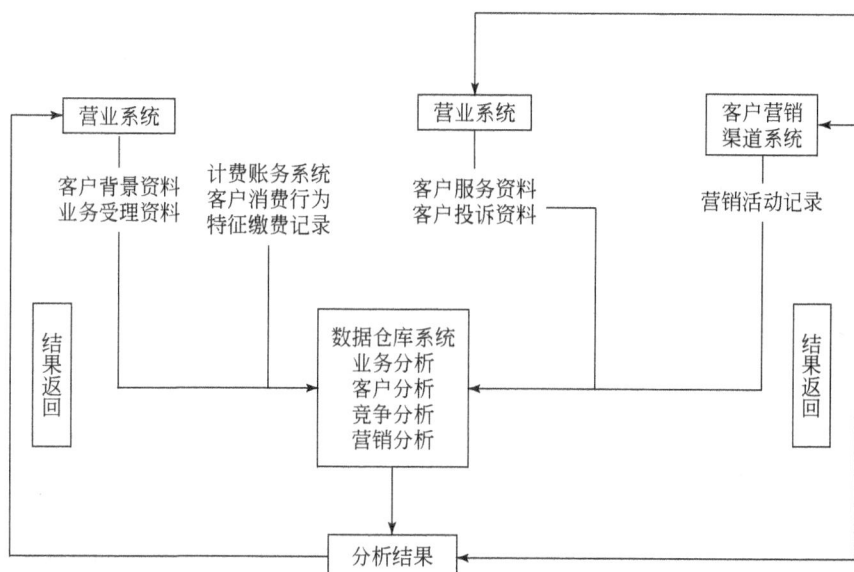

图 11- 5　数据仓库与电信企业其他生产管理系统之间的关系

① 数据仓库的建设目标。数据仓库的建设目标之一，是采集企业内部生产管理系统所有市场经营相关的数据源，包括客户背景资料、产品或套餐购买行为、消费资料、客服交互行为、缴费行为等方面的信息，对其进行规范和整合，然后按业务、客户、竞争、营销活动和数据挖掘等主题，将数据按数据集市的形式存放，并提供多维报表和挖掘工具，为分析人员提供统一的数据平台和分析平台，解决此前分析人员所面对的数据分散、口径不统一、分析工作缺乏延续性等问题。

数据仓库的另一个建设目的是提供营销决策支撑，即在客户级数据查询或挖掘的基础上，将符合某种条件或具备某种特征的客户（用户）清单下发到各营销渠道，为客户经理执行针对性营销策略提供决策依据。

② 数据仓库的用户。在电信企业中，数据仓库的用户主要是电信企业市场经营管理和执行人员，包括公司领导、市场主管、分析人员和营销人员四个方面，各用户使用的主要功能有所区别（图 11-6），比如公司领导主要以定制报表的方式为主；市场主管则不仅

要使用定制报表，还要大量使用多维分析；分析人员除了定制报表、多维分析之外，会更多地利用系统提供的数据平台进行具体的专题分析甚至数据挖掘；而营销人员则使用分析系统向营销渠道提供客户（用户）监测信息。

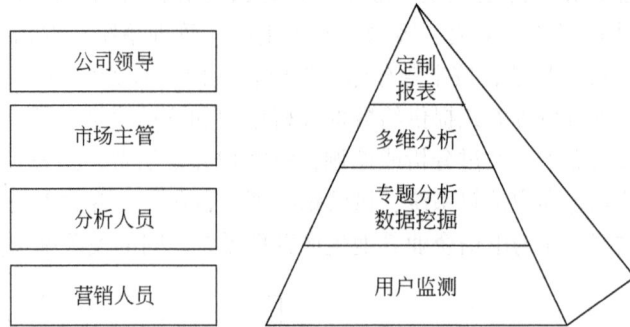

图 11-6　数据仓库的用户及其重点应用范围

③ 数据仓库的功能和数据源。从一个全省范围的电信企业市场经营管理职能来看，省公司层面的职能主要是以产品管理和营销决策管理职能为主，地市分公司则以客户营销的执行职能为主，因此，作为电信企业经营分析和营销决策支撑的数据仓库，它的功能是以产品、客户分析为主线，配合竞争、营销活动两条分析辅线，最终形成企业的市场经营概况。

在数据源方面，数据仓库需采集企业内部有关市场经营活动的客户资料、各类业务计费资料、客户服务资料和其他竞争信息，在有效整合的基础上，分主题实现对经营分析、客户营销决策支持。因此，需采集的数据源应包括客户资料、计费账务信息、客户服务信息、网间结算信息和其他信息，如网管、资源管理、统计、计财等报表，以及外部社会经营环境、竞争对手信息。

④ 数据仓库的需求设计。电信企业数据仓库项目的成功与否，很大程度依赖于它的需求设计。数据仓库是应用导向的系统，它立足于商业应用，而非单纯的技术，因此应强调的是，数据仓库不应被软硬件设备和分析工具利用，而应在科学、有效设计其功能的基础上，根据企业现有条件配置软硬件设备和分析工具甚至数据挖掘工具，以开发各类应用。

数据仓库的需求设计应立足于企业的数据分析需求，围绕市场经营管理、营销决策和执行的数据分析支撑工作来展开。需求设计主要完成三方面工作：一是分析主题的设计；二是分析维度和维度值的确定；三是分析指标的确定。

A. 分析主题的设计。

电信企业建立数据仓库，目的主要是为企业的市场经营管理和营销决策提供数据分析支持，因此，系统的分析主题设计应围绕电信企业的市场经营、营销活动的构成对象和任务来进行。参考迈克尔波特的五大竞争力量，我们可以认为影响电信企业市场经营能力（或竞争能力）的几大因素是企业经营的业务或产品、企业向市场提供这些业务或产品的方式（营销活动）、企业目前所拥有的客户、现有竞争对手，因此，产品、客户、竞争对手和营销活动即是我们数据仓库所要立足的分析对象，缺一不可。确定了分析对象之后，还需根据企业经营管理或营销组织的实际需要将对象进一步细分，比如电信企业将客户分为大客户、商业客户、公众客户和流动客户来管理,这就需要将客户分析的主题落到每个客户群上,而且业务或产品的分析也一样需要进一步细分到各专业。细化了分析对象后就进入分析主题内容设计阶段。这个阶段根据已细化的分析对象来设计数据分析的内容,即总结和归纳企业市场经营分析人员和营销分析人员现在的数据分析工作,以更有效率地组织分析数据。

根据经验,各类分析对象的分析主题可设计如下:

a. 业务或产品的分析主题包括各类业务或产品发展状况分析、发展变化趋势分析、影响因素分析和发展预测等内容。

b. 客户分析主题包括客户价值分析、客户流失分析、客户忠诚度分析、客户信用度分析等内容。

c. 竞争分析基于网间的话务信息来设计,包括竞争对手用户发展情况、本企业用户使用竞争对手产品情况和竞争对手用户使用本企业产品情况等内容。

d. 营销活动分析则根据营销活动的三大目的——获取客户、提高每用户平均收入、客户保持和营销活动的三个环节——营销策划、营销执行和营销评估来设计相应分析内容,一般包括营销机会判断、预期效果评估、营销效果评估、营销方案调整等内容。

B. 维度设计。

数据仓库中各主题的维度是为多维分析和定制报表而设计的,同时也要将报表数据分析过程中经常用到的分组组别考虑进来。设计维度时要强调有用性和效率的均衡,既要涵盖今后数据分析常用的角度,同时也要考虑多加一个维度或维度值就意味着仓库里数据量的成千上万倍增长,所以必须考虑效率问题。

另外,在设计每个维度的维度值时,要强调独立性和系统性。对于某个分析对象来说,每个维度的所有维度值之间是独立的,不能有交叉。根据经验,数据仓库的维度可分为以下六大类:

时间维度和空间维度。

业务维度:包括业务种类、流向、拨打方式、通达方式、速率等维度。

客户维度:包括渠道属性、统计属性、入网时间、客户状态、城乡属性、服务等级、行业属性、计费类别等维度。

用户终端维度:接入方式、终端类型等维度。

营销活动维度:参加活动种类、参加活动时间等维度。

运营商维度:运营商种类等维度。

C. 指标设计。

电信企业数据分析指标可分为两大类。一类是基本指标,包括用户数、通话量(或通信量)、费用(比如月租费、通话费、通信费、包月费等)等三个绝对指标,另一类是衍生指标,包括平均指标、相对指标、比例指标、结构指标、比较指标。常见的电信企业数据分析衍生指标有:每用户通话量、每用户平均收入、单次时长、主机普及率、渗透率、市场份额、同比率、环比率、计划完成进度等。

在设计电信企业数据仓库某个分析主题的指标阶段,指标的选择要视前端的应用方式而定。定制报表某种程度上直接反映经营管理的结果,且涉及的维度较少、变幻的灵活性不大，因此，在选择定制报表的指标时，可在涵盖必要的基本指标基础上包括更多的衍生指标，而多维分析和专题分析是经营分析的一个分析环节，且涉及维度相对定制报表更多且变换灵活，在选择设计多维分析和专题分析的指标时，应更多地考虑系统效率问题。另外，将基本指标转换成衍生指标对于前端分析工具来说是一件易如反掌的事情，所以建议多维分析和专题分析涵盖所有的基本指标，而衍生指标最好不纳入开发内容。

2）建立客户关系管理分析系统——数据挖掘模型的实施。

在电信客户关系管理分析系统中，数据挖掘模型的模式通常可分为以下六种：

分类模式：它是一个分类器（分类函数），能把数据集中的数据项映射到某个给定的类上。

回归模式：回归模型的函数定义与分类模式相似，它们的差别在于分类模式的预测值是离散的，而回归模式的预测值是连续的。例如给出某个人的教育情况和工作经验，可用回归模式确定这个人的年工资在哪个范围，进而判断她最大可能承受的通话消费额。

时间序列模式：它是根据数据随时间变化的趋势预测将来的值。这里要考虑到时间的特殊性质，像一些周期性的时间定义如星期、月、季、年等，不同的节假日可能造成的影响，日期本身的计算方法，一些需要特殊考虑的地方如时间前后的相关性（过去的事情对将来有多大的影响力）等。

聚类模式：聚类模式把数据划分为不同的组，组间的差别尽可能大，组内的差别尽可能小。与分类模式不同，进行聚类前并不知道将要划分成几个组和什么样的组，也不知道根据哪些数据项来定义组。一般来说，业务知识丰富的人应可理解这些组的含义，如果产生的模式无法理解或不可用，则该模式可能是无意义的，需要重新组织数据。

关联模式：关联模式是数据项之间的关联规则。其形式如："在逃避应缴纳移动通信费的人当中，60%的人在当地无固定地址。"

序列模式：序列模式与关联模式相仿，但把数据之间的关联性与时间联系起来。为了发现序列模式，不仅需要知道事件是否发生，而且需要确定事件发生的时间。例如，在当前申请人拨号上网的人当中，70%的人会在6个月以后申请宽带接入业务。

在解决实际问题时要同时使用多种模型，分类模式和回归模式使用最普遍。分类模式、回归模式和时间序列模式被认为是受监督的，因为在建立模式前，数据的结果是已知的，可以直接用来检测模式的准确性，模式的产生是在监督的情况下进行的。一般在建立这些模式时，使用一部分数据作为样本，用另一部分数据来检验、校正模式。序列模式、聚类模式、关联模式是非监督的，因为在模式建立前结果是未知的，模式的产生不受任何监督。

与本书理论部分相关的模式是分类模式，而回归模式、时间序列模式可通过 SAS 统计进行相关与回归的曲线拟合和残差诊断。分类模式的主要功能表现为：客户行为分组和大客户发现。

① 客户行为分组分析用来发现企业不同客户的行为特征。企业的客户千差万别，俗话说："物以类聚，人以群分"，根据客户行为的不同可将他们划分为不同的群体，各个群体有着明显的行为特征，这种划分方式叫做"行为分组"。通过行为分组，客户关系管理用户可更好地理解客户，发现群体客户的行为规律。基于这些理解和规律，市场专家可制定相应的市场策略，同时还可针对不同客户组进行交叉分析，帮助客户关系管理用户发现

客户群体间的变化规律。行为分组只是分析的开始，在行为分组完成后，还要进行客户理解、客户行为规律发现和客户组之间的交叉分析。

结合实际调查，本书在写作过程中利用的数据是在西安市电信市场调查中得到的移动通信公司和联通公司现有用户的调查资料。调查样本分布在西安市城区和近郊，筛选出有效样本约 3000 条，其中移动用户为 2158 条，联通用户为 842 条。本书以此为依据根据调查表整理构造成决策系统，决策表中包括 39 个条件属性和一个决策属性。条件属性的含义、代号和取值区间见下表 11-1 所述。

表 11-1 西安市移动通信业务两大运营商决策因素

调查因素	条件属性	条件属性取值								
		0	1	2	3	4	5	6	7	8
社会及人口因素	收入 a1	500 以下	500~1000 元	1000~2000 元	2000~4000 元	4000 元以上				
	文化程度 a2	硕士及硕士以上	本科	大专	高中或中专初中	小学及以下				
	职业 a3	公务员	企业管理人员及商务人员	工人	教师	医生	学生	农民	个体经营者	其他
	国籍 a4	中国人	外国人							
	年龄 a5	5 岁以下	6~10 岁	11~18 岁	19~34 岁	35~49 岁	50~64 岁	65 岁以上		
	性别 a6	男	女							
	宗教 a7	佛教	基督教	天主教	回教	道教	其他			
	家庭大小 a8	1 人	2~3 人	4~5 人	6 人以上					
	婚姻状况 a9	年轻单身	年轻结婚尚无子女	已婚年轻有子女	已婚老年有子女	已婚老年子女已独立	年老独身			
	居民来源 a10	陕西省居民	来陕西居住 2 年以上的外地居民	外地来陕西商务、旅游人员	外地来陕西探亲人员	外地来陕西打工人员				
个性及心理因素	自发性 a11	独立消费者	依赖性消费者							
	领导欲 a12	有领导欲者	被领导欲者							
	个性 a13	内向	外向							
	动机 a14	经济型	地位型							

续表

调查因素	条件属性	条件属性取值								
		0	1	2	3	4	5	6	7	8
地理因素	居住区 a15	乡村	近郊	都市						
	区域 a16	东	西	南	北					
行销主观反映标准	资费反映 a17	敏感	不敏感							
	价格 a18	高档	中档	低档						
购机及入网因素	购机及入网目的 a19	别人都买了，自己也想买	手机是时代的象征之一	做生意离不开	工作、生活需要	外出方便				
营业厅情况	所去的营业厅类型 a20	公司自营的营业厅	公司指定的营业厅	特约代销点	其他					
	去营业厅所要办理的业务类型 a21	维修手机	投诉	咨询/查询	办理新业务	打印话费清单	交费	其他		
	您一般去哪里的营业厅 a22	离家比较近的	离上班地点比较近的	离商业区比较近的						
交费因素	交费方式 a23	交费卡	银行托收	信用卡	手机银行	电话银行	充值卡	营业厅		
	交费时间 a24	工作日上午	工作日下午	双休日	节假日	银行托收	不定时			
对公司服务评价	营业网点布局 a25	非常满意	比较满意	一般	不满意	很不满意				
	服务态度 a26	非常满意	比较满意	一般	不满意	很不满意				
	热线接通率 a27	非常满意	比较满意	一般	不满意	很不满意				
	投诉受理及解决 a28	非常满意	比较满意	一般	不满意	很不满意				
	交费及话费查询方式 a29	非常满意	比较满意	一般	不满意	很不满意				
	账单准确性 a30	非常满意	比较满意	一般	不满意	很不满意				
	网络接通率 a31	非常满意	比较满意	一般	不满意	很不满意				
	通话质量 a32	非常满意	比较满意	一般	不满意	很不满意				

续表

调查因素	条件属性	条件属性取值								
		0	1	2	3	4	5	6	7	8
新业务情况	了解何种业务 a33	短信	手机钞票	信息点播	呼叫转移	呼叫等待	GPRS/CDMA	IP 电话		
话费情况	是否接受现行的月租费标准 a34	完全	可以	一般	不可以					
	是否接受现行的通话费标准 a35	完全	可以	一般	不可以					
手机使用情况	开机情况 a36	一直开机	外出时开机	基本不开机	其他					
	不开机原因 a37	省话费	省电池	不愿被人打搅	有有线电话	有辐射	信号差	其他		
	使用手机时出现的不方便 a38	打不通	信号弱	没信号	掉话及传音	有回音	杂音			
	手机使用年限 a39	1 年以下	2~3 年	4~5 年	5 年以上					

此决策系统为不相容决策表,利用数据约简方法可得:决策系统的冗余属性为 a4、a7、a8、a9、a11、a12、a13、a16、a20、a21、a22、a23、a24、a36、a37,在制定决策时可删除,其余为有效属性。在进行数据挖掘时,允许输入程序的误分类率为 20%,则分类正确率为 80%。以第一次数据挖掘的结果为基础再进行第二次数据挖掘,在此基础上进行概念树提升可得到下表 11-2 的客户行为分组。

表 11-2 客户行为分组特征

规则号	客户行为分组特征描述	运营商
规则 1	收入=4000 元以上	移动用户
规则 2	(收入=1000~4000 元)且(手机使用年限大于 5 年)	
规则 3	(收入=2000~4000 元)且(职业=个体经营者)且(手机使用年限大于 5 年)	
规则 4	(文化程度=本科以上)且(网络接通率=非常满意)且(账单准确率=非常满意)且(通话质量=非常满意)且((服务态度=一般)或(服务态度=比较满意))	
规则 5	(资费敏感程度=不敏感)且(价格=中档以上)且((购机及入网目的=手机是时代的象征之一)或(购机及入网目的=工作和生活需要)或(购机及入网目的=外出方便))且(年龄=35~49)且(动机=地位型)	
规则 6	(文化程度=初中以下)且(网络接通率=非常满意)且(通话质量=非常满意)且(收入=1000~2000 元)	

规则号	客户行为分组特征描述	运营商
规则7	（收入＝500元以下）且（服务态度＝非常满意）且（交费及话费查询方便性＝非常满意）且（通话质量＝一般以上）	联通用户
规则8	（资费敏感程度＝敏感）且（价格＝中档以下）且（购机及入网目的＝工作和生活需要）且（年龄＝19～34）且（动机＝经济型）	
规则9	（收入＝500～2000元）且（职业＝个体经营者）且（性别＝女）且（年龄＝11～34）且（动机＝经济型）	
规则10	（年龄＝11～34）且（手机使用年限＝0～2年）且（服务态度＝非常满意）且（通话质量＝一般以上）且（资费敏感程度＝敏感）	

挖掘结果分析：从挖掘出的上表所列分类规则可看出，移动公司的核心竞争力在于先进的技术优势，而联通公司的核心竞争力在于优质的服务和价格的灵活性。由于移动公司是从中国电信集团总公司分离出来专营移动部分，因而其规模较大，运营时间长久，基础设施健全，网络覆盖面广，具有良好的社会形象和较强的竞争实力。其用户的群体特征表现为收入较高，对资费的敏感性较弱，强调满意的通话质量和健全的网络覆盖，其用户具有较好的忠诚度和满意度。而联通公司起步较晚，服务网点和网络覆盖上较移动公司差，该公司的营销策略主要集中于如何提高其服务质量、良好的售后服务和弹性的资费政策，其用户的群体特征表现为收入中等，对资费的敏感性很强，强调满意的服务态度和服务质量，其使用手机的动机为经济型，年龄趋向于较年轻化。明确了两大公司的用户特点，运营商可根据自身的优势制定保留老客户、挖掘新客户的营销策略，以提高公司的市场占有率。

② 大客户发现。大客户发现的目标是找出对企业具有重要意义的客户。大客户也称为最有价值的客户，其对电信运营商的价值包括三层含义：一是大客户当前价值。二是大客户的潜在价值。三是大客户经营工作的社会价值。衡量客户的价值，不仅要考虑客户的当前价值，更要考虑客户的潜在价值，而由于电信的基础设施性质，电信大客户的社会价值也很重要。准确识别大客户是对大客户实施有效经营策略的基础。目前电信企业主要根据客户电信消费水平和单位性质对大客户进行识别和划分，其优点是易量化，获取数据方便，缺点是没有考虑客户的未来价值，不利于企业的长期决策。因未获得集团用户的数据资料，从而未能对大客户的资料进行数据挖掘。但是笔者认为识别和划分大客户的条件属性可设定为客户性质、客户规模、客户的电信消费水平、客户对新业务的需求、客户的资费敏感度、客户的购买行为、购买目的和客户的地理位置等因素。在获取数据后构成相应的决策系统，根据决策系统的不同类型采用不同的数据挖掘算法可用来识别和划分大客户。电信企业在制定营销策略上可根据大客户的不同特征采取差异化服务和灵活的弹性资费策略，与大客户建立长期合作伙伴关系，着眼于大客户的长期发展，挖掘大客户的潜在价值。

中国电信的市场业务种类繁多，主要表现为：固定电话业务、移动通信业务、电报业务、数据通信业务、无线寻呼业务、图文图像通信业务和出租代为电信设备业务等。不论其业务种类如何，其服务质量的评价体系都可归纳为图 11-7 所示。

各大运营商服务内容的满意程度分类：满意　基本满意　不满意

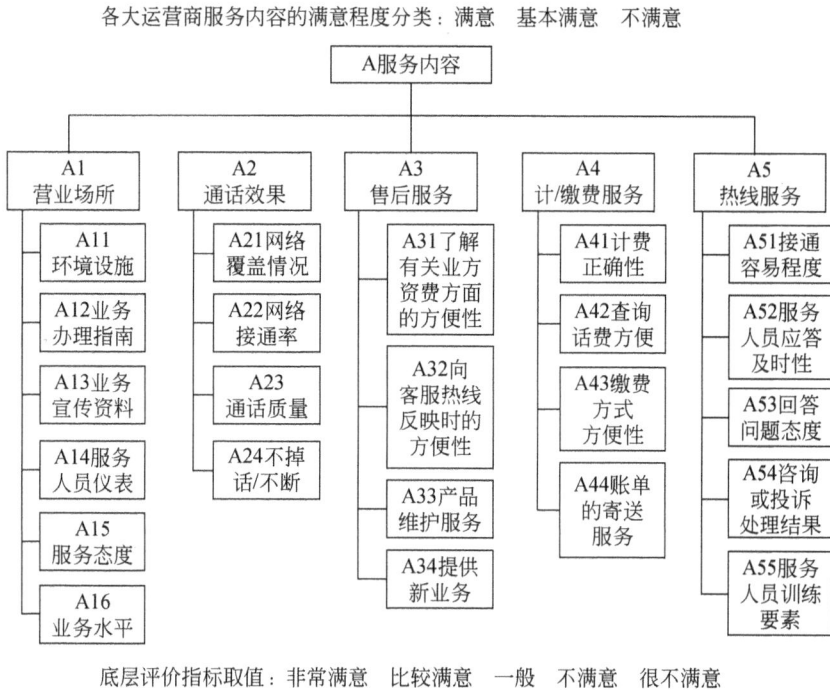

底层评价指标取值：非常满意　比较满意　一般　不满意　很不满意

图 11-7　电信业务服务质量的评价体系

电信业不同业务的总体服务评价体系大致可分为五个主体评价指标：营业场所、通话效果、售后服务、计/缴费服务、热线服务，每个评价指标又有若干评价分指标如图 11-7 所示。

以往的评价模型针对上述的评价体系大部分采用传统的统计方法或层次分析法。在数据量巨大的情况下，传统统计方法工作量比较大，并且对数据不能进行自动筛选，而 AHP 方法是根据专家的经验知识确定判断矩阵，专家的经验知识在某种程度上并不能完全代表客户的实际数据。而本书所提出的数据挖掘模型直接利用数据本身的信息，从中获取数据内部的规律性。现利用西安市现有电信用户的实际调查数据，对服务内容的各项指标的影响因素进行重要性排序。其挖掘结果如下：

营业场所影响因素排序：业务水平 A16 优于服务态度 A15 优于环境设施 A11，业务办理指南 A12、业务宣传资料 A13、服务人员仪表 A14 的影响力较小，可视为冗余属性。

通话效果影响因素排序：网络覆盖情况 A21 优于电话接通率 A22 优于通话质量 A23 优于不掉线/不断线 A24，无冗余属性。

售后服务影响因素排序：提供新业务 A34 优于了解有关部门业务资费方面的方便性 A31 优于产品维修服务 A33 优于向客服热线反映时的方便性 A32，无冗余属性。

计/交费服务影响因素排序：计费正确性 A41 优于交费方式方便性 A43 优于查询话费方便性 A42，账单的寄送服务 A44 为冗余属性。

热线服务影响因素排序：接通容易程度 A51 优于服务人员应答及时性 A52 优于咨询或

投诉处理结果 A54，优于回答问题态度 A53，优于服务人员训练有素 A55，无冗余属性。

在竞争激烈的电信市场，各运营商只有在了解客户对其服务内容的重视程度和满意程度的基础上，有针对性地制定出相应提高客户满意度的营销措施，才能使企业在当前激烈的竞争环境下立于不败之地。

根据数据挖掘模型将客户关系管理分析系统的分析结果（主要表现为反映某一业务内部各影响因素的重要性因子和分类规则；反映与电信行业相关的其他行业之间的相关性分析的关联规则）由知识库的形式传递给市场专家，供其进行辅助决策。通过数据仓库对客户行为的分析与预测，企业可制定准确的市场策略，发现企业的重点客户和评价市场性能。不同的企业应根据自己的实际情况进行选择。但无论如何，对于客户量巨大、市场策略对企业影响较大的企业来说，必须在客户关系管理系统中包含数据仓库。根据国外的经验，银行、电信、保险等行业（SOUSA R, 2003）的客户关系管理系统都是以数据仓库为核心的（图 11-8）。

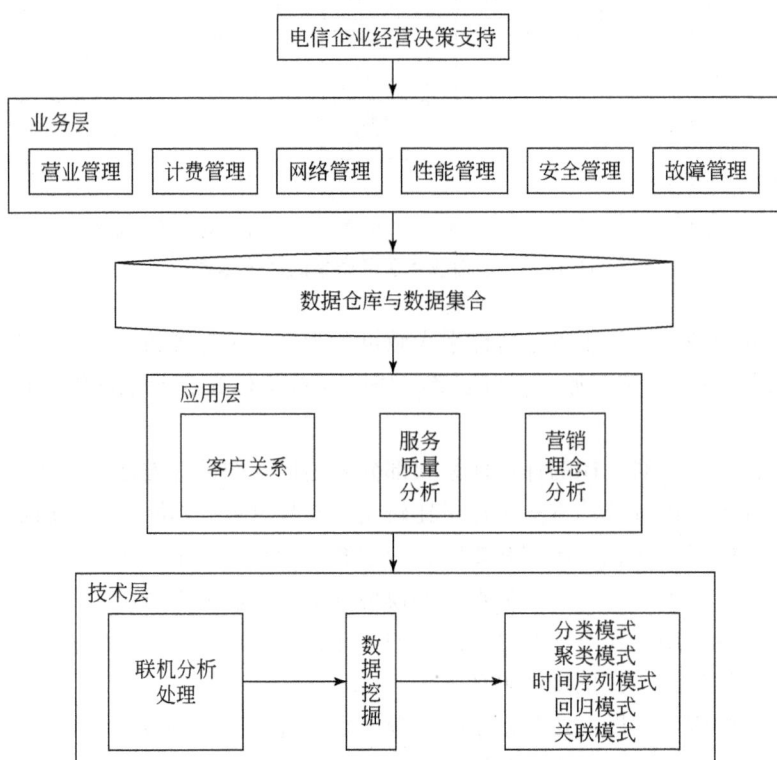

图 11-8　电信企业经营决策结构

11.1.3　知识发现在数字文化产业价值链提升中的应用

西安曲江文化产业投资（集团）有限公司（以下简称文化集团）成立于 1995 年，目前，文化集团旗下文化企业涵盖会展、影视、演艺、动漫、出版、文体、网游、创意设计和广告等 10 多个门类，文化产业集群发展的优势逐渐放大，上下游的联动和行业门类之间的互动正在不断加强。但是，由于曲江新区文化产业（Chin et al., 2002）本身的结构性聚集和内容产业仍显不足，多数文化产业项目盈利水平还不高，文化集团如何实现从文化项目开发到文化产业运营的跨越提升，如何实现从城市运营商到城市文化运营商的成功转型，就需要进行文化产业价值链的提升研究和关联研究。针对当前以数字技术为载体的内容产业的迅速崛起，以及曲江二期文化产业园规模化发展的产业格局，下面主要围绕数字文化的价值创造、利用基于聚类分析的知识发现方法探讨数字文化产业价值链提升问题。

计算和分析产出效率是把握价值链运作效果的重要手段。对数字文化企业而言，其产出效率可通过收入、利润、收入利润率等指标来反映。其中收入是反映产出总规模的指标，与投入成本密切相关，利润虽剔除了成本的影响，但又受企业本身规模大小的影响。而利润率又属于相对指标，具有抽象性，即一个较高的利润率可能代表较小的利润总额，一个较低的利润率背后却可能代表较大的利润总额。因此，要准确、全面地评价文化集团数字文化产业价值的链运作效果，就必须同时选用以上三个指标为评价依据，采用多指标综合评价的思想进行分析。综合评价的方法很多，但都有一定的适用范围和数据要求。这里选用多元统计分析中的聚类分析法，对文化集团价值链上各企业按产出效率的高低进行分类评价，以反映文化集团数字文化产业价值链的整体运作效果。

11.1.3.1 文化集团数字文化产业价值链聚类分析的基本思想

这里根据以上三个产出效率指标对价值链上的各企业进行聚类，属于样本聚类（表 11-3）。

表 11-3 文化集团数字文化企业 2011 年 1～10 月份产出效率指标

序号	单位名称	截至 2011 年 10 月累计完成		
		营业总收入（万元）	净利润（万元）	收入利润率（%）
1	西安曲江文化旅游（集团）有限公司	72,325.06	4,256.06	6
2	西安曲江大唐不夜城文化商业有限公司	18,201.00	2,192.98	12
3	西安曲江影视投资（集团）有限公司	3,003.62	734.84	24
4	西安曲江文化演出（集团）有限公司	11,641.92	-448.57	-4
5	西安曲江出版传媒有限公司	6,033.29	10.51	0
6	西安曲江国际会展（集团）有限公司	4,452.14	970.79	22
7	西安曲江梦园影视有限公司	314.20	71.61	23
8	西安曲江国际会展投资控股有限公司	102,130.57	2,201.91	2
9	西安曲江大秦帝国文化传播有限公司	20.06	-84.40	-421
10	西安曲江丫丫影视文化传媒有限公司	315.68	-39.81	-13
11	西安曲江乐雅动漫有限公司	105.50	-121.77	5
12	西安曲江爱乐艺术创作有限公司	1,652.37	15.92	1

从表 11-3 可看出，所选 12 家数字文化企业的营业收入在 20 万～102130 万元，西安曲江国际会展投资控股有限公司营业收入最高，达到了 102130.57 万元；净利润额在 -448 万～4256 万元，西安曲江文化旅游（集团）有限公司净利润最高；收入利润率在 21%～24%，

收入利润率最高的企业为西安曲江影视投资（集团）有限公司。由此可看出，收入高，不一定利润高，利润高不一定收入利润率高。因此，用单一指标反映各企业的产出效率是不合适的，这就需要借用多元统计分析方法——聚类分析法。

（1）聚类分析的基本步骤

本实验采用的系统聚类法基本步骤如下：

第一步，选择文化集团数字文化企业的营业收入、利润额、利润率（见表11-3）作为分析指标。

第二步，数据标准化，以便消除变量间量纲不同或数量级单位不同所带来的问题。

第三步，选择距离或相似系数的计算公式，计算所有样本（变量）两两之间的距离或相似系数，生成距离矩阵或相似矩阵。

第四步，选择聚类方法，将距离最近的两个样本（或变量）合并成一类。

第五步，如果类的个数大于1，继续第三、四步，直至所有样本归为一类。

第六步，输出聚类结果和系统聚类图。

第七步，按照一定的分类标准或分类原则，得出最终的分类结果如图11-9和图11-10所示。

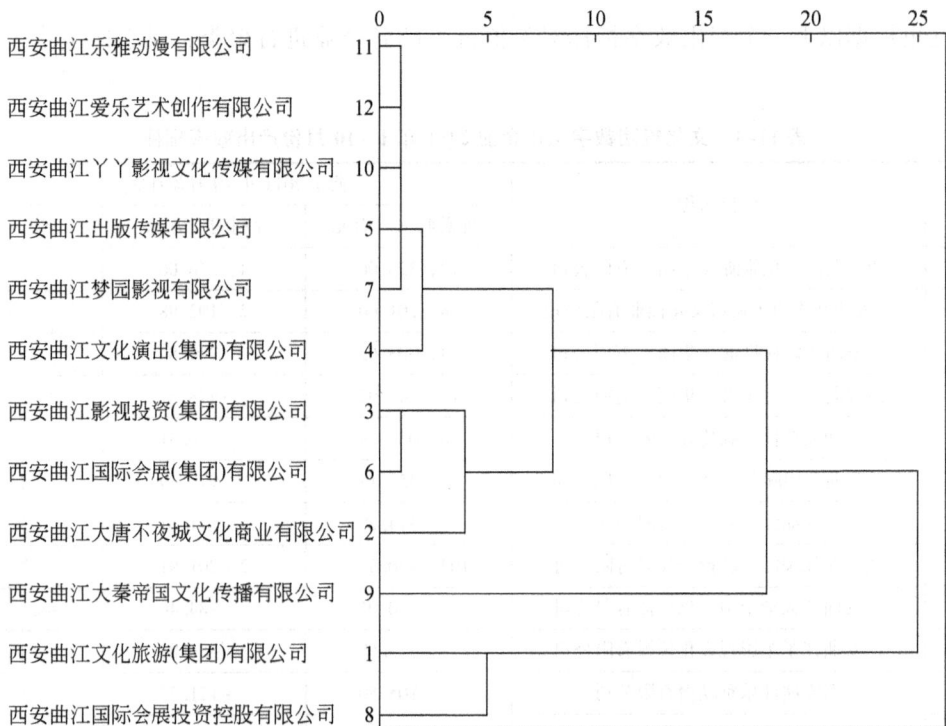

图11-9　文化集团数字文化企业聚类树状图

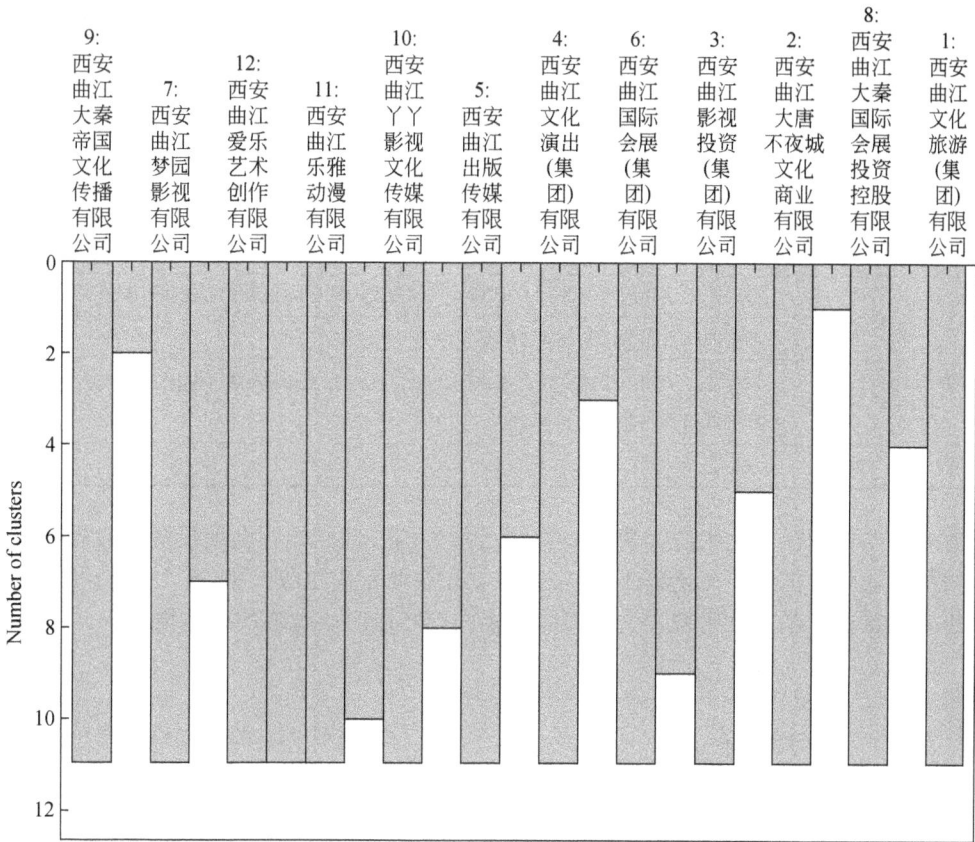

图 11-10　文化集团数字文化企业垂直冰柱图

(2) 聚类分析结果

由图 11-9 和图 11-10 可看出，如把 12 家公司分成两类，西安曲江国际会展投资控股有限公司和西安曲江文化旅游（集团）有限公司属于一类，虽利润率不是最高，但综合产出效率最高，均处于盈利企业范围，再加之其收入和净利润均排在第一、二名，剩下的企业归为一类。如把 12 家企业分成三类，西安曲江国际会展投资控股有限公司和西安曲江文化旅游（集团）有限公司属于一类，西安曲江大秦帝国文化传播有限公司自成一类，其他企业可以归为一类。还可把 12 家企业分成四类、五类等，具体分类情况如下表 11-4 所示。

综合以上分析可得出，在文化集团 12 家数字文化企业中，西安曲江文化旅游（集团）有限公司和西安曲江国际会展投资控股有限公司的综合产出效率相对最好，但其利润率仅为 6% 和 2%，明显低于全国创意企业平均利润率。根据相关调查数据，2004 年创意企业的平均利润率为 9.47%，在 2005 年和 2006 年，创意产业平均利润率继续强劲增长，利润增长率已经连续三年超过当年的 GDP 增长率。

表 11-4　聚类分析结果表

分类数	分类数	单位名称
两类	第一类	西安曲江文化旅游（集团）有限公司和西安曲江国际会展投资控股有限公司
	第二类	剩下企业
三类	第一类	西安曲江文化旅游（集团）有限公司和西安曲江国际会展投资控股有限公司
	第二类	西安曲江大秦帝国文化传播有限公司
	第三类	剩下企业
四类	第一类	西安曲江文化旅游（集团）有限公司和西安曲江国际会展投资控股有限公司
	第二类	西安曲江大秦帝国文化传播有限公司
	第三类	西安曲江大唐不夜城文化商业有限公司、西安曲江国际会展（集团）有限公司和西安曲江影视投资（集团）有限公司
	第四类	剩下企业

此外，西安曲江文化旅游（集团）有限公司和西安曲江国际会展投资控股有限公司两家公司的营业收入占到了文化集团 12 家数字文化企业营业总收入的 79.23%（图 11-11），其产出效率状况，基本上反映了文化集团数字内容产业产出效率的整体情况。

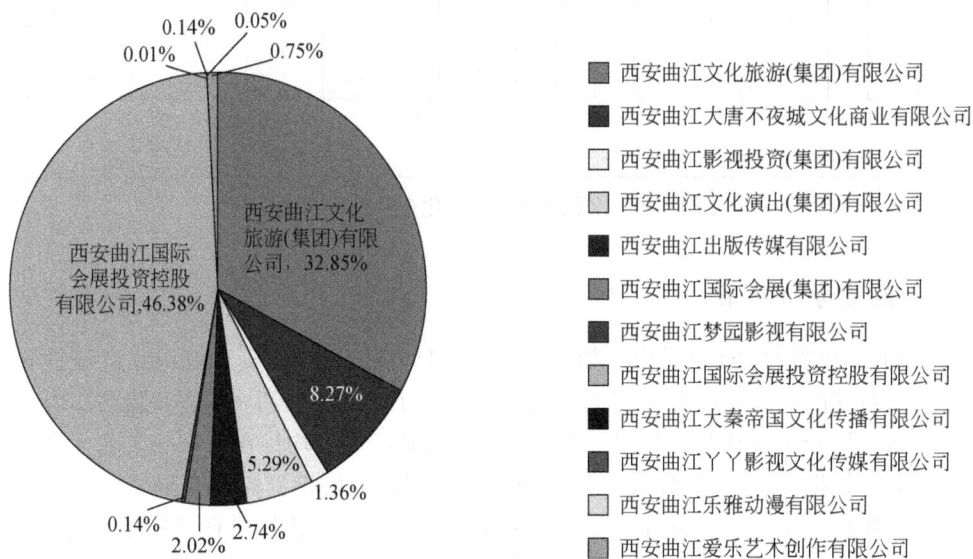

图 11-11　各数字文化企业营业收入占文化集团数字文化产业总收入的比重

11.1.3.2　文化集团数字文化产业价值链分析

结合对数字文化产业价值链的构成和特征研究，不难看出文化集团 12 家数字文化企业价值系统的"内容、资金、人才和运作平台"四大要素均具备。只是文化集团 12 家企业目前还基于单个企业的经营模式，涉及数字文化内容的方方面面，有旅游、会展、影视、文化演出、出版传媒、动漫、艺术创作等，对企业间的合作没有提到战略高度来熟悉，致使一个产业内部各企业之间的相互作用很少，企业之间相互整合度不高，没有形成一个完整的链条。总有一些企业相对其他企业而言具有相对优势，总有一些企业比其他企业获利多一些。根据聚类分析结果，西安曲江文化旅游（集团）有限公司和西安曲江国际会展投资控股有限公司在营业收入上已经与其他 10 家企业拉开差距，占龙头地位。可让剩余 10 家企业中的同类企业共同合作，形成强强联手或优劣互补的关系。例如，西安曲江影视投资（集团）有限公司、西安曲江梦园影视有限公司和西安曲江丫丫影视文化传媒有限公司三家影视公司具有相同的内容产业——影视业，可以共同合作，发展分销产业和支持产业，完善三家企业产业价值链的三大环节，进而带来价值链的提升。

结合对文化集团数字文化产业价值链的外延分析发现，文化集团的横向关联领域还没有扩展到社会文化生活服务和城市发展建设的高度。但是值得一提的是西安曲江国际会展投资控股有限公司以曲江会展产业园区为平台，已成为具有高知名度的城市主题园区建设开发商，为城市软实力建设做出了巨大的贡献，创造了间接社会价值。文化集团的纵向关联领域已经很好地涵盖了制造业、旅游业和专业人才培训业，发挥着直接经济价值作用。

11.1.3.3 对文化集团的建议

通过以上内容的分析，对文化集团形成如下建议：

（1）调整产业结构，整合产业链，提升价值链，形成企业核心竞争力体系

数字文化产业是数字技术与文化创意结合的产物，是以文化为基础，以创意为核心，以数字化为主要表现形式的新型产业。展望未来文化集团数字文化产业的发展，主要做到文化和科技的融合。再者，通过对文化集团数字文化产业价值链聚类分析仿真，可以看出文化集团现有产业组织结构过"散"，"大而全"、"小而全"、企业分工不够或层次较低的问题比较突出，因此需要把散而小的企业分成类，共享企业间的资源。如一个大类中有三个企业，其中一个企业仅专注于生产规模来产生低成本优势，另一个企业仅专注于渠道策略来产生市场营销优势，还有一个企业仅专注于基础研发来产生技术优势，如果将这三个企业协作起来，一个企业参与、组建的一条产业价值链和另一个企业参与、组建的一条产业价值链，从而形成"链"与"链"合作。网状经济时代最有发展前途的企业是最善于整合不同资源的企业，它们三个企业就可形成一个经济关系网，最终实现双赢甚至多赢。以产业链条化、企业集群化、分工专业化为目标，通过产业整合，提高产业的集中度和产业的组织化程度，形成龙头企业与配套企业互补合作的产业组织结构。

（2）重视文化产业的内容原创，积极应用数字技术，延伸产业链

内容是文化产业发展的基础，文化内容产业不仅是繁荣文化产业的核心要素，更是推动产业可持续良性发展的关键。目前，文化集团主要是对引进文化作品进行二次开发，原创性作品较少，每年新推出的产品是少之甚少，制约了数字内容产业的快速发展。又由于创意产业本质是特色产业，但众多创意企业却不注重挖掘自身特色和资源优势，盲目追求"做大做强"，既要搞创意又要找资金，从构思创意、制作产品、推广市场、树立品牌的各环节都要亲力亲为，往往最终难以承受所要投入财力、人力、物力和社会资源协调等成

本，不仅影响自身的发展，而且无法与其他企业形成新的分工合作关系。因此，文化集团应尽快明确市场定位和科学发展战略，使企业之间形成良好的竞争合作关系。文化集团在产业链延伸上应利用数字技术和网络技术，使内容不只娱乐大众，还能与陕西的灿烂文明和优秀文化结合起来，用高科技的手段来向世界宣传大秦文化。文化集团的影视、演出板块应首先从事节目的创意，当公司达到一定规模之后，再涉及节目的生产、节目的交易，直至节目的播出或上演，最后便形成一条完整的产业链。

（3）扩展文化集团数字文化产业横向关联领域，努力创造间接社会价值

数字文化产业横向关联领域涉及社会文化生活服务、城市发展建设和城市软实力建设。目前，文化集团依靠西安作为历史文化名城和著名旅游城市大力发展文化旅游产业，在这三个横向关联领域略显薄弱。文化集团有必要加大力度发展社会文化生活服务，规划建设标志性文化设施，积极推进文化演出，以西安特色为题材，推出具有传统艺术的高水平舞台剧和精品文艺节目，丰富社会文化生活。文化集团是西安建设数字城市的先行者和主力军，负有城市发展建设和软实力建设的社会责任。加快大型专业会展场馆建设，改善举办国际会议的硬件设施，长远规划国际国内组织与会议的发展，以展示城市的国际形象、提高国际声誉。实现数字技术与城市规划的有机结合，将西安建设为以数字化、网络化为主要特征的新型城市。

11.2 智能决策支持系统的应用

现今，信息爆炸已不可避免地改变了我们认知这个世界的方式，每个人、每件事，都会留下实时的数据痕迹。对于企业来说，其外部与内部的信息随着时间的增长和业务规模的扩大，正呈几何级的速度在不断增加。如何解析这些的信息，成为企业需要面对的一个问题。尽管有不少已运用多年的信息分析和管理工具与方法，如企业资源管理系统/企业资源计划系统、客户关系管理和供应链管理系统等，但现在，智能技术的发展，已让我们有理由重新审视曾经使用的管理支持系统和工具，能否面对更为复杂的公司运营和客户服务方面的挑战。智能系统的应用将给我们带来新的机遇。

随着决策理论、信息技术、数据库技术、办公自动化、专家系统等相关技术的发展，智能决策支持系统（富珍等，2006）取得了巨大的进展，已经在许多领域有了相关应用。应用智能决策支持系统主要有利于优化三个相互依赖的业务维度，即盈利增长、减少成本和提升工作效率以及主动式风险管理。

1）盈利增长：智能决策支持系统在精确营销、细分市场、增加客户数量、改进客户关系、提高客户忠诚度、发现新的市场机会、开发新产品和提供服务等方面都有积极的作用，将直接或间接地带动公司盈利增长。

2）减少成本和提升工作效率：智能决策支持系统的应用，将有利于优化和重新部署企业内外资源和资本，提高工作效率，并按符合公司战略和目标的方式进行成本管理。

3）主动式风险管理：智能决策系统的主动式风险管理的功能，将增强公司主动识别和预测风险的能力，增强对于风险事件的应对能力，减少风险事件结果的不确定性，有效

降低风险发生后的损失。

以上三个维度，都是公司整体业务优化的一个组成部分，只要其中一个维度发生变化，其他维度都将随之发生变化。对于全面应用智能决策支持系统的企业来说，可能给整个企业带来全方位的变化，主要表现在如下几方面：

1）企业内外部信息沟通更加有效、更具价值。随着系统的全面引入，企业内外部信息的沟通和使用将更为流畅，信息的交流将使企业内部不同部门协作更为容易，企业内外部专家协同作用下的智慧将为企业带来更多的价值。

2）为管理者提供更为丰富准确和有益的决策支持。系统能管理、分析格式和内容丰富的数据，在自动分析的基础上，将为决策者和管理者提供准确的有益数据支持，并为决策者提供丰富的专家网络支持。

3）促进企业创新文化的形成。系统的应用，将使员工从大量的重复性工作中解放出来，企业可鼓励员工在完成今天工作的同时，积极思考和改进明天的工作，让质疑和探究成为一种思考习惯，鼓励不断创新，使员工的精力专注于解决新的问题，使整个企业组织文化朝着创新型、学习型的组织文化发展。

4）为企业基层一线内外部客户提供最便捷有效的服务。系统的应用，将有利于管理部门在风险可控的前提下，充分授权一线的业务优秀人员进行部分业务决策，减少管理流程和监督环节，为一线客户提供更便捷的服务。

5）实时跟踪事件、发现机会和预测风险。在风险已知和机会存在的情形下，运用精心设计的规则，提供相关解决方案，实现快速响应。预知风险，积极主动防御风险，可在更大程度上降低风险结果给企业带来的损失。

现从以下几个方面分别阐述智能决策支持系统的应用：

11.2.1 智能决策支持系统在社会保险财务的应用

财务决策是关于企业重要财务活动的决策，不仅需要制定和选择主案，而且必须从资金的使用方向和使用效果的角度来对企业各种经营决策做出科学评价和正确选择。利用智能决策支持系统来解决财务预测方面的问题可很方便地解决传统的决策支持系统中问题求解策略完全由决策者来决定的问题，它采用决策者与系统交互作用来完成问题的求解策略，所以目前国内外已有很多的学者致力于这方面的开发。

（1）财务智能决策支持系统基本概念和功能

财务智能决策支持系统（Marc Lennon et al.，2006）（financial intelligence decision support system，FIDSS）是一个人机交互式计算机系统，它的软件系统是支持财务决策而不是代替人进行财务决策，人是这个系统的主导方面。系统是一个由互相关联的成分组成的完成特定功能的统一整体。决策支持系统既然是一个系统，它的智能化就要求其各个组成部分智能化和它们之间连接的智能化，以便更好地完成特定领域的决策支持。

从结构上讲，智能决策支持系统与传统决策支持系统相比增加了知识库和推理机制。知识库和推理机制在智能决策支持系统中的作用表现在两个方面：一方面用于领域问题求解，即针对所要解决的任务，构造一定的知识模型块，采用一定的推理机制，单独使用或以其他方法联合使用以求得期望结果，另一方面用于求解控制策略，即根据问题领域的特点和性质，参照模型资源和数据资源，完成对问题的判定和识别，支持用户对系统的了解，确定或辅助用户确定求解步骤等。

利用财务智能决策支持系统可帮助企业管理者和决策者进行财务方面的管理和决策，预测企业的重要财务活动，从资金的使用方向和使用效果方面对企业的经营决策做出科学评价和正确选择。财务智能决策支持系统主要完成收集信息、问题识别、模型化、分析与计算、模拟、选择等功能。

(2) 财务智能决策支持系统应用的步骤

1) 问题识别：对问题本身深入细致地了解分析，确定建模的目标。
2) 建立模型：对问题本身进行必要的简化，把握问题的主要方面与主要矛盾，抓住主要因素，使问题模型均匀化、线性化。
3) 执行模型。
4) 评价决策：对模型运行结果按评价标准进行评判，以审查模型的满意程度。
5) 修改模型：对模型运行结果不满意的地方进行修改。

(3) 财务智能决策支持系统的实现技术

财务智能决策支持系统采用模块化结构，如图 11-12 所示，为满足不同用户和各种核算深度的需要，财务智能决策支持系统的软件设计分为三层。

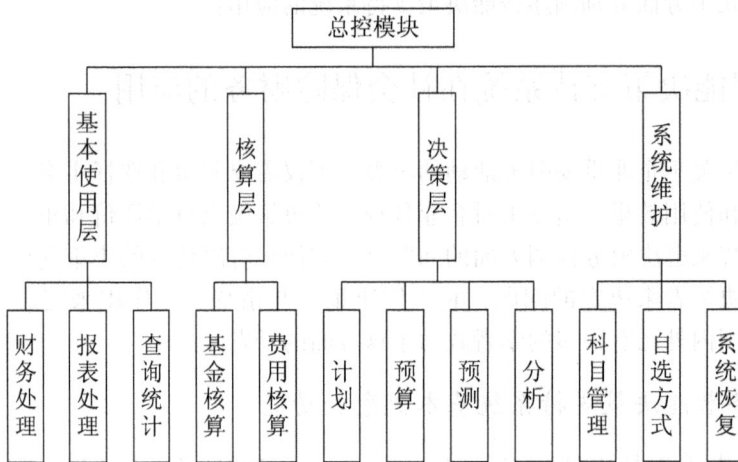

图 11-12 财务智能决策支持系统的模块化结构

第 1 层：基本使用层（财务处理、报表处理和查询、统计、打印、维护）。
第 2 层：从核算的角度提高财务工作的自动化，各系统可独立运行，又能联合运转，内部资源共享。
第 3 层：从管理、决策的角度提高财务工作的自动化，计划和控制为该层次的主体，辅之以预算、预测、分析和评估，在这一层次上实现计算机辅助决策。

从整体上讲，财务智能决策支持系统由四个部分组成：人机对话管理部件、系统调度部件、模型管理部件和数据管理部件，同时又是一个五库系统（数据库、模型库、方法库、知识库、文字库）的综合体。

下面就财务智能决策支持系统的几个主要部分进行阐述：

1）知识库及其管理系统：知识库存放许多专家经验和知识以及事实、规则等。利用产生式规则、语义网络等表示知识，并实现推理，不断更新、丰富、修正知识库。推进已有的知识，运用启发式推理方式得出结论和新的知识。通过自学习积累经验，增添新知识、修正旧知识，实现知识库的更新与完善。

2）模型库及其管理系统：存储决策所需的各种模型，既有定量数学模型又有定性知识模型。用产生式规则调用模型，为了使系统保持较高的灵活性，采取由许多"小模型"组成，即一个模型只具有单一的功能。

3）数据库系统（徐雷波，2006）除了一般的数据库功能外，还有演绎、归纳、快速搜索等功能，并通过学习对数据的组织机构和调用方式作自适应调整。

4）人机界面是智能决策支持系统的人机交互介质。人机界面根据决策过程来设计，要便于决策的选择来决定决策情形的转移与变化，智能决策支持系统作为侧重于人机界面的软件系统，正确认识其人机关系对指导智能支持系统的设计具有重要意义，一个智能决策支持系统针对决策者来讲只是一个界面，界面在某种程度上讲代表一个系统，界面的用户友好程度决定了所提供的决策支持的有效程序。

财务智能决策支持系统的人机接口通常为两种用户提供服务：一种用户是决策支持系统的使用者，他们对计算机系统不很熟悉，人机接口软件可帮助引导其利用系统实现自己的意图；另一类用户为系统的维护人员，他们通常是计算机方面的专家，人机系统软件应提供良好的使用环境，帮助系统维护人员实现对系统的更新与重塑。因此在大的结构上，人机接口软件由两部分组成：用户使用的人机会话系统和供系统维护人员使用的人机接口管理系统。

(4) 实现方法

财务智能决策支持系统的菜单生成包括菜单的建立和维护。根据大系统目标树分解的原则，菜单的树叶部分为多级下拉式菜单。菜单的每一项对应于命令系统的一条命令。在智能人机系统中建立一个菜单集，菜单集的每一项对应一个编码。菜单的维护可通过维护相应的命令系统，增删临菜单集的编码和菜单集的内容来实现。

在智能人机系统中，内部命令集与内部菜单集具有对应关系，对菜单维护也要对相应的命令维护。内部命令集由命令说明块和命令代码组成。命令说明块表明命令的级别和命令的参数等。命令集的生成和维护包括命令条目的生成与维护和命令说明块的生成与维护，命令语言的结构采用一阶谓词结构。

对于自然语言的理解是这一智能人机系统的难点，可将自然语言的语句限制为一些简单句子，并对句子的语法结构作比较严格的规定，定义为：谓语+定语（+状语）+宾语。作此规定，既满足了系统对问题的识别要求，也相对减轻了理解自然语言的困难，在规定了句法的前提下，采用自然语言理解的关键词匹配法与自然语言语法分析相结合的措施，使智能人机系统尽可能对用户输入的自然语言做出正确的响应，对于不完善的自然语言输入，通过人机交互使其完整化。

有关用户组织输入的问题，设计用户与人机系统的交互环境，一方面使用户按照自己的意愿完成对问题的决策，另一方面使用户参与对相应模块的维护工作，增加数据文件，修改模型，提出新的方法。用户将自己的问题送入智能问题处理系统，使问题处理系统能判别用户的意图，并将问题实现的主动权交给用户，充分体现用户在决策中的主导地位，使用户结合自己的经验、分析和判断，做出决策，同时为用户提供必要的帮助信息，使用户能够正确操作。

输出画面的组织，利用图形开发软件开发基础图形库，然后从人的心理、生理等因素出发，按照输出结果文件给出的处理系统，从图形库、数据库、文字库中查找代码，然后析取出各种输出结果，合理组织画面。利用开窗口、分页等技术，将处理结果显示给用户，并连动打印机打印出必要的文字、数据等信息。

对于所使用的算法语言，数据库、数据库管理系统和模型库管理系统可采用 Oracle 语言；模型计算采用 Prolog 语言；知识库和问题处理单元用 Turbo-Prolog 语言；菜单设计采用 C 语言。

11.2.2　智能决策支持系统在质量管理中的应用

在当前激烈的市场竞争环境下，任何一种产品都不可能由某个厂家垄断生产。厂家要想赚取利润，就必须生产出高质量的产品奉献给顾客。高质量的产品来源于高质量的质量管理系统。广义地说，企业的人事管理系统、财务管理系统等都属于质量管理系统的范畴。质量问题已成为关系到企业生死存亡的问题，质量管理系统也就成为企业的最重要的管理系统。有的企业甚至提出了"质量经营"的概念，把质量提到战略高度去考虑。当前，随着传感技术、智能技术、网络技术、数据库技术等高新技术的发展，一方面现代科学提高了生产效率，缩短了产品更新的周期，为个性化产品和定制化服务的实现提供了技术保障，另一方面企业也面临着质量信息飞速增加的压力，如何管理和利用这些从生产和经营中产生的庞杂的质量信息是企业急需解决的问题。质量管理在面临压力的同时，新技术的发展也给质量管理提供了发展的方向和可靠的保证，一些新的先进的质量管理系统开始出现。本小节介绍智能决策支持系统在质量管理方面的应用。基于智能决策支持的质量管理系统是企业实现集成化、智能化的基础，对增强企业的竞争力和适应市场都有现实的意义。

（1）智能质量决策支持系统

由于智能决策支持系统具有智能化、高效性特点，把智能决策支持系统应用于质量管理中是当前质量管理的发展趋势。于是提出了智能质量决策支持系统（郝晨健和张文宇，2005）模型，如图 11-13 所示，主要有以下几个模块或系统组成：

1）各种信息：包括外部信息和内部信息。外部信息包括顾客信息、政策信息、市场信息、行业信息等。内部信息包括人事、财务、产品、工具等信息。这些信息又可细分，

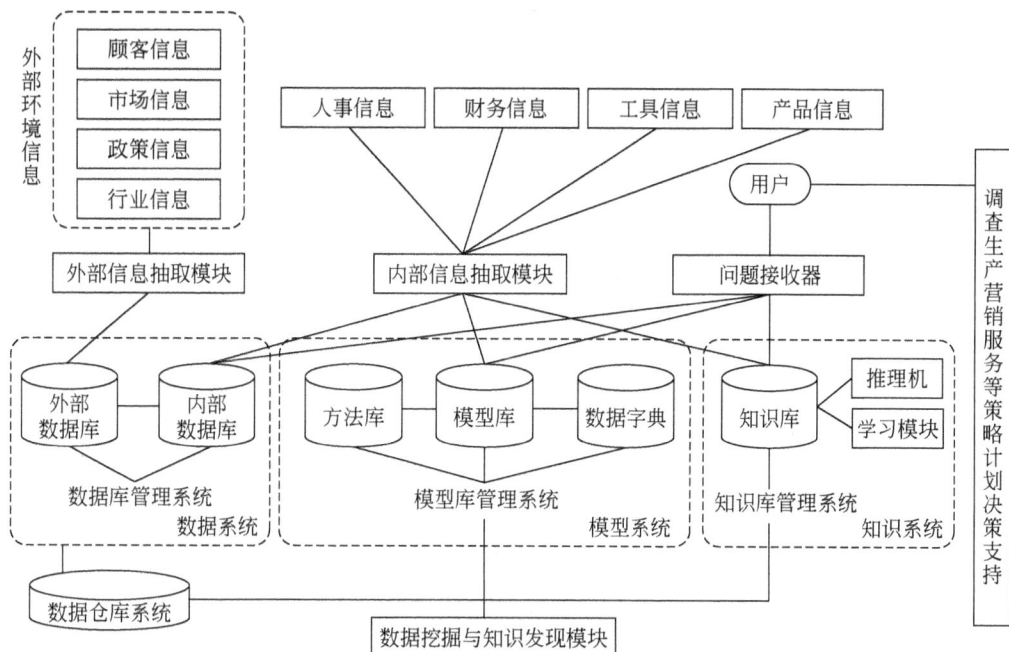

图 11-13 智能质量决策支持系统

比如工具信息又可分为制造工具信息、控制工具信息、检测工具信息等。这里的信息不但包括各种数据，还包括各种数据之间的关系。正确的信息是制定正确的决策的基础，因此必须对采集信息的人员进行定期的培训，提高他们的素质，对采集的工具进行定期的检修和更新。

2）信息抽取模块：对信息具有预处理和传输的功能。因为企业的外部信息和内部信息很多，不可能所有的这些信息都送到数据系统或其他系统，必须对它们进行预处理，整理出对决策支持有用的信息。设计出良好的信息抽取模块是企业做出正确决策的基础，抽取信息太多就会加重决策支持系统的负担，抽取信息太少就可能导致错误的决策。该模块是根据元数据库中的主题表定义、数据源定义、数据抽取规则定义对异地异构数据源（包括各平台的数据库、知识库、HTML 文件、文本文件等）进行清理、转换，对数据进行重新组织和加工，装载到各目标库中。在组织不同来源的数据工程中，先将数据转换成一种中间模式（如 DMIS 格式文件或 STEP 标准文件等），再把它移到临时工作区。加工数据是保证各数据库中的数据完整性、一致性。

3）数据仓库系统是面向主题的、集成的、与时间相关且不可修改的信息集合系统。这些不仅包括各种数据信息，还包括各种关系信息。与传统数据库设计类似，好的数据仓库设计也采用概念模型、逻辑模型与物理模型。不同的是，数据仓库的数据模型是紧紧围绕决策分析用的主题等范围进行的。根据决策主题设计数据仓库结构，一般采用星型模型和雪花模型设计其数据模型，在设计过程中应保证数据仓库的规范化和体系各元素的必要联系。主要有以下三个步骤：

① 定义该系统所需各数据源的详细情况，包括所在计算机平台、拥有者、数据结构、

数据量多少、数据源的处理过程、仓库更新计划等。

②定义数据抽取、转换原则，以便从内部数据库或外部数据库中抽取所需数据，根据所定义的原则将数据转换、装载到主题的某个数据表中。

③将一个主题细化为多个专用主题，形成主题表，据此从数据仓库中选出多个数据子集，即数据集市。数据集市通常针对部门级的决策或某个特定业务需求，它的开发周期短、费用低，能在短时间内满足用户决策的需要。因此，在实际开发过程中可用快速原型法建立几个集市，成功后再构建数据仓库。

4）数据系统：由外部数据库、内部数据库和数据库管理系统组成，是企业的信息中心。把信息按照种类和作用的不同分别存入外部数据或内部数据库中，可采用文件表、关系模型数据库、面向对象数据库等形式。

5）模型系统：是企业实施过的或从外部借鉴的各种实施方案的整理、存储系统，在IQ决策支持系统中占有重要的地位。管理者使用智能决策支持系统不是直接依靠数据库中数据进行决策，而是依靠模型库中的模型进行决策。完整的模型系统通常由模型库、模型字典和模型库管理系统组成。模型库中又有模型构造规则、模型查找规则、模型执行规则等模块。

6）知识系统：包括知识库、推理机、学习模块和知识库管理系统。知识库中的知识一般包括专家知识、领域知识和元知识。元知识是关于调度和管理知识的知识。知识库中的知识通常是按照知识的表示形式、层次、性质、内容来组织的，构成了知识库的结构。推理机就是实现（机器）推理的程序。这里的推理是一个广义的概念，它既包括通常的逻辑推理，也包括基于产生表示的操作，是使用知识库中的知识进行推理而解决问题的，所以推理机也是专家系统的思维机制，即专家分析问题、解决问题的方法的一种算法表示和机器实现。知识库管理系统是知识库的支撑软件。知识库管理系统对知识库的作用，类似于数据库管理系统对数据库的作用，其功能包括知识库的建立、删除、重组知识的获取（主要指录入和编辑）、维护、查询、更新；以及对知识的检查，包括一致性、冗余性和完整性检查等。知识库管理系统的用户一般是系统的开发者，包括领域专家和计算机人员。

7）数据挖掘和知识发现系统：数据挖掘是指从大量数据中发现潜在的、有价值的与未知的关系、模式和趋势，并以易被理解的方式表示出来。数据挖掘层集成各种数据挖掘的算法，包括具有很强功能的数据挖掘工具，可提供灵活有效的任务模型、组织形式，以支持各项决策的数据挖掘任务。数据挖掘与数据仓库的概念是密不可分的，数据挖掘要求有数据仓库作基础，并要求数据仓库存有丰富的数据。在决策支持系统中通过进行数据挖掘用以发现数据之间的复杂联系以及这种联系对决策的影响。在数据仓库基础上挖掘的知识通常以图表、可视化、类自然语言等形式表示出来，但所挖掘的知识并不都是有意义的，必须进行评价、筛选和验证，把有意义的知识放在知识库中，随着时间的推移将积累更多的知识。知识库根据挖掘的知识类型包括总结性知识、关联性知识、分类模型知识、聚类模型知识，这些知识通过相应挖掘算法得到。

（2）智能决策支持系统实现的研究

由于现代企业（Harmon，1985）面临的质量管理问题越来越呈现半结构化、甚至是非结构化的趋势，在研制开始阶段很难对问题完整清楚地定义，用户（即决策者）面对的是那些模糊性数据、信息或知识的复杂问题，诸如知识获取问题、知识深层化问题、系统优化问题、人机界面问题、同其他应用系统的接口和融合问题等，因此通常采用原型法，如图 11-14 所示。

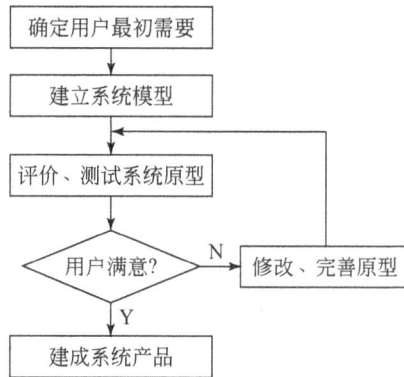

确定用户最初需要

↓

建立系统模型

↓

评价、测试系统原型

↓

用户满意? ──N──→ 修改、完善原型

↓Y

建成系统产品

图 11-14　原型设计法

由于智能决策支持系统系统是一种分布式系统，因此必须建立信息网络，通过信息网络进行信息的快速传递和交换。对于大型企业而言，企业内部已经建立起完善的企业内部网络，企业应该建立与联盟企业的信息传输网络。与联盟企业的信息联系可通过公用的Internet 来实现，也可通过虚拟专用网（VPN）等来联系。智能决策支持系统只是质量管理系统的工具，要想利用好这个工具，质量管理系统必须为决策支持的分析处理提供以下服务：

1）根据主题需要，从联机分析处理数据库中抽取分析用的信息，为此在抽取过程中要对原始信息进行分类、求和、统计等处理，抽取的过程实际上是信息的再组织；

2）在抽取过程中，完成信息的净化，即去掉不合格的"脏"信息，必要时对缺损信息加以补充。

质量管理系统应分析考虑到企业的实际动作状况。让企业员工尽可能地加入到系统的开发中，而不仅仅是系统需求的提出者和系统的评估者，这样可大大提高员工的积极性和系统的实用性。建立基于智能决策支持的质量管理系统，可为企业决策人员提供及时、准确、高效的决策支持，有利于质量信息的快速、透明、双向传递，对企业的经营模式、经营方略、管理框架和信息处理起到巨大的推动作用。

11.2.3　智能决策支持系统在石油企业经营管理中的应用

以信息技术应用为基本特征的全球化、网络化已成为新世纪发展的两大突出特点，对人类社会的影响也越来越深远，其应用领域之宽、影响之深、效果之大都是前所未有的。石油企业是知识密集型行业，信息的综合利用对企业的发展起着至关重要的作用。对石油工业来说，不论是油气勘探、开发、生产、管理，还是炼油化工、市场销售、管道、运行、工程技术服务等的发展都离不开信息化的支持，信息化已成为其持续高效发展的必由之路，是建设一流现代化企业和跨国企业的重要支撑。很多国际大石油公司都把实现信息化作为企业未来发展的战略制高点。在过去的十多年中，中国的各石油企业相继开展了多方面的信息化建设，建立了各种应用数据库和管理信息系统、开发了许多不同规模的应用软件和软件包，但这些数据库、管理信息系统和应用软件多是相互独立、彼此分隔，普遍存在标准不统一、信息共享程度不高、数据存储功能大于应用功能等问题，最重要的是所建立的各种信息系统不能很好地解决石油企业内大量存在的半结构化和非结构化管理问题，还有不同领域之间的信息、数据、软件很难甚至根本不能进行交流、转换和共享。目前许多单一专业的信息技术已基本赶上世界先进水平，但在各专业数据的集成和勘探开发多学科、多专业协同研究，以及管理等方面，同国际大石油公司还有数年的差距。这些都会使中国的石油企业在国际竞争中处于不利地位。要实现跻身跨国大石油公司的目标，就要在信息化建设方面迎头赶上，而决策支持系统的建立是目前管理领域研究的高端信息系统，建立石油企业经营管理可视化决策支持系统势在必行。

（1）石油企业经营管理可视化决策支持系统建立的背景及意义

石油企业主要是指从事油气勘探、开发和生产的上游企业，最主要的经济活动就是发现油气储量并开采。石油企业的经营活动主要分为三类：一是油气勘探，为了识别勘探区域或探明油气储量而进行地质调查、地球物理勘探、钻探活动和其他相关活动，其目的在于寻找和发现地下油气资源，获得可供开发的油气储量。二是油气开发，是指为了取得探明矿区中的油气而建造或更新井和相关设施的活动，其目的在于形成地下、地上相互配套的油气生产能力。三是油气生产，是指将油气提取到地表以及收集、拉运、处理、现场加工、现场储存和矿区管理等活动，其目的在于经过必要的物理或化学方式，向中下游企业提供油气产品。这三个生产过程紧密联系，共同构成石油企业完整的经营过程。其主要经营特点包括：①石油企业油气资源的不可再生性。②石油企业生产的连续性。③石油企业生产风险高、投资大。④石油企业生产的社会性。由上述经营特点可反映出石油企业在业务上互相交叉渗透，相互竞争，面临着前所未有的挑战，企业已经很难再通过规模来维持竞争优势。这势必要求石油企业建立一套以数据整理、数据挖掘、信息传递为基础的商业智能系统（即经营管理决策支持系统），以提高自己的竞争能力，增强竞争优势，支持企业市场战略。我国的石油基础设施在硬件方面已达较高水平，而与其他国际化的石油企业相比，国内的石油企业的管理水平和管理手段还相对落后，石油企业的业务支撑系统建设相对比较完善，但与企业管理和市场营销相关的运营分析和决策支持系统（徐珊珊，2010）的建设明显不足，这种状况已成为制约石油企业业务进一步发展的瓶颈。

为了提高石油企业的工作效率和服务质量，建立灵活的营销机制，适应新业务的开展和激烈的市场竞争，经营管理决策支持系统的建设开始越来越被石油企业的决策层和专家认可。经营管理决策支持系统在石油企业生产运营中的地位逐渐明确，各石油企业纷纷开始整合企业内部的运营支撑、网管、客户关系管理、财务管理等系统中的数据，然后经过抽取、转换和装载，合并到企业的数据仓库里，从而得到企业数据的一个全局视图，在此基础上利用合适的查询工具、数据挖掘工具、联机分析处理工具等进行分析和处理，最后将知识呈现给管理者，为管理者提供决策支持。

建设石油企业经营管理决策支持系统的目的就是利用已有的石油管理信息系统和办公系统所提供的数据建立一个强大的数据仓库，再利用各种决策分析技术对数据进行分析以辅助决策者进行决策。采用分布的软件体系结构，通过对原有分散系统的数据进行抽取、净化和转换，按一定的主题对数据进行集中，从而建立企业级的数据仓库，通过联机分析、数据挖掘和预测分析等技术实现决策支持，从而为进一步建立统一的企业信息平台、为完成石油企业真正的闭环管理打下良好的基础。

（2）石油企业经营管理可视化决策支持系统系统实现的关键技术与方法

1）决策支持系统与地理信息系统的集成。决策支持系统是以管理学、运筹学、控制论和行为科学为基础，以信息、仿真和计算机技术为手段，综合利用现有的各种数据库、信息和模型来辅助决策者解决半结构化或非结构化问题的人机交互式系统。

目前，决策支持系统的研究和应用得到了长足发展，相继出现了智能决策支持系统、群决策支持系统、集成式决策支持系统、分布式决策支持系统和多目标决策支持系统等多种形式，这些形式的出现拓展了决策支持系统的研究范畴，极大地促进了决策支持系统的发展。与此同时，决策支持系统也暴露出一些问题，突出表现在以下几个方面：①不能直观、精确而灵活地描述研究对象的位置布置、空间分布等地理信息，也不能形象描述研究对象所处的自然环境和社会环境信息。②模型的建立、分析、表述不直观，影响模型使用者对模型的理解与使用。③建模分析者与决策者联系薄弱。④缺乏学习功能、解释机制。

这些问题的主要症结在于决策支持系统的可视化程度不高，直接影响决策者对决策环境、决策模型的理解和相互交流，从而导致决策效果、决策信心的降低。由于石油企业勘探开发和生产经营活动对地理位置的特殊要求，应用地理信息系统技术能够对领域内信息进行综合管理，实现数据、图形和信息管理应用的一体化，并利用地理信息系统强大的空间分析和可视化表达功能，进行各种辅助决策。地理信息系统在石油企业信息化建设中占有重要的地位和作用。决策支持系统与地理信息系统的系统集成实际上是以数据为中心，把决策支持系统和地理信息系统协调统一起来，以便发挥各自的优势，产生功能强大的可视化决策支持系统（V决策支持系统）。它们不仅是多种数据集的融合与集中管理，也不仅是多目标统一数据库的建立，还应体现在统一的用户界面、无缝数据库、嵌入式的分析机制、面向专业领域的地理信息系统系统等。

2）决策支持系统与专家系统的结合。决策支持系统结合专家系统可构成智能化的智能决策支持系统，智能决策支持系统在确定智能问题、问题概念化、知识形式化等方面比传统的决策支持系统的决策更具客观性。智能决策支持系统充分发挥了专家系统以知识推理形式解决定性分析问题的特点，又发挥了初阶决策支持系统的模型计算为核心的解决定量分析问题的特点，充分做到定性分析和定量分析的有机结合，使解决问题的能力和范围得到一个大的发展。

3）面向对象的系统分析方法。系统分析是对客观世界进行认识、描述和模拟的过程，是系统开发生命周期中首要关键的一步，它在系统用户和系统开发者之间起着桥梁作用。系统分析主要完成两方面的任务：①问题空间和用户需求的分析。②需求的描述和问题解决过程的模拟。

迄今，国内外学者已提出多种系统分析的方法，如结构化方法，这些方法侧重子功能和功能抽象，功能抽象和数据抽象分开处理，开发出的系统结构与问题空间结构不一致，系统难于理解和维护，且系统极不稳定。用户需求的微小变化可能导致整个系统的改变。面向对象方法学是一种认识客观世界的认知方法学，这种方法的着眼点是功能的主体——对象，将客观世界看成是由许多不同的对象构成的，每个对象都有自己的运动规律和内部状态，不同对象间的相互作用和相互通信构成了完整的客观世界，问题的解由对象和对象间的通讯来描述，这种方法比较贴切地刻画了现实世界，利用它所开发的系统易于理解和维护，也便于实现问题求解过程的可视化模拟。

4）数据仓库，联机分析处理与数据挖掘技术。数据仓库是企业管理和决策中面向主题的、集成的、稳定的、随时间不断变化的数据集合，可看成是一种分布式异构数据系统的集成方法。它将不同来源的、结构不一致的数据进行概括和聚集，抽取其面向决策支持的部分并加载到数据仓库中，对其实行统一管理。当需要查询时，就可直接访问数据仓库而无需再访问其他信息源。与数据库不同，数据仓库并没有严格的理论基础，它更偏向于工程。由于数据仓库的这一工程性，在技术上就可根据它的工作过程分为：数据的抽取、存储和管理、数据的表现以及数据仓库的设计的技术咨询四个方面。

联机分析处理分析处理是一种软件技术，它使分析人员能够迅速、一致、交互地从各个方面观察信息，以达到深入理解数据的目的。这些信息已从原始的数据进行了转换，以反映用户所能理解的企业的真实的方方面面。企业决策分析的目的不同，决定了分析和衡量企业的数据（即事实）总是从不同的角度来进行的，人们观察数据的特定角度就是维，因此，企业数据本身就是多维的。多维分析支持和操作多维数据结构（由维和数据的实际值组成的多维超立方体结构），使用多种分析方法，对数据采取切片、切块、旋转等各种分析动作剖析数据，使最终用户能从多角度多侧面观察数据，以便分析和深入研究数据、发现趋势和异常情况。

数据挖掘就是从大量、不完全、有噪声、模糊的和随机的实际应用数据中，提取隐含在其中、人们事先不知道、但又是潜在有用的信息和知识的过程。从商业角度看数据挖掘是一种新的商业信息处理技术，其主要特点是对商业数据库中的大量业务数据进行抽取、转换、分析和其他模型化处理，从中提取辅助商业决策的关键性数据。因此，数据挖掘可描述为：根据企业的既定业务目标，对大量的企业数据进行探索和分析，揭示隐藏的、未知的或验证已知的规律性，并进一步将其模型化的先进有效的方法。

(3) 石油企业经营管理可视化决策支持系统框架设计

1）系统目标。决策支持系统是一个基于计算机的支持系统，通过结合个人的智力资源和计算机能力来改进决策的质量。因此，石油企业经营管理决策支持系统的目标应当是：①充分利用多年积累的生产历史数据，包括勘探数据、储量数据和很多的销售量数据、人事数据、客户数据等。②为石油企业的战略性和运行性决策提供强力支持。系统必须面向各级经营管理人员，及时而准确地提供管理信息分析和辅助决策支持，从下往上，信息层层传递与加工综合，直至为领导层提供决策咨询报告。结束以往企业领导都是"拍脑袋，做决策"的形式，让领导的决策做到"有理有据"。③在网络平台的基础上建立数据仓库环境构架，包括数据采集、数据仓库和数据呈现三个分析系统，实现 OLAP 和动态报表服务。从而能为管理者提供更多的分析，如提供随机查询、报表及其分析、在线分析处理、数据挖掘等功能。④保护现有的技术设备，系统结构伸缩性强，基于 Internet/Intranet 技术，客户的界面友好，能够支持业界的标准。实现基于 Web 的决策支持。分析结果可发布到 WEB 页面上，用户可在企业的报表中方便地导航。

2）系统逻辑框架设计。整个决策支持系统将在网络平台的基础上，建立数据采集、数据仓库、数据呈现三个部分的应用，它们之间相互作用，共同构成了层次分明的石油企业分析环境，以实现上述决策支持系统的功能要求。整体系统构架如图 11-15 所示。

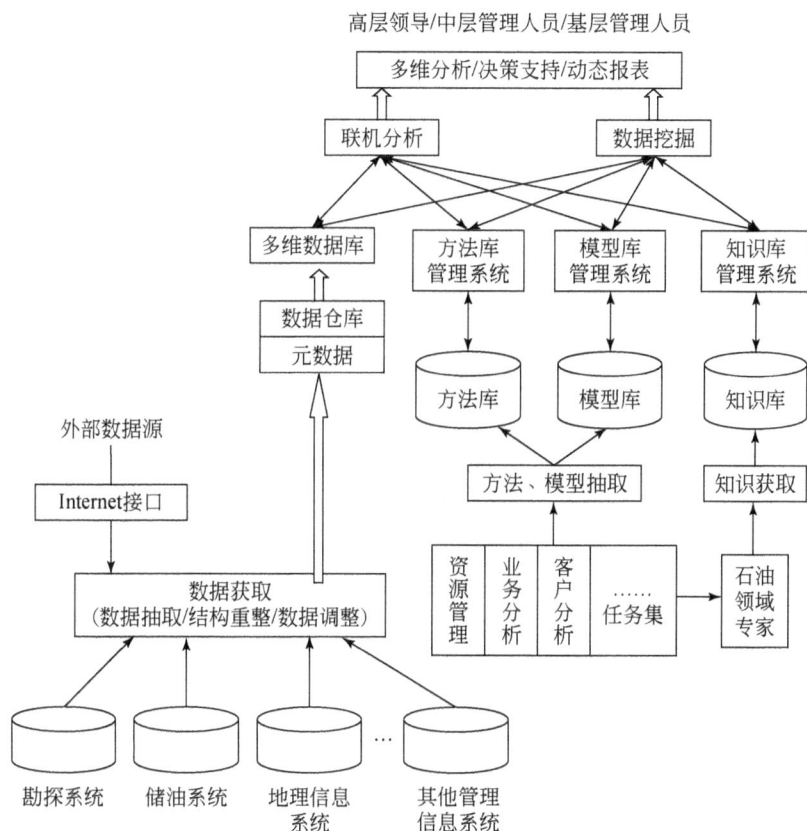

图 11-15　石油企业经营管理决策支持系统逻辑结构图

上图中各部件之间的流程关系为：数据采集系统、采集业务系统中的各类业务数据和外部数据源中的外部数据信息，重整后归类存放在数据仓库中，再经多维数据库的多层次分类汇总成为有效的管理信息。各种任务集系统在方法和模型抽取的基础上建立方法库和模型库，任务集通过领域专家进行知识获取形成知识库。三库分别由各自对应的管理系统进行管理，最终通过数据挖掘/联机分析技术利用各类模型库、方法库和知识库管理系统中的模型对多维数据库中的有效数据进行分析，各层决策者在此基础上可做出正确而合理的决策。

3）系统功能模块结构设计。基于数据仓库和数据挖掘方案，商业智能的石油企业经营管理可视化决策支持系统应能提供丰富的数据分析手段、灵活的报表制作和数据导航功能。因此除了数据仓库、数据集市和多维数据库管理外，其主要功能是数据综合分析和多维动态报表，其功能结构图如图 11-16 所示。

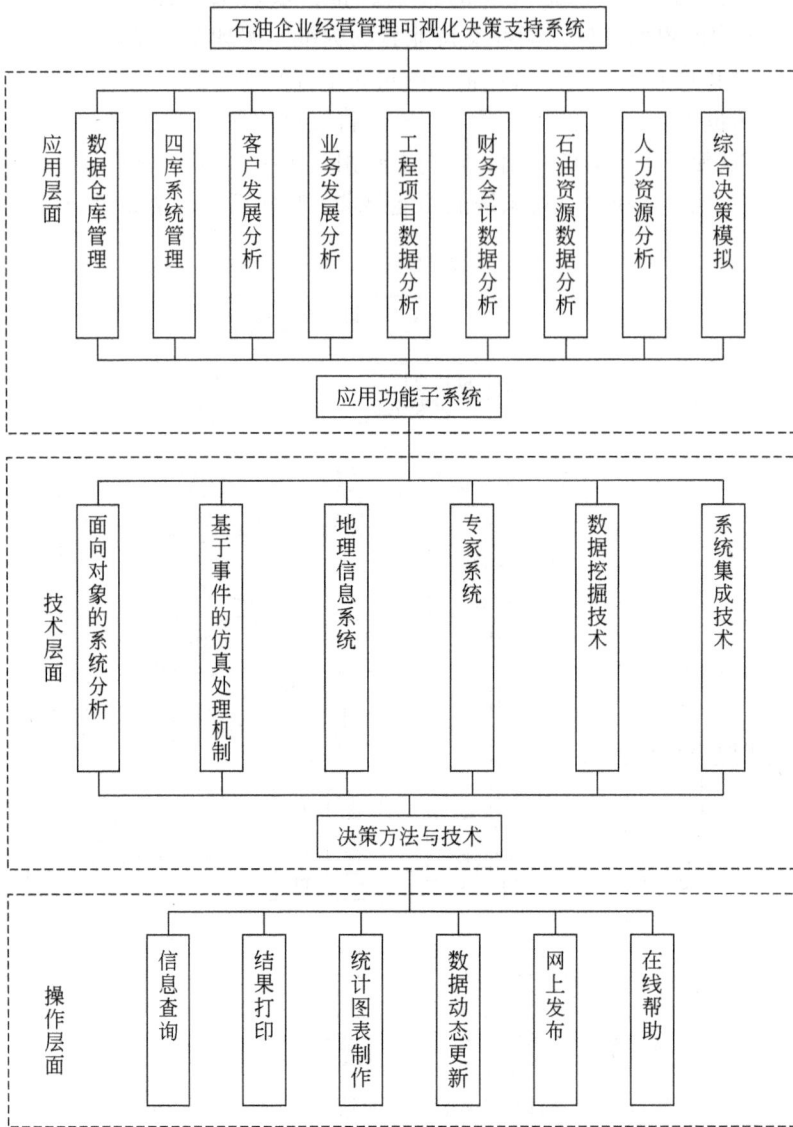

图 11-16　石油企业经营管理可视化决策支持系统功能结构图

从上图可看出，石油企业经营管理决策支持系统应用层面的总体功能包括：系统管理模块、企业经营管理决策分析模块和多维动态分析报表。其中系统管理就是各个后台的数据系统的管理，企业经营管理决策分析模块则包含各经营环节的数据分析和在此基础上的数据挖掘，多维数据动态分析报表模块是经营分析的结果体现，包括业务量报表、业务经营工作报告、财务分析报表等，将多维分析功能与报表的编制结合起来，同时引入第三方的试算表工具，实现报表的灵活制作，即从多维数据库获取数据，灵活地变换多维分析角度，从而使后台多维数据库的数据汇总、前端数据呈现功能和试算表灵活的制表功能融为一体。对每一个分析主题，应按不同维度、不同时间段进行统计和分析，提供从综合的统计数据向下钻取到明晰数据的动能。

（4）石油企业经营管理可视化决策支持系统系统的实现

1）建立数据仓库。数据仓库的实现主要以关系数据库技术为基础，通过使用一些技术，如动态分区、位图索引、优化查询等，使关系数据库管理系统在数据仓库环境中的性能大幅度地提高。企业级数据仓库的实现通常有两种途径：一种是从建立某个部门特定的数据集市开始，逐步扩充数据仓库所包含的主题和范围，最后形成一个能够反映企业全貌的企业级数据仓库，另一种是一开始就从企业的整体来考虑数据仓库的主题和实施。前一种方法类似于软件工程中"自底向上"的方法，投资少、周期短且易见成效，但由于设计开始时以特定的部门级主题为框架，因此向其他主题扩展时有较大困难，而后一种方法恰恰相反，"自顶向下"，投资大、周期长、风险较大。建立一个数据仓库一般需要经过以下几个处理过程：

① 建立决策支持模型。这是构建系统的重点和难点，一是系统所需模型种类、数量较多。二是没有现存的理论、方法和经验可借鉴。三是模型的集成、组合是技术的难点，尤其是怎样把数据挖掘的模型嵌入到传统模型中。这就要求我们首先熟悉石油企业的各种业务和相关信息；第二加强与石油专家的沟通，了解他们人工进行决策的过程；第三请相关领域的专家、石油人员共同讨论；第四借鉴决策支持技术与理论，选取适合的决策方法，进行尝试与组合；第五在实验的基础上，提出构建决策模型方案，最终请各方面专家反复讨论，确定决策模型。模型的正确与否，关系到决策支持系统是否能实现，因此建模技术研究是系统研究的关键。

② 构建模型库、方法库、知识库。这三个库的构建是系统的难点之一，它们决定系统得出的决策信息的有效性。如何建立好这三个库呢？首先要建立正确的模型，这是系统能否实现功能的保证。在决策模型的构建完成的基础上，设计系统的三库结构，首先要确定模型库的结构和内容，采用何种形式描述存贮模型，是程序形式还是数据形式，还是兼而有之；二是确定方法库的结构和内容，确定模型库是否能与方法库合并，以便于接口的管理；三是确定知识库的结构和内容，知识库包括两部分：一部分是专业知识，另一部分是数据挖掘所得出的有用知识，这是系统实现的难点。

2）接口和部件。接口部件包括人机界面和各部件接口两部分。人机界面是不可缺少的重要组成部分，使决策者在使用可视化决策支持系统时感觉到自己在操作计算机，借助计算机系统提供的一些信息进行决策，而不是计算机代替决策者做出决策。在保证系统的灵活性的前提下要尽量操作简便。接口部分包括数据库与模型库、方法库，模型库、方法库与知识库三者之间的接口。模型库、方法库、知识库与用户等各种部件之间的接口，是系统的关键部分。

决策支持系统技术本身在不断发展，各种计算机技术和管理科学、行为科学、心理学、美学等其他各种学科也在不断进步，它们相互交叉，在某些重要领域相互影响和相互渗透，其结果必然带来方向的发展。随着国内外能源市场的竞争加剧，石油企业已经意识到需要通过 IT 来改善管理，提高竞争力。石油企业需要拥有一整套迅速、灵敏、功能强大的石油经营管理决策支持系统。数据仓库是将大量石油数据转化成可靠的、商用决策支持信息的最好解决方案。建立在数据仓库基础上的数据挖掘（AlexBerson et al.，2001）、多维数据分析可为石油企业提供市场分析和决策支持力量，该系统的研究对促进石油管理的现代化和决策的科学化有一定的应用价值。

11.3 数据挖掘系统产品

目前市场上已有很多现成的数据挖掘系统产品和特定的挖掘应用软件，作为一个热门的研究领域，知识发现与智能决策的历史相对较短但却在稳步发展——新的应用工具每年都会在市场上出现，新的功能、特性和可视化工具不断地增加到基础相对稳定的已有系统上。因此，在这里给出一些在选择数据挖掘产品时用户需要考虑的特性，并简单介绍一些典型的数据挖掘系统。

11.3.1 如何选择数据挖掘产品

系统的选择主要取决于系统的硬件平台、兼容性、鲁棒性、可伸缩性、价格和服务。然而许多商业的数据挖掘系统在数据挖掘的功能或方法方面很少具有相似性，有时甚至在完全不同的数据集上进行工作。要选择一种适合的知识发现和智能决策系统，重要的是从多维角度来看它，一般来说，数据挖掘系统应该有如下多种特征：

（1）可处理的数据类型

数据可以是 ASCII 文本形式、关系数据库数据或数据仓库数据，但重要的是考虑每个系统能够处理哪种格式的数据。某些数据或应用可能需要特定的算法来搜索模式，而现有的一般的数据挖掘系统有可能不能满足需求。相反，一些特殊的数据挖掘工具可能派上用场，这些特殊的系统或者用于挖掘文本文档、地理数据、多媒体数据流、流数据、时间序列数据和 Web 数据，或者用于特定的应用（如金融、零售业或电信业）。此外，许多数据挖掘公司提供定制数据挖掘解决方案，将一些基本的数据挖掘功能和方法结合起来。

（2）运行平台和兼容性

一个给定的数据挖掘系统可能只在一种或多种操作系统上运行。支持数据挖掘软件的最流行操作系统是 UNIX/Linux 和微软的 Windows。还有一些数据挖掘系统在 Macintosh、OS/2 和其他操作系统上。面向工业的大型数据挖掘系统一般支持客户/服务器结构，其中客户机可以是个人计算机，而服务器可以是强大的并行计算机装置。

（3）数据源

这是指数据挖掘系统操作的特定数据格式。一些系统只能对 ASCII 文本文件操作，而另外一些可对关系数据或数据仓库数据操作，访问多个关系数据源。重要的是数据挖掘系统支持开放数据库互联和对象连接与嵌入数据库。这保证了开发的数据库连接，也就是具有访问关系数据库（包括 IBM 的 DB2，微软的 SQL Server，微软的 Access，Oracle，Sybase 等）和格式化的 ASCII 码文本数据的能力。

（4）数据预处理能力

数据预处理是数据挖掘过程中非常重要的一步，同时也是任务非常繁重的一步。是否提供良好的数据预处理工具，也是衡量数据挖掘系统的一个重要指标。例如，数据的选择和转换；模式统筹被大量的数据项隐藏；有些数据是冗余的，有些数据是完全无关的，这些数据项的存在会影响到价值模式的发现。数据挖掘系统的一个很重要功能就是能够处理数据复杂性，包括提供工具，选择正确的数据项和转换数据值。

（5）数据挖掘的功能和方法

数据挖掘功能是形成数据挖掘系统的核心。有些数据挖掘系统只能提供一种数据挖掘功能，如分类。而有些数据挖掘系统能支持多种数据挖掘功能，如概念描述、发现驱动的 OLAP 分析、关联挖掘、统计分析、分类、预测、聚类、离群点分析、序列模式分析和可视数据挖掘等。对于给定的数据挖掘功能（如分类），有些系统可能只支持一种方法，有些可能支持多种方法（如决策树分析、贝叶斯网络、神经网络、支持向量机、基于规则的分类和遗传算法等）。支持多种数据挖掘功能，每一种功能又支持多种方法的数据挖掘系统，能够为用户提供很大的灵活性和很强的分析能力。许多问题要求用户尝试不同的数据挖掘功能或者把几种功能集合起来使用，不同类型的数据使用不同的方法可能更有效。当然，由于系统更加灵活，对用户的要求也更高。

（6）可伸缩性

如果一个数据挖掘算法在数据量增加了 10 倍的情况下，所需运行时间也不超过原来所需时间的 10 倍的话，那么就说这个算法是可伸缩的。类似地，一个数据挖掘系统是否具有可伸缩性，也标志了该系统的功能。

（7）可视化工具

一图胜千言，在数据挖掘中确实如此。数据挖掘的可视化可分为数据可视化、挖掘结果可视化、挖掘过程可视化和可视数据挖掘。可视化工具的种类、质量和灵活性大大影响数据挖掘系统的可用性、可解释性和吸引力。

11.3.2　数据挖掘工具分类

市场上的数据挖掘工具一般分为三个组成部分：

（1）通用型工具

通用型工具占有最大和最成熟的那部分市场。通用的数据挖掘工具不区分具体数据的含义，采用通用的挖掘算法，处理常见的数据类型，其中包括的主要工具有 IBM 公司

Almaden 研究中心开发的 QUEST 系统、SGI 公司开发的 MineSet 系统、加拿大西蒙弗雷泽（Simon Fraser）大学开发的 DBMiner 系统、SAS Enterprise Miner、IBM Intelligent Miner、Oracle Darwin、SPSS Clementine、Unica PRW 等软件。通用的数据挖掘工具可做多种模式的挖掘，挖掘什么、用什么来挖掘都由用户根据自己的应用来选择。

（2）综合/决策支持系统/联机分析处理数据挖掘工具

这一部分市场反映了商业对具有多功能性的决策支持工具的真实和迫切的需求。商业要求该工具能提供管理报告、在线分析处理和普通结构中的数据挖掘能力。这些综合工具包括 Cognos Scenario 和 Business Objects 等。

（3）快速发展的面向特定应用的工具

面向特定应用的这一部分工具正在快速发展，在这一领域的厂商设法通过提供商业方案而不是寻求方案的一种技术来区分自己和别的领域的厂商。这些工具是纵向的、贯穿这一领域的方方面面，其常用工具有重点应用在零售业的 KD1、主要应用在保险业的 Option&Choices 和针对欺诈行为探查开发的 HNC 软件。

11.3.3　常用的数据挖掘工具

（1）QUEST

QUEST 是 IBM 公司 Almaden 研究中心开发的一个多任务数据挖掘系统，目的是为新一代决策支持系统的应用开发提供高效的数据开采基本构件。系统具有如下特点：

1）提供专门在大型数据库上进行各种开采的功能：关联规则发现、序列模式发现、时间序列聚类、决策树分类、递增式主动开采等。

2）各种开采算法具有近似线性（$O(n)$）计算复杂度，可适用于任意大小的数据库。

3）算法具有找全性，即能将所有满足指定类型的模式全部寻找出来。

4）为各种发现功能设计相应的并行算法。

（2）MineSet

MineSet 是由 SGI 公司和美国斯坦福大学联合开发的多任务数据挖掘系统。MincSct 集成多种数据挖掘算法和可视化工具，帮助用户直观地、实时地发现、理解大量数据背后的知识。它提供多种数据挖掘功能，包括关联挖掘和分类和高级统计和可视化工具，MineSet 的特色是它强大的图形工具集，包括规划可视化工具、树可视化工具、地图可视化工具、（多维数据）散布图可视化工具，用于数据和数据挖掘结果的可视化。MineSet 2.6 有如下特点：

1）MineSet 以先进的可视化显示方法闻名于世。MineSet 2.6 中使用六种可视化工具来表现数据和知识。对同一个挖掘结果可用不同的可视化工具以各种形式表示，用户也可按照个人的喜好调整最终效果，以便更好地理解。MineSet 2.6 中的可视化工具有 Splat

Visualize、Scatter Visualize、Map Visualize、Tree Visualize、Record Viewer、Statistics Visualize、Cluster Visualizer，其中 Record Viewer 是二维表，Statistics Visualize 是二维统计图，其余都是三维图形，用户可任意放大、旋转、移动图形，从不同的角度观看。

2）提供多种数据挖掘模式。包括分类器、回归模式、关联规则、聚类、判断列重要度。

3）支持多种关系数据库。可直接从 Oracle、Informix、Sybase 的表读取数据，也可通过 SQL 命令执行查询。

4）多种数据转换功能。在进行挖掘前，MineSet 可去除不必要的数据项，统计、集合、分组数据，转换数据类型，构造表达式由已有数据项生成新的数据项，对数据采样等。

5）支持国际字符。

6）可直接发布到 Web。

（3）DBMiner

DBMiner 是加拿大 Simon Fraser 大学开发的一个多任务数据挖掘系统，它的前身是 DBLearn。该系统设计的目的是把关系数据库和数据开采集成在一起，以面向属性的多级概念为基础发现各种知识。DBMiner 系统具有如下特色：①能完成多种知识的发现：泛化规则、特性规则、关联规则、分类规则、演化知识、偏离知识等。②综合了多种数据开采技术：面向属性的归纳、统计分析、逐级深化发现多级规则、元规则引导发现等方法。③提出了一种交互式的类 SQL 语言——数据开采查询语言 DMQL。④能与关系数据库平滑集成。⑤实现了基于客户/服务器体系结构的 Unix 和 PC（Windows/NT）版本的系统。

（4）IBM Intelligent Miner

Intelligent Miner 是 IBM 公司的数据挖掘产品，提供了广泛的数据挖掘功能，包括关联挖掘、分类、回归、预测建模、偏差检测、聚类和序列模式分析。它还提供一个应用工具箱，包括神经网络算法、统计方法、数据准备工具和数据可视化工具。Intelligent Miner 的特色包括：它的数据挖掘算法具有可伸缩性，可与 IBM DB/2 关系数据库系统紧密集成。

（5）SQL Server 2004

微软的 SQL Server 2004 是一个数据库管理系统，它把多种数据挖掘功能平滑地合并到关系数据库系统和数据仓库系统环境中。它包括关联挖掘、分类（使用决策树、朴素贝叶斯和神经网络算法）、回归树、序列聚类和时间序列分析。此外，微软的 SQL Server 2004 支持由第三方和用户开发的算法的集成。

（6）Insightful Miner（简称 S+Miner）

Insightful Miner 是世界排名前三位的著名统计分析与数据挖掘软件厂商 Insightful 公司的数据挖掘产品。它是集数据获取、探索性分析、数据操纵、数据清洗、统计分析（集成了著名的 S-PLUS 统计分析平台的所有分析函数）、机器学习、模型评估和预测发布等功能于一身的新一代数据挖掘工具。

它具有如下特色：①可视工作流界面可提高工作效率。②快速建立分析模型。③即使是数据挖掘初学者，也能很快的挖掘成功。④轻松处理海量数据。⑤大量现代数据分析、数据挖掘算法。⑥可利用 S 语言自定义算法。⑦丰富多彩的交互发布形式。

（7）SAS Enterprise Miner

Enterprise Miner 是 SAS 公司开发的产品。它提供多种数据挖掘功能，包括关联规则、分类、回归、时间序列分析和统计分析软件包。Enterprise Miner 的特色是具有多种统计分析工具，这得益于 SAS 公司在统计分析市场多年的发展历史。

Enterprise Miner 是一个自动化程度很高的挖掘过程，它提供"抽样-探索-转换-建模-评估"（Sample，Explore，Modify，Model，Assess，SEMMA）的方法论、组织方便的处理流程、完美的报表和图形分析结果，以引导用户挖掘的全过程。

（8）Clementine

SPSS 的 Clementine 为终端用户和开发者提供了一个集成的数据挖掘开发环境。多种数据挖掘功能，包括关联规则、分类、预测、聚类和可视化工具集成到这个系统中。Clementine 的特色是面向对象的、扩展的模型接口，允许用户的算法和实用程序加入到它的可视化编程环境中。

Clementine 是 SPSS 的企业级数据挖掘工作平台，是一个面向商业用户的产品，也是业界领先的快速可视化数据挖掘建模环境，可运行于各种主流的操作平台。商业机构可以通过 Clementine 提高其对客户和市场的洞察力，留住有价值的客户，发现上行和交叉销售机会，吸引新的客户，识别欺骗行为，减少风险，从而改善客户关系、提高盈利能力。Clementine 广泛应用于电子商务、电信、金融、零售业、卫生、政府和教育等领域。它是率先引入可视化建模和数据展现概念的产品之一，提高了易用性，减低了入门要求和学习时间，保证了功能的完善性。

（9）Unica Model

美国 Unica 公司的 Unica Affinium Model（Unica Model）其主要优点是最大限度地将数学建模过程自动化，使那些数学基础较差的业务人员可方便地使用这个工具。Unica Model 同时还为那些服务性信息技术公司与专业的数据挖掘建模者提供了一个"生产商业数学模型"的生产线。此外，该产品还提供了数据挖掘应用开发平台，并可将产生的模型变成 C 语言程序，从而方便 IT 服务公司开发脱离 Unica Model 平台、具有自主产权的行业应用。

Unica Model 提供永久使用权，支持绝大多数操作系统，提供与所有主流数据库的接口。Unica Model 提供许多功能与节目，既可适用于有很深技术背景的模型开发者与资深统计专家，又特别贴近相关业务人员，如市场部经理。下面是部分功能简介：

1）Unica Model 提供用于数据预处理的强大的宏语言编程环境。

2）提供变量统计、模型参数、变量敏感度、模型运算结果的所有报表。

3）通过自动化的样本量抽取、预处理、参数检验和交叉验证来隐藏建模的复杂性，提高效率，避免人为偏差。通过自动应用遗传算法、迭代式搜索和交叉验证，帮助用户确定适用于某一促销活动的精确、高效的模型。

4）多线程、多任务和对称多处理（SMP）的能力，可充分利用多处理器和企业级服务器计算环境。

5）支持最多20亿条记录和16350个变量。

（10）WEKA

WEKA（waikato environment for knowledge analysis），是一个基于java、用于数据挖掘和知识发现的开源项目，其开发者是来自新西兰怀卡托（Waika to）大学的艾伦 H. 威腾（Ian H. Witten）和瑞戴尔·弗兰克（Eibe Frank）。在第11届 ACM SIG 知识发现国际会议上，怀卡托大学的 Weka 小组荣获了数据挖掘和知识探索领域的最高服务奖，Weka 系统得到了广泛的认可，被誉为数据挖掘和机器学习历史上的里程碑，是现今最完备的数据挖掘工具之一。

WEKA 作为一个公开的数据挖掘工作平台，可在 Linux 和 Windows 环境下使用。它集合了大量能承担数据挖掘任务的机器学习算法，包括对数据进行预处理、分类预测、回归、聚类、关联规则和在新的交互式界面上的可视化。

下面用表格的形式对部分数据挖掘工具进行比较，见表11-5。

表 11-5　数据挖掘工具比较

比较属性	Unica	SAS／EM	Insightful Miner	IBM IM	SPSS
产品构成	Affinium Model 响应模型、交叉销售模型、市场细分及客户描述、客户价值分析	SASBase 、 SAS Graph 、SAS EM	S- PLUS，Insightful Miner，无数据量限制，含有最丰富的算法库与统计分析函数库	分类、分群、关联、相似序列、序列模式、预测	Base、Clementine
图形化界面	Yes	Yes	Yes	Yes	Yes
菜单驱动	Yes	No	Yes	No	No
拖拽式操作	Yes	Yes	Yes	Yes	Yes
知识发现模型	神经网络、线性回归、分类回归树决策、RFM、K- Mesn 等几百个模型和算法	神经网络、决策树、传统统计技术、预测、时间序列、聚类方法、关联方法等	神经网络、决策树、最邻近算法、预测、时间序列、聚类方法、logistic regression，cox regression 等	神经网络、决策数神经网络、决策树、最邻近算法、预测、时间序列、聚类方法、关联方法等	Neural，Net，C5.0，C&R Tree，K-Means，TwoStep，Apriori GRI，Sequence PCA/Factor，Logistic 等
灵活算法	Yes 能自动选择参与模型运算的变量	No	No	No	No
具有多模型整合能力	Yes	Yes	Yes	No	Yes
数据挖掘流程易于管理	良	良	优	一般	中

比较属性	Unica	SAS/EM	Insightful Miner	IBM IM	SPSS
数据挖掘流程可再利用	Yes	Yes	Yes	Yes	Yes
数据挖掘流程可充分共享	Yes	No	Yes	Yes	Yes
提供模型评估方法	Yes	Yes	Yes	Yes	Yes
挖掘结果可集成于其他应用	Yes（能生成标准 C 代码和 SAS 代码）	No	Yes	No	Yes（但不能脱离 SPSS Clemnetine 平台）
最大数据处理量	16000 个变量 20 亿条记录		无限制		不限
挖掘过程监控	Yes	Yes	Yes	Yes	Yes
异常处理	Yes	Yes	Yes	Yes	差
并行处理能力	Yes	No	Yes	Yes	Yes
支持访问异构数据库	Yes	Yes（需单独购买）	Yes	Yes（需单独模块支持）	Yes
提供二次开发接口函数	Yes	No	Yes	Yes	Yes
扩展能力	No	No	Yes，S 语言是个开放的开发平台	No	No
挖掘结果转化为主流格式文件、图形的能力	Yes	No	Yes		Yes
支持多层次分析人员	Yes，能支持业务分析人员、统计分析人员、IT 人员使用	No	No	No	No
其他	将数学建模过程自动化，支持多层次分析人员使用，对软件使用人员要求低，实施周期短，响应数据快，具有多种报表，易于理解分析结果	需具备较强的计算机、数据挖掘的理论和实践基础，每年需缴纳第一年软件许可费的 50% 的租费	可以购买永久使用权，需要较强的数据库与数据挖掘理论基础	必须建立在 DB2 的基础上，分析结果解释困难	需具备较强的计算机、数据挖掘的理论和实践基础

参 考 文 献

安淑芝.2005.数据仓库与数据挖掘.北京：清华大学出版社.

蔡自兴.2003.人工智能及其应用.北京：清华大学出版社.

陈德军，盛翊智，陈绵云.2003.基于数据仓库的 OLAP 在 DSS 中的应用研究，(1)：30-31.

陈华，韩近强，邓海清，等.2004.面向特定领域人机对话模型研究与实现，计算机工程与应用，40 (26)：82-85，100.

陈京民.2004.数据仓库原理、设计与应用.北京：中国水利水电出版社.

陈京民.2007.数据仓库与数据挖掘（第二版）.北京：电子工业出版社.

陈京民等.2002.数据仓库与数据挖掘技术.北京：电子工业出版社.

陈水利等.2005.模糊集理论及其应用.北京：科学出版社.

陈文伟.2006.数据仓库与数据挖掘教程.北京：清华大学出版社.

陈文伟，黄金才.2004.数据仓库与数据挖掘.北京：人民邮电出版社.

陈文伟，张帅.1999.经验公式发现系统 FDD.小型微型计算机系统，20 (6)：120-124.

陈志泊.2009.数据仓库与数据挖掘.北京：清华大学出版社.

段云峰.2003.数据仓库及其在电信领域中的应用.北京：电子工业出版社.

冯金花，陈燕雷，关永.2008.经验公式发现系统（FDD）中对误差的改进.计算机工程与设计，29 (20)：5287-5289.

富珍，郭顺生，李益兵.2006.基于数据仓库的质量管理决策支持系统研究.计算机技术与发展，(1)：36-38.

高尚，江新姿，汤可宗.2007.蚁群算法与遗传算法的混合算法.第二十六届中国控制会议论文集.

郭淑红，杨晓慧.2009.遗传算法在物流配送路径优化问题中的应用.硅谷，(1)：46.

韩家炜，堪博.2007.数据挖掘：概念与技术（第 2 版）.范明，孟小峰译.北京：机械工业出版社.

郝晨健，张文宇.2005.可视化智能决策支持系统理论及其应用.西安邮电学院学报，10 (1) 108-112.

何丽丽，邢薇.2011.智能化决策支持系统框架的研究与设计.智能计算机与应用，1 (2) 89-91.

黄平，张全寿.1993.IDSS 结构的探讨.决策与决策支持系统，3：158-160.

黄梯云.2000.智能决策支持系统及其发展.第二次全国青年博士后会议（报告）.

焦李成.2006.智能数据挖掘与知识发现.西安：西安电子科技大学出版社.

李徽，李宛州.2001.基于数据仓库技术的进销存系统的设计与实现.(10)：93-94.

李郁侠，张江滨，汪妮.2003.决策支持系统在水资源领域中的应用.西北水电，(1)：9-11，25.

林亚平.2001.概率分析进化算法极其研究进展.计算机研究与发展，38 (1)：43-49

林宇等.2003.数据仓库原理与实践.北京：人民邮电出版社.

刘淳安，王宇平.2005.一种基于新的模型的多目标存档遗传算法.计算机工程与应用，(4)：43-45.

刘建炜，燕路峰.2010.知识表示方法比较.计算机系统应用，20 (3)：242-246.

刘同明.2001.数据挖掘技术及其应用.北京：国防工业出版社.

陆汝铃.2000.人工智能.北京：科学出版社.

毛国君.2007.数据挖掘原理与算法（第 2 版）.北京：清华大学出版社.

毛国君等.2005.数据挖掘原理与算法.北京：清华大学出版社.

苗夺谦，王珏.1999.粗糙集理论中概念与运算的信息表示.软件学报，10 (2)：113-116.

恩门.2000.数据仓库.北京：机械工业出版社.

耐格纳维斯基.2007.人工智能：智能系统指南.顾力栩，沈晋惠等译.北京：机械工业出版社.

牛常胜，杨国为．2006．基于几何距离准则的新数据拟合方法．微计算机信息，20（8）：151-152，163．

彭朝宝，陈宜，吴洁如．2005．典型运营支撑系统的实现和应用．中兴通信技术，12（1）：4-7，11．

钱菲菲，秦宁宁等．2001．一种基于证据理论和模糊集合的信息融合方法——计算机系统与应用，15
（2）：202-206．

史忠植．2011．知识发现（第2版）．北京：清华大学出版社．

苏新宁等．2003．数据挖掘理论与技术．北京：科学技术文献出版社．

孙晓玲，王宁．2013．基于直觉模糊Petri网的加权直觉模糊推理．计算机工程与应用，49（4）：50-53

孙永华，赵钏林，刘建华．2012．数据仓库与数据挖掘技术．北京：清华大学出版社．．

同济大学数学教研室．1996．高等数学．北京：高等教育出版社．

瓦普尼克．2000．统计学习理论的本质．张学工译．北京：清华大学出版社．

王滨，金明河．2007．基于启发式的快速扩展随机树路径规划算法．机械制造，45（520）：1-4．

王海明．2005．一种基于粗糙集与神经网络的故障诊断方法．第16届中国过程控制学术年会暨第4届全
国故障诊断与安全性学术会议论文集．

王华，程海青，张立毅．2008．基于对角反馈神经网络盲均衡算法的改进；第六届全国信息获取与处理学
术会议论文集．189-193，358．

王吉利，张尧庭．2001．数据淘金—统计学的新进展．中国信息报，（007）

王珊．1999．数据仓库技术与联机分析处理．北京：科学出版社．

王淑芬．2007．应用统计学．北京：北京大学出版社．

王双成．2000．贝叶斯网络结构学习分析．计算机科学，27（10）

王文博，赵昌昌．2005．统计学——经济社会统计．西安：西安交通大学出版社．

吴香庭．2010．基于遗传算法的K-means聚类方法的研究．山东科技大学（内部资料）．

谢汉龙，尚涛．2012．SAS统计分析与数据挖掘．北京：电子工业出版社．

谢榕．2000．基于数据仓库的决策支持系统框架．系统工程理论与实践，4：27-30．

徐雷波．2006．数据仓库中可视化决策支持模型的研究与构建．山东大学（内部资料）．

徐珊珊．2010．水库决策支持系统的研究与开发．南昌大学（内部资料）．

徐晓，翟敬梅等．2001．制造决策的知识融合粗糙集模型．华南理工大学学报（自然科学版），39（8）：
36-41．

杨炳儒．2000．知识工程与知识发现．北京：冶金工业出版社．

杨云升．2009．Matlab曲线拟合及其在试验数据处理中的应用．电脑与信息技术．17（2）：34-36．

俞国燕等．2001．面向现代制造领域的决策支持系统研究．现代制造工程，（11）：16-18．

喻俊，楼佩煌等．2013．基于粗糙集和分层支持向量机的AGV多分支路径识别．南京航空航天大学学报，
45（1）：62-69．

袁东辉，刘大有，申世群．2011．基于蚁群—遗传算法的改进多目标数据关联方法．通信学报，32（6）：
17-23．

张春阳，周继恩，刘贵全，等．2002．基于数据仓库的决策支持系统的构建，计算机工程，（4）：
249-252．

郑岩等．2011．数据仓库与数据挖掘原理及应用．北京：清华大学出版社．

朱国龙，李龙澍．2013．不相容决策系统中的规则提取方法研究·计算机工程，39（2）：46-49．

朱明．2008．数据挖掘（第2版）．合肥：中国科学技术大学出版社．

Aebersold R，Mann M．2003．Mass spectrometry- based proteomics．Nature．2003 Mar 13；422（6928）：
198-207．

Aehtert E，et al．2006．Mining hierarchies of correlation cluster．In Proc．

Afrati F, Gionis A, Mannila H. 2004. Approxmating a collection of frequent sets. Proceedings of the 13th ACM SIGKDD International Conference on Knowledge Discovery and Data Mining.

AlexBerson, Stephen S, Kurt T. 2001. 构建面向 CRM 的数据挖掘应用. 北京：人民邮电出版社.

Alison A. 2002. Proteomics：The society of proteins. Nature, 417：894-896.

Andersen J S, et al. 2003. Proteomic characterization of the human centrosome by protein correlation profiling. Nature. 426 (6966)：570-574.

Andersen J S, et al. 2005. Nucleolar proteome dynamics. Nature. 433 (7021)：77-83.

Bjorndal A M H, et al. 1995. Some thoughts on combinatorial optimization, European Journal of Operational Research. 253-270.

Blagoev B, et al. 2004. Temporal analysis of phosphotyrosine- dependent signaling networks by quantitative proteomics. Nat Biotechnol. 22 (9)：1139-1145.

Buchner A G, Mulvenna M D. 1998. Discovering internet marketing intelligence through online analytical web usage mining. SIGMOD Record, 27 (4)：54-61.

Chin K S, et al. 2002. Quality management practices based on seven core elements in Hong Kong manufacturing industries. Technovation.

Cooley R, Srivastava J. 1999. Data Preparation for Mining WWW Browsing Paterns. Journal of Knowledge and Information.

Dai Yongshou, et al. 2005. (1. School of Information, University of Science and Technology Beijing China) (2. College of Information and Control Engineering, China University of Petroleum (East China))；Immune Genetic Seismic Residual Static Correction Based on High Order Cumulant. ICEMI'. dependent protein folding in Escherichia coli. Cell. , 122 (2)：209-220.

Dinesh M, Ramakrishnan P. 1999. Four Models for a Decision Support System, Information & Management, 35 (1)：31-42.

Dorian Pyle. 2005. 业务建模与数据挖掘. 杨冬青，马秀丽，唐世渭等译. 北京：机械工业出版社.

Fayyad U, et al. 1996. The KDD process for extracting useful knowledge from volumes of data. Communication of the ACM, 39 (11)：27-34.

Ge Hong, Mao Zong-Yuan. 2002. Immune Algorithm, proceedings of the 4th World Congress on Intelligent Control and Automation, (6)：1784-1787.

Gillies D. 1996. Artificial Intelligence and Scientific Method. Oxford Universitu Press.

Glymour C . 1997. Statistical themes and lessons for data mining. Data Mining and Knowledge Discovery, 1 (1)：11-28.

Guha S, Rastogi R, Shim K. 2001. Cure：an efficient clustering algorithm for large batabase. Information Systems, 26 (1)：35-58.

Hand D J. 1998. DataMining：Statistics and More? American Statistician, 52：112-118.

Hand D J. 2000. DataMining ：New challenges for Statisticians Social Science Computer Review, 18 (4)：442- 449.

Harmon P. 1985. Expert systems-Artifical intelligence in business, John wiley & sons.

IEEE Transactions on Intelligent Systems, 12 (4)：46-55.

Inmon W H. 2002. Building the Data Warehouse and OLAP.

Jffrey A, et al. 2007. Modern Database Management (8th) . America：Prentice Hall.

Jiawei Han, Micheline K. 2006. Data Mining：Concepts and Techniques, 2nd ed. Morgan Kaufmanu.

John F, Elder I V, Darryl P. 1997. A Statistical Perspective on Knowlegde Discovery in Databases, Principles of datamining and knowledge discovery: First European Symposium, PKDD . Trondheim, Berlin, New York, Springer.

Kaufman A. 1975. Introduction to the Theory of Fuzzy Subsets. Academic Press, New York.

Kerner M J, et al. 2005. Proteome-wide analysis of chaperonin.

Kevin Y, et al. 2003. Ng Cure: A Highly-usable Projected Clustering Algorithm for Gene Expressing Profiles. BIOKDD03: 3rd ACMSIGKDD Workshop on Data Mining in Bioinformatics.

Khan S M, et al. 2005. Proteome analysis of separated male and female gametocytes reveals novel sex-specific Plasmodium biology. Cell, 121 (5): 675-687.

Langley P. 1978. BACON. 1: A general discovery system. //Proceedings of the Second National Conference of the Canadian Society for Computational Studies of Intelligence. 173-180.

Lasonder E, Ishihama Y, Andersen JS, et al. 2002. Analysis of the Plasmodium falciparum proteome by high-accuracy mass spectrometry. Nature, 419 (6906): 537-542.

Lee Z-J, Su S-F, Lee C-Y. 2002a. An immunity based ant colony optimization algorithm for solving weapon - target assignment problem. Applied Soft Computing, (2): 39-47.

Lee Z-J, Su S-F, Lee C-Y. 2002b. A genetic algorithm with domain knowledge for weapon - target assignment problems. Journal of the Chinese Institute of Engineers, 25 (3): 287-295.

Lenat D B. 1977. Automated theory formation in mathematics. CAI, (5): 833-842.

MarcLennon, Sergey Babichenko, Nicolas Thomas. 2006. Detection and mapping of oil slicks in the sea by combined use of hyperspectral imagery and laser induced fluorescence. EARSEL Proceeding.

Michael P, Washburn, et al. 2001. Large-scale analysis of the yeast proteome by multidimensional protein identification technology. Nat Biotechnol. 19 (3): 242-247.

Mike T, Matthias M. 2003. From genomics to proteomics. Nature, 422: 193-197.

Miller H, Han J. 2001. Geographic Data Mining and Knowledge Discovery. Taylor and Francis

Ong S E, Mann M. 2005. Mass spectrometry-based proteomics turns quantitative. Nat Chem Biol. , 1 (5): 252-262.

Patterson S D, Aebersold R H. 2003. Proteomics: the first decade and beyond. Nat Genet. 33: 311-323.

Pazzani M, Billsus D. 1997. Learning and revising user profiles: the identification of interesting web sites. Machine Learning, 27: 313-331.

Putz S, et al. 2005. Mass spectrometry-based peptide quantification: applications and limitations. Expert Rev Proteomics. 2 (3): 381-392.

Sam H. 2003. Disease proteomics. Nature, 422: 226-232.

Schirmer E C, Florens L, Guan T, et al. 2003. Nuclear membrane proteins with potential disease links found by subtractive proteomics. Science, 301 (5638): 1380-1382.

Schneider K P. 1987. Topic selection in phatic communication. Multilingua, 6 (3): 247 -256.

Simitsis A, Vassiliadis P, Sellis T. 2006. Logical optimization of ETL workflows. IEEE Transaction on Knowledge and Data Engineering, 17 (10): 150-161.

Simitsis A, Vassiliadis P. 2003. A methodology for the conceptual modeling of ETL processes. Proc. Decision Systems Eng, 305-316.

Tomasz J, et al. 1999. Modelling an Extended/Virtual Enterprise by the Composition of Enterprise Models. Journal of Intelligent and Robotic Systems, 3-4.

Verla F J, Stewart J. 1990. Dynamics of a Class of Immune Network. Global Stability Of Idiotype Interactions. J Theoretical Biology, 144: 93-101.

Zhang X, Pan F, Wang, et al. 2008. non-redundant high order correlation in binary data. In Proceedings of the 34rd International Conference on Very Large Data Bases, Vienna, Austria, Auckland, New Zealand, 1178-1188.

【参考文献】

Zhang X, Han J, Wang, et al. 2004. non-relaxation high order correlation in binary-star be ... ... of th 2nd International Conference on Yang-Inner Data Theory, Vienna, Austria, workshop ...

1175-1185